"十四五"国家重点出版物出版规划项目

舟山群岛海洋生物多样性研究

主编 赵盛龙 徐汉祥 尤仲杰 钟俊生

鱼类

本册主编 蒋日进

浙江科学技术出版社·杭州

图书在版编目（CIP）数据

舟山群岛海洋生物多样性研究. 鱼类 / 赵盛龙等主编；蒋日进本册主编. — 杭州:浙江科学技术出版社，2022.12

ISBN 978-7-5739-0475-1

Ⅰ. ①舟… Ⅱ. ①赵… ②蒋… Ⅲ. ①海洋生物—鱼类—生物多样性—研究—舟山 Ⅳ. ①Q178.53

中国版本图书馆CIP数据核字（2022）第255374号

书　　名	**舟山群岛海洋生物多样性研究　鱼类**
主　　编	赵盛龙　徐汉祥　尤仲杰　钟俊生
本册主编	蒋日进

出版发行	**浙江科学技术出版社**
	杭州市体育场路 347 号　邮政编码：310006
	办公室电话：0571-85176593
	销售部电话：0571-85062597
	E-mail：zkpress@zkpress.com
排　　版	杭州万方图书有限公司
印　　刷	浙江新华数码印务有限公司

开　　本	889mm×1194mm　1/16	**印　　张**	38
字　　数	820 千字		
版　　次	2022 年 12 月第 1 版	**印　　次**	2022 年 12 月第 1 次印刷
书　　号	ISBN 978-7-5739-0475-1	**定　　价**	285.00 元

责任编辑 杜宇洁　王季丰　刘丽丽　**责任校对** 张　宁
责任美编 金　晖　**责任印务** 崔文红

编委会

舟山群岛是我国第一大群岛，海域面积达22000 km²，拥有2000多个岛屿和漫长的深水岸线，气候条件优越，生物物种种类及特有类群均居全国前列，是我国生态安全屏障和生物多样性的天然宝库，也是我国乃至西北太平洋重要的天然基因库。舟山群岛海域得益于得天独厚的自然条件，有着我国第一大渔场——舟山渔场，这也是世界著名的渔场。2011年6月30日，国务院正式批准设立浙江舟山群岛新区，舟山群岛开发上升为国家战略，成为我国第一个以海洋经济为主题的国家战略层面新区。舟山群岛是大力发展海洋经济的前沿阵地，是我国建设海洋强国的蓝色引擎，是我国“海上丝绸之路”的重要中转港口，在我国建设海洋强国进入加速期的这一关键历史时刻，扮演着越来越重要的角色。

随着海洋经济快速发展，舟山群岛的海洋生态系统面临着新的变化，海洋生物多样性受到威胁。自20世纪80年代以来，舟山的传统渔业资源开始逐渐衰退，原有的鱼汛也逐渐消失，大家不免担忧，东海会无鱼以至无渔吗？海洋生物是一类可再生资源，其再生能力取决于种群的自身繁育能力，当捕捞强度超过了再生能力，资源减少自然就不可避免。客观地说，以传统的经济种类维持原有的捕捞及管理模式，确已难以为继。

针对海洋传统经济种类资源的减少，我国自1979年开始，提出设立禁渔期、禁渔区制度。自1995年开始，在渤海、黄海、东海、南海4大海区除钓具外，开始全面实行伏季休渔，几年后还扩大至鄱阳湖、长江、珠江以及黄河流域等内陆水域，并对我国远洋渔业作业海域，如印度洋北部公海海域、大西洋公海部分海域、东太平洋公海部分海域等也实行自主休渔。舟山市还设立了马鞍列岛国家海洋特别保护区和中街山列岛海洋特别保护区，以及大戢洋、岱衢洋、马鞍列岛等省级产卵场保护区。同时加强渔业水域生态修复养护、投放人工渔礁、经济种类人工放流等保护措施。经过多年的努力，人们看到了希望，以“几近绝迹”的大黄鱼为代表的部分传统鱼类近年来产量有了一定的提升。

高效、持续利用海洋生物资源，是一项长期、复杂的系统工程，我们常以食物链或食物网来比喻内含复杂的营养级别的转化。事实上，所谓的传统经济种类，原来可能是处于食物链中端或末端的群体，正因为这部分群体适合人们食用并一直被作为商品，故称其为“传统经济种类”。根据r-K选择生态进化理论，大多数鱼类（硬骨鱼类）及无脊椎动物会采用r选择的繁殖策略，即在上端营养级物种减少时，其下端或更下端营养级的“大众”生物的数量和种类会随之扩张，以达到另一个海洋生态平衡。

多年的实践与众多学者研究证实，在传统经济种类减少的情况下，许多原来并不受待见的低值、小型、低龄种类并没有减少，如小黄鱼（低龄化、小型化、早熟化）、龙头鱼、哈氏仿对虾、鹰爪虾、口虾蛄等的产量逐渐增加。我们认为，海洋生物总体资源并未消失，渔场重现的可能性及机会仍然存在，关键是当下及今后如何合理开发、利用及有效保护。而开发、利用、保护的关键是了解舟山群岛海洋生物物种的“家底”。虽然有关舟山海洋生物的种类、数量及时空变化，历年来报道过不少，但持续性的研究不多，大多是零星的成果，缺乏系统性和更广层面的推介、科普及认知。

自2014年开始，我们根据多年的调查研究成果、浙江海洋大学海洋生物博物馆和浙江省海洋科学院积累的资料，对舟山群岛海域的海洋生物多样性进行了系统摸排，并利用承担或参与多个国家级、省级及校级自主科研项目的机会，如国家自然科学基金项目“长江口及邻近海域海洋生物与生态野外实践基地项目”（2014—2016年）、国家重点研发计划“蓝色粮仓科技创新”重点专项“东海渔业资源增殖与多元化养殖模式示范项目”、“我国重要渔业水域食物网结构特征与生物资源补充机制项目”（2018—2022年）、“浙江省八大水系及近岸海域水生生物资源调查”（2022—2023年）、“浙江海洋大学自主航次——海洋锋面及渔业资源长期调查计划（大型底栖动物调查）”（2020—2023年）、“舟山市普陀区水产种质资源和水生动植物资源调查与评估”（2021—2022年）等，筛选出相对齐全的舟山群岛海域大型海洋生物种类，编写了本套“舟山群岛海洋生物多样性研究”图书。

本套图书分为“鱼类”“虾蟹类”“软体动物类”“大型底栖藻类”及“其他大型底栖无脊椎动物”5册，基本涵盖了舟山海域已知的大型生物种类。本套图书将成为人们了解舟山群岛海洋生物“家底”的族谱，同时也是海洋生物类教学、科研、科普以及水产养殖、海洋捕捞、海钓业等不可或缺的基础资料。

本套图书由国家出版基金资助出版。此外，宁波市渔文化研究会提供了大量照片，在此一并表示衷心感谢。

编者
2022年9月

目录

概论

鱼类是指脊索动物门、脊椎动物亚门下的若干低等类群。它们的共同特征是终生生活于水中，以鳍作为运动器官，用鳃呼吸，大多数体外被有鳞片，具有脊椎骨。

一、鱼类的分类及分类系统

鱼类的分类依据很多，我们可将其划分为两类，即“实用分类”和“学术分类”。如经济鱼类、低值鱼类、外洋性鱼类、恋礁性鱼类、河口鱼类、洄游性鱼类、海洋鱼类、淡水鱼类、上层鱼类、底栖性鱼类、药用鱼类、有毒鱼类、养殖鱼类等，均为“实用分类”，既简单明了又实用。

“学术分类”相对复杂，仅用于学术研究。先要构建一个系统，系统内设置界(Kingdom)、门(Phylum)、纲(Class)、目(Order)、科(Family)、属(Genus)、种(Species)等各级分类框架，也称分类阶元。整个系统类似于一个“家谱”，简称“分类系统”(Classification system)。根据“物以类聚”的原则，地球上的任何一个物种，都有其在“系统”中对应的一个位置。根据某一单元种类数量的多少，有时在界与种之间，下级可再增设“亚”“次”“下”等，其上可设“总”“超”等。如大黄鱼的所属分类地位，完整地表达应该是：隶属动物界，脊索动物门，脊椎动物亚门，辐鳍鱼纲，鲈形目，鲈亚目，石首鱼科，黄鱼属。

比较有影响的鱼类分类系统有如下几种：1844年，缪勒在总结19世纪前半叶现代鱼类分类学者的意见的基础上，将鱼类列为脊椎动物中的一个纲——鱼纲，以下分为6个亚纲，14个目，这一系统在我国也曾有采用；1955年，贝尔格在其《现代和化石鱼形动物及鱼类分类学》一书中，将现生和古生鱼类分为12个纲119个目；1971年，拉斯将鱼类分为软骨鱼纲和硬骨鱼纲，此系统曾在我国采用最多；1994年后，纳尔逊在其《世界鱼类》一书中，根据骨骼学、系统发育学、胚胎学、形态学、比较解剖学、古生物学及比较生物化学等的原理，又提出新的分类系统(2017年为第五版)。

我国自1995年开始采用纳尔逊的分类系统。这一系统的特点将现生鱼类分为无颌总纲和有颌总纲。无颌总纲为一类无上下颌、无偶鳍的原始鱼形动物，下设盲鳗纲、七鳃鳗纲。有颌总纲则具上下颌和偶鳍，下设软骨鱼纲、辐鳍鱼纲(也称条鳍鱼纲)和肉鳍鱼纲。

二、鱼类的基本结构

鱼类很早就出现在地球上，在各水域中已发现26000余种，是现代脊椎动物中种类和数量最多的。鱼类大多身体被鳞，用鳃呼吸，用鳍运动，依靠侧线等器官感知外界环境。

鱼类的身体分为头部、躯干部和尾部三个主要部分。头部和躯干部的分界为鳃盖骨后缘或最后一对鳃裂，躯干部与尾部的分界一般为肛门或尿殖孔的后缘，前肛鳗、鲆鲽鱼等肛门特别靠前的种类以体腔末端或最前一枚具脉弓的尾椎骨为界。

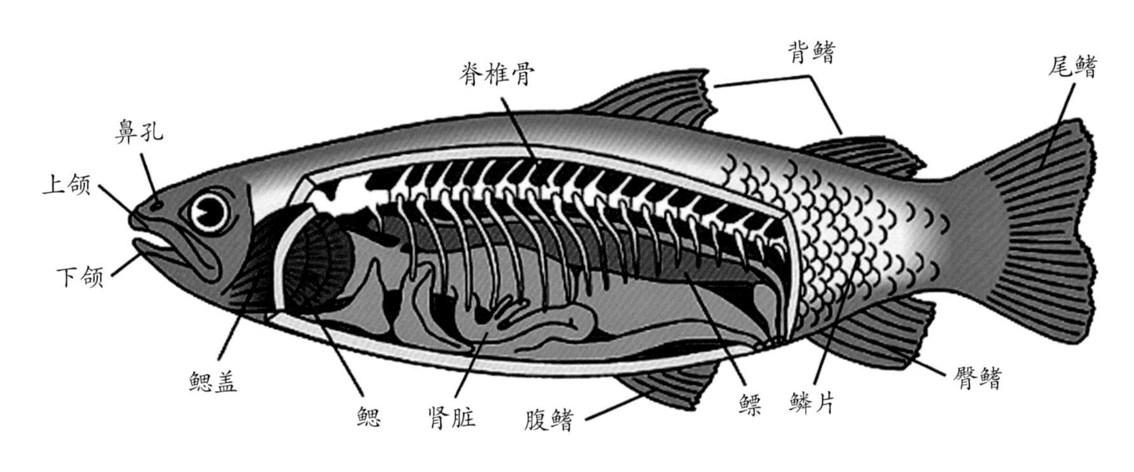

图 1　鱼类的特征

鱼类的头部生长有唇、眼、鼻、鳃等器官，唇生有味蕾，有感觉功能；眼一般位于头部两侧（鲆鲽鱼类等除外，其又称比目鱼，刚出生的仔鱼眼睛位于身体两侧，当幼鱼逐渐长大，一只眼睛渐渐移动到另外一侧），无眼睑，不能闭合，有的鱼类脂眼睑较发达（如海鲢、鲥、蛇鲻、鲻、鲹等）；鼻较小，不易察觉，位于头的前背方和眼的前方，是主要的嗅觉器官；鳃是鱼的呼吸器官，含有鳃裂和鳃丝。

大部分鱼的体被鳞片，鳞片上不同形式的年轮可用以推断鱼的年龄。体侧还长有侧线，侧线鳞上的小孔是皮肤的感觉器官。散于体表的黏液腺会分泌黏液，保护鱼体。鱼类的躯干和尾部上生长的背鳍、胸鳍、腹鳍、臀鳍和尾鳍是运动和维持身体平衡的器官。

三、鱼类的体形特征

鱼类是较低等的脊椎动物，一般左右对称。为了适应不同的水环境，其体形出现了多种多样的变化，主要有纺锤形、侧扁形、平扁形、棍棒形4种，还有一些其他的特殊体形（如带形、箱形、箭形等）。

海洋鱼类的各类体形特征如下：

（1）纺锤形：这一类鱼的鱼体相对较长，中段高大而两头尖小，似纺锤。体形呈流线型，运动时可减小水的相对阻力。这类体形的鱼最善于游泳，多栖息于中层水域，如马鲛鱼、金枪鱼、鲐等。

图 2　纺锤形体型

A. 鲻鱼　B. 日本鲭　C. 康氏马鲛　D. 金枪鱼

（2）侧扁形：这一类鱼的鱼体相对较短，左右侧扁，体高相对较高。这类鱼游泳速度较慢，多栖息于中下层水域，如鲳鱼、鲾鱼、蝴蝶鱼等。

图 3　侧扁形体型

A. 绿鳍马面鲀　B. 银鲳　C. 朴蝴蝶鱼　D. 青石斑鱼

（3）平扁形：这一类鱼的鱼体背腹平扁，左右宽阔，体高极短。这类鱼多栖息于底层水域，游泳缓慢，如魟鳐类、鲆鲽类、舌鳎类等。

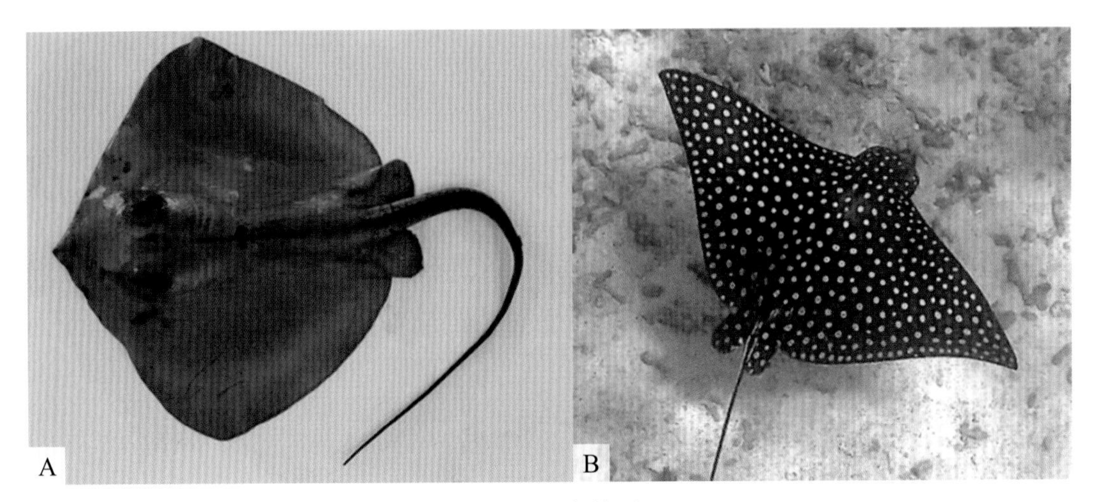

图 4　平扁体型

A. 魟　B. 无刺鲼

（4）棍棒形：这一类鱼的鱼体特别延长，横断面几为圆形。一般穴居，栖息于海底植物丛或岩礁石缝中，或潜伏于水底泥沙中，如海鳗、鳗鲡、蛇鲻等。

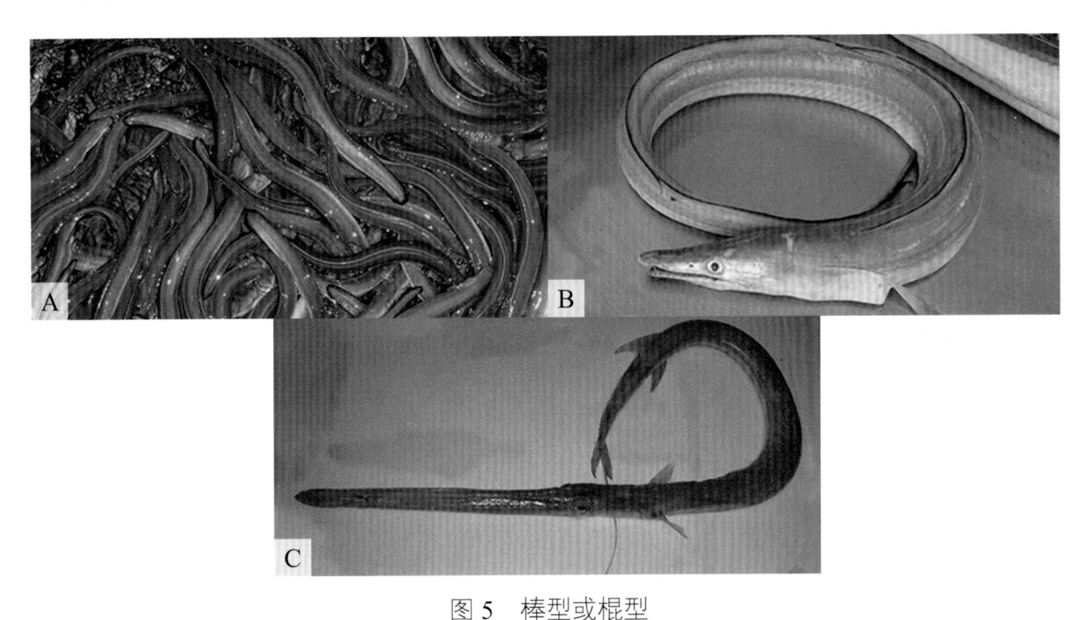

图 5　棒型或棍型

A. 日本鳗鲡　B. 海鳗　C. 鳞烟管鱼

（5）其他体形：鱼类为了适应一些特殊生活环境，还演化出其他的特殊体形，如箭形、带形、球形、箱形、海马形等。箭形与纺锤形相似但体延长，吻部突出向前延长，多栖息于表层水中，如颌针鱼等；带形，体延长且侧扁，形如带状，如带鱼、皇带鱼等；球形，鱼体几呈球形或卵圆形，尾鳍一般不发达，如河鲀、刺鲀等；箱形，体被骨质板，外形呈方形，似一个箱子，如箱鲀；海马形，头似马形，头部和躯干部几成直角，尾部细小可卷曲，游泳能力弱，可缠绕在海藻上生活。

图 6　鱼的其他体形

A. 角箱鲀　B. 棘箱鲀　C. 海马　D. 叶海马鱼

四、鱼类的繁殖

鱼类的繁殖事关资源的规模及再生能力，其中生殖周期、繁殖方式及能力是评判资源开发利用最大限度的直接依据。鱼类的繁殖大多是卵生，也有少数为卵胎生和胎生。卵生可分为体外受精和体内受精两种。卵胎生和胎生的鱼类都是体内受精。

大部分体外受精的鱼类会直接将成熟的精子、卵细胞排入水中，在水中受精、发育，产卵亲体一般不会对卵进行保护，幼体存活率低。为了维持种群繁衍，体外受精的鱼类每年可产出数量众多的卵。例如翻车鲀卵可达上亿粒，是产卵最多的鱼类。少数体外受精的鱼类会有护卵行为，如雄性海马会将受精卵放入孵卵囊中，雄性天竺鲷鱼会将受精卵吸入口中，在口内孵化。

少数鱼类会进行体内受精，然后将受精卵排入水中，在体外发育，如一些鲨鱼、鳐类。卵生的鱼类胚胎的发育完全依靠受精卵内的营养物质。卵生的鱼类在适宜、安全的环境下，产卵亲体一般会在固定的时间集群去固定的地点产卵，这片水域被称为“产卵场”，这期间会形成“鱼汛”。

卵胎生的鱼类受精卵在雌体生殖道内发育，胚胎发育成熟后再由母体产出。其胚体发育的营养依靠自身的卵黄供给，与母体没有营养关系，母体生殖道只提供氧气、水分等。卵胎生的鱼类的胚胎发育虽然依旧依靠自身，但受外界环境影响小于卵生鱼类，成活率较高。这种繁殖方式的鱼类多为鲨鱼和一些热带鱼类，如星鲨、角鲨、锥齿鲨、鲸鲨、犁头鳐等。

胎生的鱼类种类很少，仅为灰星鲨、真鲨等少数鲨鱼。这类鱼的受精卵在母体内发育，其营养不仅来自本体的卵黄，也会通过与母体发生的血液循环得到营养供应。

卵胎生与胎生的鱼类对胎儿的保护度较高，因此产卵较少，每年最多产仔十余尾。

五、鱼类的生活史

1. 鱼的生命过程

鱼类的生命过程包含鱼类个体从受精卵发育，孵化成仔鱼，成长为成鱼，直至衰老，这整个一生的生活过程，就是鱼类的生活史。鱼体的发育过程是其结构和功能从简单到复杂的变化过程，也是其生物体内部和外界环境不断变化与统一的适应性过程，不同的种类、不同生态类型的鱼类各具自己的特殊性。鱼类的发育和形态变化过程贯穿了鱼体整个生命周期，通常可以把鱼类的发育阶段分为胚胎发育阶段、幼鱼期、成鱼期和衰老期4个阶段。幼鱼期即鱼类性未成熟期，成鱼期即鱼类性成熟期，衰老期是只有多次生殖的鱼类才存在的特有阶段。根据鱼类发育的性质和特征，可以将鱼类生活史细化为如下几个主要时期。

（1）鱼卵期（egg stage）：这是鱼类个体在受精卵膜内进行发育的时期。

（2）仔鱼期（larval stage）：这一时期鱼苗脱膜孵化，由卵膜内发育转向卵膜外发育，口尚未开启，卵黄或油球等营养物质未被完全吸收，鱼苗生长所需营养依旧依靠自身供给。仔鱼期也是从依赖亲体内部环境转向从外界环境中获得营养物质进行发育的转变时期。

（3）稚鱼期（juvenile stage）：这一时期鱼体各器官发育臻至完善，鳞片开始形成，外部体形逐渐趋近成鱼时期，内部胃、肠、幽门垂等器官也发育到各个鱼种成体固有的形态和数量。鱼体鳞片发育完全是该时期结束的基本标志。这一时期的鱼类鱼体集群性显著增强。

（4）幼鱼期（young stage）：这一时期的当年幼鱼性未成熟，其各器官发育完全，全身披鳞，在体形上与成鱼完全相同，但斑纹、色泽仍处于变化中。该时期是鱼类个体一生中生长最快的时期。

（5）未成熟鱼期（immature stage）：这一时期的鱼体形态和成鱼完全相同，但性腺尚未成熟。这个时期一般是从当年生幼鱼向性腺成熟的成鱼转变的时期。

（6）成鱼期（mature stage）：这一时期的鱼类已具备生殖能力，会于每年一定季节繁殖发育。此时期的鱼体第二性征发达。

（7）衰老期（aging stage）：这一时期的鱼类性机能开始衰退，生殖能力显著降低，长度生长极为缓慢。

2. 鱼类的生长

一般高等动物在达到性成熟后，身体就停止生长，而鱼类是终生生长型动物。在适宜的环境下，鱼类几乎可以在其一生中连续不断地生长，只是生长率逐步下降。鱼类的生长在其整个生活史中具有明显的相对无限性、阶段性、可变性、季节性和雌雄相异性的特征。

鱼类在生活的不同时期内的生长率亦不同，通常可分为性成熟前、性成熟后与衰老期这三个阶段。鱼类在个体发育过程中基本都是性成熟前生长快，以后逐渐变慢。不同类别的鱼的生长规律也不完全相同。性成熟前，鱼类体长生长迅速，不用积累储备物质，有利于逃避被捕食，提高存活率；性成熟后，生长速率平稳，开始储存能量用于性腺发育与越冬物质累积；衰老期一般指鱼体初次性成熟后几年，机能逐渐衰退，生长缓慢，所储能量主要用于维持生命。鱼类的生长除受自身遗传因素影响外，还与栖息环境、营养条件、水质状况等息息相关。同一种群在不同季节内，鱼体的生长率受水温、饵料生物、摄食强度等因素影响较大。春夏季水温上升、饵料丰富时鱼体生长迅速，秋冬季水温下降、饵料减少时鱼体生长缓慢甚至停滞。此外，有些种类的雌雄个体的体形与生长率大不相同，一般是雌性个体大于雄性，有护幼行为的雄性个体大于雌性。

六、鱼类的摄食习性

摄食是鱼类生存最重要的条件之一，鱼类的摄食习性与栖息环境有着密切的关系，这是鱼类在长期演化过程中对环境适应的结果。鱼类的食性多样，且随着鱼类成长与生活环境的变化，其摄食习性通常也随之改变。根据成鱼阶段鱼类所摄取的主要食物的性质，可将鱼类分为植食性鱼类、肉食性鱼类和杂食性鱼类3种。

植食性鱼类主要摄食水生植物或浮游植物，如蓝子鱼摄食海洋大型藻类，遮目鱼摄食浮游植物。大部分鱼类为肉食性鱼类，有的鱼类主食无脊椎动物，如姥鲨以浮游生物为主食；有的鱼类主食其他鱼类，如带鱼、鲈鱼、大白鲨等。杂食性鱼类的食物组成较广泛，通常摄食两种及以上类型的食物，包含水生动物、植物及水底腐殖质等，鲆鲽鱼类的成鱼主要摄食底栖水生动物和腐殖质等。

鱼类的摄食方式与食性、生活习性等有关，又可分为滤食、刮食、捕食、吸食和寄生等。以浮游动植物为主食的鱼类摄食方式多为滤食，此类鱼多口型大、鳃耙细密、齿细弱，通过细密的鳃耙过滤浮游动植物、有机碎屑等。刮食即指用其发达的下颌角质边缘齿在水底刮取附着的藻类、有机碎屑、腐殖质等，如鲻鱼等。大多数凶猛的肉食性鱼类的摄食方式为捕食，其多游泳迅速、牙齿尖锐。吸食性鱼类的吻多特化成管状，摄食时会将食物与水一同吸入口中，如海龙、海马等。还有的鱼类营寄生生活，多通过寄主的营养或排泄物生存，如角鮟鱇的雄鱼寄生在雌鱼身上，与之建立血液循环关系。

七、鱼类的生境及生活方式

鱼类是变温动物，它们的体温几乎完全随环境温度的变化而变化，故水温对鱼类的生存和发展影响巨大。根据鱼类对温度的适应情况，可将鱼类分为热带性鱼类、温水性鱼类和冷水性鱼类3种。盐度也是影响鱼类生存的一个重要环境因子，由于地球上各水域的盐分不同，因此生活于其中的鱼又分为海水鱼、咸淡水鱼和淡水鱼。

鱼类为了更好地适应环境，完成生存和发展，有的不停地往适宜的水环境中迁移。鱼类生活史中按照一定的路线在一定时期内成群结队游行的周期性行为被称为“洄游”。大黄鱼、带鱼、鳗鲡、中华鲟、刀鲚等都是著名的洄游鱼类。洄游对鱼类的生存有着非常重要的意义，根据洄游的不同目的与性质，可将鱼类的洄游分为索饵洄游、越冬洄游和生殖洄游3种。

索饵洄游是指鱼类追寻饵料而进行的长距离游动。大部分产卵后的鱼群或接近性成熟与准备再次性成熟的鱼群为了补充能量会进行索饵洄游。因为大多数鱼类在生殖期间不进食，故在生殖后会到饵料丰富的海域去补充和积累营养。索饵洄游的距离视饵料生物所在海域与鱼类产卵场间距离的长短而定，有的鱼类要经历上千千米的索饵洄游，有的鱼类产卵后就在附近海域索饵。有时由于饵料的生活习性的原因，鱼类索饵也会产生相应的特殊行为，如鲐鱼白天在较深的水层摄食，夜晚随饵料垂直迁移到表层水域摄食；带鱼则是在黄昏时在上游到上层水域摄食，黎明时下沉到水底摄食。

越冬洄游是指鱼类因水温下降而主动选择前往适宜过冬的水域而进行的迁移行为。越冬洄游一般在索饵洄游之后。在晚秋初冬，鱼类在索饵场累积了足够多的能量后，会因水温下降的原因向温暖水域洄游。鱼类越冬洄游受水温、海流等水文影响较大。

生殖洄游是指鱼类因选择适宜生殖场所进行的洄游。鱼类的繁殖行为多样，有的鱼类为了寻找合适的产卵场，保证鱼卵和幼鱼的成活率，选择在越冬场或育肥场向产卵场进行洄游。生殖洄游的距离有长有短，有的海产鱼类产卵时由外海游到近岸甚至是河口去产卵，有的咸淡水鱼类则游到几千千米外的深海区去产卵。根据鱼类洄游前后所处水体的特点，可将海洋鱼类的生殖洄游分为海洋洄游、溯河洄游、降海洄游3种。① 海洋洄游指鱼类由深海向浅海或近岸进行的生殖洄游，大部分海洋鱼类属于海洋洄游，如大黄鱼、小黄鱼、鲷鱼、马鲛鱼等。② 溯河洄游指平时在海洋中生长生活的鱼类，性成熟后进入江河产卵的洄游，如中华鲟、鲥鱼、刀鲚、香鱼等。③ 降海洄游指平时生活在淡水水域的鱼类，性成熟后游向深海产卵的洄游，与溯河洄游行为相反。降海洄游的鱼类不多，主要为鳗鲡。

在自然界中，进行生殖洄游的鱼类一般也伴随着索饵洄游，有的也存在越冬洄游，但并非所有的洄游鱼类都要经历上述三种洄游。三种形式的洄游有时也是可以同步进行的。

各论

盲鳗纲 Myxini

体呈鳗形。口纵缝状，无上下颌，内具角质齿。眼埋于皮下。外鼻孔1对，位于吻端或近背中央，鼻孔与口腔相通。口侧吻端具须3～4对。外鳃孔1～16对。骨骼由软骨组成，无椎体，有些具退化的髓弓。无背鳍。无偶鳍和肋骨。生殖孔与肛门分开。卵生。

一、盲鳗目 Myxiniformes

口呈纵缝状，腭部中央有1角质齿，舌上有2列栉状舌齿（成舐刮器）。外鳃孔离头部较远。鼻孔1个，位于头前端，与口腔相连。眼退化。具吻须2对，口须1～2对。鳃囊6～15对，出鳃管分别开口于体外或联合为一总管。奇鳍一般为皮褶，鳍条有或无。无偶鳍，无肢带。体两侧近腹部各有1纵列黏液孔，黏液腺特别发达。肛门位于体的末端。卵生，卵大而数少。

（一）盲鳗科 Myxinidae

口呈纵缝状，腭部中央有1角质齿，舌上有2列栉状舌齿（成舐刮器）。外鳃孔离头部较远。外鳃孔1行，稍呈波曲；或为2行，排列不规则。鳃囊6～14对，出鳃管分别开口于体外。体两侧近腹部各有1纵列黏液孔，黏液腺特别发达。卵生，卵大而数少。

1 蒲氏黏盲鳗
Eptatretus burgeri (Girard, 1855)

英文名 Inshore hagfish

地方名 盲鳗

分类地位 盲鳗纲Myxini，盲鳗目Myxiniformes，盲鳗科Myxinidae

形态特征 体呈鳗形，尾部颇短。头圆筒形。眼区皮肤浅白色。鼻孔1个，具鼻须2对。口呈纵裂缝状，无上下颌。口须2对，上须尖长，下须短而宽扁。腭部正中具1钩状角质齿。舌发达，前部每侧有黄色梳状角质齿2列。外侧齿10枚。体腹侧黏液孔数81～87个。体无鳞。无背鳍，无胸鳍，无腹鳍，尾鳍宽扁圆形。体灰褐色，腹面较浅，背面正中具1纵行白色线纹。

生态习性 自由生活时常将身体埋入泥中，仅露出头端，依靠外鼻孔进行呼吸。夜行性。性凶猛，会袭击鱼类，常吸附于其他鱼的鳃上、峡部或眼上，边食边钻入体内，以寄主内脏、肌肉为食。最大体长600 mm。

地理分布 我国分布于黄海南部、东海、台湾海域、南海等。

保护现状 世界自然保护联盟（International Union for Conservation of Nature, 以下简称IUCN）评估为近危物种。

蒲氏黏盲鳗

软骨鱼纲 Chondrichthyes

内骨骼完全由软骨组成，或有钙化，但无任何真骨组织；外骨骼不发达或退化。体常被盾鳞或无鳞。脑颅无缝。外鳃孔1对，外具膜状鳃盖；或5～7对，外无膜状鳃盖。雄鱼腹鳍里侧特化为鳍脚。肠短，呈螺旋瓣。卵大，体内受精，生殖方式为卵生、卵胎生或胎生。

二、银鲛目 Chimaeriformes

体光滑，延长而侧扁。吻短而呈圆锥形，或延长尖突，或延长平扁似叶状。两颌齿呈板形的喙状物。背鳍2个，第一背鳍具1枚强大硬棘，能竖直；第二背鳍低而延长，或短而呈三角形。尾歪形，尾椎轴稍上翘，或圆形或线形。有时幼体头及背上具盾鳞。雄体除鳍脚外，还具腹前鳍脚及额鳍脚。

（二）银鲛科 Chimaeridae

体延长，尾端细小延长呈鞭状。吻短而呈圆锥形。口腹位。齿愈合为齿板。鼻孔腹位，具口鼻沟。唇褶发达。胸鳍宽大，低位。背鳍2个，第一背鳍呈三角形，具1枚强大硬棘，具有毒腺，能自由竖起或下垂；第二背鳍低而延长。臀鳍低小，与尾鳍下叶连合或中间具1缺刻。尾鳍尖细狭长，下叶低平。鳍脚末端2～3分支。全为卵生，所产的卵具卵鞘，呈长颈、纺锤形或瓶状，通常有1对窄或宽的薄翅构造。全身银白，成鱼光滑无鳞，幼鱼有时在头及背上存在盾鳞，整体乍看似乎带着幽灵鬼魅的气息，因此西方人称它们为“鬼鲨”或“幽灵鲨”。

2 黑线银鲛

Chimaera phantasma Jordan & Snyder, 1900

英文名 Silver chimaera

地方名 幽灵鲨

分类地位 软骨鱼纲Chondrichthyes，银鲛目Chimaeriformes，银鲛科Chimaeridae

形态特征 体延长，向后渐细小。眼斜椭圆形。左右鼻孔互相靠近。口中大，腹位，上唇褶不发达。两背鳍以1低膜相连，臀鳍与尾鳍以1缺刻相隔。侧线呈波纹状。体银白色，头的上部、第一背鳍、第二背鳍上部、背侧上部暗褐色。侧线暗褐色，侧线下方胸鳍与腹鳍之间具1暗黑色纵带。

生态习性 中小型深水鱼类，栖息于大陆架及上层斜坡，最大记载体长为1000 mm。主要以小型底栖动物为食，冬季有向近海洄游习性。卵生，卵壳大而呈纺锤形。

渔业利用 具有食用价值，肝可制鱼肝油。

地理分布 我国沿海均有分布。舟山海域仅为记载种，极罕见。

保护现状 IUCN评估为易危物种。

黑线银鲛

3 澳氏兔银鲛

Chimaera ogilbyi Waite, 1898

英文名 Ogibys ghostshark

别　名 曾氏兔银鲛

分类地位 软骨鱼纲Chondrichthyes，银鲛目Chimaeriformes，银鲛科Chimaeridae

形态特征 体形与黑线银鲛相近，但臀鳍与尾鳍下叶连接。眼大。口小，下位。吻柔软，三角形，长几等于头长的1/3。鼻孔大，位于口前。鳃裂小，位于胸鳍基底前方。胸鳍宽大，尾鳍长。体淡褐色，腹面淡白色，背面有1条宽的暗色纵条沿背鳍基底至尾鳍。

生态习性 深海中小型鱼类，生活水深120～350 m，记载最大体长850 mm。卵生，卵外包有角质的壳。

地理分布 我国仅在山东烟台和浙江镇海发现过，极罕见。

保护现状 IUCN评估为近危物种。

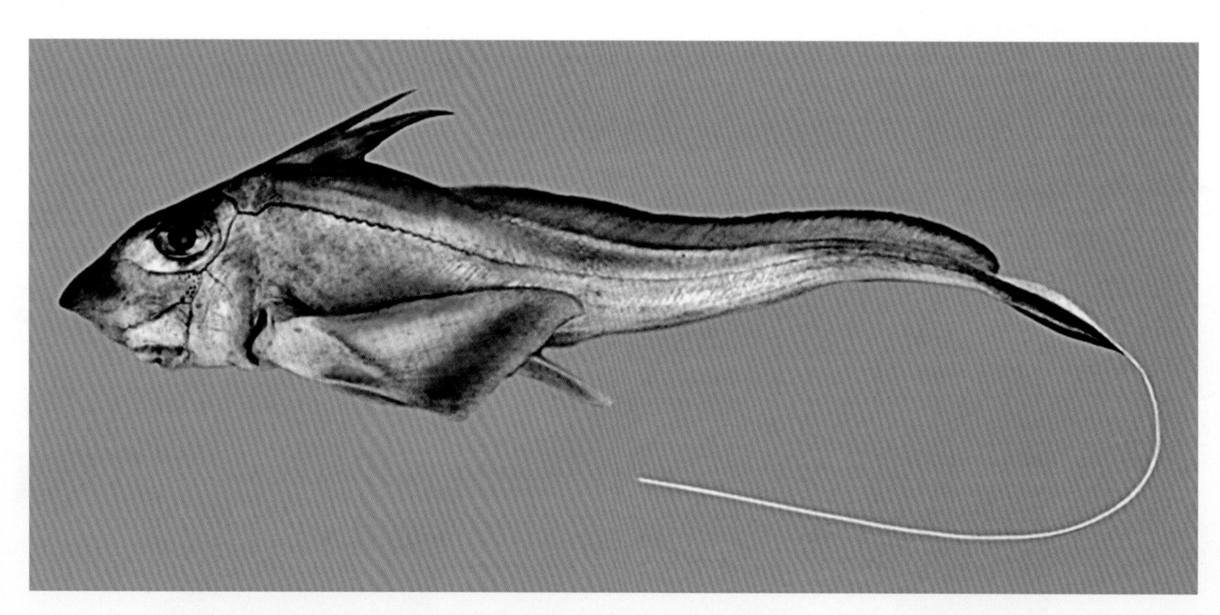

澳氏兔银鲛（依 Yau, Bernard）

三、虎鲨目 Heterodontiformes

体粗大。头高。眼侧上位，无瞬膜和瞬褶，口鼻沟深。喷水孔小，位于眼后下方。鳃孔5对。背鳍2个，前方各具1硬棘。具臀鳍。胸鳍宽大。尾鳍基上、下方无凹洼。

(三)虎鲨科 Heterodontidae

体前部粗大。头高且短，近方形。眶上突起显著。吻短钝。眼上侧位，无瞬膜，具口鼻沟。口平横，上下颌唇褶发达。上下颌齿同形，前后部齿异形，前部细尖，后部平扁。喷水孔小，位于眼后下方。鳃裂5个，侧位，最后3～4对位于胸鳍基底上方。胸鳍宽大。背鳍2个，各具1棘。具臀鳍。尾鳍宽短，帚形，下叶前部三角形突出。尾鳍基上、下方无凹洼。

4 宽纹虎鲨

Heterodontus japonicus Miklouho-Maclay & Macleay, 1884

英文名 Japanese bullhead shark

地方名 虎鲨

分类地位 软骨鱼纲Chondrichthyes，虎鲨目Heterodontiformes，虎鲨科Heterodontidae

形态特征 体前部粗大，后部渐细小，背面稍圆凸，腹面平坦。头高大，略呈方形。吻宽大而圆钝，口裂宽而平横。眼椭圆形，上侧位，眼间隔稍凹入，眶上嵴突显著。鼻孔靠近吻端，具口鼻沟。背鳍2个，各具1硬棘。尾鳍宽短，帚形。胸鳍大。具臀鳍。体黄褐色，自头部至尾柄具深褐色横纹10余条，胸鳍背面具宽纹2条。

生态习性 温带近海底栖小型鲨。卵生，卵大，具螺旋形卵壳。数雌鱼一起产卵，成堆产在水深8～9 m岩石或藻丛中。每产2卵，约需1年后才能孵出。常见个体全长为440～820 mm，最大记录为1200 mm。以甲壳类、软体动物、小型鱼类等为食，捕食时两颌可以突出。

地理分布 我国分布于黄海、东海和台湾北部海域，舟山海域曾记载有分布。

保护现状 2019年IUCN评估为无危物种。

宽纹虎鲨（依WEB鱼鉴）

四、须鲨目 Orectolobiformes

头扁平或圆柱形。前鼻瓣常具1鼻须，或喉部具1对皮须。具口鼻沟或鼻开孔于口内。颌为舌接型，上颌仅以韧带连于头骨。眼小，无瞬膜。喷水孔细小，位于眼后；或大型，位于眼下。齿细长，侧齿头有或无，或齿细小而多，圆锥形，多行在使用。鳃孔5对。背鳍2个，无硬棘。具臀鳍。

（四）须鲨科 Orectolobidae

头扁平，头侧具一系列皮须。眼上侧位，无瞬膜。喷水孔大，位于眼的侧下方。有口鼻沟。吻短钝，口宽而浅。牙细尖，上、下颌齿前后异形，前面牙尖长，后面牙细小。鳃裂5个，狭小，最后2个靠近胸鳍基上方。背鳍2个，无硬棘，后位，大小、形状相近。胸鳍宽圆，稍大于腹鳍。臀鳍接近尾鳍。尾鳍或短或长，尾椎轴低平，尾鳍下叶前部不突出。胎生或卵胎生。体色复杂多变化。须鲨也常被称为“豆腐鲨”，是近海底栖的中大型鲨鱼。它们行动迟缓，经常懒洋洋地停留在礁沙底床上的藻丛间休息，除非被刻意激怒，不然很少会主动攻击人类。

5 日本须鲨

Orectolobus japonicus Regan, 1906

英文名 Japanese wobbegong

地方名 豆腐鲨、须鲨

分类地位 软骨鱼纲Chondrichthyes，须鲨目Orectolobiformes，须鲨科Orectolobidae

形态特征 头平扁宽大，头宽近与头长相等。眼小，椭圆形，上侧位。吻短钝，鼻孔位于吻端下侧。前鼻瓣前部延长成1鼻须，其外侧具1小枝。口颇宽，前位，浅弧形。唇褶很发达，下唇褶较长。上、下颌齿同形，前后异形。鳃裂5个，第五鳃裂最宽。臀鳍小，后位，恰在尾鳍之前。喷水孔后角具1明显白斑。体锈褐色，遍具深暗和浅白色云状花纹及斑点，背面和侧面具暗色不规则横纹10条。腹面白色，臀鳍前部白色、后部褐色，其他鳍均具斑纹。

生态习性 底层小型鲨类，喜栖息于近海沙泥底质的海区和多藻类生长环境中，能拟态。卵胎生，每产可达20仔。最大体长1000 mm左右。以鱼类及无脊椎动物为食。

地理分布 我国分布于东海、台湾海域及南海，舟山海域少见。

保护现状 2020年IUCN评估为无危物种。

日本须鲨

(五)长尾须鲨科 Hemiscylliidae

体细长，呈圆柱形或稍扁平，体侧具隆脊或无。头稍宽，吻端宽圆稍尖。眼小，椭圆形，无瞬膜，位于头的背侧方。喷水孔大，位于眼的后下方。前鼻瓣具1鼻须。口裂小，腹位，近乎平直。齿三角形，侧齿头或有或无，齿细小，多行。鳃裂小，第四和第五鳃裂重叠或靠近。背鳍2个，第一背鳍略大。胸鳍较小，宽圆，约与腹鳍同大或稍小。臀鳍略小于第二背鳍。尾鳍狭长，尾椎轴平直不上翘，尾鳍下叶低平。体表具鞍状斑、暗斑或亮斑，亦有体色简单而不具斑点者。

6 条纹斑竹鲨

Chiloscyllium plagiosum (Bennett, 1830)

英文名 Whitespotted bambooshark

地方名 斑竹狗鲨

分类地位 软骨鱼纲Chondrichthyes，须鲨目Orectolobiformes，长尾须鲨科Hemiscylliidae

形态特征 头长，稍扁平。吻窄圆。眼椭圆形，上侧位，无瞬膜。喷水孔中大，约等于眼径。鼻孔下侧位，具口鼻沟。口平横，口宽大于口前吻长，下唇宽扁，连续成1横褶。齿细小，三齿头形，侧齿头细小，多行在使用，每侧有12～13纵行。鳃裂5个，狭小，最后一个鳃裂最宽。背鳍2个，小而上角钝圆，后端平直，下角不尖突。胸鳍与腹鳍略小、同大或胸鳍略大。臀鳍小。体色灰褐色，腹面前白色，体侧具12～13条暗色横纹，体侧及各鳍另具许多淡色的斑点。

生态习性 栖息于浅海或内湾多贝类、藻类生长的环境中，显示保护色，行动不甚活泼。体重一般在0.1～0.5 kg，最大3～3.5 kg，体长1000 mm左右。卵生。以底栖无脊椎动物及小鱼为食。

地理分布 我国分布于东海、南海，舟山海域少见。

保护现状 2020年IUCN评估为近危物种。

条纹斑竹鲨

（六）鲸鲨科 Rhincodontidae

体庞大，每侧具2显著皮褶。头宽广而扁平，头侧无特殊肉垂。口宽扁且巨大，端位，上下颌具唇褶。鼻孔位于吻端两侧，出水孔开口在口内。眼小，圆形，无瞬膜。喷水孔小。齿细小而多，圆锥形。鳃裂大，鳃弓具海绵状鳃耙。背鳍2个，第一背鳍远大于第二背鳍。胸鳍远大于腹鳍。臀鳍约与第二背鳍同大，尾柄两侧各具强侧突。尾鳍宽短，新月形，尾椎轴上翘。

7 鲸鲨

Rhincodon typus Smith, 1828

英文名 Whale shark

地方名 鲸鲨

分类地位 软骨鱼纲Chondrichthyes，须鲨目Orectolobiformes，鲸鲨科Rhincodontidae

形态特征 头宽扁。口宽大，端位，口裂浅弧形。上、下颌约等长。眼很小，圆形，无瞬膜，眼间隔很宽，微圆突。鼻孔宽大，横裂，位于吻端两侧。喷水孔椭圆形。鳃裂5个，第三个最宽。背鳍2个，第一背鳍中大，起点距吻端比距尾端为近；第二背鳍很小。臀鳍比第二背鳍稍小，腹鳍与臀鳍几同大。尾鳍呈新月形，下叶短于上叶。体呈灰褐色至蓝褐色，背面、上侧面、胸鳍背面和第一背鳍为灰褐色、赤褐色或茶褐色，尾鳍上、下缘有1至数行斑点。

生态习性 大洋性大型鲨类，常成群于水面游泳，有时至近海。一般体长在10 m左右，为鱼中之冠。卵生。性和善，以甲壳类、软体动物及小型鱼类为食。

地理分布 我国沿海均有分布，舟山海域罕见。

保护现状 2016年IUCN评估为濒危物种，列入《濒危野生动植物种国际贸易公约》（CITES）附录Ⅱ，国家二级重点保护野生动物。

鲸鲨（依海峡都市报等）

五、鼠鲨目 Lamniformes

也称鲭鲨目(Isuriformes)。眼侧位或侧上位，无瞬膜和瞬褶。喷水孔位于眼后，细小或消失。无口鼻沟和鼻须。口大，弧形，具唇褶，口裂伸达眼后。上、下颌齿形变化大。鳃孔5对，宽大。背鳍2个，无硬棘。具臀鳍。尾鳍基底上、下方各具1凹洼，尾柄无侧突或具显著侧突。

(七)砂锥齿鲨科 Odontaspididae

体延长而粗大。头宽扁，三角形。眼小，卵圆形，无瞬膜。喷水孔细小。齿大，锥形。5对鳃裂均位于胸鳍基底前方。背鳍2个，无硬棘。两背鳍、腹鳍与臀鳍几乎等大。尾鳍宽长，但短于全长之半，下叶短，不呈新月形。尾鳍基底上方具1凹洼，尾柄无侧突。

8 锥齿鲨

Carcharias taurus Rafinesque, 1810

英文名 Sand tiger shark

地方名 沙虎鲨、欧氏锥齿鲨、老鼠鲨

分类地位 软骨鱼纲Chondrichthyes，鼠鲨目Lamniformes，砂锥齿鲨科Odontaspididae

形态特征 吻长而尖，下颌较短狭，齿外漏。上下颌均无正中齿，且齿大小不均，前面齿窄长如钻子状，侧面齿侧扁如刀状。尾鳍宽长，尾椎轴稍上翘。体背侧灰褐或黄褐色，腹侧白色。体背面和鳍上具不规则红褐色斑点。鳍缘暗色。

生态习性 温带水域常见大型鲨。底栖，亦至表层和中层。有洄游习性，春夏成群北上，秋冬南下。卵胎生，每1卵群有16～23个受精卵，妊娠期长达8～9个月。雄成鱼长2200～2570 mm，雌成鱼长2200～3000 mm。性凶猛，主要以头足类、龙虾等甲壳类以及小型鲨、鳐类和其他鱼类为食。

地理分布 我国分布于黄海、东海和台湾东北及东部沿海，舟山海域常见。

保护现状 2020年IUCN评估为极危物种。

锥齿鲨（依 Flescher D.）

（八）长尾鲨科 Alopiidae

体延长，呈圆柱形。尾很长，超过全长之半，尾椎轴稍上翘，尾柄稍侧扁。头短。眼小或中大，无瞬膜。吻尖凸如锥状，口裂小呈弧形，腹位。齿小型，平扁三角形，排列紧密，上、下颌齿皆少于60列。喷水孔细小。鳃裂5个。背鳍2个，无棘。胸鳍窄长，成鱼胸鳍长于头长。腹鳍与第一背鳍同大。第二背鳍和臀鳍均很小，臀鳍基底起点在第二背鳍基底起点之后。长尾鲨是活跃的猎食者，尾巴多用来打晕猎物。

9 浅海长尾鲨

Alopias pelagicus Nakamura, 1935

英文名 Pelagic thresher

地方名 长尾鲨

分类地位 软骨鱼纲Chondrichthyes，鼠鲨目Lamniformes，长尾鲨科Alopiidae

形态特征 体亚圆筒形，头较窄长，吻短而钝尖；前额近于平直；眼大，圆形，无瞬膜。吻长约为眼径的1.8倍。鼻孔小而平横，内侧位。口弧形，口前吻长约为口宽的1.3倍，不具唇沟。齿小，中齿头斜三角形，侧面齿具小齿头。喷水孔细狭。鳃孔5个，第三鳃孔与眼径约相等。背鳍2个，第二背鳍微小，臀鳍与第二背鳍同形同大，胸鳍几近平直，鳍端钝尖，尾鳍很长，大于全长之半，上叶短，下叶前缘长约等于第一背鳍基底长。体黑褐色，腹面浅褐色。背鳍，尾鳍、胸鳍边缘都细狭黑褐色。

生态习性 暖温性大洋表层鱼类，有时会在近海追捕小型群游鱼类，用长尾击鱼，有时也降入深处。体长达3000 mm以上。卵胎生，一胎可产下2～4尾幼鲨，胎儿在母体子宫内有同种相残习性。

地理分布 我国分布于东海、南海，舟山海域偶见。

保护现状 2018年IUCN评估为濒危物种。

浅海长尾鲨

(九)姥鲨科 Cetorhinidae

体短，呈纺锤形，中部粗大，前、后部渐狭小。头圆锥形，远短于躯干长。眼小，无瞬膜。鼻孔狭小，位于口前。口大，弧形。齿小，上、下颌超过200列。鳃裂极大，上延达头背侧。鳃弓密，具角质细长鳃耙，成为过滤器。背鳍2个，鳍高而呈直立三角形，第一背鳍大，且明显大于第二背鳍。胸鳍窄长，但短于头长。尾鳍弯月形。有季节洄游习性，每年5～6月成群洄游来华东区海面，稍迟至黄海。

10 姥鲨

Cetorhinus maximus (Gunner, 1765)

英文名 Basking shark、Elephant shark

地方名 姥鲨

分类地位 软骨鱼纲Chondrichthyes，鼠鲨目Lamniformes，姥鲨科Cetorhinidae

形态特征 头大，尖锥形，略侧扁。眼小，圆形，无瞬膜，位于口的前部上方。鼻孔小，近吻侧。口宽大，广弧形。上、下颌齿小而多，边缘光滑，齿头向后。喷水孔微小。鳃裂5个，很宽大，从背上侧伸达腹面喉部。背鳍2个。胸鳍宽大，镰刀状，后缘微凹入，外角圆钝，内角圆钝。腹鳍中大，位于背鳍间隔下方，鳍脚圆筒形，后端圆钝。尾鳍叉形，尾椎轴稍上扬，上尾叉较长大，近尾端处有1缺刻，下尾叉较短小。体纯褐色，腹面白色。

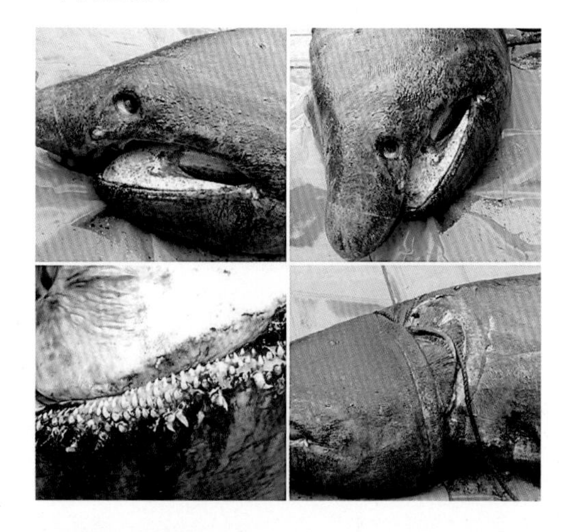

生态习性 近海上层大型鲨类，常在近表层活动。通常1～3尾或多达百尾成群在水表面缓慢地巡游，背鳍会露出水面，或翻身晒腹。常见雄性成体全长9000 mm，雌体9800 mm以上，最大记录为15200 mm，在鱼类中仅次于鲸鲨。本种个体虽大，但性情温和，以小型浮游无脊椎动物及小型鱼类为食，其捕食方式与须鲸的“滤食”相似。卵胎生，有季节洄游习性，每年5～6月成群洄游至华东区海面，稍迟至黄海。

地理分布 我国分布于黄海、东海和台湾东北部海域，舟山海域罕见。

保护现状 2018年IUCN评估为濒危物种，列入《濒危野生动植物种国际贸易公约》（CITES）附录Ⅱ，国家二级重点保护野生动物。

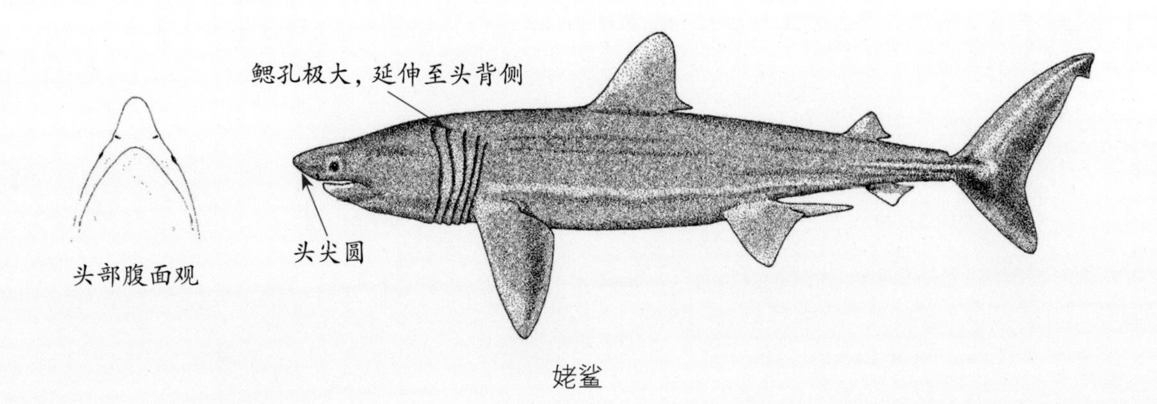

姥鲨

（十）鼠鲨科 Lamnidae

也称鲭鲨科（Isuridae）。体纺锤形，通常修长或很短。头部一般长但短于躯干长。吻尖突或锥状，不极度延伸或扁平。眼中大，圆形，无瞬膜。口裂大，弧形，腹位。齿大型，或窄如钻子状，或宽扁如刀状，或扁平如三角形。喷水孔细小或消失。背鳍2个，无硬棘，第一背鳍高而呈直立三角形或外角稍圆；第二背鳍与臀鳍都很小。胸鳍窄长。尾鳍叉形，基底上、下方各具1凹洼，尾柄具显著侧突。本科为大型或中型，暖温性上层鱼类。性情凶猛，常追捕鱼群。卵胎生。

11 噬人鲨

Carcharodon carcharias (Linnaeus, 1758)

英 文 名 Great white shark

地 方 名 大白鲨

分类地位 软骨鱼纲Chondrichthyes，鼠鲨目Lamniformes，鼠鲨科Lamnidae

形态特征 体纺锤形，躯干粗大，头、尾渐细小。眼中大，圆形，无瞬膜。鼻孔狭小，距口端比距吻端近。口深，弧形。下颌极短，口闭时露齿；颌齿大型，边缘具锯齿。喷水孔微小，有时消失。鳃裂5个。背鳍2个，均无棘。第一背鳍高大，棘呈等边三角形，起点约对着胸鳍里缘中部；第二背鳍很小。臀鳍与第二背鳍同形同大，恰位于第二背鳍后面下方。胸鳍狭长，但稍短于头长。腹鳍颇小，约位于两背鳍间隔中部下方。体背侧青灰色，或暗褐色，或近黑色；腹侧淡色至白色。

生态习性 近海大型凶猛鲨类，活动在表层至水深1280 m处。最大个体长可达8000 mm，通常捕捞个体长1400～6000 mm。卵胎生。平均巡游速度为每小时3.2 km，可突发快速冲刺，有时会跃出水面。捕食各种鱼类、海龟、海兽等，也有袭击渔船和噬人的记录，为现存最凶残鲨类之一。

地理分布 我国分布于东海、台湾东北部海域和南海，舟山海域少见。

保护现状 IUCN评估为易危物种，列入《濒危野生动植物种国际贸易公约》(CITES)附录Ⅱ，国家二级重点保护野生动物。

噬人鲨

12 尖吻鲭鲨

Isurus oxyrinchus Rafinesque, 1810

英文名 Shortfin mako

地方名 红鲨、黑皮鲨

分类地位 软骨鱼纲Chondrichthyes，鼠鲨目Lamniformes，鼠鲨科Lamnidae

形态特征 体纺锤形，躯干肥大，头、尾渐细小。眼大，圆形，无瞬膜。鼻孔小，近于眼端。口裂宽，深弧形。齿侧扁，尖锐，前部齿头细长，后部齿头短宽，三角形。喷水孔细小，位于口角上方。鳃裂5个。背鳍2个，均无棘。第一背鳍中大，起点于胸鳍后端；第二背鳍很小，基底中部与臀鳍起点相对。尾鳍短宽，叉形。胸鳍颇狭长，长较短于头长。体背侧青灰色，吻腹侧及腹部淡色至白色。

生态习性 热带和暖温带近海上层大中型鱼类，活动于表层至水深至少152 m处。雄成鱼体长1950～2840 mm，雌成鱼体长2800～3940 mm，最长可达4000 mm，重505 kg。卵胎生，胎儿在子宫内有同种相残吞食的习性。每产4～6仔，刚产仔鲨长60～70 mm，个性凶猛，追逐鲐鱼、鲱鱼等鱼群。本种肉色偏红，在国外有"红鲨"之称，肉质佳，在地中海、加勒比海和西非，为重要渔获对象之一。

地理分布 我国分布于东海、台湾海域及南海，舟山海域常见。

保护现状 本种也有攻击人的记录，2018年IUCN评估为濒危物种，列入《濒危野生动植物种国际贸易公约》(CITES)附录Ⅱ。

尖吻鲭鲨

六、真鲨目 Carcharhiniformes

体延长如柱形。头圆锥形，平扁或两侧突出。吻软骨3个。鳃裂5对。眼椭圆形或圆形，侧位或背侧位，具瞬膜或瞬褶。多数眼后有喷水孔。前鼻瓣小三角形突出，鼻间隔宽。鼻孔通常无鼻须或口鼻沟。口大，呈弧形。唇沟明显或短而隐藏在口角。齿变异较多，但通常无臼齿。背鳍2个，无鳍棘。具臀鳍。尾鳍基前上、下方无凹洼或均具凹洼。

（十一）猫鲨科 Scyliorhinidae

体延长，呈圆柱形。眼前后延长，呈纺锤形、卵圆形或裂缝状，下眼睑上部分化为瞬褶，能上闭。鼻孔不与口相连，前鼻瓣或有鼻须。口宽大，弧形。唇褶发达或不发达。牙细小而多，多齿头型，上、下颌齿形相似，多行使用。喷水孔小或中大。背鳍2个，无硬棘，第一背鳍起点常在腹鳍起点上方或之后，第二背鳍起点在臀鳍起点后方或近相对。臀鳍基底一般较短。尾鳍短狭，尾椎轴低平或稍上翘，尾基上、下方无凹洼。

13 阴影绒毛鲨
Cephaloscyllium umbratile Jordan & Fowler, 1903

英文名 Blotchy swell shark

地方名 绒毛鲨

分类地位 软骨鱼纲Chondrichthyes，真鲨目Carcharhiniformes，猫鲨科Scyliorhinidae

形态特征 体前部较扁平，后部较细狭。头宽扁而长。尾细小，成体时比头和躯干稍短。眼狭长，两端尖，上侧位。鼻孔大，几横列，距口比距吻端为近。齿细小而多，多齿头型。喷水孔细小。鳃裂狭长。背鳍2个，均无棘，第一背鳍较第二背鳍大。臀鳍比第一背鳍稍小。腹鳍低长，外缘与后缘连续，呈半圆形。体黄褐色，在成长过程中体侧斑变化大，一般体背具多条鞍状暗斑，体侧散布许多黑心白缘的圆斑，或暗色斑点，或深褐色斑块。

生态习性 近海底层中小型鲨类，生活在水深18～220 m处。卵生。最大体长约1200 mm。生活时能吸水或空气至胃中，使腹部膨胀，有时上游，翻身浮在水面。白天躲在石缝或者洞穴中，晚间通常会游至邻近的泥沙底质觅食，以小型鱼类及无脊椎动物为食。

地理分布 我国分布于黄海、东海和南海，舟山海域较为常见。

保护现状 2019年IUCN评估为近危物种。

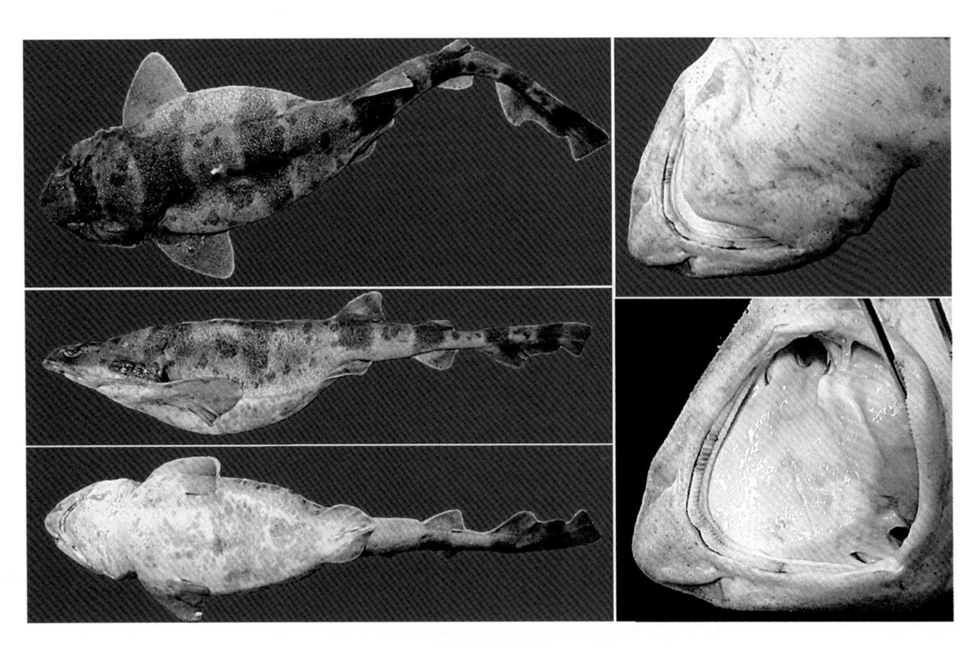

阴影绒毛鲨

14 梅花鲨
Halaelurus buergeri (Müller & Henle, 1838)

英文名 Blackspotted catshark

地方名 梅花鲨

分类地位 软骨鱼纲Chondrichthyes，真鲨目Carcharhiniformes，猫鲨科Scyliorhinidae

形态特征 体延长，前部较平扁，后部亚圆筒形，稍侧扁。头短而宽扁，头长约为体长的1/6。眼大，椭圆形，下眼睑上部分化成瞬褶。鼻孔颇大，斜列，距口比距吻端近。鼻间隔约等于鼻孔长的2/3。口宽大，亚弧形。齿细小密列，3～5齿头型，每侧约30余纵行。喷水孔小，半月形，恰位于后眼角后下方。鳃裂5个，狭小，前面3个约等大。背鳍2个，小型，第一背鳍略大，第二背鳍与第一背鳍同形。臀鳍比第二背鳍稍小，后缘微凹。腹鳍较大，外缘与后缘呈半圆形。体淡褐色，体侧具暗色横带及黑色斑点，三五成群，似梅花状排列。

生态习性 热带和温带普通小型鲨，栖息于大陆架水深80～100 m处。卵生，在子宫中有数个卵囊，胎儿在卵囊中发育至产出，为卵生和卵胎生之间的中间类型。雄性成鱼长360～430 mm，雌性成鱼长450 mm。

地理分布 我国分布于东海中部至南海，舟山海域少见。

保护现状 2020年IUCN评估为濒危物种。

梅花鲨

15 虎纹猫鲨

Scyliorhinus torazame (Tanaka, 1908)

英文名 Cloudy catshark

地方名 虎纹鲨、云纹猫鲨

分类地位 软骨鱼纲Chondrichthyes，真鲨目Carcharhiniformes，猫鲨科Scyliorhinidae

形态特征 头宽扁而短，约为体长的1/6。眼狭长，两端尖，具瞬褶，能上闭，眼间隔平宽。鼻孔颇大，斜列，鼻瓣前部未到达上唇。口宽而弧形，宽约为长的3倍。喷水孔中大，位于后眼角下方，其前有瓣膜可启闭。鳃裂5个，最后2个位于胸鳍基底上方。背面盾鳞较粗糙，具3棘突、3纵嵴。背鳍2个，小型。臀鳍比第二背鳍稍大，距尾基比距腹鳍为近。腹鳍距臀鳍约与背鳍间隔相等。胸鳍较大，蒲扇形。尾鳍约为体长的1/4。体黄褐色，具11～12条不整齐横纹，并散布着不规则淡色斑纹；腹面淡褐色。

生态习性 冷温性鱼类，栖息在近海底层，生活在大陆架和上斜坡的近海水深320 m处。卵生，每个输卵管只1个受精卵。大多数胎儿在产出体外后发育，孵化时体长至少为80 mm。雄成鱼长410～480 mm，雌成鱼长约390 mm。

地理分布 我国分布于黄海和东海沿岸，舟山海域偶见。

保护现状 2020年IUCN评估为无危物种。

虎纹猫鲨

（十二）皱唇鲨科 Triakidae

体延长，呈圆柱形。眼椭圆形，具瞬褶。鼻孔位于口前，无口鼻沟。唇沟较长，鼻孔不与口相连。齿细小而多，多行在使用，通常上、下颌齿约略同型。具喷水孔。背鳍2个，无棘。第一背鳍位于胸鳍与腹鳍之间，第二背鳍部分与臀鳍基底相对。尾鳍宽长，尾椎轴稍上翘，下叶前部稍突出。尾端有1缺刻。

16 日本半皱唇鲨

Hemitriakis japanica (Müller & Henle, 1839)

英文名 Japanese soupfin shark

地方名 日本翅鲨、日本灰鲨

分类地位 软骨鱼纲 Chondrichthyes，真鲨目 Carcharhiniforme，皱唇鲨科 Triakidae

形态特征 体延长侧扁，尾基上下方无凹洼。眼椭圆形，具瞬褶。鼻孔中大。口宽大，浅弧形。齿宽扁，亚三角形，上下颌齿同形，前后齿异形。上、下颌各具34齿。鳃孔5个。背鳍2个，同形，第二背鳍稍小。尾鳍较狭长。臀鳍比第二背鳍小。胸鳍近三角形。体灰褐色或褐色，腹面、胸鳍、背鳍后缘白色，尾端暗褐色或黑色。

生态习性 栖息于温带和亚热带近海和外海，水深至少100 m处。卵胎生，每产8～22仔，刚产仔鲨长200～210 mm。雄成鱼长850 mm，可达1100 mm，雌成鱼长800～1000 mm，记载最大体长为1200 mm。

地理分布 我国分布于东海外海、台湾东北部海域、南海，舟山海域罕见。

保护现状 2019年IUCN评估为濒危物种。

日本半皱唇鲨

17 灰星鲨

Mustelus griseus Pietschmann, 1908

英文名 Spotless smooth-hound

地方名 灰貂鲨、平滑鲛、灰貂鲛、白鲨条

分类地位 软骨鱼纲Chondrichthyes，真鲨目Carcharhiniformes，皱唇鲨科Triakidae

形态特征 体略瘦长。头平扁，头宽较头高为大，头长约占全长的1/5。眼椭圆形，眼眶隆脊明显，具瞬褶。鼻孔宽大，距口端比距吻端为近。口颇小，三角形，两侧斜行，前端圆钝，口宽比口前吻长为短。喷水孔小，椭圆形，两端尖，位于眼角后下方。鳃裂5个，狭小，最后2个位于胸鳍基底上方。背鳍2个，第一背鳍较后位。腹鳍比第二背鳍稍小，起点与第一背鳍下角后端相对或稍后。胸鳍外角钝尖，后缘凹入；里角钝圆。体侧面灰褐色，有时略为紫色，腹面淡色，体表无任何白点、暗点及暗色斑。

生态习性 暖温性近海小型鲨类。成体体长在1000 mm左右，以甲壳类、软体动物及小型鱼类为食。一胎可产下5～16尾。胎儿具卵黄囊胎盘，连于母体子宫壁上，子宫分成多室，胎儿各居一室。

地理分布 我国分布于黄海、东海、台湾东北部海域以及南海，舟山海域偶见。

保护现状 2019年IUCN评估为濒危物种。

灰星鲨

18 白斑星鲨
Mustelus manazo Bleeker, 1854

英文名 Starspotted smooth-hound

地方名 白点鲨、沙皮、星鲨

分类地位 软骨鱼纲Chondrichthyes，真鲨目Carcharhiniformes，皱唇鲨科Triakidae

形态特征 体细而延长。头平扁。眼椭圆形，眼眶隆脊明显，具瞬褶。鼻孔宽大，距口端比距吻端近许多。口裂呈折角状。喷水孔小。鳃裂5个，前3个较宽，后2个较狭。背鳍2个，形状相同。尾鳍狭长，长稍大于头长。体背面和侧面灰褐色，沿侧线及侧线以上散布着许多不规则白色斑点；腹面白色；各鳍褐色，边缘较淡。

生态习性 中小型鲨鱼，栖息于潮间带至水深360 m处，常发现于潮间带、泥浆和沙底，也可在半封闭的海域找到。主要以底层无脊椎动物为食，也以硬骨鱼为食。雄成鲨体长约960 mm，雌成鲨体长约1200 mm，最大体长可达2200 mm。卵胎生，无卵黄囊胎盘。每产1～22仔，大多2～6仔。妊娠期约10个月，春季产仔。仔鲨长300 mm，经3～4年性成熟，此时长达620～700 mm。

地理分布 我国主要分布于黄海和东海，但在南海也偶见，舟山海域少见。

保护现状 2020年IUCN评估为濒危物种。

白斑星鲨

19 皱唇鲨

Triakis scyllium Müller & Henle, 1839

英文名 Banded houndshark

地方名 九道箍、竹鲨

分类地位 软骨鱼纲 Chondrichthyes，真鲨目 Carcharhiniformes，皱唇鲨科 Triakidae

形态特征 头平扁而略短。眼小，椭圆形，瞬褶发达，距吻端较距第一鳃裂为近。鼻孔宽大，约与眼径等长。口较宽。喷水孔小，长椭圆形，位于眼后，与眼的距离约等于眼径的1/2。鳃裂5个。背鳍2个，形状相同，第二背鳍较小。尾鳍中长，约为全长的2/9。臀鳍比第二背鳍小许多，起点几与第二背鳍基底中部相对。腹鳍比第二背鳍稍小，近方形。胸鳍比第一背鳍稍大，后缘稍凹。体灰褐带紫色，腹面淡色，沿体侧具许多宽鞍状斑纹，以及稀疏的黑点，随着成长黑点渐消失。

生态习性 底栖性中型鲨类，栖息于大陆架或岛屿周围，经常出现于河口区域或港湾浅水域，特别是有底藻覆盖的沙泥地，能忍受低盐度。主要以小型鱼类及甲壳类为食。一般体长在1500 mm以下。卵胎生，一胎可产下10～24尾幼鱼。

地理分布 我国沿海均有分布，舟山海域常见。

保护现状 2019年IUCN评估为濒危物种。

皱唇鲨

(十三)真鲨科 Carcharhinidae

体型大小多样化，变异颇大。一般眼圆，具瞬膜。不具鼻须或口鼻沟。通常不具喷水孔。口宽大，弧形，唇褶发达或不发达。牙单齿头型，齿头直或外斜，边缘光滑。上颌齿常宽扁，亚三角形；下颌齿常较窄而尖。鳃裂5个。背鳍2个，无棘。第一背鳍大，第二背鳍通常很小，部分与臀鳍相对。尾鳍基底前具凹槽，下叶发达，上叶背缘呈波浪状。肠内具轮状瓣。一般为卵胎生。

20 黑边鳍真鲨

Carcharhinus limbatus (Müller & Henle, 1839)

英文名 Blacktip shark

地方名 真鲨

分类地位 软骨鱼纲Chondrichthyes，真鲨目Carcharhiniformes，真鲨科Carcharhinidae

形态特征 体纺锤形，向头、尾渐细小。头宽扁，尾稍侧扁。眼圆，瞬膜发达。鼻孔斜列，外侧位，距眼比距吻端稍近。鼻间隔宽。口宽，圆弧形，口宽与口前吻长约相等，口长约等于口宽1/2。下颌齿细长，矛状，边缘光滑。喷水孔消失。鳃裂5个，宽大。背鳍2个，第一背鳍颇大，靠近胸鳍，起点约与胸鳍基底后端相对；第二背鳍很小，起点约与臀鳍起点相对。胸鳍大型，镰刀形。腹鳍较大，约位于第一和第二背鳍中间下方。尾鳍宽长，尾椎轴上扬。体背面和上侧面灰褐色，下侧面和腹部白色，体侧从胸鳍基底上方至腹鳍基底上方具1白色纵条；各鳍端部暗褐色至黑色。

生态习性 热带和暖温带常见鲨，栖息于近海浅水泥底、海湾及近河口。能忍受低盐度但远不至淡水，常在水面成大群，常跃出水面。胎生，具卵黄囊胎盘。每产1～10仔，通常4～7仔。雄成鱼长1350～1800 mm，雌成鱼长1200～1900 mm，最长可达2550 mm。以浮游生物及底栖鱼类、头足类及其他鲨类和鳐类为食。

地理分布 我国分布于东海、台湾海域以及南海，舟山海域少见。

保护现状 2020年IUCN评估为易危物种，列入《濒危野生动植物种国际贸易公约》（CITES）附录Ⅱ。

黑边鳍真鲨

21 铅灰真鲨

Carcharhinus plumbeus (Nardo, 1827)

英文名 Sandbar shark

别　名 高鳍真鲨、阔口真鲨、高鳍白眼鲛

分类地位 软骨鱼纲 Chondrichthyes，真鲨目 Carcharhiniformes，真鲨科 Carcharhinidae

形态特征 体纺锤形，躯干较粗大。头宽扁。眼圆，瞬膜发达。鼻孔颇宽大，斜侧位，距口端比距吻端为近。口弧形，闭口时齿不外露。吻背视弧形，前缘圆钝；侧视尖突。喷水孔消失。鳃裂5个。背鳍2个，前方均无棘，第一背鳍起于胸鳍基底。胸鳍近镰形。体背侧灰褐色，腹侧白色；鳍灰褐色，后缘较淡。

生态习性 温带和热带近海上层鲨类，栖息于潮间带至280 m处。胎生，具卵黄囊胎盘，每产1～14仔。雄成鱼长1310～1780 mm，雌成鱼长1400～1800 mm，最长达3000 mm。是西北和东北大西洋的重要渔业，亦是游钓鱼类。以硬骨鱼类、小型鲨鱼及头足类、甲壳类等为食。

地理分布 我国分布于黄海、东海，舟山海域少见。

保护现状 2020年IUCN评估为濒危物种，列入《濒危野生动植物种国际贸易公约》(CITES)附录Ⅱ。

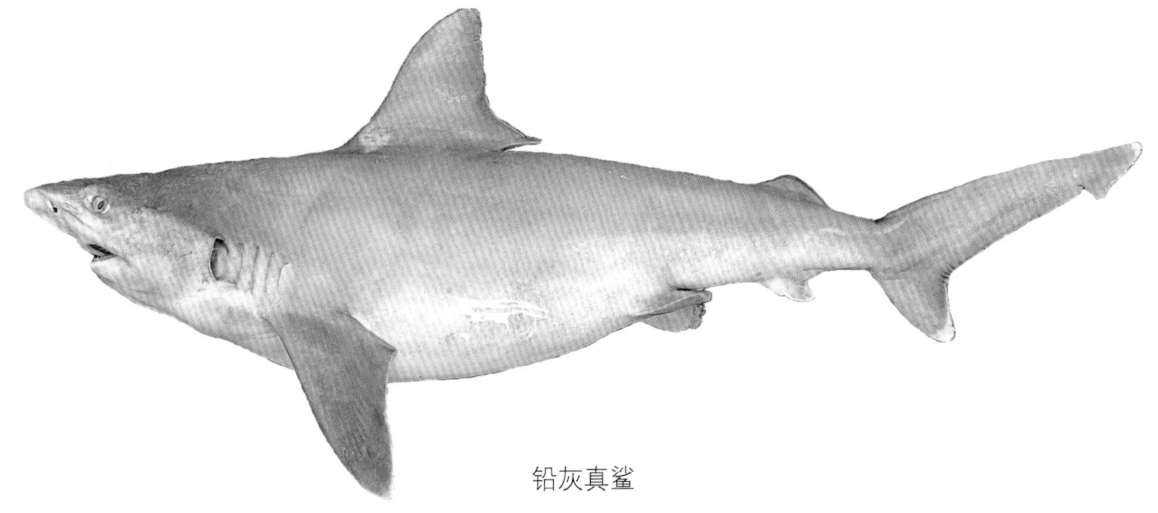

铅灰真鲨

22 鼬鲨

Galeocerdo cuvier (Péron & Lesueur, 1822)

英文名 Tiger shark

地方名 虎鲨、居氏鼬鲨

分类地位 软骨鱼纲Chondrichthyes，真鲨目Carcharhiniformes，真鲨科Carcharhinidae

形态特征 体延长，后部渐细小，尾亚圆筒形。头宽扁。眼近圆形，瞬膜发达。鼻孔中大。口深弧形，闭口时齿不外露。喷水孔细小。鳃裂5个，中大。背鳍2个，第一背鳍颇大，起点与胸鳍里角相对；第二背鳍小，起点前于臀鳍起点。胸鳍中大型，镰刀形。尾鳍宽长，尾椎轴上扬。体灰褐色或青褐色，腹面白色；体侧和鳍具不规则褐色斑点，连成许多纵行和横行条纹，似“豹纹”。

生态习性 活泼、健泳、凶猛，是最危险的鲨类之一，常袭击人和小船。最大个体可达9100 mm，刚产仔鲨长510～760 mm。卵胎生，每产10～82仔。4～6龄性成熟，至少可活12年。摄食鱼类、甲壳类、软体动物、海鸟、海龟、海蛇、海豹以及各种动物的尸体。

地理分布 我国沿海均有分布，舟山海域少见。

保护现状 2018年IUCN评估为近危物种，列入《濒危野生动植物种国际贸易公约》(CITES)附录Ⅱ。

鼬鲨

23 大青鲨
Prionace glauca (Linnaeus, 1758)

英文名 Blue shark

分类地位 软骨鱼纲Chondrichthyes，真鲨目Carcharhiniformes，真鲨科Carcharhinidae

形态特征 体延长，亚纺锤形。头宽扁，头长小于全长的1/4。尾细长，尾鳍基上下方各具1凹洼。吻三角形，长而尖突。眼小，瞬膜发达。口中大，半月形，唇褶短小，隐于口隅处。上颌齿宽扁，三角形，边缘具细锯齿，外缘凹入；下颌齿狭尖。喷水孔消失。鳃孔5个，狭小。背鳍2个，第一背鳍颇小，位于体腔后半部上方，第二背鳍较臀鳍稍小。尾鳍宽长，稍大于全长的1/4，尾柄具低侧嵴。体背和上侧面深蓝色，腹面和下侧面白色。

生态习性 大洋表层鱼类，常成大群，体长达4000 mm以上。卵胎生，一胎可产下4～135尾幼鲨。

地理分布 我国分布于东海、南海海域，舟山海域偶见。

保护现状 2018年IUCN评估为近危物种，2023年列入《濒危野生动植物种国际贸易公约》（CITES）附录Ⅱ。

大青鲨

24 宽尾斜齿鲨
Scoliodon laticaudus Müller & Henle, 1838

英文名 Spadenose shark

别名 尖头斜齿鲨

分类地位 软骨鱼纲 Chondrichthyes，真鲨目 Carcharhiniformes，真鲨科 Carcharhinidae

形态特征 头扁平，似锄状。眼小而圆，正侧位。鼻孔斜列，外侧位。鼻间隔宽。口裂宽大，深弧形。上下颌齿同型，宽扁三角形，且明显外斜。喷水孔消失。鳃裂5个，中大，最后1～2个位于胸鳍基底上方。胸鳍大约等于第一背鳍，宽三角形，尾鳍宽长，尾椎轴上扬。背面和上侧面灰褐色，下侧面和腹面白色，背鳍、尾鳍、胸鳍灰褐色，臀鳍和腹鳍淡白色。

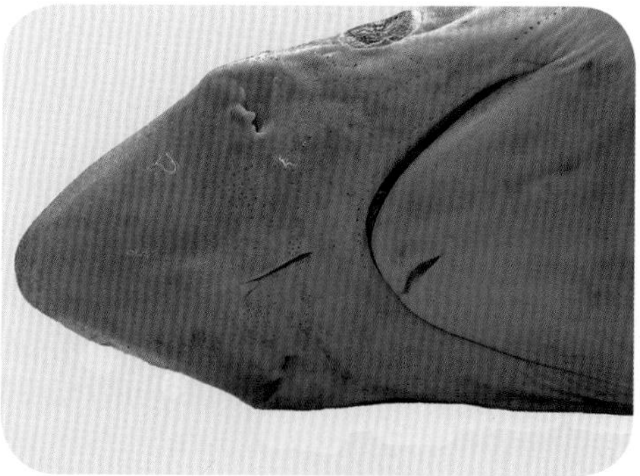

生态习性 热带暖温性近岸大陆架的小型鲨类。常见成鱼体长400 mm左右，最长可达1000 mm。有成群习性。胎生，每胎产6～20仔。1～2年性成熟，最多可活5～6年。

地理分布 我国分布于黄海至南海，舟山海域常见。

保护现状 2020年IUCN评估为近危物种，列入《濒危野生动植物种国际贸易公约》（CITES）附录Ⅱ。

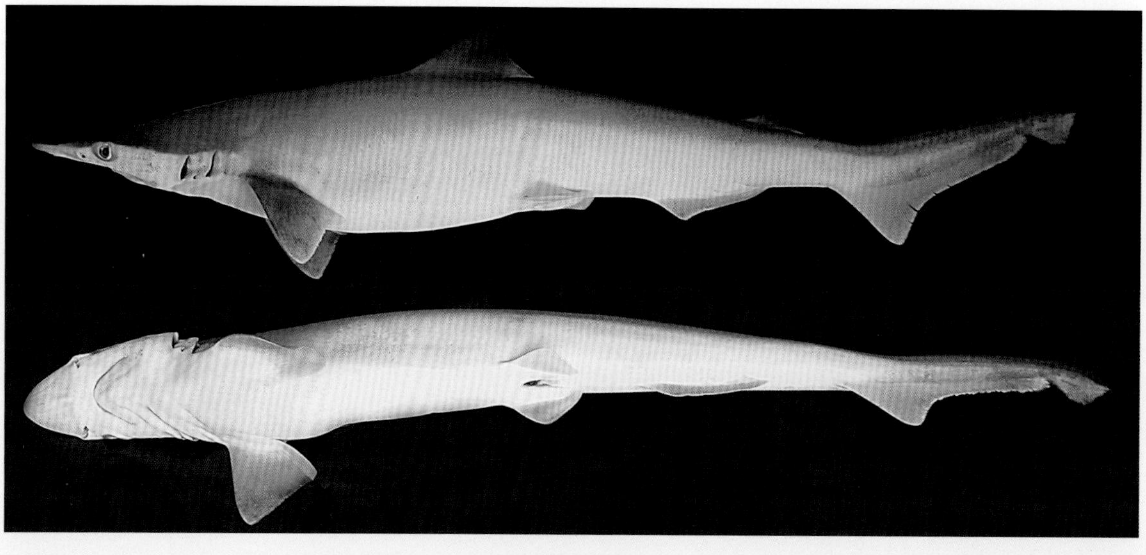

宽尾斜齿鲨

（十四）双髻鲨科 Sphyrnidae

头前部平扁，额骨区向左右两侧突出成锤状。眼圆形，位于头侧突出部分的顶端，瞬膜发达。喷水孔消失。鼻孔端位，近眼或近吻端中间。口宽大，弧形，齿边缘光滑。鳃裂中大。背鳍2个，无硬棘，第一背鳍大，距胸鳍相较于腹鳍为近；第二背鳍小。尾椎轴上翘，尾基上下方各具1凹洼，下叶前部显著三角形突出，后部近尾端处有1缺刻。胎生或卵胎生。中国常见的为路氏双髻鲨、锤头双髻鲨，沿海各地均产，是我国重要的经济鱼类。

25 路氏双髻鲨 *Sphyrna lewini* (Griffith & Smith, 1834)

英文名 Scalloped hammerhead

地方名 双髻鲨、相公鲨、书生鲨

分类地位 软骨鱼纲Chondrichthyes，真鲨目Carcharhiniformes，双髻鲨科Sphyrnidae

形态特征 头锤形，前部平扁。吻端中央凹入。眼圆，瞬膜发达。鼻孔平扁，位于吻端，靠近外侧。口裂大，弧形。上下颌齿同型，侧扁三角形。喷水孔消失。鳃裂5个，最后一个较小。背鳍2个，第一背鳍高大，帆形；第二背鳍小。腹鳍后缘平直或稍凹入。臀鳍略大于第二背鳍。胸鳍中大，后缘略凹入，尾鳍宽长，尾椎轴上扬。体背侧面灰褐色，腹面白色，第一背鳍后缘、第二背鳍上部和后缘、尾端部分、尾鳍下叶前部下端、胸鳍外角腹面缘均黑色。

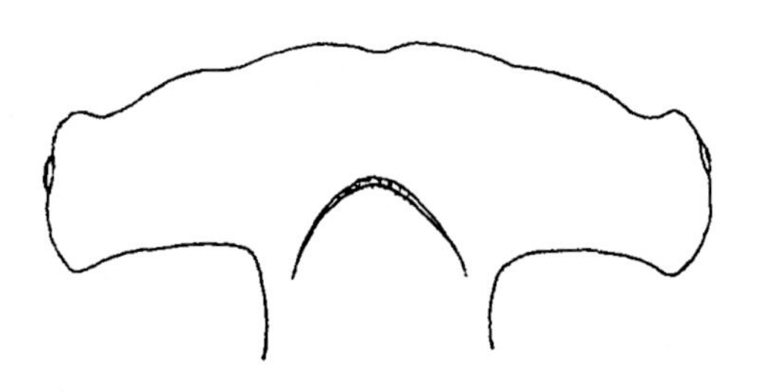
路氏双髻鲨头部

生态习性 热带和温带常见鲨类，栖息于潮间带至275 m水层，常成大群。最大体长可达3000 mm，重达数百千克。性凶猛。卵胎生，具卵黄囊胎盘，每产15～31仔。主要摄食鱼类、头足类、甲壳类等。

地理分布 我国分布于黄海、东海及南海，舟山海域常见。

保护现状 2018年IUCN评估为极危物种，列入《濒危野生动植物种国际贸易公约》（CITES）附录Ⅱ。

路氏双髻鲨

26 锤头双髻鲨

Sphyrna zygaena (Linnaeus, 1758)

英文名 Smooth hammerhead shark

地方名 锤头鲨、双髻鲨、相公鲨、书生鲨

分类地位 软骨鱼纲Chondrichthyes，真鲨目Carcharhiniformes，双髻鲨科Sphyrnidae

形态特征 头锤形，吻端中央圆凸。眼小，圆形，瞬膜发达，鼻孔平扁，位于吻端外侧，外鼻沟短。口弧形，下唇褶很短小，上唇褶几消失。上颌齿侧扁，三角形，齿头倾斜，边缘平滑或具细弱锯齿，不具小齿尖。喷水孔消失。鳃裂5个。背鳍2个。臀鳍略小于第二背鳍。胸鳍中大，后缘略凹入。体背棕色，腹部白色，胸鳍、尾鳍下叶前部、尾鳍上部尖端具黑斑，背鳍上部具黑缘。

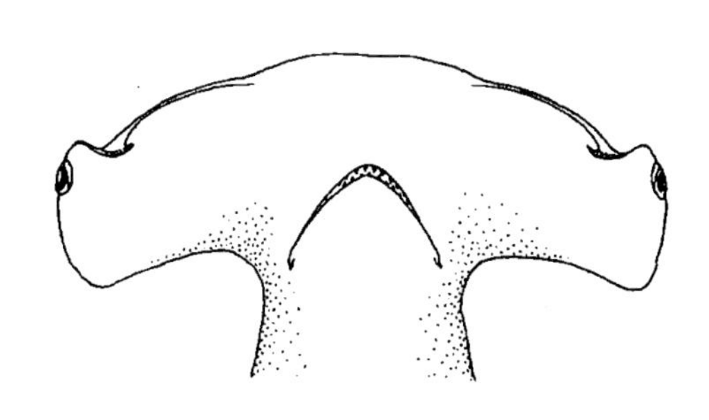

锤头双髻鲨头部

生态习性 暖温性大型凶残鲨类，常集成大群洄游。胎生，有卵黄囊胎盘。每产29～37仔，刚产仔鲨500～600 mm。最大体长可达4000 mm。以其他鲨类、鳐类、硬骨鱼类、头足类、甲壳类等为食。

地理分布 我国分布于黄海、东海，舟山海域少见。

保护现状 2018年IUCN评估为易危物种，列入《濒危野生动植物种国际贸易公约》（CITES）附录Ⅱ。

锤头双髻鲨

七、六鳃鲨目 Hexanchiformes

体延长，前部粗大后渐狭细。鳃孔6～7个，位于胸鳍基底前方。喷水孔小，位于眼后方。鼻孔近吻端，无鼻口沟。口大，深弧形，可延至眼后。上下颌齿异型，上颌齿尖而细长，主齿头向后弯曲；下颌齿宽扁，长方形，具几个小齿头。背鳍1个，无硬棘，位于腹鳍后方。具臀鳍。胸鳍的中轴骨伸达鳍的前缘，前鳍软骨无辐状鳍条。尾鳍延长，尾椎轴稍上翘。脊椎分节不完全，但椎体多少钙化，脊索部分或不缢缩。

（十五）六鳃鲨科 Hexanchidae

体延长而呈圆柱形，或较粗短，腹部无隆脊。眼侧位，无瞬膜。鼻孔近吻端，无口鼻沟。口大，腹位，上颌无唇褶。上下颌齿异型，上颌齿尖而细长，下颌齿宽扁。喷水孔小。鳃裂6～7对，位于胸鳍基底前方。背鳍1个，无硬棘，位于腹鳍后方。具臀鳍。尾鳍延长，尾椎轴稍上翘。卵胎生。性懒散，除了行动迟缓外，也偏爱昼伏夜出的夜猫子生活，偶尔可在沿岸海域看到它们觅食。

27 尖吻七鳃鲨
Heptranchias perlo (Bonnaterre, 1788)

英文名 Sharpnose sevengill shark

地方名 七鳃鲨

分类地位 软骨鱼纲 Chondrichthyes，六鳃鲨目 Hexanchiformes，六鳃鲨科 Hexanchidae

形态特征 体延长，前部亚圆筒形，后部稍侧扁。头稍平扁，吻尖突。眼大，长椭圆形，无瞬膜。鼻孔小，近于吻端。口裂宽，深弧形，上下唇褶不发达。喷水孔小，上侧位。鳃裂7对，宽大，下部伸达腹面。背鳍1个，小而后位，起点几与腹鳍基底后端相对。胸鳍宽大，镰刀状。尾鳍狭长，尾椎轴低平。体背侧暗褐色，吻腹侧及腹部淡色，各鳍灰褐色，背鳍上部及尾鳍末端灰黑色。

生态习性 底栖深水中小型鲨类，常在水深27～270 m处活动，可下至1000 m处，有时在近岸浅水。卵胎生。每产9～20仔，刚产仔鲨长260 mm。最长不超过2140 mm，常见雄成鱼长约850 mm，雌成鱼长890～930 mm。以硬骨鱼和乌贼等为食。

地理分布 我国分布于东海、南海，舟山海域罕见。

保护现状 2019年IUCN评估为近危物种。

尖吻七鳃鲨

28 扁头哈那鲨

Notorynchus cepedianus (Péron, 1807)

英文名 Broadnose sevengill shark

地方名 七鳃鲨、哈那鲨、油夷鲛

分类地位 软骨鱼纲Chondrichthyes，六鳃鲨目Hexanchiformes，六鳃鲨科Hexanchidae

形态特征 体延长，后部渐细小。头宽扁，尾狭长。眼长，圆形，无瞬膜。鼻孔中大，下侧位，距吻端较距眼为近。口宽大，广弧形。上颌无正中齿，每侧有6齿；下颌有1个正中齿，每侧也有6齿，宽扁呈梳状。头侧有鳃裂7个，后2个较小。背鳍1个，后位，起点与腹鳍基底后端相对。臀鳍小于背鳍。腹鳍与背鳍等大。胸鳍较大。体灰褐色，有不规则的黑色斑点，腹部、腹鳍和臀鳍浅褐色。

生态习性 底栖性中大型鲨类，体长可达2000～3000 mm，体重50～300 kg，生活水深自表层至570 m。卵胎生，每产约82仔，刚产仔鲨长450～530 mm。最长寿命可达49年。个性颇凶猛，捕食的猎物包括鲨鱼、鳐、海豚、海豹、硬骨鱼类和哺乳动物的腐肉。

地理分布 我国分布于黄海、东海，舟山海域偶见。

保护现状 2015年IUCN评估为易危物种。

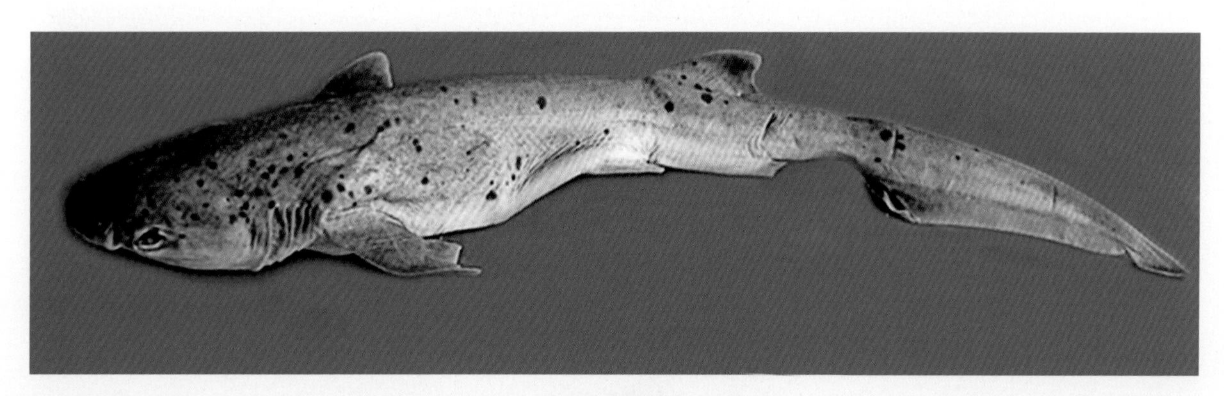

扁头哈那鲨

八、角鲨目 Squaliformes

体前部呈圆柱形，后部稍侧扁。眼大，圆形或椭圆形，无瞬膜或瞬褶。鳃孔5对，位于胸鳍基底前方。喷水孔小或较大，紧位于眼后或眼上缘后方。无鼻口沟。口弧形或近横列，唇褶发达。背鳍2个，有或无棘。无臀鳍。

（十六）角鲨科 Squalidae

体修长或粗壮，后部稍侧扁。头锥形或稍扁。眼椭圆形，无瞬膜或瞬褶。鼻孔横列，距口颇远，前鼻瓣具有1个小三角形突出，有时分为2支。口宽大，略呈浅弧形，唇褶发达。口侧具2条深沟。牙多齿头型或单齿头型，上下颌齿同型。喷水孔大型，位于眼的近后方。鳃裂小，5对，最后一个位于胸鳍基底前方。背鳍2个，各具硬棘，第一背鳍近于胸鳍，第二背鳍位于腹鳍后方。臀鳍消失。胸鳍宽大或钝圆。尾椎轴上翘，尾基上方具1凹洼。主要栖息在沿岸区域，主食小型鱼类，也食软体动物、甲壳类及环节动物和水母等。卵胎生。

29 白斑角鲨
Squalus acanthias Linnaeus, 1758

英文名 Piked dogfish

别 名 棘角鲨、萨氏角鲨

分类地位 软骨鱼纲Chondrichthyes，角鲨目Squaliformes，角鲨科Squalidae

形态特征 头平扁而长，头宽比头高为大。眼大，长椭圆形。鼻孔中大。口浅弧形，近于横列。吻背视三角形，侧视尖而突出。齿上下颌同型，单齿头型，侧扁近长方形，边缘光滑。喷水孔颇大。鳃裂5个。背鳍2个，同形，前方各具1硬棘。第一背鳍起点与胸鳍里角相对或稍后；第二背鳍小于第一背鳍，上角钝圆，后缘深凹。腹鳍近长方形，位于背鳍间隔之后半部下方，后端钝尖。胸鳍颇宽大，亚三角形。体背面和上侧面灰褐色，下侧面和腹面白色；各鳍都呈褐色，边缘浅白色。成体的侧面具不明显白斑。

生态习性 近海中小型鲨类，栖息范围从潮间带至900 m深处。有洄游习性，为冷温性水域中最重要的经济鲨类之一。卵胎生，每产10余仔，刚产仔鲨长220～330 mm。常见雌成鱼长700～1000 mm，最大达1010～1240 mm；雄成鱼长590～720 mm，最大达830～1000 mm。寿命长，可活25～30龄，或更高龄。其背鳍棘有毒。

地理分布 我国分布于黄海、东海，舟山海域偶见。

保护现状 2019年IUCN评估为易危物种。

白斑角鲨（依 Bryan, David）

30 日本角鲨

Squalus japonicus Ishikawa, 1908

英文名 Japanese spurdog

分类地位 软骨鱼纲Chondrichthyes，角鲨目Squaliformes，角鲨科Squalidae

形态特征 体粗壮，或修长，或稍扁平，腹部低。头锥形或稍平扁。喷水孔大或特大。左右鼻孔彼此相距远。口弧形或横平，齿的形状变异较大，主齿头1枚，小齿头或有或无，单齿头型或多齿头型，上下颌齿同型或异型。背鳍2个。尾鳍下叶中部与后部间无凹缺。体无白斑。

生态习性 温带和热带大陆架及岛屿底层鲨类，栖息水深114～835 m。常成大群。卵胎生。体长达910 mm。

地理分布 我国分布于东海，舟山海域少见。

保护现状 2019年IUCN评估为濒危物种。

日本角鲨

31 大眼角鲨
Squalus megalops (Macleay, 1881)

英文名 Shortnose spurdog

地方名 短吻角鲨

分类地位 软骨鱼纲Chondrichthyes，角鲨目Squaliformes，角鲨科Squalidae

形态特征 体较瘦长。头部短而平扁，宽大于高。眼长，椭圆形，后端尖而有1缺刻，无瞬膜。鼻孔颇小，鼻孔内具有肉质长须。口浅弧形，近于横列，口宽略短于口前吻长。上下颌齿同型，宽扁，略呈长方形。喷水孔颇大，肾形。背鳍2个，各具1硬棘。腹鳍低平。胸鳍大于第一背鳍，后缘深凹，外角钝圆。体无白斑，背面暗褐微带赤色，腹面淡白色；第一和第二背鳍端部黑色，胸鳍后缘浅色。

生态习性 温带和热带常见底栖小型鲨，栖息在大陆架外和大陆坡上部或水深50～732 m处，常成大群。卵胎生，每产2～4仔，妊娠期约2年。雄成鱼长400～420 mm，雌成鱼长530～570 mm，可达710 mm。捕食鱼类、甲壳类等。

地理分布 我国沿海均有分布，舟山海域偶见。

保护现状 2019年IUCN评估为无危物种。

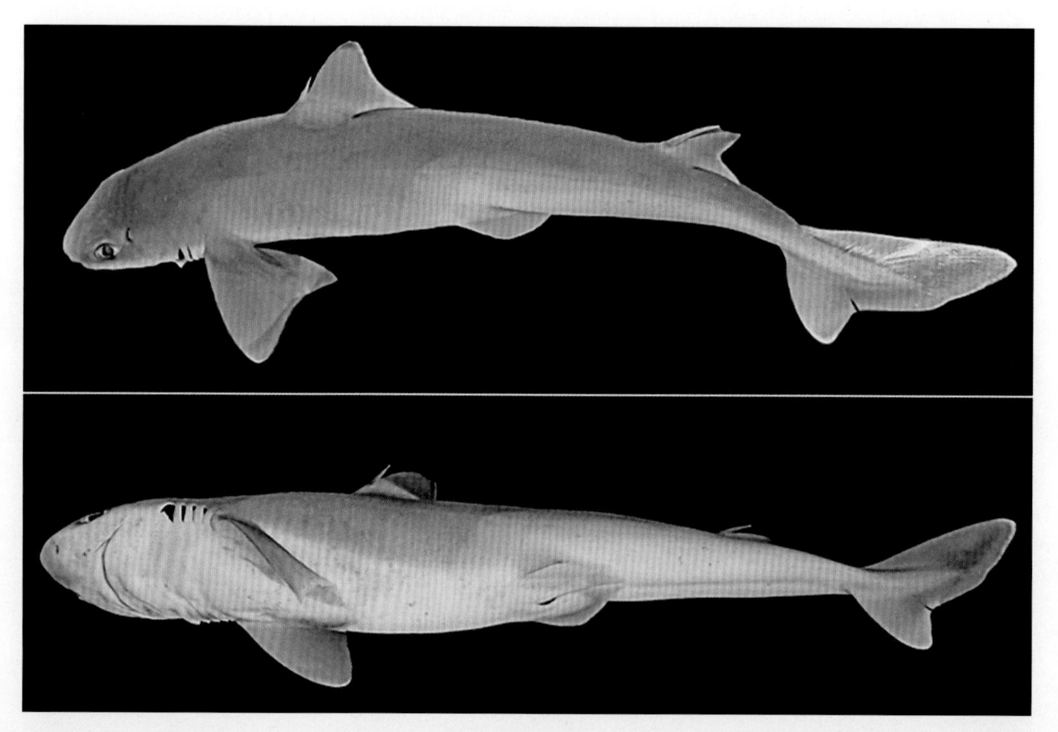

大眼角鲨

32 长吻角鲨
Squalus mitsukurii Jordan & Snyder, 1903

英文名 Shortspine spurdog

地方名 角鲨

分类地位 软骨鱼纲 Chondrichthyes，角鲨目 Squaliformes，角鲨科 Squalidae

形态特征 体瘦长。头平扁。眼长，椭圆形，无瞬膜。鼻孔小，外侧位。口浅弧形，近于横列。上下颌齿都为单齿头型，侧扁，近长方形，边缘光滑。喷水孔大，位于眼后角水平线上。鳃裂5个，最后1个较大。背鳍2个，各具1硬棘。尾鳍短宽，帚形。腹鳍低平。胸鳍比第一背鳍大，后缘凹入。体背面为珍珠灰色，腹面为白色，鳍有白边，侧面很少有白点。

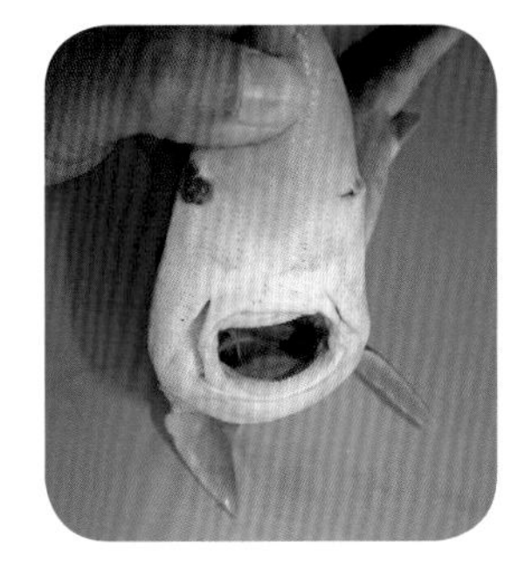

生态习性 暖温性和热带海洋常见鲨，在大陆架和岛架近底栖息和大陆坡上部水深180～300 m处栖息。卵胎生，每产4～9仔，绝大多数秋季生殖，妊娠期约2年。雌鲨性成熟长约720 mm，雄鲨性成熟长约650～890 mm，刚产仔鲨长约220～260 mm。食硬骨鱼类、头足类和甲壳类。

地理分布 我国沿海均有分布，舟山海域偶见。

保护现状 2019年IUCN评估为濒危物种。

长吻角鲨

九、扁鲨目 Squatiniformes

体平扁。吻很短，宽。眼背位。口宽大，亚前位。上下颌齿同型，细长单齿头型，多行在使用。鼻孔前位。鳃孔5个，宽大，位于头部两侧，延伸至腹面。胸鳍扩大，前缘游离，向头后伸延。背鳍2个，无硬棘。无臀鳍。

（十七）扁鲨科 Squatinidae

体平扁。眼背位。吻较短。口宽大，亚前位。上下颌齿同型，细长单齿头型，多行在使用。鼻孔前位。鳃裂5个，宽大，位于头部两侧。背鳍2个，各具1硬棘。无臀鳍。胸鳍扩大，前缘游离，向头后伸延。常浅埋于泥沙中，头部露出，静待鱼类到来，起而捕之。身体常分泌大量黏液，以去除泥沙。行动滞缓，不善游泳。食鱼类、甲壳类和软体动物。卵胎生。

33 日本扁鲨
Squatina japonica Bleeker, 1858

英文名 Japanese angel-shark

地方名 扁鲨

分类地位 软骨鱼纲Chondrichthyes，扁鲨目Squatiniformes，扁鲨科Squatinidae

形态特征 体平扁，后部延长。头宽扁，头长小于头宽；眼小，卵圆形，背位，无瞬褶。鼻孔小，位于吻端两侧。口端位，浅弧形，口宽比喷水孔外侧间的距离稍大。鳃裂5个，很宽大，侧腹位。背鳍2个，后位，同形，在腹鳍前缘边区，具较小钩刺，刺头向后。胸鳍如倒置琵琶。胸鳍上下方背鳍基点和尾鳍基部无大黑斑；体腹面除鳞片部分淡黄色外，均白色。

生态习性 冷水性近海底栖鱼类，栖息于大陆棚近底层，活动深度可达400 m深，属于分布纬度较高的种类。最长体长可达2000 mm。

地理分布 我国分布于黄海、东海沿海，舟山海域罕见。

保护现状 2019年IUCN评估为极危物种。

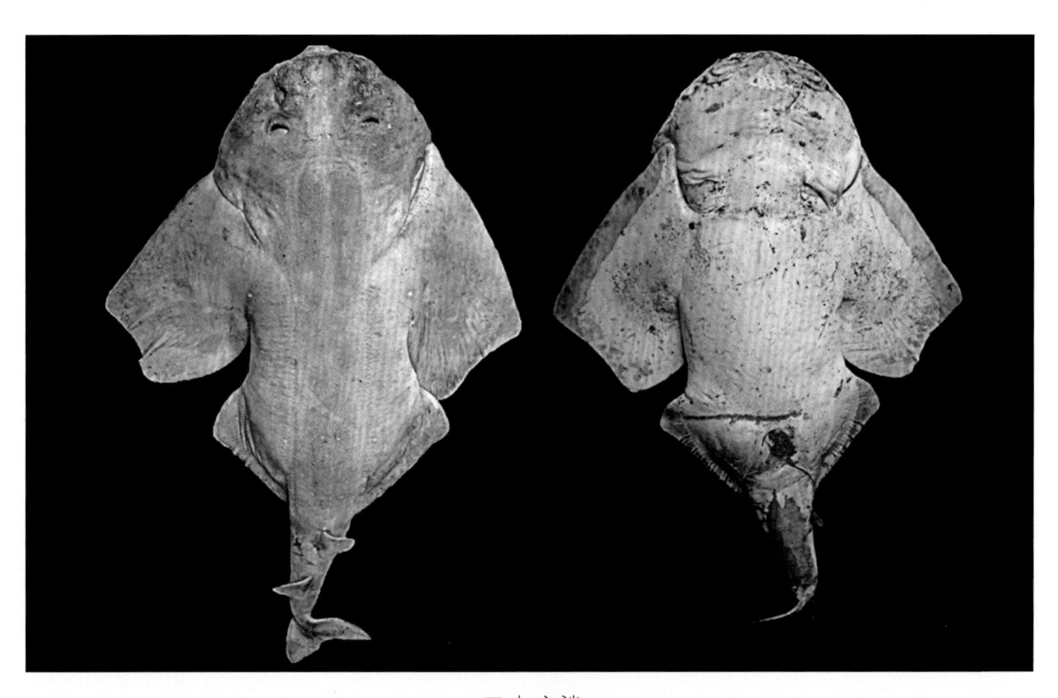

日本扁鲨

十、锯鲨目 Pristiophoriformes

体延长，头胸部平扁，后腹部稍侧扁。腹面中部具皮须1对。口宽大，亚前位，唇褶发达。鼻孔圆形，距口远。眼背位，椭圆形，无瞬褶。喷水孔大，位于眼后。具鳃孔5对，位于头侧胸鳍基底前方。背鳍2个，无硬棘。

（十八）锯鲨科 Pristiophoridae

体延长，头胸部平扁，后腹部稍侧扁。吻很长，呈剑状突出，边缘具锯齿。腹面中部在鼻孔前方具皮须1对，俗称吻锯。具5对宽大鳃裂，位于头侧胸鳍基底前方。背鳍2个，无硬棘。以鱼类和软体动物为食。无瞬膜。无臀鳍。尾鳍上叶宽、下叶窄，尾柄腹面有皮褶。

34 日本锯鲨
Pristiophorus japonicus Günther, 1870

英文名 Japanese sawshark

地方名 锯鲨

分类地位 软骨鱼纲Chondrichthyes，锯鲨目Pristiophoriformes，锯鲨科Pristiophoridae

形态特征 头背面宽扁，略圆凸，头腹面平坦。吻很长，具暗褐色纵纹2条。眼上侧位，椭圆形。鼻孔小而圆形。口浅弧形，下唇褶稍发达，上唇褶消失。齿头细尖，基底宽大。喷水孔近三角形，位于眼后。鳃裂5个。背鳍2个，无硬棘。尾鳍狭长，无臀鳍。腹鳍比第二背鳍小，近长方形。尾细长，腹面也平直，尾基上下方无凹洼。体灰褐色，腹面白色，侧线淡白色，各鳍后缘浅色。

生态习性 生活在沿岸水域的底栖鱼类。卵胎生，每胎产约12仔。成鲨体长1360 mm。以小型底栖生物为食，用长须及长吻感觉和掘食。

地理分布 我国分布于黄海、东海沿海，舟山海域罕见。

保护现状 2019年IUCN评估为无危物种。

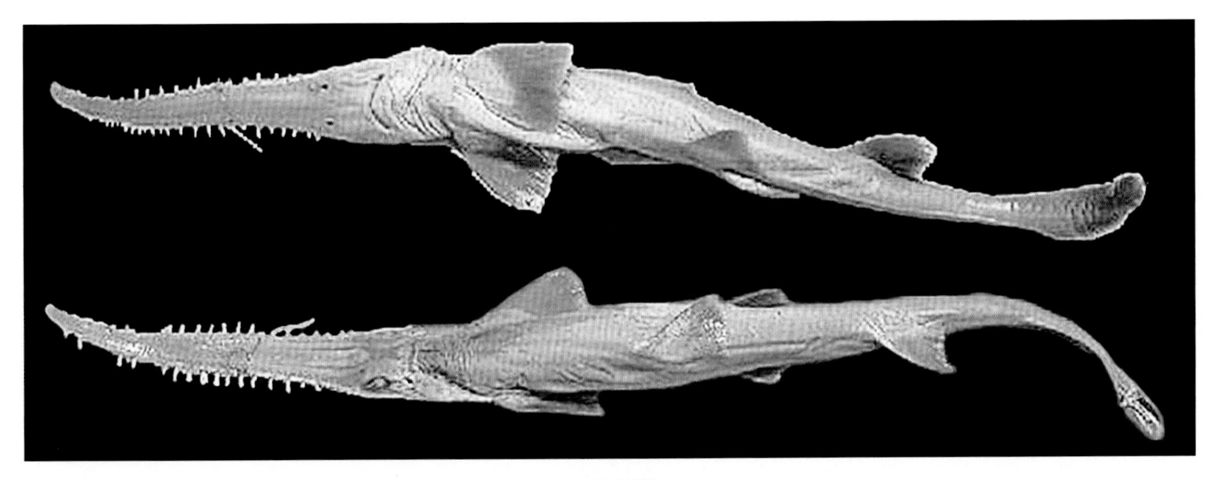

日本锯鲨

十一、电鳐目 Torpediniformes

头部、躯干及胸鳍连成一体，形成肥厚而光滑的卵圆形体盘，与尾部可明显区分。头区两侧有大型发电器官。腮裂5个。腮裂和口均腹位。吻不突出。眼小或退化。皮肤松软。臀鳍消失。腹鳍小型，部分为胸鳍后缘所覆盖，尾鳍很小。背鳍2个，1个或缺如。

（十九）双鳍电鳐科 Narcinidae

体扁平。头部、躯干和胸鳍连成一体，形成肥厚而光滑的圆体盘，和尾鳍明显分开。体盘亚圆形或椭圆形，尾前部颇宽大，侧褶发达。头两侧与胸鳍间具发达的卵圆形发电器。皮肤柔软或坚硬。眼小，微凸或微凹入。喷水孔大，边缘隆起或不隆起。前鼻瓣宽大，后鼻瓣形成1个扁环形入水孔。口小，唇厚，能稍微突出。牙齿细小，通常为钝圆形或尖头状，呈铺石状排列。鳃裂腹位。背鳍1～2个，位于尾柄之上。腹鳍后缘平直或凹入，小型，部分为胸鳍覆盖，左右内缘或分离，或愈合。尾鳍发达，上下叶约等大。沙泥地底栖性鱼类。有些鱼种体长可达1000 mm以上。行动缓慢，时常将自己埋在底质之下。独居或成群活动，视种类而异，具有领域性。

35 坚皮单鳍电鳐

Crassinarke dormitor Takagi, 1951

英文名 Sleeper torpedo

地方名 电鳐

分类地位 软骨鱼纲 Chondrichthyes，电鳐目 Torpediniformes，双鳍电鳐科 Narcinidae

形态特征 体盘椭圆形，宽稍小于长，体皮肤坚韧。眼微小而凹入，埋于皮下。鼻孔小，平横。口前具1深沟，能突出。齿细小而多，平扁，齿头低平后突。喷水孔颇大，椭圆形，边缘不隆起。背鳍1个，颇小，起点在腹鳍基底之后。尾鳍颇宽大，上叶比下叶大。背面灰褐色或赤褐色，具不规则暗色斑块。尾侧白色。

生态习性 暖温性近海底栖小型鳐类，生活水深一般在80 m左右，最大体长在300 mm以下。

地理分布 我国沿海均有分布，舟山海域少见。

保护现状 2007年以来，由于资料缺乏，IUCN从未评估。

坚皮单鳍电鳐

36 日本单鳍电鳐

Narke japonica (Temminck & Schlegel, 1850)

英文名 Japanese sleeper ray

地方名 电鳐

分类地位 软骨鱼纲Chondrichthyes，电鳐目Torpediniformes，双鳍电鳐科Narcinidae

形态特征 体盘圆形，体宽大于体长，体皮肤柔软。吻前端广圆。眼小，突出，位于喷水孔的前方里侧。喷水孔大，椭圆形，边缘隆起。口小，口前具1能突出的深沟。鳃裂狭小，共5个。胸鳍前延至鼻囊前缘的水平线。腹鳍前角圆钝，不突出。背鳍1个，起点位于腹鳍基底之后。尾鳍宽大，后缘与下缘呈斜圆形。尾宽短，侧褶发达，自背鳍起点下方至尾鳍基底后方。背面常呈灰褐、沙黄或赤褐色，有时具少数不规则暗色斑块。有时发电器上具1白斑。各鳍边缘及尾侧白色。腹面淡白色，体盘外侧、腹鳍后缘里方以及尾的后部呈褐色。

生态习性 暖温性近海底栖小型鳐类，体长一般小于400 mm。

渔业利用 非重要的经济鱼类，偶有被底拖网捕获。

地理分布 我国分布于黄海、东海、南海，舟山海域常见。

保护现状 2021年IUCN评估为易危物种。

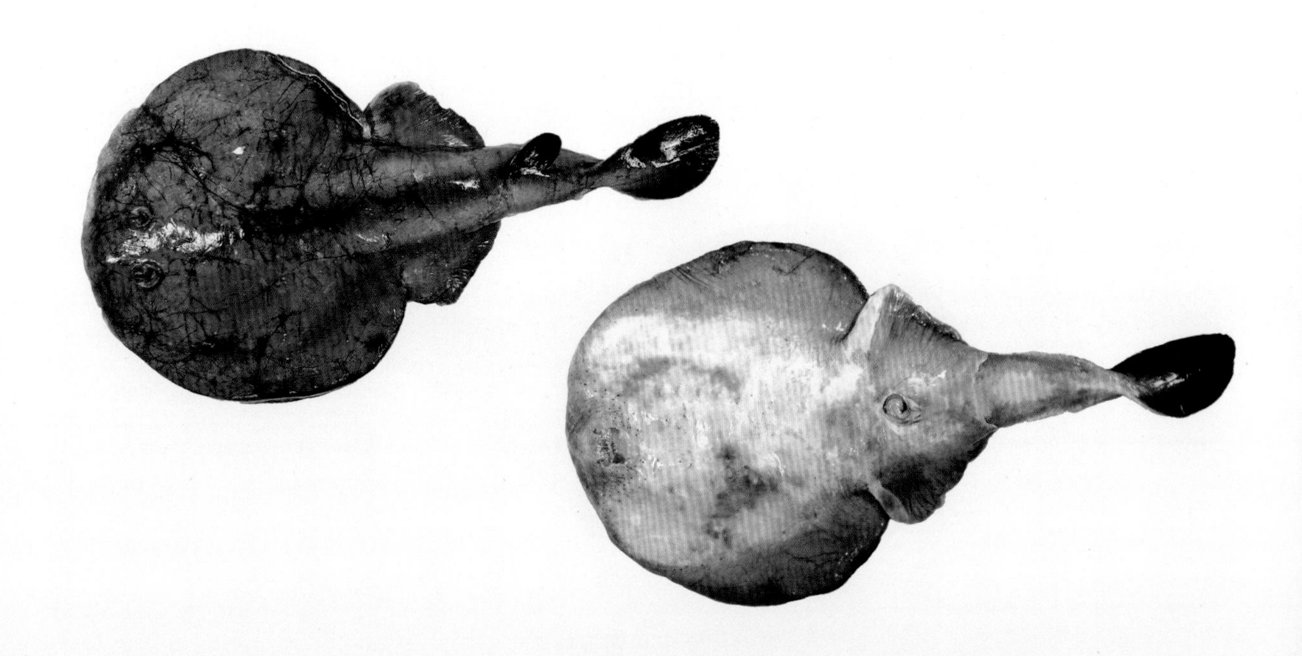

日本单鳍电鳐

十二、锯鳐目 Pristiformes

体延长，头胸部平扁，后腹部稍侧扁。吻很长，呈剑状突出，边缘具锯齿，吻腹面中部无皮须。无鼻口沟。具鳃孔5对，位于头部腹面。背鳍2个，无硬棘。胸鳍前缘伸达头侧后部。尾鳍粗大发达。奇鳍与偶鳍的辐状软骨后端具很多角质鳍条。

（二十）锯鳐科 Pristidae

体延长，头胸部平扁，后腹部稍侧扁。吻很长，呈剑状突出，边缘具锯齿。具鳃裂5对，位于头部腹面。吻腹面中部无皮须。背鳍2个，无硬棘。生活在近海底层，性情凶猛，常用又硬又锋利的锯吻翻挖海底的贝类和其他软体动物，还时常冲入鱼群中，甩开棒槌般的锯吻，把来不及逃避的鱼击伤，然后吞食掉。

37 尖齿锯鳐
Anoxypristis cuspidata (Latham, 1794)

英文名 Sawfish

地方名 锯鳐

分类地位 软骨鱼纲Chondrichthyes，锯鳐目Pristiformes，锯鳐科Pristidae

形态特征 体延长而平扁，背面稍圆凸。吻坚硬平扁，狭长，剑状突出。头平扁，三角形。眼上侧位，椭圆形。鼻孔狭长，斜侧位。口宽，横列，齿细小而多。背鳍2个，无硬棘，形状和大小相同。尾鳍短宽。腹鳍比背鳍稍小，后缘稍凹入。胸鳍颇大。背面暗褐色，腹面白色；胸鳍和腹鳍前缘白色；背面肩上具1浅白色横条。

生态习性 暖温性近海底栖鱼类，有时进入河口。体长约4500 mm，吻锯长可达2000 mm，宽300 mm。吻锯柔软，吻齿包于皮中。卵胎生，胎儿具大型卵黄囊，每胎产10余仔。主要以甲壳类为食，有时也追捕鲻鱼或鲱类鱼群。

地理分布 我国分布于东海、南海，舟山海域罕见。

保护现状 2012年IUCN评估为濒危物种，列入《濒危野生动植物种国际贸易公约》（CITES）附录Ⅰ。

尖齿锯鳐

十三、鳐目 Rajiformes

体平扁。胸鳍扩大形成体盘，与头部相连如翼状。吻呈三角形，突出或钝圆，边缘无吻齿。吻软骨1或无。眼睛背位。口和鳃裂均腹位。牙齿扁平。头侧与胸鳍间无发电器官。背鳍与臀鳍缩小，尾鳍呈鞭状。背鳍2个或无背鳍。无尾刺。

（二十一）圆犁头鳐科 Rhinidae

体平扁，头侧无发电器。头广圆形。吻宽短，圆形。眼卵圆形，瞬褶不发达。喷水孔大，椭圆形。鼻孔宽大，近口。口浅弧形，唇褶发达。齿细小而多，铺石状排列，齿面波曲，上下凹凸相承。鳃裂狭小，斜列于胸鳍基底里方。第一背鳍起点前于腹鳍起点，第二背鳍约位于尾柄中间上方。腹鳍距胸鳍稍远。尾鳍上叶大于下叶，下叶呈三角形突出，无缺刻。尾椎轴稍上翘，尾侧具1皮褶。

38 圆犁头鳐

Rhina ancylostomus Bloch & Schneider, 1801

英文名 Bowmouth guitarfish

地方名 犁头鳐

分类地位 软骨鱼纲 Chondrichthyes，鳐目 Rajiformes，圆犁头鳐科 Rhinidae

形态特征 头宽圆。吻宽短，口前端稍呈弧形。胸鳍中大。腹鳍小，与胸鳍的距离小于第二背鳍，后缘凹入。尾鳍宽短，略呈叉形。尾平扁，渐狭小，每侧具1皮褶。体褐色，体上、鳍上散有白色斑点。头和背部常具有暗色横纹。胸鳍基底上常有1～2行条纹。

生态习性 栖息于近海底层，以底栖甲壳类为食，行动缓慢，最大体长可达2000 mm。

地理分布 我国主要分布于东海、南海，舟山海域罕见。

保护现状 2018年IUCN评估为极危物种，列入《濒危野生动植物种国际贸易公约》（CITES）附录Ⅱ。

圆犁头鳐

（二十二）尖犁头鳐科 Rhynchobatidae

吻尖长而平扁，呈三角形突出。眼椭圆形，瞬褶稍发达。喷水孔中大，后缘具2皮褶。鼻孔狭长，距口颇近，前鼻瓣具1“人”字形突出。口中大，横列，唇褶发达。齿细小而多，铺石状排列，齿面波曲。鳃裂狭小，位于胸鳍基底里方。背鳍2个，中大，第一背鳍起点稍后于腹鳍起点，第二背鳍比第一背鳍稍小。尾鳍短小，上下叶发达，下叶前部三角形突出，后部无缺刻。腹鳍距胸鳍有相当距离。胸鳍扩大，前缘伸达鼻孔后缘水平线。

39 及达尖犁头鳐

Rhynchobatus djiddensis (Forsskål, 1775)

英文名 Giant guitarfish

地方名 吉达鼻鳐、吉达鳐

分类地位 软骨鱼纲Chondrichthyes，鳐目Rajiformes，尖犁头鳐科Rhynchobatidae

形态特征 头尖突，背部具1结刺状纵嵴。眼椭圆形，瞬膜稍发达。鼻孔狭长，斜侧位，长比鼻间隔大。口中大，横列，比鼻间隔宽，上下凹凸相承。吻长而尖突，背视三角形。喷水孔比眼小。背鳍2个，第一背鳍中大，上角圆钝。胸鳍中大。腹鳍小。尾平扁，渐狭小，每侧具1皮褶。体黄褐色；吻端常具1～2黑斑；胸鳍基底上具1黑色圆斑，周围具白斑，或仅上后方具1白斑；胸鳍和尾的前部也隐具白斑；尾侧常具1浅白色纵纹。

生态习性 栖息于外海，于沿岸浅海域至陆棚内约50 m浅水生活，偶入沙泥底潮间带、河口咸淡水及潟湖。性格温顺，昼间多匍匐于水底，入夜较活跃。摄食鱼类、贝类、虾、蟹和虾蛄等。有记载最大个体全长3100 mm，最大体重227 kg。

地理分布 我国分布于东海、南海，舟山海域罕见。

保护现状 2018年IUCN评估为极危物种，列入《濒危野生动植物种国际贸易公约》(CITES)附录Ⅱ。

及达尖犁头鳐

（二十三）犁头鳐科 Rhinobatidae

体盘较小，犁形或近犁形。吻长而平扁，呈三角形突出，瞬褶衰退。喷水孔较小，位于眼后，后缘具1～2个皮褶。鼻孔狭长，距口颇近，后鼻瓣发达，前后各具1半圆形突出。口平横，唇褶发达。齿细小而多，铺石状排列。鳃裂狭小。背鳍2个，大小约相同，第一背鳍位于腹鳍后方。腹鳍接近胸鳍。尾鳍短小，上叶较大，下叶不突出，后部无缺刻。近海底栖中小型鱼类，主要以甲壳类及贝类为食。卵胎生。

40 斑纹犁头鳐

Rhinobatos hynnicephalus Richardson, 1846

英文名 Angel fish

地方名 犁头鳐

分类地位 软骨鱼纲Chondrichthyes，鳐目Rajiformes，犁头鳐科Rhinobatidae

形态特征 头尖突，头及体背无颗粒状突起。眼中大，比眼间隔稍小。鼻孔斜列，比鼻间隔稍大。口几平横，口宽约等于口前吻长1/3，吻软骨颇宽。喷水孔卵圆形，长约为眼径的1/2。两背鳍的大小和形状相同。胸鳍颇宽大。尾鳍短小，下叶前部不突出。除背鳍、尾鳍和吻侧外，全身常具有暗褐色斑点及睛状、条状或蠕虫状花纹。

生态习性 暖温性近海底栖鱼类，以底栖性甲壳类及贝类为食，卵胎生，最大体长在1000 mm左右。

地理分布 我国沿海均有分布，舟山海域常见。

保护现状 2019年IUCN评估为濒危物种，列入《濒危野生动植物种国际贸易公约》（CITES）附录Ⅱ。

斑纹犁头鳐

41 许氏犁头鳐

Rhinobatos schlegelii Müller & Henle, 1841

英文名 Brown guitarfish

地方名 尖犁头鳐、薛氏琵琶鲼

分类地位 软骨鱼纲Chondrichthyes，鳐目Rajiformes，犁头鳐科Rhinobatidae

形态特征 头背部平扁，体背无颗粒状突起。眼大，眼径较眼间隔稍大。鼻孔中大，斜列，约为鼻间隔的1.5倍。口平横，口宽小于口前吻长1/3。喷水孔椭圆形，背面和腹面均具细鳞。背鳍2个，同形，约等大。胸鳍较狭长。腹鳍狭长，几与胸鳍相连。尾鳍短小，低而广圆形。背面褐色，无斑纹。吻侧和腹面淡色，吻的前部腹面具黑色斑块。

生态习性 暖温性近海底层鱼类，平时半埋在沙土中，或慢游于底层。一般体长约1000 mm，最大可达2000 mm。以底栖甲壳类、贝类及小型鱼类等为食。

地理分布 我国沿海均有分布，舟山海域偶见。

保护现状 2019年IUCN评估为极危物种，列入《濒危野生动植物种国际贸易公约》（CITES）附录Ⅱ。

许氏犁头鳐

（二十四）鳐科 Rajidae

体盘宽大，亚圆形或近斜方形。吻短或长，吻软骨发达或不发达。具口鼻沟。胸鳍前延，伸达或不伸达吻端。背鳍2个，有时1个或消失，近于尾端。腹鳍前部常分化为足趾状构造。尾侧常具纺锤形发电器1对。

42 尖棘瓮鳐

Okamejei acutispina (Ishiyama, 1958)

英文名 Sharpspine skate

地方名 尖棘鳐

分类地位 软骨鱼纲Chondrichthyes，鳐目Rajiformes，鳐科Rajidae

形态特征 体平扁，近菱形，体盘前部斜方形，后部圆形，前缘波曲。眼间隔与眼径大致相等，鼻间隔后缘圆形凹入。口中大，平横。上颌中部凹入，下颌中部凸出。齿细小而多，铺石状排列，雄体牙尖细，雌体牙平扁。喷水孔亚椭圆形，紧位于眼后。背鳍2个，大小和形状大致相同。腹鳍外缘分裂很深。鳍脚宽扁，端部向外圆凸。胸鳍前延，伸达吻侧中部。背面黄褐色，密具深褐色小斑，肩区两侧各具1显著椭圆形斑块。

生态习性 栖息于泥沙质海底，生活水深为30～118 m。卵生，卵具角质鞘。以无脊椎动物及小型鱼类为食。常见体盘长在400 mm以下。

地理分布 我国分布于黄海、东海和台湾海域，舟山海域少见。

保护现状 2019年IUCN评估为易危物种。

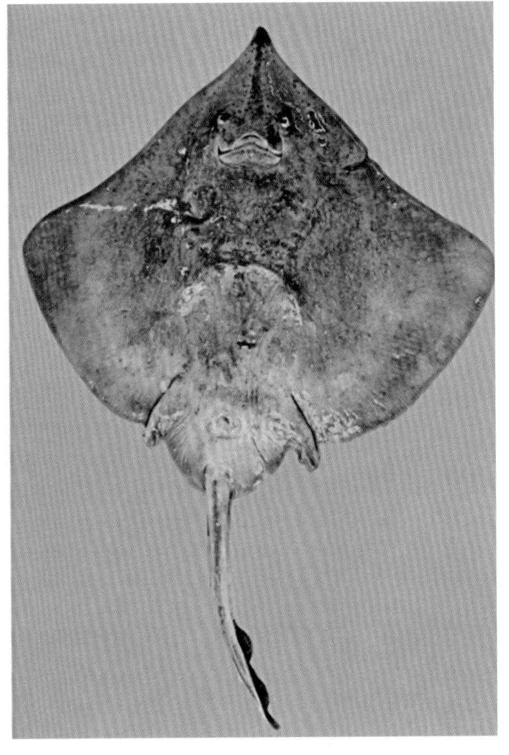

尖棘瓮鳐

43 何氏瓮鳐
Okamejei hollandi (Jordan & Richardson, 1909)

英文名 Yellow-spotted skate

地方名 何氏鳐

分类地位 软骨鱼纲Chondrichthyes，鳐目Rajiformes，鳐科Rajidae

形态特征 体近菱形，体盘前部斜方形，宽大于长，尾部结刺3～5行。眼间隔比眼径稍大。前鼻瓣宽大，后缘细裂，伸达下颌外侧；后鼻瓣前部半环形，突出于口侧。口颇大，浅弧形。齿小，幼体和雌性齿平扁近圆形，雄性齿细尖。背鳍2个，同形，第一背鳍稍大。胸鳍外角、里角都呈圆形。腹鳍前部突出呈足趾状。鳍脚宽扁，后端钝尖。背面黄褐色，具深褐色小斑点。在肩区上的斑点常聚集一起，呈大型斑块状。腹面灰褐色，具许多暗色细斑，细斑中央有1黏液孔。

生态习性 暖温性底栖小型鳐类。雄鱼全长可达500 mm，雌鱼稍大。卵生，3～4年可达性成熟。

渔业利用 拖网渔业所混获的鱼种，无经济价值，可做养殖用的饲料。近年来由于传统经济性种类渔获数量有逐渐下降的趋势，因此也开始有食用小型鳐种的情形发生。

地理分布 我国分布于东海、台湾海域以及南海，舟山海域偶见。

保护现状 2020年IUCN评估为易危物种。

何氏瓮鳐

44 斑瓮鳐
Okamejei kenojei (Müller & Henle, 1841)

英文名 Ocellate spot skate

地方名 孔鳐、斑鳐

分类地位 软骨鱼纲 Chondrichthyes，鳐目 Rajiformes，鳐科 Rajidae

形态特征 体卵圆形，体盘前部斜方形，雄成鱼尾部结刺1行，雌成鱼尾部结刺3行。眼小，眼间隔稍大于眼径。前鼻瓣宽大，后鼻瓣前部半环形。口中大，平横。上颌中部凹入，下颌中部凸出。齿细小而多。两背鳍间隔很短。胸鳍前延，伸达吻侧中部。腹鳍外缘分裂很深，前部突出呈趾状。背面黄褐色，密具深褐色小斑，肩区两侧各具1椭圆形斑块，腹面灰褐色，具许多深褐色细斑，细斑中央有1黏液孔；尾侧皮褶淡褐色。

生态习性 栖息于泥沙质海底，生活水深为20～120 m，以无脊椎动物及小型鱼类为食。卵生，卵具角质鞘。最大体盘长记载为570 mm。

地理分布 我国分布于东海、台湾海域以及南海，舟山海域常见。

保护现状 2019年IUCN评估为易危物种。

斑瓮鳐

十四、鲼形目 Myliobatiformes

体盘宽大，圆形、斜方形或菱形。吻短或长，无吻软骨。鼻孔距口很近，具鼻口沟，或恰位于口前两侧。出水孔开口于口隅。胸鳍前延，伸达吻端，或前部分化为吻鳍或头鳍。背鳍1个或无。腹鳍前部不分化为足趾状构造。无发电器官。尾部一般细小呈鞭状（如粗大，则具尾鳍），尾鳍一般退化或消失。背鳍1个。常具尾刺。

（二十五）团扇鳐科 Platyrhinidae

体盘宽大，呈团扇形。吻宽短，圆形。眼小。鼻孔宽大，近口，具1原始型口鼻沟。尾颇粗大，向后细小。有2个小型背鳍，位于尾上。尾鳍狭小，上、下叶相等。胸鳍的辐状骨伸达吻端。

45 汤氏团扇鳐

Platyrhina tangi (Iwatsuki zhang & Nakaya, 2011)

英文名 Yellow-spotted Fanray

地方名 团扇鳐

分类地位 软骨鱼纲Chondrichthyes，鲼形目Myliobatiformes，团扇鳐科Platyrhinidae

形态特征 体呈圆扇形。眼小，眼径约为眼间隔的2/5～1/2。鼻孔宽大，几平横。口横列，浅弧形，口宽。齿细小而多，铺石状排列。喷水孔约与眼径相等。背鳍2个，位于尾的后半部，大小、形状相似。胸鳍略宽。腹鳍里缘圆钝。尾鳍狭长，上下叶几同大，末端呈圆形。体背灰褐色，尾部背面中央具1纵行结节，结刺基底为橙黄色，腹部淡白色，边缘浅黄色。

生态习性 暖温性近海底栖小型鱼类，体长一般在680 mm以下，卵胎生。

地理分布 我国沿海均有分布，舟山海域少见。

保护现状 2019年IUCN评估为易危物种。

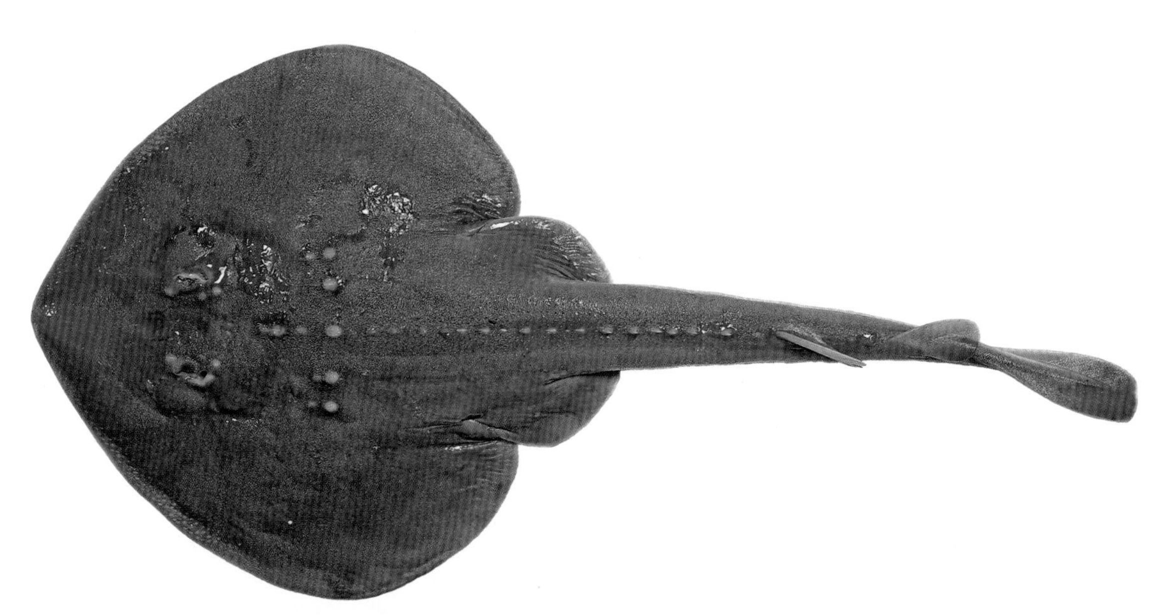

汤氏团扇鳐

（二十六）魟科 Dasyatidae

体光滑，或具小刺和结刺，体盘圆形、亚圆形或斜方形。尾一般细长如鞭，常具尾刺。齿细小，平扁，铺石状排列。喷水孔中大。前鼻瓣连合为1口盖，伸达口前。背鳍消失。胸鳍伸达吻端。尾鳍一般退化或消失。

46 赤魟

Hemitrygon akajei (Müller & Henle, 1841)

英文名 Whip stingray

地方名 黄甫

分类地位 软骨鱼纲Chondrichthyes，鲼形目Myliobatiformes，魟科Dasyatidae

形态特征 体盘斜方形，背面正中具1纵行结刺，肩区两侧具1～2行结刺。眼颇小，稍突起，眼径与喷水孔几乎同大。前鼻瓣连合为口盖，伸达口缘。口底具孔突5个。齿细小，平扁。腹鳍后缘平直，前后角钝圆。尾细长，下方均具皮膜。体赤褐色，大者较深，体盘边缘浅淡，眼前和眼下、喷水孔上侧和后部以及尾的两侧赤黄色；腹面近边缘区赤黄色。

生态习性 暖温性近海底栖鱼类，栖息于沙泥底质的海区，最大体长可达1000 mm左右，以贝类与甲壳类为食。

渔业利用 赤魟尾毒的毒液是一种氨基酸和多肽类的蛋白质，可入药。

地理分布 我国分布于东海、台湾海域以及南海，也有在珠江等淡水生活的记载。舟山海域常见。

保护现状 2019年IUCN评估为近危物种。

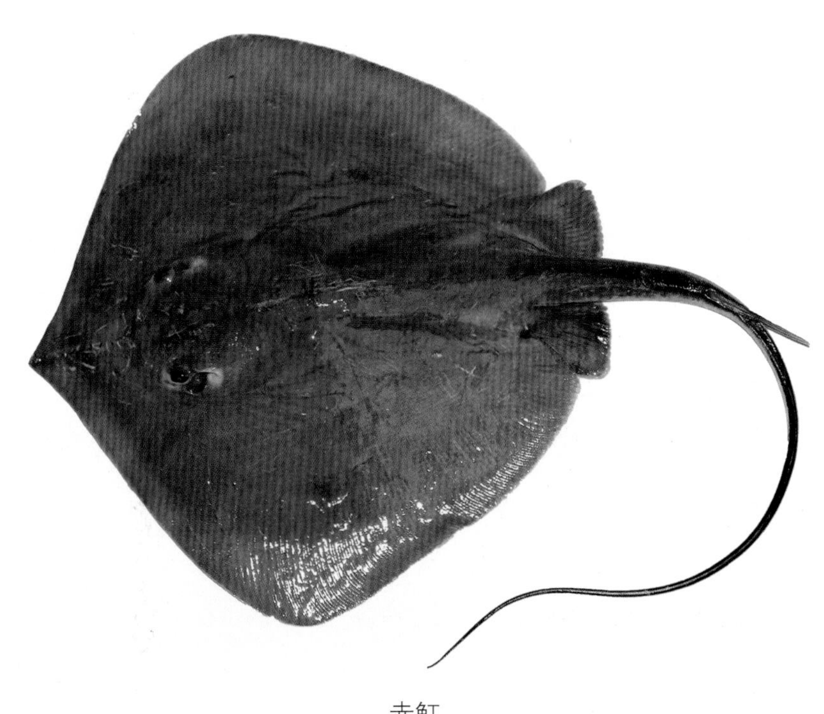

赤魟

47 黄魟
Hemitrygon bennettii (Müller & Henle, 1841)

英文名 Bennett's stingray

地方名 黄土魟

分类地位 软骨鱼纲Chondrichthyes，鲼形目Myliobatiformes，魟科Dasyatidae

形态特征 体盘斜方形。眼中大，稍突起，眼径约与喷水孔同大。眼间隔平坦或微凸。前鼻瓣连合为口盖伸达上颌。口小，波曲，齿细小，平扁。腹鳍前缘斜直，后缘平直或微凸，前、后角钝圆，里缘分明。鳍脚平扁，后端颇尖。体背黄褐色或灰褐色，有时具云状暗色斑块，体盘边缘浅淡；腹面呈淡白色。

生态习性 底栖性鱼类，大多活动于沿岸沙泥底，有时亦可在河口发现。平时常将身体埋入沙中，仅露出两眼及呼吸孔。具季节性洄游习性，生活水深5～100 m。尾刺具毒性。一般体盘宽在500 mm左右。以底栖鱼类为食。卵胎生。

地理分布 我国分布于东海、台湾海域及南海，为少见种类。

保护现状 其陆封种群为国家二级重点保护野生动物。

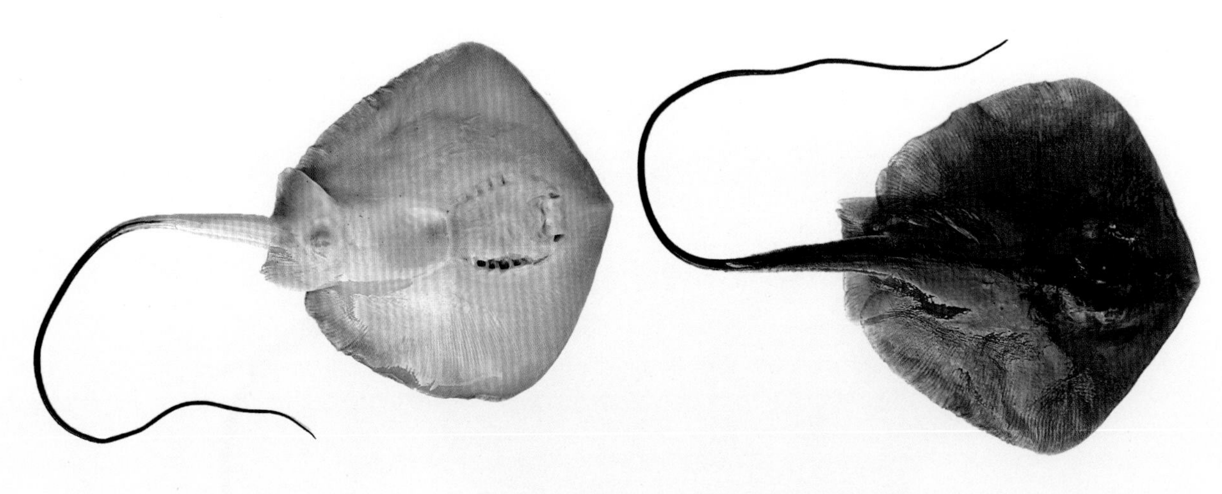

黄魟

48 光魟
Hemitrygon laevigata (Chu, 1960)

英文名 Yantai stingray

地方名 光土魟

同物异名 *Dasyatis laevigata* Chu, 1960

分类地位 软骨鱼纲 Chondrichthyes，鲼形目 Myliobatiformes，魟科 Dasyatidae

形态特征 体盘亚斜方形，前缘斜直，体盘宽大于长。体光滑，长大的雌、雄个体均无结刺。吻长为体盘长的2/9，吻端尖而稍突。眼大，突起。口小，平横，波曲状，上颌中部凸出，两侧凹入；下颌中部凹入，两侧凸出，口底中部具显著乳突3个。齿细小。鳃裂5个，狭小，位于腹面；腹鳍近长方形或方形。尾较短，前半部宽扁，后半部细长如鞭，具上下皮膜和尾刺。背面灰褐带黄色，隐具不规则暗色斑纹，眼前、眼下及喷水孔上侧白色（新鲜时黄色）；腹面胸鳍和腹鳍的边缘区域灰褐带黄色，中间区域白色，有时具不规则的灰褐色斑块；尾的前部灰褐色，后部暗褐色，隐具浅色横纹。

生态习性 近海底栖中小型魟类。

地理分布 我国分布于黄海、东海，舟山海域少见。

保护现状 2019年IUCN评估为易危物种。

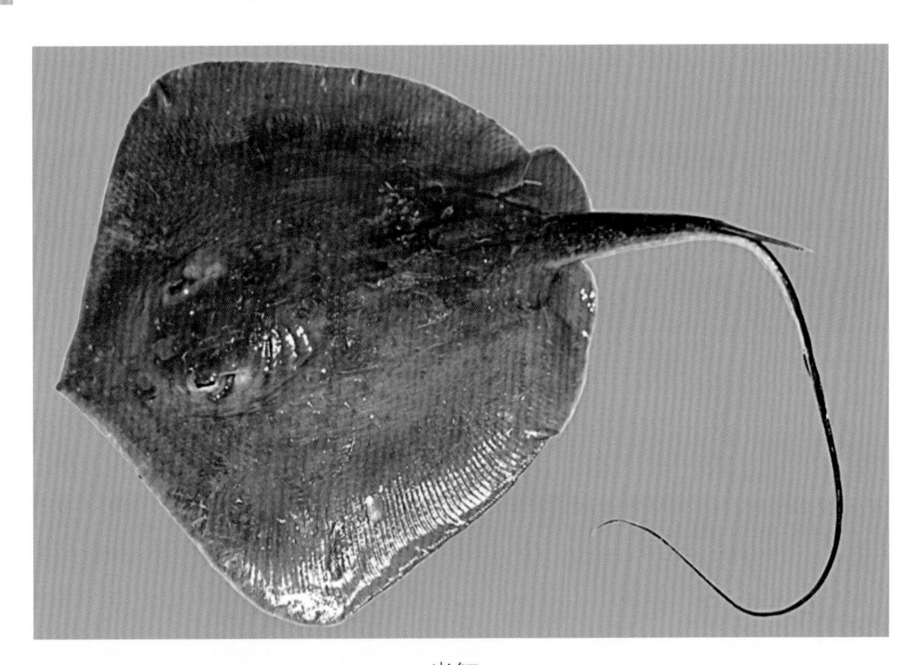

光魟

49 尖嘴魟
Telatrygon zugei (Müller & Henle, 1841)

英文名 Pale-edged stingray

地方名 尖嘴土魟

分类地位 软骨鱼纲Chondrichthyes，鲼形目Myliobatiformes，魟科Dasyatidae

形态特征 体盘斜方形，吻延长尖凸。眼颇小，微突起。前鼻瓣连合为长方形口盖。口小，口底无乳突。腹鳍近方形。尾鳍退化，只留存皮膜。背面赤褐色或灰褐色，边区较淡；腹面白色，边缘灰褐色。幼体光滑，稍大者背面正中具几个平扁结鳞；成体脊椎线上具鳞1纵行。

生态习性 暖温性近海底栖中小型鱼类，生活在近海的沙泥质海域，也常进入河口区。体盘宽，通常在500 mm左右。卵胎生，每胎产几尾。主要以底栖甲壳类为食。

地理分布 我国分布于黄海、东海、台湾海域及南海，舟山海域少见。

保护现状 2019年IUCN评估为易危物种。

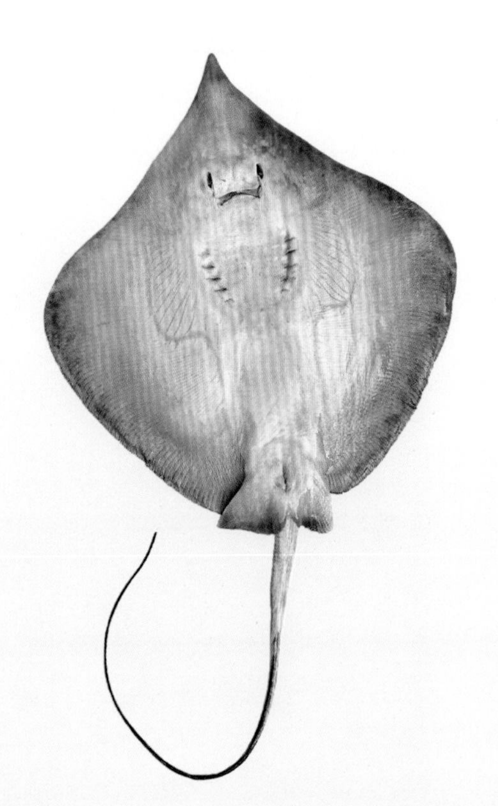

尖嘴魟

50 小眼窄尾魟

Himantura microphthalma (Chen, 1948)

英文名 Smalleye whip ray

地方名 小眼土魟

分类地位 软骨鱼纲 Chondrichthyes，鲼形目 Myliobatiformes，魟科 Dasyatidae

形态特征 体盘斜方形，吻前缘中央尖凸。眼很小，稍突起，约为吻长的1/11。口中大，微波曲，口底无乳突。齿小而多。腹鳍狭长，前角和后角钝圆，里缘分明。鳍脚平扁，后端钝尖。体呈淡红色，腹面白色，边缘略带灰色。

生态习性 暖温性底栖魟类，主要栖息于近海的沙泥海域中。卵胎生，每胎产多尾。尾刺基部具毒腺，为危险的刺毒鱼类之一。以底栖甲壳类为主要食物。记载最大体长1120 mm。

地理分布 我国分布于东海南部，舟山海域罕见。

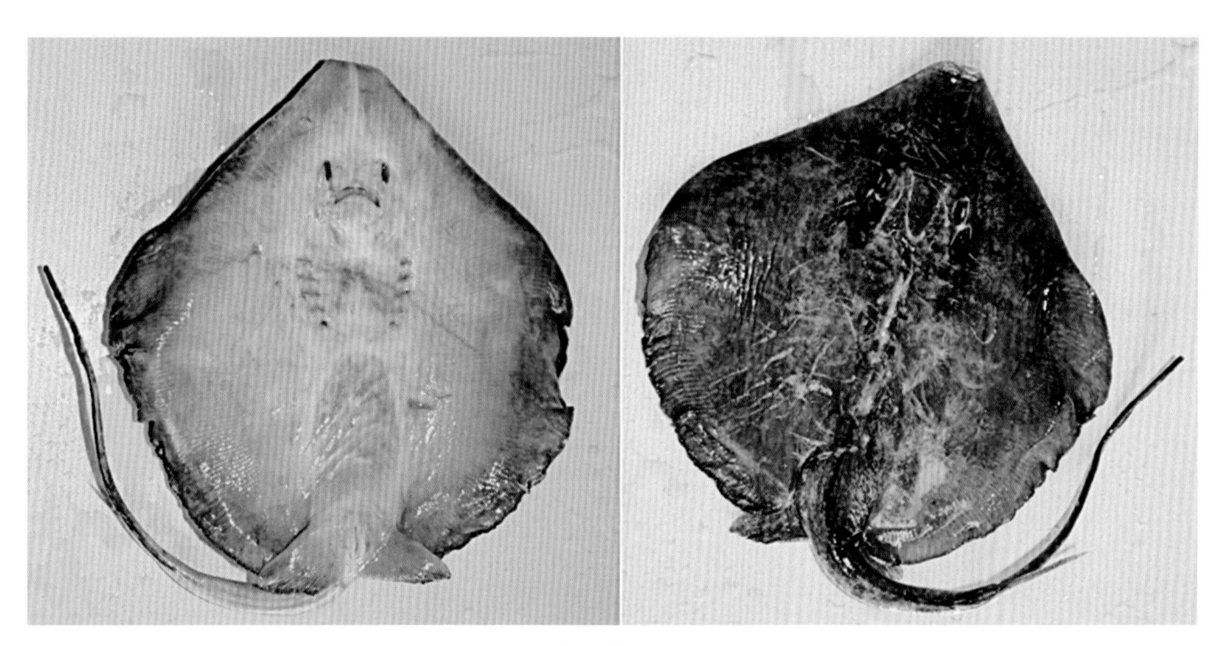

小眼窄尾魟

51 紫魟
Pteroplatytrygon violacea (Bonaparte, 1832)

英文名 Pelagic stingray

地方名 黑魟

分类地位 软骨鱼纲 Chondrichthyes，鲼形目 Myliobatiformes，魟科 Dasyatidae

形态特征 体盘斜方形，眼至吻端呈弧形。吻前缘广圆，正中有1小圆形突起。瞳孔黄色，背面有半圆形黑色瓣膜。喷水孔大，近方形或长椭圆形。外鼻孔椭圆形，里面前后各具1皮膜。口小，口底前部具1横列小型乳突16个。雌体口底中部正中具1纵列乳突20余个。在雄体口底中部正中具1纵列乳突14个。齿近桃形，铺石状排列，各齿中央有1尖突，雄体上、下颌齿各具16斜行，雌体较大个体上、下颌齿各具22～23斜行。腹鳍狭长，前后角圆钝。鳍脚粗大扁长，后部尖突。尾长，后部呈鞭状。背面喷水孔后方水平线上正中具1纵列结刺50～60个。体背面黑褐色，腹面灰褐色，尾端有1小段呈乳白色。

生态习性 暖温性深海底栖魟类，以小型腔肠类、鱼类以及甲壳类为食。卵胎生，尾刺剧毒。体长350～500 mm长可性成熟，记载最大体盘宽达1600 mm。

地理分布 我国分布于南海西沙群岛海域，舟山海域曾偶然发现。

保护现状 2018年IUCN评估为无危物种。

紫魟

（二十七）燕魟科 Gymnuridae

体盘斜方形，宽比长大2倍余。尾细小而短，尾长不到体盘宽的1/4，尾刺或有或无。齿细小而多，铺石状排列。喷水孔中大，位于眼后。口底无乳突，腭膜后缘细裂或稍分裂，平直而不波曲。背鳍1个或消失。尾鳍消失，尾部上下方无皮膜。胸鳍前延，伸达吻端。卵胎生。

52 双斑燕魟
Gymnura bimaculata (Norman, 1925)

英文名 Twin-spot butterfly ray

地方名 燕魟

分类地位 软骨鱼纲 Chondrichthyes，鲼形目 Myliobatiformes，燕魟科 Gymnuridae

形态特征 体盘宽大，体盘宽为体盘长的1.5倍。鳃眼小，微突起，眼间隔平坦，眼后两侧具1对白斑。口宽平，与口前吻长相等。尾细而短，约等于体盘长的1/2。腹鳍狭长，前缘与后缘几成直角；里缘在雌体短直，在雄体因后缘与鳍脚相连而消失。鳍脚粗大，后端钝圆。背面暗褐色带青色，隐具细小暗斑及较大不规则黑斑和云状斑块。

生态习性 暖温性底栖中小型鱼类。标本全长235～477 mm。

地理分布 我国分布于东海、台湾海域及南海，舟山海域仅有记载。

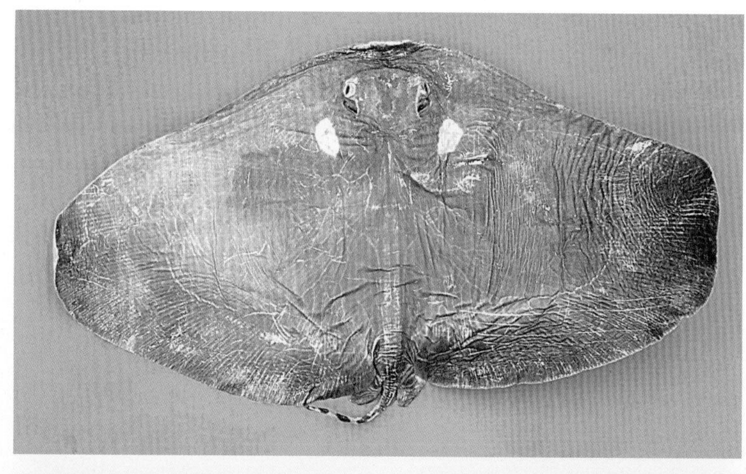

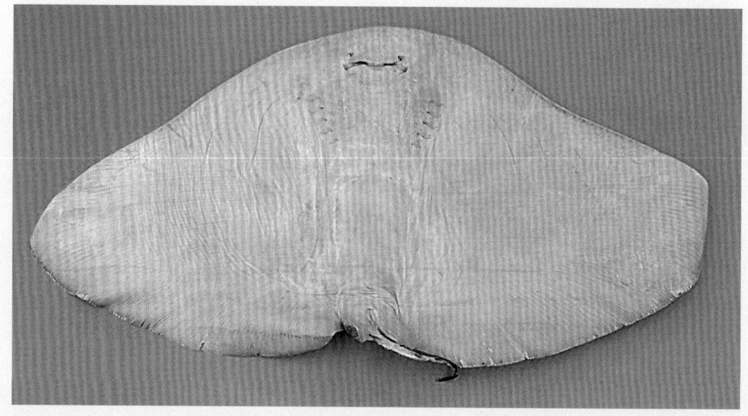

双斑燕魟（依国家动物标本资料库）

53 日本燕魟
Gymnura japonica (Temminck & Schlegel, 1850)

英文名 Japanese butterfly ray

地方名 燕魟

分类地位 软骨鱼纲 Chondrichthyes，鲼形目 Myliobatiformes，燕魟科 Gymnuridae

形态特征 体光滑，体盘宽大。眼小。鼻孔宽大。口宽平，与口前吻长相等。齿细小密列，齿头细尖。腹鳍长方形。尾刺短小，1～2个。体背面灰褐色或青褐色，有时具暗色斑块；腹面白色，边缘灰褐色；尾具黑色横纹6～7条。

生态习性 暖温性近海底栖中小型鱼类，一般体长1000 mm左右，体盘宽约2000 mm。胎儿具外鳃丝。

地理分布 我国沿海均有分布，舟山海域少见。

保护现状 2019年IUCN评估为易危物种。

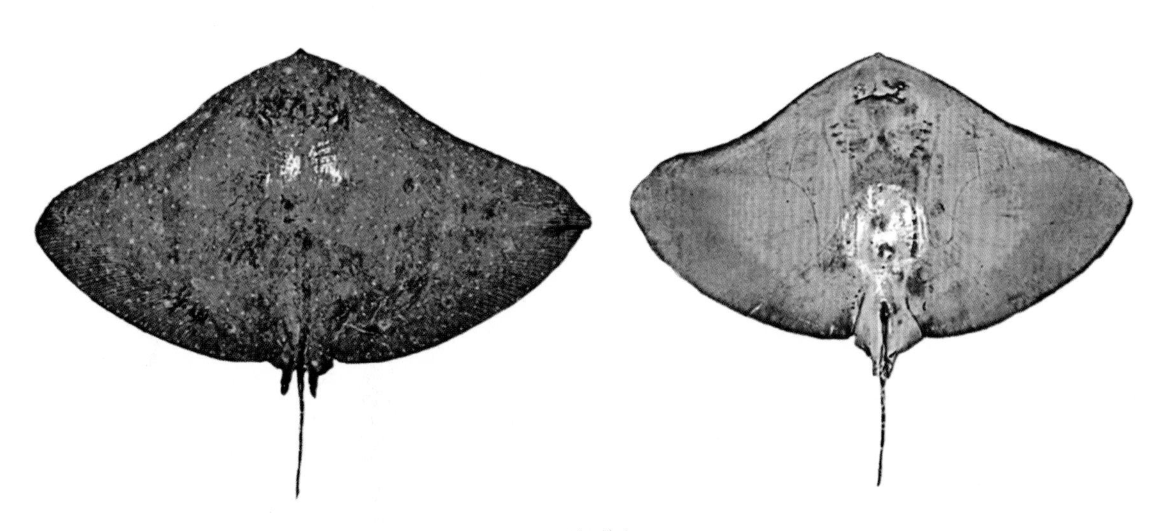

日本燕魟

（二十八）鲼科 Myliobatidae

体盘菱形。胸鳍前部分化为吻鳍，位于头前中部吻端下方，呈1单叶，吻鳍与胸鳍在头侧相连或分离；或吻鳍前部分成2叶，从头的腹面上伸达吻端，吻鳍与胸鳍在头侧分离。或胸鳍前部分化为头鳍，位于头的两侧。尾细长如鞭，具1小型背鳍，尾刺有或无。齿宽扁，1行或多行；或齿细小而多，近铺石状排列。

54 无斑鹞鲼
Aetobatus flagellum (Bloch & Schneider, 1801)

英文名 Longheaded eagle ray

地方名 鳐鲼

分类地位 软骨鱼纲Chondrichthyes，鲼形目Myliobatiformes，鲼科Myliobatidae

形态特征 体光滑，具尾刺。眼圆形，侧位，稍突起，眼径约与喷水孔相等，眼间隔微凸。鼻孔平横，只露出1个小的圆形入水孔。口中大，平横，齿扁平。腹鳍狭长，后部伸出胸鳍里角之后，后缘圆凸。鳍脚粗大，扁管状，后端圆锥形。背鳍1个，小型，近长方形。背面纯褐色。腹面白色，边缘灰褐色；尾隐具暗褐色和浅色条纹。

生态习性 记载最大体盘宽720 mm，体重13.9 kg。卵胎生。偶可进入咸淡水中。

地理分布 我国分布于东海、台湾海域及南海，舟山海域少见。

保护现状 2020年IUCN评估为濒危物种。

无斑鹞鲼

55 纳氏鹞鲼

Aetobatus narinari (Euphrasen, 1790)

英文名 Whitespotted eagle ray

地方名 雪花鸭嘴燕魟、斑点鹞鲼

分类地位 软骨鱼纲Chondrichthyes，鲼形目Myliobatiformes，鲼科Myliobatidae

形态特征 体光滑，体盘宽，体盘宽约为体盘长的2倍。眼圆形，侧位，稍突起。口平横，口宽小于口前吻长。喷水孔背位，位于眼后。齿扁平而宽大，上下颌齿各1纵行。背鳍1个，小型，起点到腹鳍终点距离小于其基底长。尾细长，约为头和躯干长的4倍。尾刺1枚。尾无侧褶，上、下皮褶都退化。背面暗褐色，胸鳍、腹鳍和背鳍上具白色或蓝色斑点；腹面白色，胸鳍和腹鳍后缘暗褐色；尾隐具浅色条纹。

生态习性 热带和暖温带近海底栖鱼类，能借助翅膀状的胸鳍在水中“翱翔”。胎生，刚产幼体体盘宽为170～360 mm。成体大型，体盘宽2000 mm余，重200 kg。以底栖贝类及鱼类、甲壳类为食。尾刺具毒腺。

地理分布 我国分布于东海、台湾海域及南海，舟山海域少见。

保护现状 2020年IUCN评估为濒危物种。

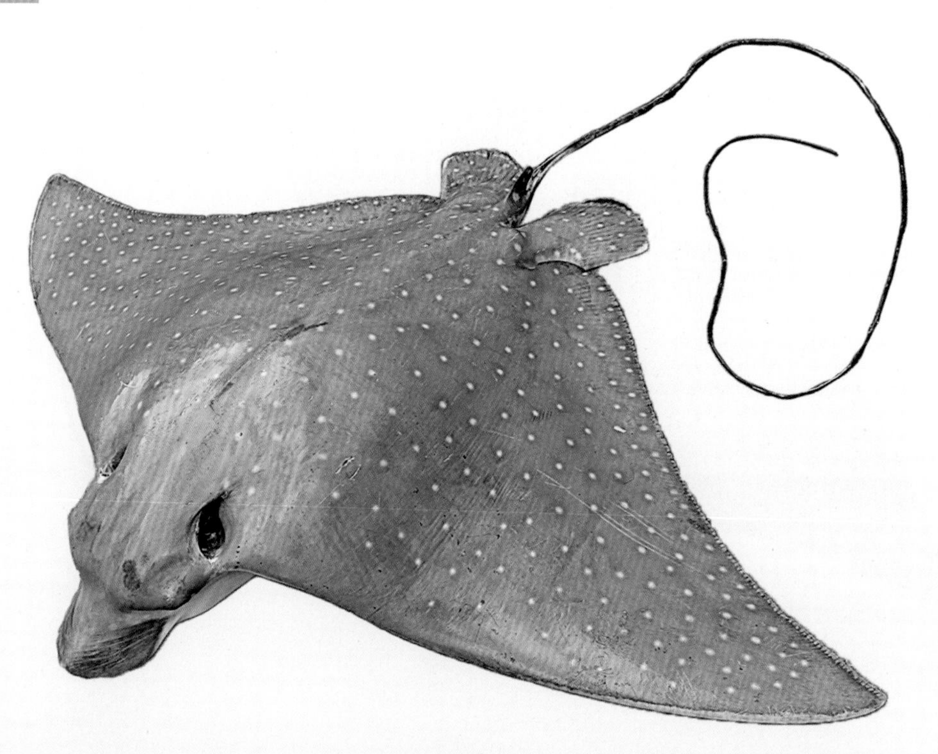

纳氏鹞鲼

56 花点无刺鲼

Aetomylaeus maculatus (Gray, 1834)

英文名 Mottled eagle ray

地方名 无刺鲼

分类地位 软骨鱼纲Chondrichthyes，鲼形目Myliobatiformes，鲼科Myliobatidae

形态特征 体盘菱形，无头鳍，体背中央具结刺。尾鳍消失，无尾刺。眼中大，上侧位，眼间隔宽而微凸。喷水孔狭长，上侧位，约与吻长相等，盖于孔上。腹鳍长方形。背鳍小，起点后于腹鳍基底终点。体褐色，散布圆形蓝色和白色斑点，尾后部隐具暗色斑纹。

生态习性 暖温性近海底栖中小型鱼类，体长可达1000 mm，善游，以贝类为食。

地理分布 我国分布于东海、台湾海域及南海，舟山海域少见。

保护现状 2020年IUCN评估为濒危物种。

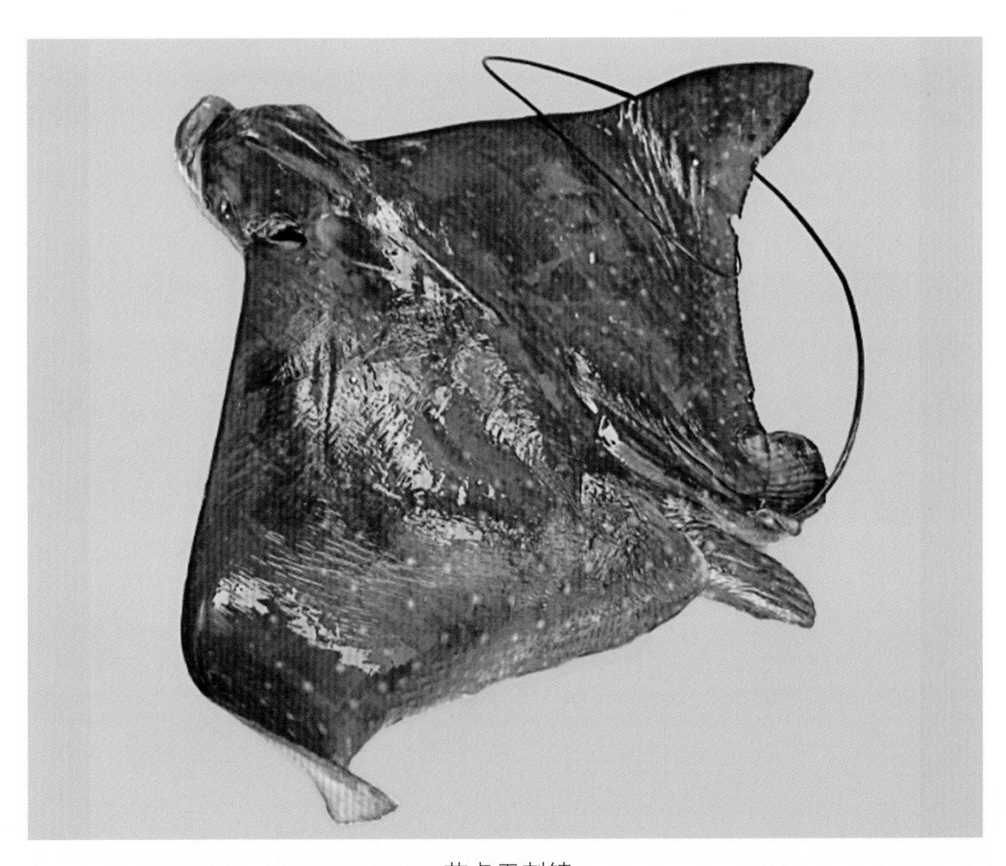

花点无刺鲼

57 鹰状无刺鲼

Aetomylaeus milvus (Müller & Henle, 1841)

英文名 Brown eagle-ray

地方名 无刺鲼

分类地位 软骨鱼纲Chondrichthyes，鲼形目Myliobatiformes，鲼科Myliobatidae

形态特征 体呈菱形，无头鳍，无尾刺，吻鳍不分瓣。眼中大，侧位，眼径约为喷水孔长的2/3。喷水孔比吻稍长。鼻孔平横，只露出1个小的入水孔。口平横，正中齿宽为长的4～5倍。腹鳍狭长。背鳍1个，起点对着腹鳍基底终点。幼体光滑，较大者背面及胸鳍具细小星状细鳞。体暗褐色，体盘具白色斑点。

生态习性 暖温性近海底栖大型鱼类，卵胎生。

地理分布 我国分布于东海、台湾海域及南海，舟山海域少见。

保护现状 2017年IUCN评估为濒危物种。

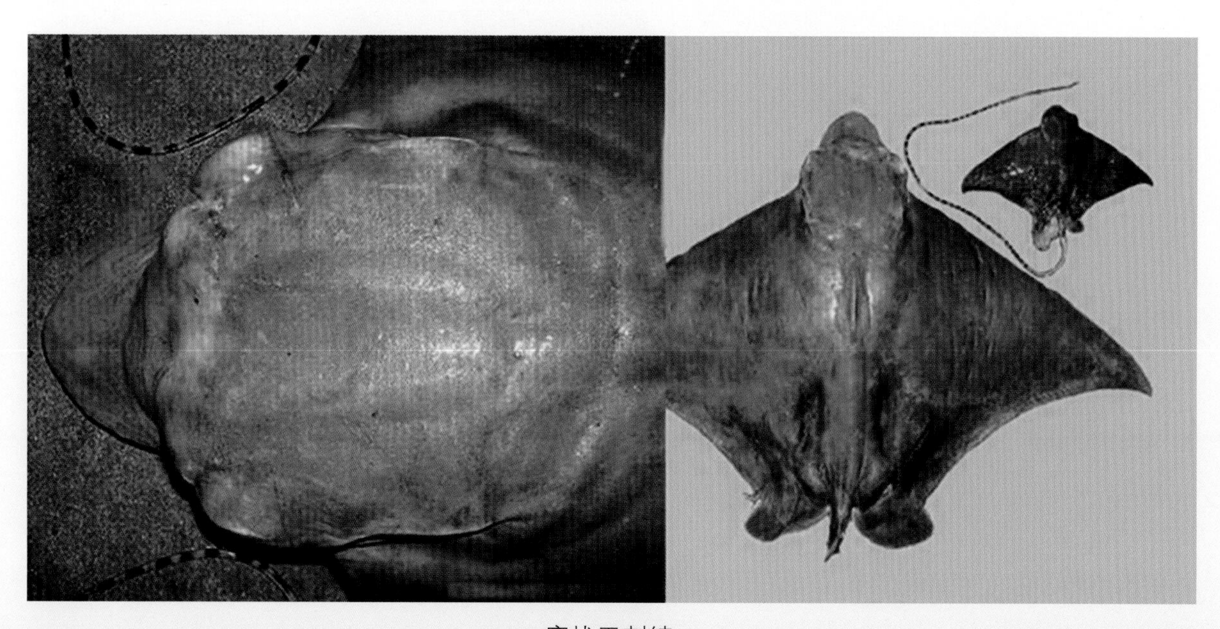

鹰状无刺鲼

58 双吻前口蝠鲼
Mobula birostris (Walbaum, 1792)

英文名 Giant manta

地方名 鬼蝠魟、魔鬼鱼、牛角甫

分类地位 软骨鱼纲Chondrichthyes，鲼形目Myliobatiformes，鲼科Myliobatidae

形态特征 头前两侧具头鳍。眼侧位，眼球很大，比喷水孔约大2倍，眼间隔很宽。喷水孔横椭圆形，位于背上。鼻间距离等于口宽。口前位，宽大，口宽比口前头鳍长为大，下颌突出，上颌无齿。齿细小，粒状，100余纵行，前面齿疏散不整齐，后面齿比较整齐和紧密。背鳍1个，小型，起点约与腹鳍起点相对。背面浅青灰色，尾后部黑褐色，成体头侧至肩区具袜状灰白大斑1对。

生态习性 暖温性中上层大型鱼类，性情温顺，行动敏捷，常成群遨游水中。卵胎生，每胎只有1仔，产后有护幼行为。成鱼体盘最宽可达9100 mm，重逾3000 kg，为蝠鲼类中最大种，常见体宽4500 mm左右。

地理分布 我国沿海均有分布，舟山海域少见。

保护现状 2019年IUCN评估为濒危物种，列入《濒危野生动植物种国际贸易公约》(CITES)附录Ⅱ。

双吻前口蝠鲼（依 Marshall, Andrea 等）

59 日本蝠鲼
Mobula japanica (Bonnaterre, 1788)

英文名 Spinetail mobula

地方名 日本蝠魟、牛角甫

分类地位 软骨鱼纲 Chondrichthyes，鲼形目 Myliobatiformes，鲼科 Myliobatidae

形态特征 体呈菱形，具头鳍，体盘宽约为体盘长的2.3倍。背面粗糙，尾的两侧具白色小鳞。眼侧位，比喷水孔大许多。鼻孔亚前位。口下位，宽平，近前端。上下颌各具细齿横带，几达口隅，每横带约由150波曲纵行组成，3个齿尖，相当紧密地排列。背鳍1个。腹鳍稍小。尾细长，且为体长之3倍。尾刺1个，短小，无侧褶。背部青褐色；头鳍内侧青褐色，外侧白色；腹面白色。

生态习性 暖温性中上层大型鱼类。卵胎生，每胎只有1仔，子宫内壁具富含血管的绒毛，能分泌“乳汁”，供胎儿营养。最大体宽可达3100 mm。以浮游甲壳类、小型鱼类等为食，借助头鳍纳食入口。

地理分布 我国沿海均有分布，舟山海域常见。

保护现状 2006年IUCN评估为近危物种，列入《濒危野生动植物种国际贸易公约》（CITES）附录Ⅱ。

日本蝠鲼

60 蝠鲼

Mobula mobular (Bonnaterre, 1788)

英文名 Devil ray

地方名 毯魟、魔鬼鱼、牛角甫

分类地位 软骨鱼纲Chondrichthyes，鲼形目Myliobatiformes，鲼科Myliobatidae

形态特征 体盘宽约为体盘长的2.4倍，具头鳍。体背面粗糙，尾的两侧无白色小鳞。眼球比喷水孔大4倍余，眼间隔很宽。背鳍小。胸鳍翼状。尾细长如鞭，具尾刺。背面黑褐色，外侧白色。

生态习性 暖温性中上层大型鱼类，平时底栖生活，有时上升表层游弋，并做远程洄游，常跃出水面，发出巨响。最大体宽可达5200 mm。主食浮游甲壳类，也食小型成群鱼类。

地理分布 我国分布于东海、台湾海域及南海，舟山海域少见。

保护现状 2018年IUCN评估为濒危物种，列入《濒危野生动植物种国际贸易公约》（CITES）附录Ⅱ。

蝠鲼（依 Minguell, Carlos 等）

61 鸢鲼

Myliobatis tobijei Bleeker, 1854

英文名 Japanese eagle ray

分类地位 软骨鱼纲Chondrichthyes，鲼形目Myliobatiformes，鲼科Myliobatidae

形态特征 无头鳍，吻鳍不分瓣，体盘宽为体盘长的1.8～1.9倍。眼径比喷水孔长稍小。喷水孔近长方形、上侧位。口宽而平横，幼体口宽与口前吻长相等，成体口宽短于口前吻长。齿平扁，上下颌各具7纵行，正中行齿宽大，宽为长的4～5倍。鳃裂5个，很狭小。背鳍1个，小型。尾细长如鞭，尾长约为体盘长的2倍。背面黄褐色或赤色，腹面边区橙黄带灰褐色，尾灰黑或花白，隐具暗色和浅色横纹。

生态习性 暖温性近海底栖中小型鱼类，常见体长在1000 mm左右。

地理分布 我国沿海均有分布，舟山海域少见。

保护现状 2019年IUCN评估为易危物种。

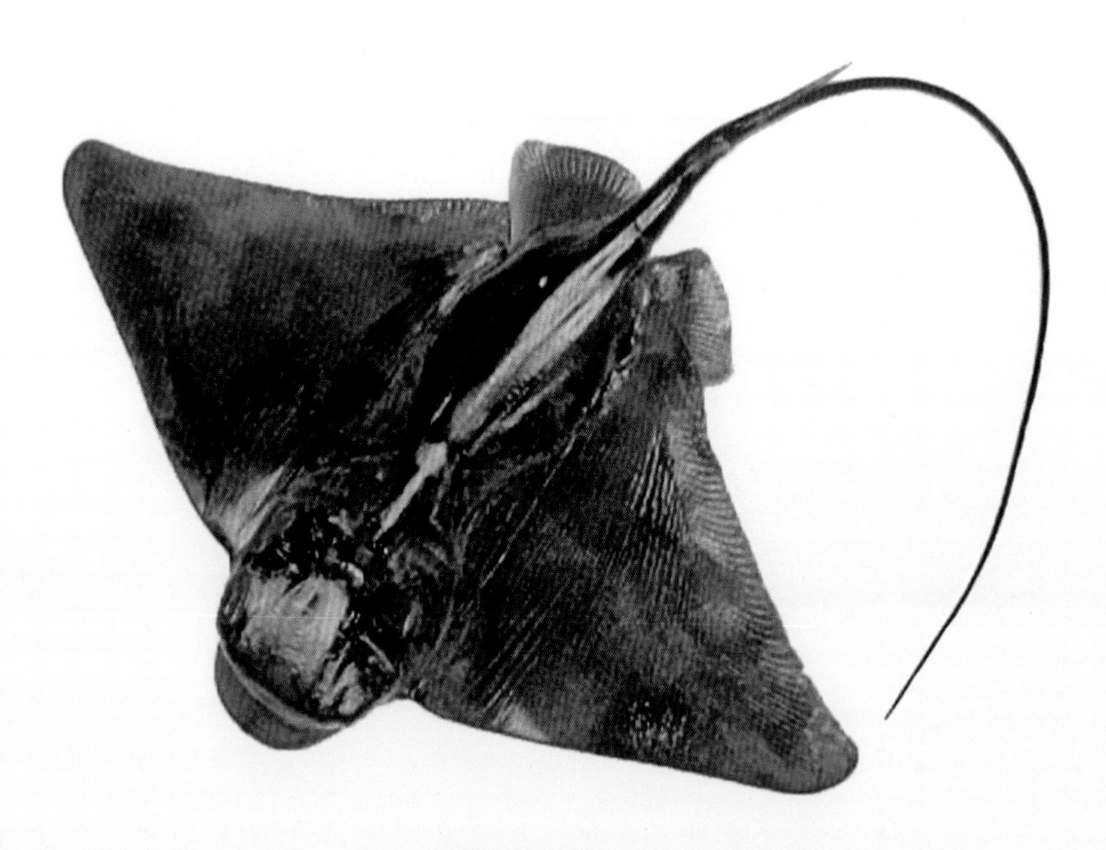

鸢鲼（依 Senou H.）

62 爪哇牛鼻鲼

Rhinoptera javanica Müller & Henle, 1841

英文名 Flapnose ray

地方名 牛角甫

分类地位 软骨鱼纲Chondrichthyes，鲼形目Myliobatiformes，鲼科Myliobatidae

形态特征 体盘宽约为体盘长的1.8～2.0倍，前缘微凸，后缘凹入。无头鳍，吻鳍前部分成两瓣，中间凹入，两侧圆形，吻鳍与头颅之间形成明显的水平纵沟。头颅宽大，稍隆，中间微凹。喷水孔大，紧位于眼后方，三角形。口宽大，无乳突，上唇和下唇都褶皱。腹鳍狭长，稍伸出于胸鳍里角之后，后缘微凸。背鳍颇大，三角形。尾细长如鞭。尾刺细弱，具锯齿，无侧褶，上下皮褶消失。体光滑，具很小的星状细鳞，散布于头上及背上，中央部较密集，胸鳍前面零星分布。背面黑褐色带蓝色，胸鳍前缘蓝色，头部散布有若干不规则的蓝色斑块；腹面白色，胸鳍外侧及腹鳍呈灰黑带蓝色。

生态习性 近岸底栖性中大型鱼类，最大体盘宽可达1500 mm，以底栖贝类、甲壳类等为食。卵胎生。

渔业利用 通常由近海底层延绳钓所捕获，具有食用价值。

地理分布 舟山海域常见。

保护现状 2019年IUCN评估为濒危物种。

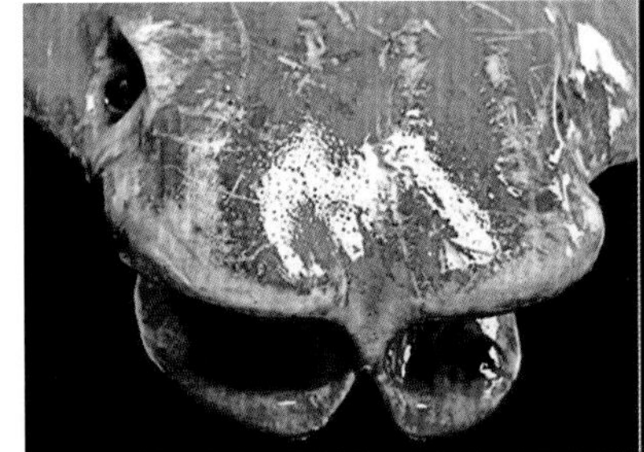
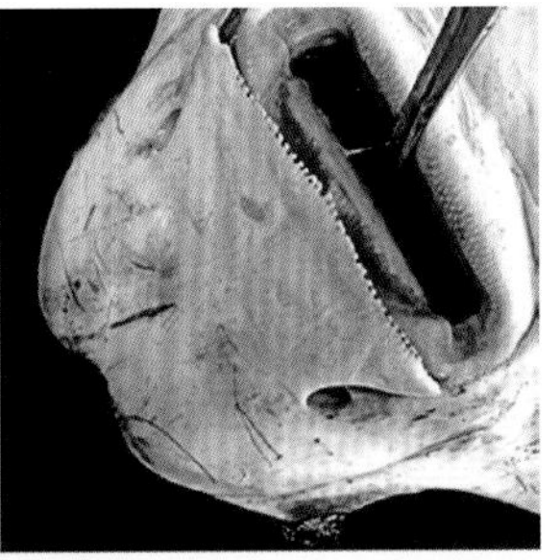

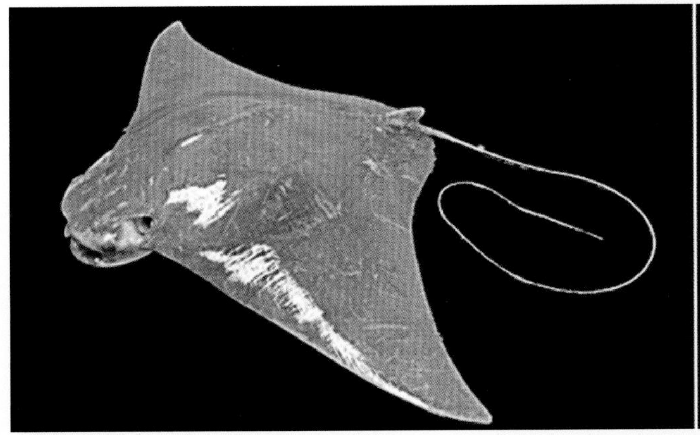
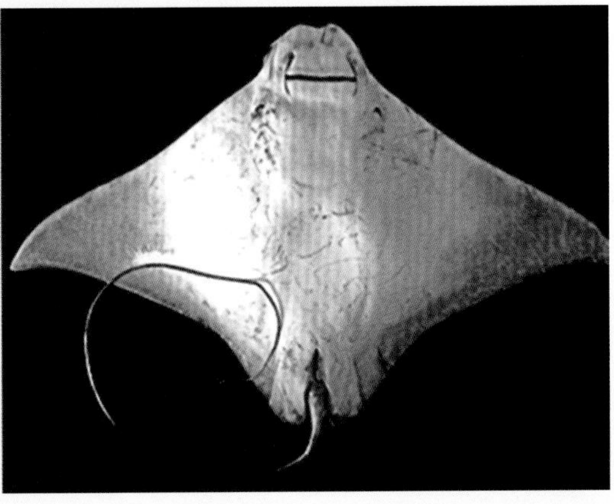

爪哇牛鼻鲼

辐鳍鱼纲 Actinopterygii

头部常被膜骨。骨骼不同程度骨化，具骨缝。体被硬鳞、圆鳞或栉鳞，或裸露无鳞，少数被骨板或裸出。肩带发达。内鼻孔或有或无。无鼻口沟。鳃孔1对，外具骨质鳃盖，鳃间隔部分或全部退化。鳔有或无。尾常呈正型尾，亦有原尾或歪尾。无泄殖腔。

十五、鲟形目 Acipenseriformes

体呈梭形，躯干部横断面呈近五角形。体常被5行骨板，或裸露，或仅在尾鳍上叶背有1行棘状硬鳞。吻尖长或呈平扁匙状。头上骨板有或无。口裂直或新月形，位于头腹面，能伸缩吸食。口前须细小。眼小。外鼻孔2对，有小型喷水孔。齿细小或消失。背鳍和臀鳍后位。胸鳍低位。腹鳍在背鳍前方。尾鳍歪形，上叶长于下叶。

（二十九）鲟科 Acipenseridae

体延长，一般呈梭形，躯干部的横断面呈近五角形。体被5行骨板。头上有骨板。吻延长呈圆锥形或铲状。眼小，侧位。鼻孔大，位于眼前缘。口腹位。口前吻须2对。成鱼无颌齿。鳃盖膜与峡部相连或不相连，鳃耙短小，无鳃盖骨、鳃盖条。背鳍1个，后位。尾鳍上缘有1行棘状鳞。背鳍和臀鳍后位。胸鳍低位。腹鳍在背鳍前方。尾鳍歪形，上叶长于下叶，两侧密生多行硬鳞。

63 中华鲟

Acipenser sinensis Gray, 1835

英文名 Chinese sturgeon

地方名 鲟鳇鱼、腊鱼、铜甲

分类地位 辐鳍鱼纲 Actinopterygii，鲟形目 Acipenseriformes，鲟科 Acipenseridae

形态特征 头长三角形，吻尖长，喷水孔呈裂缝状。眼椭圆形。口能伸缩，唇有细小乳突，口吻部中央有须2对。皮肤裸露，具背骨板、背侧骨板及腹板。胸鳍椭圆形。腹鳍长方形。尾鳍歪形，上叶有棘状硬鳞1行。体色在侧骨板以上为青灰、灰褐或灰黄色，侧骨板以下由浅灰色渐到黄白色；腹部为乳白色；各鳍呈灰色而有浅边。

生态习性 洄游或半洄游性底层鱼类。具有溯河产卵洄游的习性，亲鲟在繁殖期内停止摄食。生长较快，但性成熟较晚，通常雄性9～22龄，雌性6～20龄。卵椭圆形，沉性，黏着于砾石上发育。产卵后亲鱼即降河返回海中，当年孵化的仔、幼鱼从产卵场降河至河川浅水区觅食，此后即入海生活，直至性成熟后再溯河进行产卵洄游。常见个体重50～300 kg，最大体长4000 mm以上。

地理分布 我国分布于长江干流自金沙江以下至河口江段，其他水系如珠江、闽江、钱塘江、黄河和我国沿海自黄海至东海各地都有少量分布，尤以长江口和舟山为多。

保护现状 2019年IUCN评估为极危物种，列入《濒危野生动植物种国际贸易公约》（CITES）附录Ⅱ，国家一级重点保护野生动物。

中华鲟

十六、海鲢目 Elopiformes

体稍延长，后部略侧扁，不具脂鳍。体被圆鳞，侧线完全。腹部无棱鳞，偶鳍基部具发达的腋鳞。喉板很发达。鳃盖条23～35条。背鳍1个，无硬棘，背鳍基短。尾鳍深叉形。

（三十）海鲢科 Elopidae

体长形，略侧扁。眼大，具脂眼睑。口大，亚端位，口裂微斜。上颌骨很长。两颌、犁骨、腭骨、翼骨和舌有细齿。假鳃很发达。颏部具喉板或缩成细条。体被圆鳞，腹部无棱鳞，偶鳍基部具发达的腋鳞。侧线完全。背鳍1个，无硬棘，背鳍基短，位于腹鳍与臀鳍之间。背鳍和臀鳍基具鳞鞘，可折叠其中。尾鳍深叉形。

64 海鲢
Elops machnata (Fabricius, 1775)

英 文 名 Tenpounder

别　 名 大眼海鲢

分类地位 辐鳍鱼纲 Actinopterygii，海鲢目 Elopiformes，海鲢科 Elopidae

形态特征 体长梭形，头细长。颏部具1长条形喉板。吻圆锥形。眼前侧位。口裂稍斜。齿绒毛状。体被细小圆鳞，体背部深青黄色，散有黑色细点，体侧和腹部银白色。背鳍和尾鳍青黄色，背鳍上、尾鳍后缘黑色。胸鳍基部青黄色，具许多黑色小点。腹鳍、臀鳍和尾鳍下叶淡黄色。

生态习性 暖温性近海中小型鱼类，栖息于热带和亚热带海水域，有时进入河口区。成鱼为外洋性的洄游鱼类，产浮性卵于大洋。海鲢泳速快，性凶猛且贪食。一般体长250～300 mm。肉食性鱼类，以小型鱼类及甲壳类为食。

渔业利用 主要为围网、刺网及钓获，亦偶有为定置网捕获。

地理分布 我国主要分布于东海南部、南海，舟山海域偶见。

保护现状 2016年IUCN评估为无危物种。

海鲢

十七、鳗鲡目 Anguilliformes

体细长呈鳗形。由上颌骨组成口缘。具齿。鳃孔狭窄。背鳍与臀鳍均长，常与尾鳍相连。胸鳍有或无。各鳍均无棘。无腹鳍。鳞退化或埋于皮下。

（三十一）鳗鲡科 Anguillidae

体长，呈鳗形，前部圆筒状，后部侧扁。鳞细小，埋于皮下，呈席纹状排列。头钝锥状，平扁。眼埋于皮下。舌钝尖，游离。体具侧线。背鳍始于体前半部，位于肛门的前方或后方。具短小胸鳍。背鳍、臀鳍与尾鳍相连。

65 日本鳗鲡

Anguilla japonica Temminck & Schlegel, 1846

英文名 Common eel、Japanese eel

地方名 日本鳗、鳗鲡、河鳗、鲥鳗

分类地位 辐鳍鱼纲 Actinopterygii，鳗鲡目 Anguilliformes，鳗鲡科 Anguillidae

形态特征 体无斑纹，背暗绿色，有时隐具暗色斑块。头钝锥形。吻中大，钝圆。口大，口裂可伸达眼后缘下方。腹面白色。背鳍和臀鳍后部边缘黑色。胸鳍淡白色。

生态习性 本种为降河洄游性鱼类。性腺发育前，栖息于内陆及河口淡水水域，以其他鱼类、虾蟹类、异足类、桡足类、贝类和水生昆虫等为食，挖巢穴居，3～5年后体长700 mm、体重600 g以上，个体性腺开始发育，但不能成熟。每年秋末冬初，经河口向海洋行生殖洄游。有研究报道，降河洄游时鳗鲡性腺开始成熟，同时不再进食，消化器官逐渐萎缩，肝脏变小，体脂减少，体内营养物质渐为性腺发育和生殖洄游所消耗。一次性产卵，产卵后亲鱼死亡。生长寿命最长可达20年。卵呈浮性，受精卵球形，卵径约1 mm，透明，具多个油球。初孵仔鱼体长约3 mm，幼体发育经叶状幼体，也称柳叶鳗，随着生长由深海逐渐向表层浮游，并随海流逐渐游离产卵场。经1年左右，开始游向大陆，秋、冬季在近岸地区变态为幼鳗，白色略透明，称玻璃鳗或“白苗”。2～4月在沿岸出现，并随潮汐开始溯河，浙江沿岸出现“鳗苗汛”。近年来，由于过度捕捞鳗苗，沿海湿地减少，鳗苗难以进入河川，野生鳗鲡已极难见到。

渔业利用 经济鱼类。

地理分布 我国沿海均有分布，舟山海域常见。

保护现状 2018年IUCN评估为濒危物种。

日本鳗鲡

（三十二）海鳝科 Muraenidae

体鳗形，后部较侧扁。体上无磷，皮肤光滑，侧线孔不明显，通常具鲜艳斑纹或网纹。头较小。口大，口裂常伸达眼后方。上下颌一般窄小或弯曲。上下颌齿犬齿状或颗粒状、臼状。犁骨和腭骨均具齿。舌附于口底。背鳍、臀鳍与尾鳍相连，无胸鳍和腹鳍。

66 网纹裸胸鳝

Gymnothorax reticularis Bloch, 1795

英文名 Dusky-banded moray、Moray eel

地方名 裸胸鳝

分类地位 辐鳍鱼纲 Actinopterygii，鳗鲡目 Anguilliformes，海鳝科 Muraenidae

形态特征 头锥形，眼小而圆，口大。上下颌约等长，齿尖锐，侧扁。背鳍、臀鳍和尾鳍较发达。无胸鳍。体背由头部至尾端具15～22条绿褐色横带，侧方横带之间和头部散布不规则绿褐色斑点；腹面无斑点。

生态习性 近海暖水性底层鱼类，栖息于沿岸岩礁间，一般体长600 mm。

渔业利用 我国沿海常见经济鱼类，具有食用价值。

地理分布 我国分布于东海、南海，舟山海域常见。

保护现状 2019年IUCN评估为无危物种。

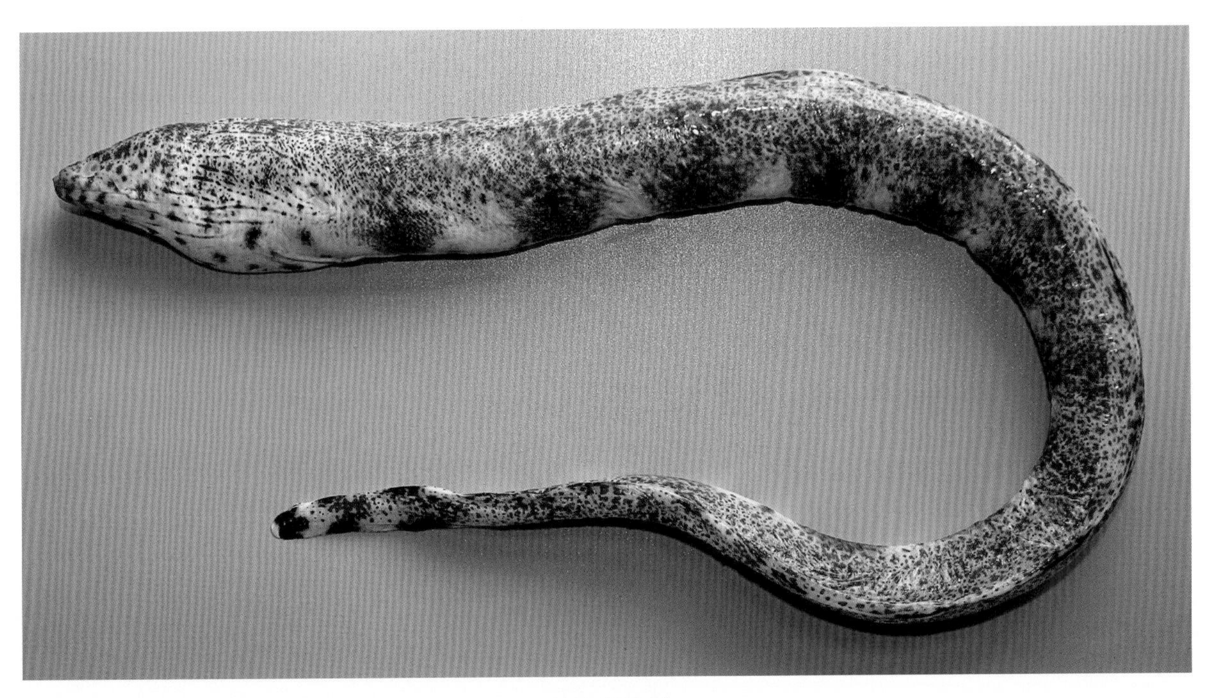

网纹裸胸鳝

（三十三）合鳃鳗科 Synaphobranchidae

体延长，侧扁，躯干部短小，尾延长。头大，吻正常。口裂大，伸至眼后方。齿尖锐，稍弯曲。体鳞退化。胸鳍小或发达，肛门紧位于其后。背鳍、臀鳍、尾鳍均发达。

67 前肛鳗
Dysomma anguillare Barnard, 1923

英文名 Shortbelly eel

地方名 前肛鳗

分类地位 辐鳍鱼纲 Actinopterygii，鳗鲡目 Anguilliformes，合鳃鳗科 Synaphobranchidae

形态特征 头较大，钝锥形。吻突出，锥形。眼很小，圆形。眼间隔宽阔，隆起。口大，舌附于口底。背鳍、臀鳍和尾鳍相连续。肛门位于胸鳍下方。体背侧灰褐色或淡灰黑色，腹部灰白色。

生态习性 小型底栖性鱼类，栖息水深30～270 m，最大个体520 mm，捕食小型鱼类、甲壳类及软体动物。

渔业利用 通常为底拖网捕获，不具经济价值。

地理分布 我国分布于黄海南部、东海、台湾海域及南海，舟山海域偶见。

保护现状 2017年IUCN评估为无危物种。

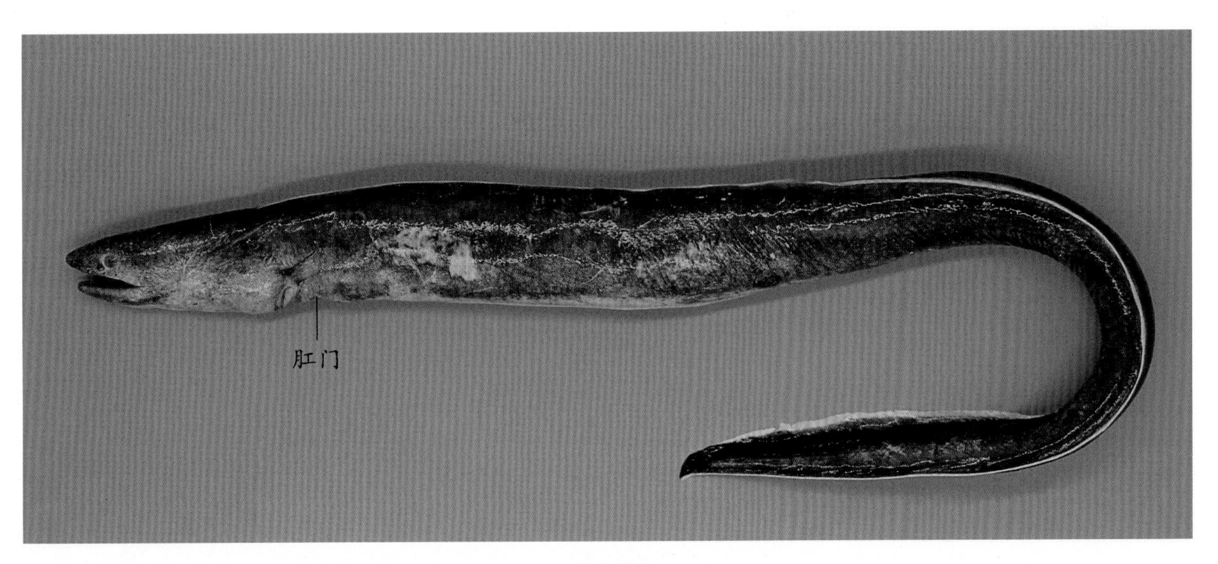

前肛鳗

（三十四）蛇鳗科 Ophichthidae

体细长，躯干部圆柱形，尾部较侧扁，尾部长常常大于头和躯干合长。头较小，钝锥形。吻尖，突出。眼小。鼻孔每侧2个，前鼻孔管状或具皮瓣，位于上唇边缘或吻端突出部的腹面；后鼻孔位于上唇边缘。口大，口裂伸达眼的下方或远后方。齿尖锐，圆锥状或颗粒状，1行或多行。舌附于口底，不游离。鳃孔侧位或下侧位。体无鳞。背鳍和臀鳍通常止于尾端稍前方，不相连续。尾端尖秃，常无尾鳍。胸鳍发达或消失。

68 中华须鳗

Cirrhimuraena chinensis Kaup, 1856

英文名 Chinese bearded eel

地方名 尖鳗、中国须蛇鳗

分类地位 辐鳍鱼纲 Actinopterygii，鳗鲡目 Anguilliformes，蛇鳗科 Ophichthidae

形态特征 头短，口前位。上唇边缘具发达的唇须，呈流苏状。皮肤光滑，侧线孔明显。背鳍和臀鳍均较发达。体灰褐色或淡黄褐色，腹部淡白色，各鳍淡黄色。

生态习性 为近岸暖水性中小型底层鱼类，喜欢穴居于底质为软泥、贝类丰富的低潮区。善于利用尾尖钻穴，退潮时钻入沙泥中，涨潮时游至沙泥上面。以贝类、口足类等底栖动物为食。最长记录为520 mm。

渔业利用 具有食用价值，但鱼体较小且量少，不为经济鱼种。

地理分布 我国分布于东海、南海，舟山海域少见。

保护现状 2019年IUCN评估为无危物种。

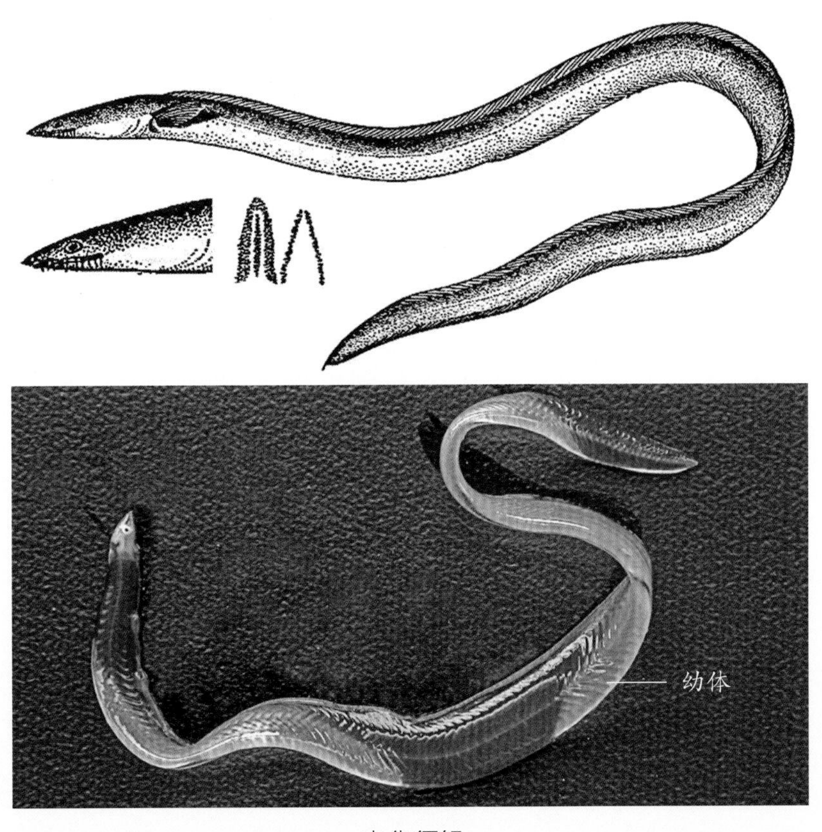

中华须鳗

69 裸鳍虫鳗

Muraenichthys gymnopterus (Bleeker, 1853)

英文名 Longfinned worm eel

地方名 虫鳗

分类地位 辐鳍鱼纲 Actinopterygii，鳗鲡目 Anguilliformes，蛇鳗科 Ophichthidae

形态特征 吻短钝。眼埋于皮下。后鼻孔斜形。齿钝锥状。皮肤光滑，侧线孔明显。背鳍、臀鳍和尾鳍相连续，尾鳍条显著。体淡黄绿色，腹部淡白色；背鳍和臀鳍后方边缘淡灰色；尾鳍灰黄色。

生态习性 近岸暖温性小型底层鱼类，常栖息于礁区、沙泥底、河口、近海沿岸和礁沙混合区，最长记录为300 mm。

渔业利用 具有食用价值和药用价值。

地理分布 我国分布于东海、南海，舟山海域少见。

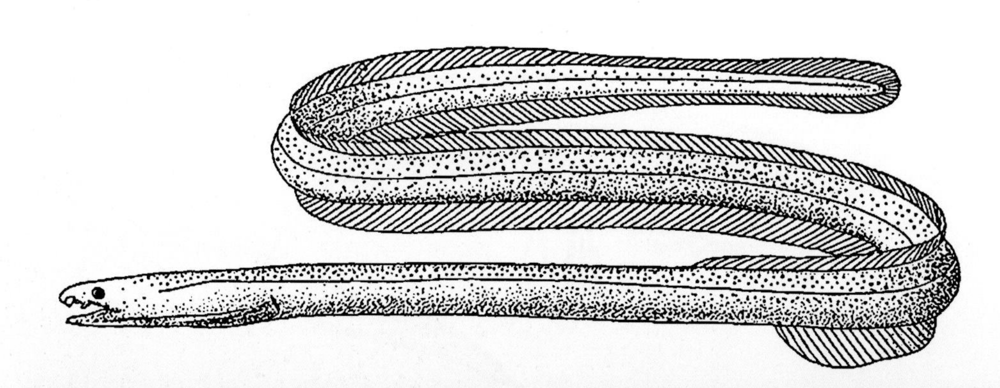

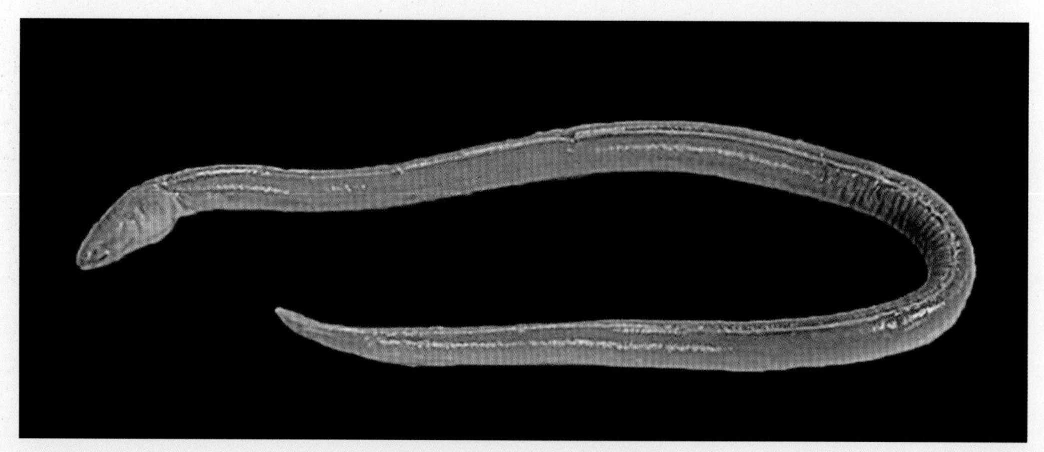

裸鳍虫鳗（依朱元鼎等）

70 尖吻蛇鳗

Ophichthus apicalis (Anonymous［Bennett］, 1830)

英文名 Bluntnose snake-eel

地方名 蛇鳗

分类地位 辐鳍鱼纲 Actinopterygii，鳗鲡目 Anguilliformes，蛇鳗科 Ophichthidae

形态特征 皮肤光滑，侧线孔不明显，无尾鳍。头钝锥形，口前位。上颌长于下颌，上下颌各具齿1行，前颌骨齿排列略呈"∧"形。上唇边缘无唇须。肛门位于体1/3处稍后方。胸鳍发达，呈扇形，淡灰色，上方灰黑色。体黄褐色，腹侧淡黄色。背鳍、臀鳍较低，止于尾端的稍前方，边缘灰黑色。

生态习性 近岸暖水性底层小型鱼类。穴居性，善于利用尾尖钻穴，退潮时钻入沙泥中，涨潮时游至沙泥上面。一般体长在450 mm左右。以贝类、口足类等底栖动物为食。

渔业利用 低值鱼类。

地理分布 我国分布于东海、南海，舟山海域少见。

保护现状 2019年IUCN评估为无危物种。

尖吻蛇鳗

71 大吻沙蛇鳗

Ophisurus macrorhynchos Bleeker, 1853

英 文 名 Longbill sea snake

地 方 名 长吻蛇鳗

分类地位 辐鳍鱼纲 Actinopterygii，鳗鲡目 Anguilliformes，蛇鳗科 Ophichthidae

形态特征 皮肤光滑，密布纵行和斜行隆起线，侧线孔不明显。两颌细长，喙状突出。口前位，上颌稍长于下颌。上唇边缘无唇须。肛门位于体前部1/3稍后方。背鳍和臀鳍较低，止于尾端稍前方，不相连续。胸鳍扇形。体黄褐色，背鳍边缘和臀鳍后部边缘黑色。

生态习性 深海大中型鱼类，最大体长可达1400 mm，主要栖息于深度500 m以内海域的沙泥底中。

渔业利用 底拖网捕获，数量少，经济价值不高。

地理分布 我国分布于东海东北部深海及台湾海域，舟山海域偶见。

保护现状 2019年IUCN评估为无危物种。

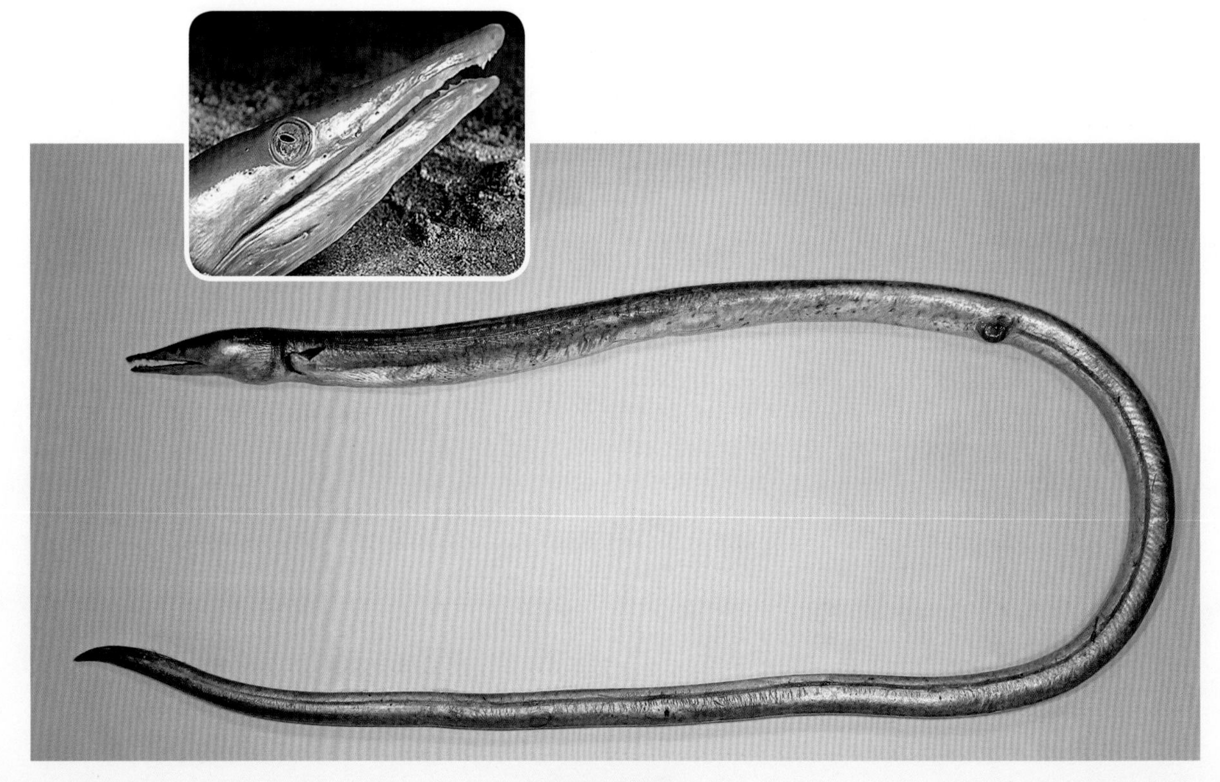

大吻沙蛇鳗

72 食蟹豆齿鳗

Pisodonophis cancrivorus (Richardson, 1848)

英文名 Longfin snake-eel

地方名 豆齿鳗

分类地位 辐鳍鱼纲 Actinopterygii，鳗鲡目 Anguilliformes，蛇鳗科 Ophichthidae

形态特征 体细长，头略呈锥形。口前位。上颌长于下颌，上唇边缘无唇须。上下颌齿排列不规则，呈带状，前方齿较大。侧线孔明显。无鳞。无尾鳍，背鳍和臀鳍均较发达。多为灰褐色或黄褐色，腹部淡黄色，背、臀鳍带有黑色边缘。

生态习性 为近岸暖温性中型底层鱼类，生活水深为10～30 m。穴居于近岸沙泥底中，对淡水忍受力较强，偶尔会上溯至河川下游觅食。最大体长可达1080 mm。

渔业利用 数量多，具有食用价值，常见于底拖网与底延钓渔获中，经济价值不高。

地理分布 我国分布于东海、南海，舟山海域少见。

保护现状 2019年IUCN评估为无危物种。

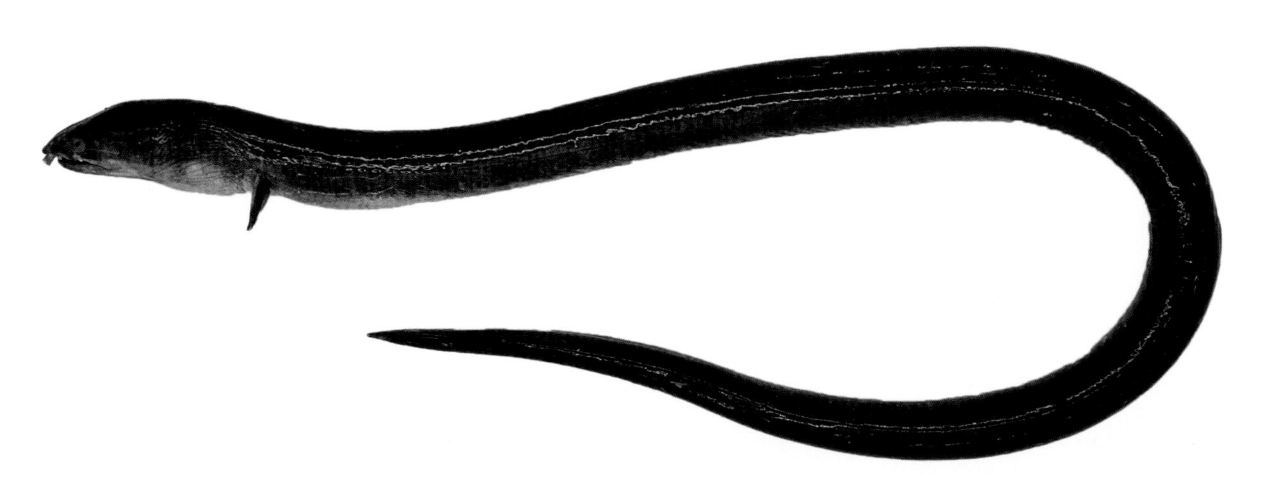

食蟹豆齿鳗

（三十五）海鳗科 Muraenesocidae

体形较大，躯干部圆筒状，尾部侧扁。体无鳞，侧线发达。头大，尖锥形。吻长，眼大。口大，口裂伸达眼的远后方。齿尖锐，上下颌及犁骨中间有大型犬齿。舌窄小，附于口底，前端不游离。鳃孔宽大。胸鳍发达、尖长。背鳍、臀鳍、尾鳍均发达，且相连接。

73 似原鹤海鳗

Congresox talabonoides (Bleeker, 1853)

英文名 Indian pike conger

地方名 内江鳗、抱鳗、泰拉海鳗、鹤海鳗

分类地位 辐鳍鱼纲 Actinopterygii，鳗鲡目 Anguilliformes，海鳗科 Muraenesocidae

形态特征 体较高。头细长，呈锥状。吻长。眼呈长椭圆形。口大，上颌长于下颌，上颌齿一般为3行，下颌齿4行，具向外横卧齿。肛门位于体1/2的前方腹面。尾鳍长尖形，背、臀、尾鳍相连续，埋于皮下，但鳍条明显，不分支。皮肤光滑，完全裸露。侧线孔明显。体背方，呈暗银灰色，体侧及腹面近呈乳白色，背鳍、臀鳍及尾鳍边缘黑色，胸鳍无色。

生态习性 凶猛的底层鱼类，栖息水层为100 m沙泥底质或岩礁间的海区。游泳迅速，性贪食，最大个体长达2500 mm。

渔业利用 常以延绳钓捕获，是我国主要的经济鱼类。

地理分布 我国分布于东海、南海，舟山海域常见。

保护现状 2019年IUCN评估为无危物种。

似原鹤海鳗（依 Deardear）

74 海鳗

Muraenesox cinereus (Forsskål, 1775)

英文名 Daggertooth pike conger

地方名 狗鳗、外洋鳗、灰海鳗

分类地位 辐鳍鱼纲 Actinopterygii，鳗鲡目 Anguilliformes，海鳗科 Muraenesocidae

形态特征 头大，锥形。吻中长。上颌突出，长于下颌。上下颌齿均3行，下颌骨不具向外横卧齿。肛门位于体中部前方。体背侧暗褐色或银白色，腹部乳白色，背鳍、臀鳍和尾鳍边缘黑色，胸鳍浅褐色。

生态习性 暖水性凶猛的近底层鱼类，集群性较低，栖息水层多为50～80 m沙泥底质或岩礁间的海区，也被发现于河口区，有时也会进入淡水水域。最大体长达2200 mm。以底栖的虾、蟹及小鱼为食物。

渔业利用 主要以底拖网或延绳钓捕获，为主要经济鱼类。

地理分布 我国沿海均有分布，舟山海域常见。

保护现状 2019年IUCN评估为无危物种。

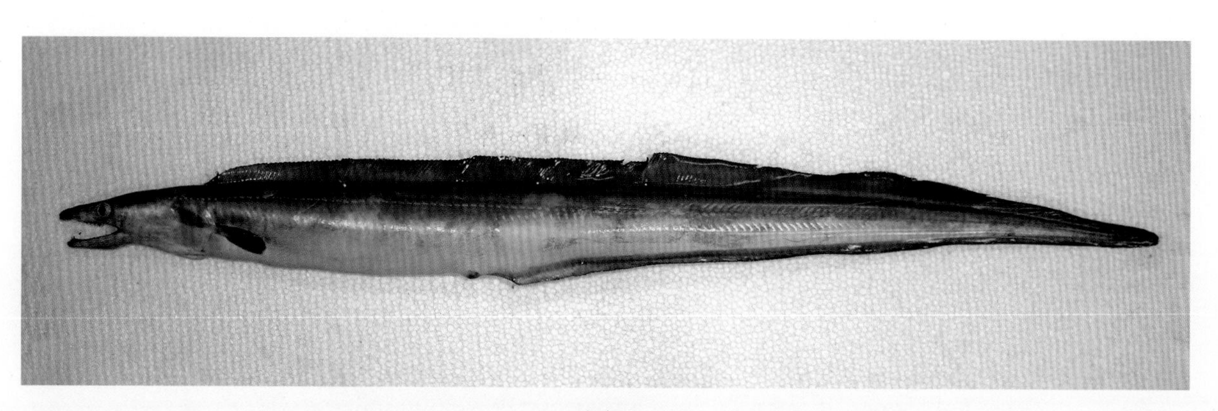

海鳗

（三十六）康吉鳗科 Congridae

体中等长，无鳞，前部圆筒状，后部侧扁。头与躯干部之长短于尾长。头中大，稍平扁。眼大，埋于皮下。吻突出。两颌等长，两颌、犁骨均具齿，齿细小尖锐，有些种类两颌齿在基部相连。舌游离，不附于口底。鼻孔每侧2个，分离，前鼻孔位于近吻端，后鼻孔位于近眼前缘。鳃孔分离。背鳍、臀鳍、胸鳍及尾鳍均较发达，背鳍、臀鳍与尾鳍相连。侧线明显。

75 日本康吉鳗

Conger japonicus Bleeker, 1879

地方名 黑皮沙鳗

分类地位 辐鳍鱼纲 Actinopterygii，鳗鲡目 Anguilliformes，康吉鳗科 Congridae

形态特征 眼大，眼间隔宽平。吻突出而尖。上下颌约等长。齿尖锐细小，闭口时前上颌骨齿不外露。鳃孔左右分离，位于胸鳍基部下方。胸鳍尖长，未超过背鳍起点。肛门位于体中部的前方。体黑褐色，腹侧稍淡，背鳍、臀鳍具黑色边缘。

生态习性 温带、亚热带近岸底层鱼类，小型鳗类，一般生活在300～535 m深的海区，栖息于近岸岩礁质清水区，尤以石缝洞穴多者居多。常见个体在570 mm以下，最大体长可达1400 mm。以鱼类、蟹类为食。

地理分布 我国分布于东海及台湾沿海，舟山海域少见。

日本康吉鳗

76 星康吉鳗

Conger myriaster (Brevoort, 1856)

英文名 Whitespotted conger

地方名 星鳗、沙鳗

分类地位 辐鳍鱼纲 Actinopterygii，鳗鲡目 Anguilliformes，康吉鳗科 Congridae

形态特征 体中长，躯干部圆筒形。口大，口裂伸达眼中部下方或稍后方。上下颌约相等。齿较大，排列稀疏。唇宽厚，左右不连续。鳃孔位于胸鳍基部下方。胸鳍长尖形，末端超过背鳍起点。肛门位于体中部前方。体背侧暗褐色，腹侧浅灰色，腹部白色，头部及体侧有白色斑点，背鳍、臀鳍、尾鳍边缘黑色，胸鳍淡色。

生态习性 暖温带至亚热带近岸中小型鳗类，常栖息于沙泥质底层及近岸岩礁质清水区，尤以石缝洞穴多者居多。白天居穴为多，晚上或海水浑浊时较为活跃。最大体长在1000 mm左右。肉食性，以鱼、虾等底栖动物为食。

渔业利用 以底拖网或笼具捕获，经济价值较低。

地理分布 我国分布于渤海、黄海和东海及台湾海域，舟山海域常见。

保护现状 2011年IUCN评估为无危物种。

星康吉鳗

77 黑尾吻鳗

Rhynchoconger ectenurus (Jordan & Richardson, 1909)

英文名 Longnose conger

地方名 吻鳗

分类地位 辐鳍鱼纲 Actinopterygii，鳗鲡目 Anguilliformes，康吉鳗科 Congridae

形态特征 体延长。吻突出，吻端尖形。眼大，长圆形。口大，上颌长于下颌。前颌骨齿较大，尖锐，弯曲，口闭时几全部外露。唇宽厚，发达，左右不连续。鳃孔较小，位于胸鳍基部下方。背鳍起点稍前于胸鳍基。肛门位于体前部1/2处的稍后方。侧线孔明显。胸鳍尖长。尾鳍细尖，略呈鞭状。体背方，呈淡褐色，腹部淡白色，尾鳍黑色。腹面有肉质凸起。

生态习性 近海暖水性底层鱼类，栖息于大陆架缘200 m以内的柔软泥沙质海底。最大体长在650 mm左右。

渔业利用 以底拖网或笼具捕获，经济价值较低。

地理分布 我国分布于东海、南海，舟山海域少见。

保护现状 2011年IUCN评估为无危物种。

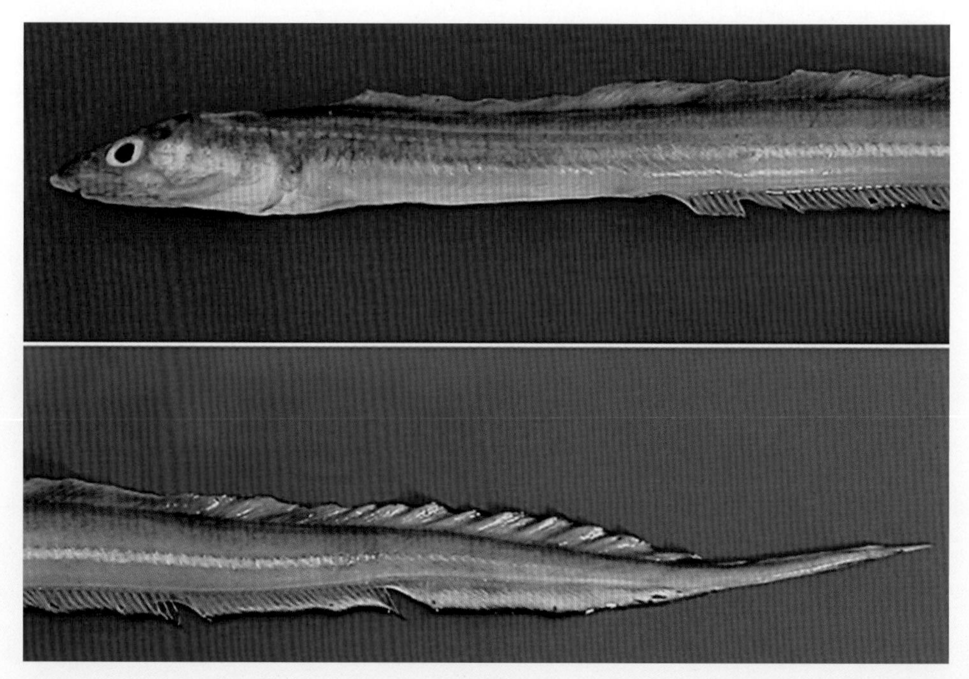

黑尾吻鳗

十八、鲱形目 Clupeiformes

体稍延长，侧扁。头部具黏液管。口裂小或中等大。上颌口缘由前颌骨和上颌骨组成。齿小或不发达，个别种类具犬齿。鳃盖膜不与峡部相连。鳃裂宽，鳃盖条6～20。假鳃有或无。多数种类鳃耙细长。无喉板。体被圆鳞或栉鳞，腹部具棱鳞。腹鳍腹位。胸鳍侧下位，位于体腹缘，无鳍棘。背鳍1个，无棘，位于臀鳍的前上方、后上方或与臀鳍相对。无脂鳍。无侧线，或仅在身体前部2个或5个鳞片有侧线。尾鳍正型尾。

（三十七）锯腹鳓科 Pristigasteridae

体延长，椭圆形，侧扁而高，腹缘通常具棱鳞。无侧线，体被圆薄鳞，鳞片大，易脱落。吻不突出，口上位。前颌骨不伸出，具辅上颌骨2块。颌齿细小，舌上有密集细齿。背鳍中位，短小或无。臀鳍长，鳍条在30以上。腹鳍小或无。胸鳍中等大，或稍大。尾鳍叉形。

78 鳓

Ilisha elongata (Anonymous [Bennett], 1830)

英文名 Elongate ilisha

地方名 鳓鱼、香鱼

分类地位 辐鳍鱼纲 Actinopterygii，鲱形目 Clupeiformes，锯腹鳓科 Pristigasteridae

形态特征 体侧扁，背缘窄，腹缘尖薄，有锯齿状棱鳞。头顶具菱形隆起棱。吻短钝，口小，向上近垂直。眼大，侧上位。脂眼睑发达，遮盖眼部1/2，眼间隔中间平。鳃盖骨薄，鳃孔大，鳃盖膜不与峡部相连。背鳍中大，位于体中稍前。臀鳍基长，起点后于背鳍起点。体背部灰色，体侧银白色，背鳍、头背、吻端、尾鳍淡青黄色，背鳍和尾鳍边缘灰黑色，胸鳍淡绿色，腹鳍与臀鳍浅色，鳃盖后上角无小黑斑。

生态习性 暖水性近海中上层洄游性鱼类，黄昏、夜间、黎明和阴天喜欢栖息于水的中上层，白天多活动于水的中下层。幼鱼以桡足类、箭虫、磷虾、蟹类幼体为食，成鱼则以虾类、头足类、多毛类和鱼类为食。游泳速度快，昼夜垂直移动现象不明显。喜集群，产卵前有卧底习性，生殖期间多不进食。

渔业利用 经济鱼类。

地理分布 我国沿海均有分布，舟山海域常见。

保护现状 2017年IUCN评估为无危物种。

鳓

（三十八）鳀科 Engraulidae

体长椭圆形或长形，稍侧扁。腹部通常有棱鳞。头中等大。口大，下位，口裂达眼的后方。上颌骨很长，上颌缘由前颌骨和上颌骨组成。犁骨、腭骨、翼骨和舌上通常有细齿，犬齿稀少。有假鳃，鳃耙细长。鳃盖膜彼此稍相连，但不与峡部相连。无侧线。鳞圆形，易脱落。背鳍大多位于臀鳍的上方或前方。无脂鳍。尾鳍分叉。

79 凤鲚

Coilia mystus (Linnaeus, 1758)

英文名 Osbeck's grenadier anchovy

地方名 凤尾鱼

分类地位 辐鳍鱼纲 Actinopterygii，鲱形目 Clupeiformes，鳀科 Engraulidae

形态特征 体延长，侧扁，向后渐细长。头短，头与躯干部较粗大，头部微隆起。腹缘尖薄，具棱鳞。吻短，圆突。眼较大，近于吻端。口大，下位，上颌骨的下缘有细锯齿，末端向后延伸至胸鳍基底，齿为绒毛状。背鳍中大，基部前方具1小棘。臀鳍基底部很长，鳍条73～86。胸鳍下侧位，具6条延长成丝状的游离鳍条，末端可至臀鳍起点处。尾鳍短小，上叶鳍条尖长，下叶鳍条与臀鳍相连。体背淡黄色，体侧及腹部银白色或近肉色，唇及鳃盖膜橘红色。

生态习性 河口洄游鱼。平时栖息于浅海，春季从海中洄游至河口半咸水区域产卵。仔鱼在江河口的深水处育肥，再洄游至海中，翌年达性成熟。以浮游动物为主要食物。

渔业利用 为沿海近河口小型经济鱼类，是张网作业的重要渔获对象。

地理分布 我国沿海均有分布，舟山海域常见。

保护现状 2017年IUCN评估为濒危物种。

凤鲚

80 刀鲚

Coilia nasus Temminck & Schlegel, 1846

英文名 Japanese grenadier anchovy

地方名 鲚鱼、刀鱼

分类地位 辐鳍鱼纲 Actinopterygii，鲱形目 Clupeiformes，鳀科 Engraulidae

形态特征 体延长侧扁。头短小，吻圆钝，眼较小。口大，上颌骨末端向后伸至胸鳍基部。背鳍中大，位于体前部1 /4处，其基前方有1小棘。臀鳍甚长，与尾鳍相连，鳍条数97～115。胸鳍上部具有6条丝状游离鳍条，末端超过臀鳍基1 /4处。腹鳍小，位于背鳍下方稍前。体背部浅黄褐色，体侧和腹部银白色，吻端、头顶和鳃盖上方橘黄色，背鳍和胸鳍橘黄色。

生态习性 淡水、海水洄游型鱼类。每年春季由海洋进入江河，部分进入湖泊或支流，最远可达洞庭湖。在流速较缓的地区产卵，孵化后的幼鱼聚集在海口淡水中生活，第二年入海育肥。成鱼以小鱼、小虾为食，幼鱼则以端足类、枝角类为主。

渔业利用 可利用流刺网捕获，是长江口重要的经济鱼类之一。

地理分布 我国分布于北起辽河、南至广东的沿海，舟山海域常见。

保护现状 2017年IUCN评估为濒危物种。

刀鲚

81 鳀

Engraulis japonicus Temminck & Schlegel, 1846

英文名 Japanese anchovy

地方名 烂船钉、日本鳀

分类地位 辐鳍鱼纲 Actinopterygii，鲱形目 Clupeiformes，鳀科 Engraulidae

形态特征 体延长，腹部无棱鳞。头大，侧扁。吻短钝。眼大，上侧位，具脂眼睑。口下位，上颌长于下颌，上颌骨末端未伸达鳃孔。背鳍中大，位于体中部。胸鳍下侧位，无游离鳍条，末端不达腹鳍。臀鳍狭长，起点后于背鳍基末端。尾鳍叉型。体背部蓝黑色，腹部银白色。体侧具1青黑色宽纵带，伸达尾鳍基。各鳍半透明，尾鳍散有小黑点。

生态习性 温水性中上层小型鱼类，栖息于水色澄清的海区。趋光性强，有明显的昼夜垂直移动现象。常见体长在140 mm以下。以滤食浮游动物为食，主要是桡足类及其他生物的卵及幼生。

渔业利用 具有食用价值和一定的经济价值。

地理分布 我国沿海均有分布，舟山海域常见。

保护现状 2018年IUCN评估为无危物种。

鳀

82 黄鲫
Setipinna taty (Valenciennes, 1848)

英文名 Scaly hairfin anchovy

地方名 黄鲫

分类地位 辐鳍鱼纲Actinopterygii，鲱形目Clupeiformes，鳀科Engraulidae

形态特征 体侧扁而高，背缘窄，腹部有棱鳞。头小，头顶具1纵棱。吻短钝。眼小，前侧位。口大，裂斜，上下颌等长，上颌骨末端未伸至鳃孔。背鳍前方有1棘，胸、腹鳍的基部有腋鳞。臀鳍长，鳍条51～56。胸鳍位低，第一鳍条延长成丝状。体背部青灰色，体侧及腹部银白带黄色，背鳍和尾鳍金黄色。

生态习性 近海小型鱼类，栖息于4～13 m深的软泥底质、水流较缓的海区。常于河口出现。有洄游特性且具群游性。产卵期在南海为2～4月，东海以北为5～6月。卵浮性，球形。常见体长在150 mm左右。滤食性，以浮游甲壳类、箭虫、鱼卵、水母等为食。

渔业利用 主要为近海拖网、流刺网捕捞，具有食用价值和一定经济价值。

地理分布 我国沿海均有分布，舟山海域常见。

保护现状 2017年IUCN评估为无危物种。

黄鲫

83 中华侧带小公鱼

Stolephorus chinensis (Günther, 1880)

英文名 China anchovy

地方名 中华小公鱼、小公鱼

分类地位 辐鳍鱼纲 Actinopterygii，鲱形目 Clupeiformes，鳀科 Engraulidae

形态特征 体长形，腹部具6个骨刺。头较小，头顶具“凹”形青黑斑。吻突出，圆钝。眼中大。口大。上颌长于下颌，上颌骨末端不伸达鳃孔。肛门位于背鳍基的下方。背鳍位于体中部稍后方。胸鳍下侧位，鳍端不伸达腹鳍。腹鳍位于背鳍的前下方。臀鳍起点在背鳍基底中部下方。体白色，体侧具1银白色纵带。尾鳍淡青色，其余各鳍白色。

生态习性 近海中上层小型鱼类，常见体长在80～90 mm。

渔业利用 产量低，经济价值不大。

地理分布 我国分布于北起上海，南至台湾、广东汕头等沿海海域，舟山海域少见。

保护现状 2017年IUCN评估为无危物种。

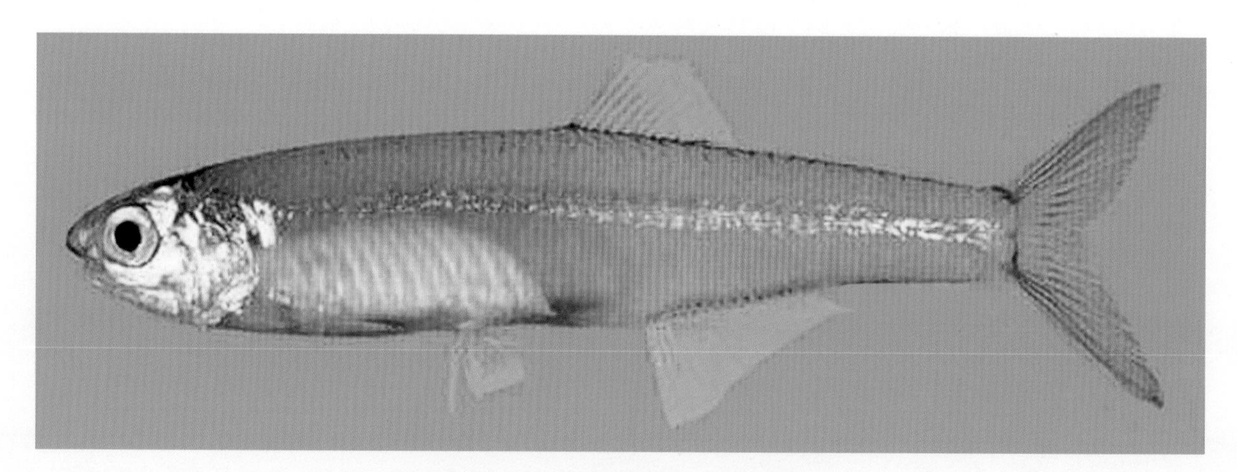

中华侧带小公鱼（依网络生命大百科）

84 康氏侧带小公鱼

Stolephorus commersonnii Lacepède, 1803

英文名 Commerson's anchovy

地方名 小公鱼、康氏小公鱼

分类地位 辐鳍鱼纲 Actinopterygii，鲱形目 Clupeiformes，鳀科 Engraulidae

形态特征 体长形，腹部具6～7个骨刺。头中大，头顶具1低隆起棱。吻钝圆，上颌骨后端伸达鳃盖骨后下缘。背鳍短，位于体中央，前方无棘状棱鳞。腹鳍短，末端未连背鳍起点。臀鳍起点位于背鳍中部下方。体白色，体侧具1银白色纵带。头背面有“凹”形绿斑。各鳍多半透明而略呈青灰色，尾鳍淡青色，背鳍向后沿背缘及臀鳍基有小绿点。

生态习性 暖温性中上层小型鱼类，多于表层至20 m深之海域活动，常栖息于沿海河口一带。常见体长60 mm左右，一般体长在100 mm以下。以滤食浮游生物为生，具群游性。不喜强光，有昼夜垂直移动现象。

渔业利用 全年皆产，是重要渔获物之一。具有食用价值。

地理分布 我国分布于青岛至台湾、海南三亚等沿海海域，舟山海域少见。

保护现状 2018年IUCN评估为无危物种。

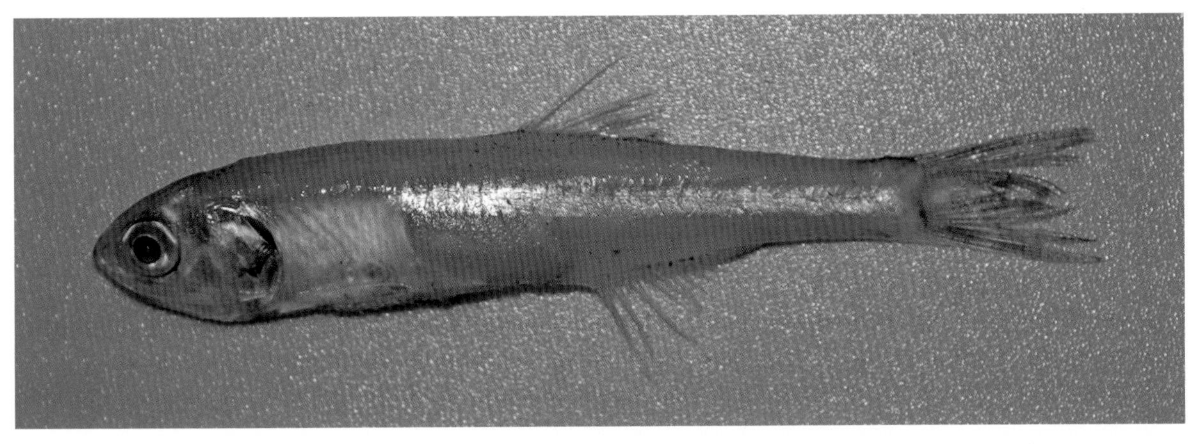

康氏侧带小公鱼

85 印度侧带小公鱼
Stolephorus indicus (Van Hasselt, 1823)

英文名 Indian anchovy

地方名 大海蜓、印度银带鲦、印度小公鱼

分类地位 辐鳍鱼纲 Actinopterygii，鲱形目 Clupeiformes，鳀科 Engraulidae

形态特征 体长形，腹缘具4～5个骨刺。头略长。吻钝圆，突出，上颌骨末端不伸达鳃孔。背鳍中大，位于体中部。臀鳍起点在背鳍基底中部下方。胸鳍下侧位。腹鳍小，起点距胸鳍基部近。尾鳍分叉。体灰白色，头部背面灰黑，后方具1青黑斑，体侧具1银白色纵带。各鳍多半透明而略呈青灰色。

生态习性 近海中上层小型鱼类，活动水层在20 m以内。具集群性，以滤食浮游生物为生。一般体长在80～120 mm。

渔业利用 具有食用价值和一定的经济价值。

地理分布 我国分布于青岛至台湾、海南三亚等沿海海域，舟山海域少见。

保护现状 2017年IUCN评估为无危物种。

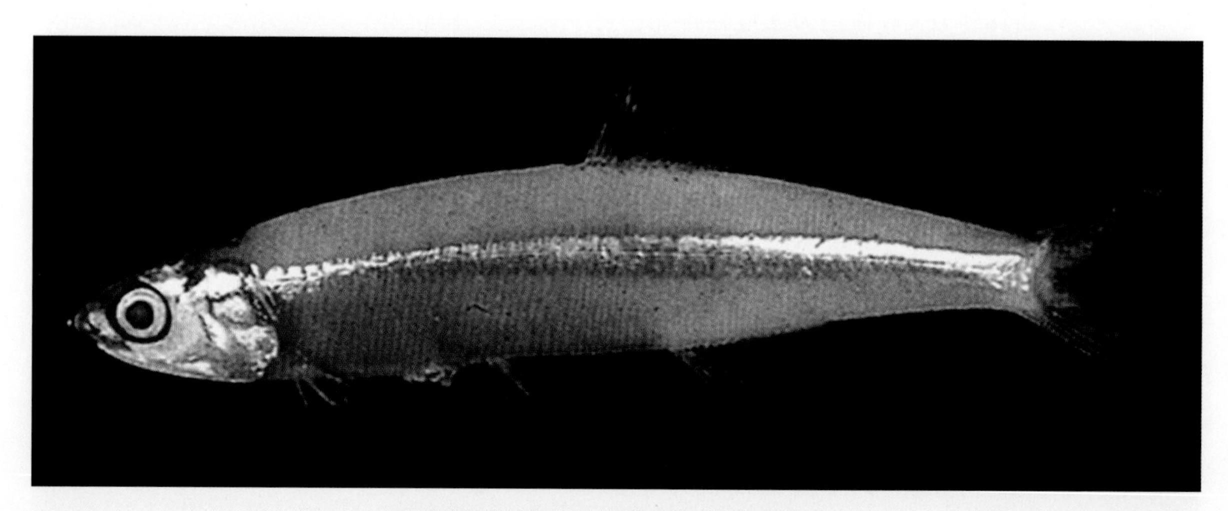

印度侧带小公鱼（依台湾鱼类资料库）

86 赤鼻棱鳀

Thryssa kammalensis (Bleeker, 1849)

英文名 Kammal thryssa

分类地位 辐鳍鱼纲 Actinopterygii，鲱形目 Clupeiformes，鳀科 Engraulidae

形态特征 体延长，腹部具棱鳞，无骨刺。头中大，吻突出。上颌长于下颌，上颌骨末端向后伸达前鳃盖骨后下缘，不伸达鳃孔。鳃盖光滑。背鳍前方具1小棘，胸、腹鳍具腋鳞。背鳍始于体中部。臀鳍长，臀鳍条超过30。体背部青灰色，侧面银白色，无纵带。吻常为赤红色。背鳍、胸鳍及尾鳍黄色或淡黄色，散有黑色细点。

生态习性 近海中上层小型鱼类，活动水层在20 m以内。通常体长在80～100 mm，最长不超过130 mm。滤食性，以多毛类、端足类及其他浮游动物为食。

渔业利用 主要为底拖网及流刺网等捕获，具有食用价值。数量较少，经济价值较低。

地理分布 我国分布于北起辽宁大东沟，南至广东的沿海海域，舟山海域少见。

赤鼻棱鳀

（三十九）鲱科 Clupeidae

体椭圆形或长形，侧扁。腹部圆，常具棱鳞。头侧扁，吻不突出，口前位。两颌一般等长，前颌骨不伸出，口裂达眼的前方或下方。齿小细弱或无。体被薄圆鳞，易脱落。无侧线，或仅存在体前部2～5鳞片上。背鳍常位于体的中部，有时后部。臀鳍基部常较长，鳍条在30以下。尾鳍叉形。

87 黄带圆腹鲱

Dussumieria elopsoides Bleeker, 1849

英文名 Slender rainbow sardine

地方名 圆腹鲱

分类地位 辐鳍鱼纲 Actinopterygii，鲱形目 Clupeiformes，鲱科 Clupeidae

形态特征 腹部圆钝，无棱鳞。头中大，锥形，侧扁。头顶平坦，自吻端至眼间隔具1低隆起棱。眼中大，上侧位。脂眼睑较发达，大部分覆盖着眼。口前位，两颌具尖细齿。胸鳍、腹鳍基部有细长腋鳞。臀鳍基部短。胸鳍短小，下侧位。腹鳍起点在背鳍起点后下方。体背面青黄色，体侧和腹部银白色，沿体侧中央部具1金黄色光泽的纵带。背鳍青黄色，前缘和上缘灰黑色。尾鳍青黄色，后缘浓黑色。

生态习性 暖水性中上层鱼类，喜栖息于近岸港湾和岛屿附近，摄食浮游动物，有较强的趋光性。

渔业利用 为灯光围网的渔获物之一，产量不多。具有食用价值。

地理分布 我国分布于长江口至海南三亚的沿海海域，舟山海域少见。

保护现状 2017年IUCN评估为无危物种。

黄带圆腹鲱（依 Randal, John E.）

88 脂眼鲱

Etrumeus sadina (Mitchill, 1814)

英文名 Red-eye（round）herring

地方名 臭肉鱼

分类地位 辐鳍鱼纲 Actinopterygii，鲱形目 Clupeiformes，鲱科 Clupeidae

形态特征 体长菱形，腹部无棱鳞。头中大。吻钝尖，吻长约与眼径相等。眼大，上侧位。脂眼睑发达，眼几全为脂眼睑所覆盖。口小，前位。胸鳍和腹鳍具长大腋鳞。臀鳍短小。胸鳍下侧位。腹鳍位于背鳍后下方。体背侧青蓝色，体侧及腹部银白色，吻部黄色。背鳍前缘及胸鳍的基部有许多绿色小点，胸鳍和尾鳍青黄色，腹鳍和臀鳍白色。

生态习性 暖水性中上层小型鱼类，主要以小型浮游甲壳类为食。

渔业利用 具有食用价值。

地理分布 我国分布于北起长江口，南至海南清澜，西至广西北海，东至台湾的沿海海域，舟山海域少见。

保护现状 2012年IUCN评估为无危物种。

脂眼鲱（依 WEB 鱼鉴）

89 斑鰶

Konosirus punctatus (Temminck & Schlegel, 1846)

英文名 Dotted gizzard shad

地方名 小鲥鱼

分类地位 辐鳍鱼纲Actinopterygii，鲱形目Clupeiformes，鲱科Clupeidae

形态特征 体侧扁略高，腹缘有锯齿状棱鳞。头中大，吻圆钝。眼近于侧中位，脂眼睑较发达，可盖着眼的一半。口小，近于下位。口裂短，不伸达眼前缘。上颌骨后端伸达眼中部下方。体被薄圆鳞，环心线细。背鳍位于体中央，最后鳍条延长呈丝状。体背侧青绿色，头背部较深，体侧下方和腹部银白色。吻部淡黄色，鳃盖部略呈金黄色，鳃盖后上方具1深绿色斑块。背鳍和臀鳍淡黄色，胸鳍和尾鳍黄色，腹鳍色淡。

生态习性 沿海常见的暖水性经济鱼类。喜结群游泳，一般栖息于近海湾，有时可进入淡水中生活，以浮游生物为食。

渔业利用 属于经济鱼类之一，具有食用价值，但产量较少。

地理分布 我国沿海均有分布，舟山海域常见。

保护现状 2017年IUCN评估为无危物种。

斑鰶

90 青鳞小沙丁鱼

Sardinella zunasi (Bleeker, 1854)

英文名 Japanese sardinella

地方名 沙丁鱼、寿南小沙丁鱼

分类地位 辐鳍鱼纲 Actinopterygii，鲱形目 Clupeiformes，鲱科 Clupeidae

形态特征 体长梭形。鳃盖后上角具1黑斑，口周围黑色。眼侧上位，除瞳孔外均被脂眼睑所覆盖。口小，前上位，下颌略长于上颌。腹缘具锐利棱鳞。臀鳍的基部有鳞鞘，腹鳍基部具腋鳞。背鳍中大，起点位于体中部稍前方。尾鳍无匕首状大鳞。体背部青褐色，体侧和腹部银白色。背鳍浅灰色，鳍的前缘散有黑色点。尾鳍灰色，后缘黑色。胸鳍、腹鳍、臀鳍淡色。

生态习性 为港湾常见暖温性中上层小型鱼类。杂食性，以浮游硅藻及小型甲壳类为食。近岸产卵，生长迅速。

渔业利用 捕获方式为流刺网等，是产量较高的经济鱼类。

地理分布 我国南北沿海均有分布，主要分布于黄、渤海，舟山海域常见。

保护现状 2017年IUCN评估为无危物种。

青鳞小沙丁鱼

十九、鼠鱚目 Gonorhynchiformes

体圆柱形或侧扁。脂眼睑发达，眼被脂眼睑覆盖。口小，下位或前位。上下颌无齿。上颌边缘主要或完全由前上颌骨构成，一般无辅上颌骨。有1鳃上器。鳃盖条3～4。鳔有或无。体被栉鳞。无脂鳍。具侧线。背鳍1个，无硬棘。胸鳍侧下位。腹鳍腹位，腹部无棱鳞。胸鳍和腹鳍基部具窄长腋鳞。臀鳍位于背鳍后下方。尾鳍分叉。

（四十）鼠鱚科 Gonorynchidae

体延长，圆筒形，后部稍侧扁。头小，圆锥形。眼中大，为皮膜所盖。吻尖长，腹部有1短须。口腹位，两颌无齿。唇发达，唇缘有许多须。鳃盖发达，鳃孔窄。头和体均被小栉鳞。背鳍后位，位于体之后上方，与腹鳍相对。臀鳍基部短小。胸鳍较长。尾鳍叉形或凹形。无鳔。

91 鼠鱚

Gonorynchus abbreviatus Temminck & Schlegel, 1846

地方名 老鼠梭、土鳅

分类地位 辐鳍鱼纲 Actinopterygii，鼠鱚目 Gonorhynchiformes，鼠鱚科 Gonorynchidae

形态特征 体长圆筒状。眼椭圆形。鼻孔小，裂缝状。侧线明显。胸鳍和腹鳍基部有细长肉瓣。尾鳍内凹。体棕灰色，腹部白色。背鳍黑色，基部淡棕色。胸鳍和腹鳍黑色，臀鳍浅色。尾鳍上下叶末端黑色。

生态习性 近海底层鱼类。个体较小，一般体长 170～190 mm，最长记载体长为 390 mm。

渔业利用 罕见鱼类，肉有毒，不宜食用。

地理分布 我国分布于北起上海外海，南至广东汕尾的沿海海域，舟山海域少见。

鼠鱚

二十、鲇形目 Siluriformes

体被小刺或骨板片，或皮肤裸露。口不突出，口须1～4对。两颌具齿，咽骨具细齿，犁骨、腭骨和翼骨具齿。眼小。前鳃盖骨和间鳃盖骨很小。脂鳍有或无。背鳍、胸鳍均有强棘。

（四十一）鳗鲇科 Plotosidae

体长，头尾稍小，尾尖或钝圆，皮肤裸露。口端位，上下颌具锥形齿。口须4对。鳃膜不与峡部相连。第一背鳍短，前方有1硬棘。第二背鳍长，与尾鳍及臀鳍相连。无脂鳍。胸鳍有硬棘。

92 线鳗鲇

Plotosus lineatus (Thunberg, 1787)

英文名 Striped eel catfish

地方名 鳗鲇、海土虱

分类地位 辐鳍鱼纲 Actinopterygii，鲇形目 Siluriformes，鳗鲇科 Plotosidae

形态特征 体形似鳗，头部平扁，向后侧扁。头部不具骨板。吻钝而长。眼小，上侧位。侧线明显。第二背鳍与尾鳍及臀鳍相连，无脂鳍。体棕色，下部较淡，体侧中央常有2条淡黄色纵带。第二背鳍、臀鳍及尾鳍均有黑缘。胸鳍鳍棘基部有白色柔软的毒腺组织。

生态习性 主要生活于珊瑚礁区，也常在近海河口等海域出现。为集群性中小型鱼类，平常大多成群结队活动。白天栖息在岩礁或珊瑚礁洞隙中，晚上外出觅食，属夜行性鱼类。以小虾或小鱼为食。当幼鱼外出活动遇惊扰时，会聚集成浓密的球形群体，称为"鲇球"，以求保护。常见体长为159～241 mm，最长可达320 mm。

渔业利用 常用定置网或底拖网捕获。此鱼离水经久不死，鳍棘具很强毒性，是危险的海洋生物。

地理分布 我国分布于东海、台湾海域及南海，舟山海域常见。

线鳗鲇

（四十二）海鲇科 Ariidae

体延长，光滑无鳞。头部锥形，腹部轮廓略圆，体后部稍侧扁。头中大，上覆骨板，骨板上具颗粒状突起。吻略尖突。口大，次下位或下位，口裂宽。上下颌具细齿，呈片状或带状。眼略呈椭圆形，通常眼缘游离。前后鼻孔紧靠，后鼻孔有小瓣。无鼻须，通常有颌须、颏须。鳃盖膜连于鳃颊。背鳍短，具1硬棘，具毒腺。脂鳍小，位于体后部，与臀鳍相对。胸鳍低，具硬棘。腹鳍腹位。尾鳍深分叉。

93 丝鳍海鲇
Arius arius (Hamilton, 1822)

英文名 Threadfin sea catfish

地方名 老头鱼

分类地位 辐鳍鱼纲 Actinopterygii，鲇形目 Siluriformes，海鲇科 Ariidae

形态特征 头部覆骨板。两颌和唇发达。口下位，上颌稍突出于下颌。眼纵椭圆形，侧上位。鳃孔大。鳃盖膜与鳃峡相连。鳃耙发达。背鳍具1根骨质硬刺，后缘锯齿较前缘锯齿发达。第一根鳍条特别延长。脂鳍短。臀鳍起点前于脂鳍起点垂直下方。胸鳍下侧位，硬刺短于背鳍硬刺。尾鳍深分叉，上叶长于下叶。体侧褐色，腹部色浅。各鳍灰黑色。

生态习性 暖水性近海底层鱼类，常进入港湾和河口，栖息于水流缓慢的泥质水域。

地理分布 我国分布于东海、南海，舟山海域常见。

保护现状 2009年IUCN评估为无危物种。

丝鳍海鲇

二十一、胡瓜鱼目 Osmeriformes

体稍延长，后部不侧扁，通常具脂鳍。上颌口缘一般由前颌骨与上颌骨组成。上下颌具齿。上前鳃盖骨有或无。体被细鳞或无鳞，胸鳍和腹鳍有时有腋鳞。侧线存在。背鳍1个，无硬棘，通常始于体中后部。胸鳍下侧位，腹鳍腹位。

（四十三）胡瓜鱼科 Osmeridae

体长梭形。体被细鳞或无鳞，胸鳍和腹鳍有时有腋鳞。体后方具脂鳍。上下颌均具齿。侧线存在。背鳍1个，无硬棘。

94 安氏新银鱼

Neosalanx anderssoni (Rendahl, 1923)

地方名 米条鱼、银鱼

分类地位 辐鳍鱼纲Actinopterygii，胡瓜鱼目Osmeriformes，胡瓜鱼科Osmeridae

形态特征 体长圆筒形，光滑无鳞，仅雄性臀鳍基部有1行圆鳞。头平扁，尾柄细长。口大，前上位。上颌略短于下颌，上颌骨末端超过眼前缘。舌上无齿。鳃孔大，具假鳃。无侧线。背鳍中大。胸鳍小，下侧位，有肌肉基。腹鳍小，腹位。尾鳍叉形。体乳白色，半透明，腹部两侧自胸鳍至臀鳍间以及尾柄下方各有1行小黑点。尾鳍上密布小黑点，体背也有小黑点。繁殖期雄鱼胸峡部具血红斑，前腹部血红色。卵膜丝细致，排列紧密。

生态习性 为近海及河口小型上层鱼类。生活于距沿岸5～10 km、水深8～20 m的海区，从不进入淡水中生活和繁殖。一年性成熟，产卵后死亡，产卵期因地区而有所不同。卵沉性，成熟卵卵径0.9～1.1 mm。常见体长70～110 mm，体重6～7 g。以浮游动物、桡足类、端足类和小型鱼虾为食。

渔业利用 次经济种类。

地理分布 我国分布于北至渤海、黄海，南至长江口、杭州湾，舟山海域偶见。

安氏新银鱼（依长江河口湿地生物多样性资料库）

95 中国大银鱼
Salanx chinensis (Osbeck, 1765)

英文名 Chinese noodlefish

地方名 大银鱼、米条鱼、银鱼

分类地位 辐鳍鱼纲 Actinopterygii，胡瓜鱼目 Osmeriformes，胡瓜鱼科 Osmeridae

形态特征 体细长，光滑无鳞，无侧线，半透明，仅在雄鱼臀鳍基部上方有1行较大的鳞片。头部平扁，后部侧扁。吻长而尖，呈平扁状三角形。口小，口裂短，前颌骨不膨大。上颌骨向后伸达眼中间的下方，下颌突出。各齿较小。鳃孔很大，鳃盖骨薄。尾柄短。背鳍位于体后部，背鳍后部具小脂鳍。脂鳍与臀鳍基末端相对。臀鳍大，基部长，始于背鳍后方。胸鳍呈扇形，大而尖。尾鳍叉形。体白色，两侧腹面各有1行黑色色素点。

生态习性 常见体长为133～145 mm，体长在90 mm时开始转向肉食性。

渔业利用 食用鱼类，但产量极少。

地理分布 我国分布于渤海、黄海和东海，在长江及淮河中下游河道及湖泊也有分布，尤以河口及近海为多，舟山海域偶见。

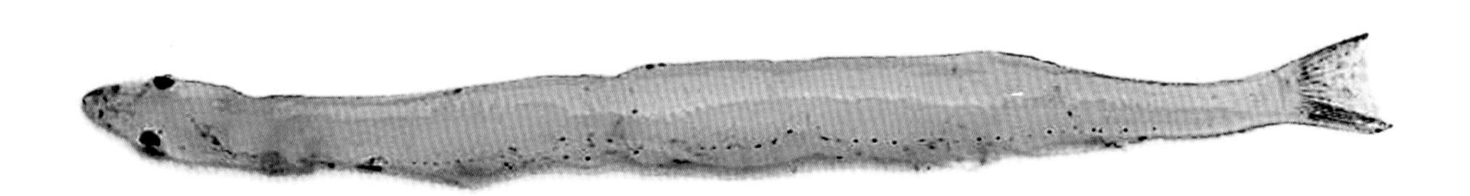

中国大银鱼（依 Hasan, M. E.）

96 有明银鱼

Salanx ariakensis Kishinouye, 1902

地方名 银鱼、尖头银鱼、锐头银鱼

分类地位 辐鳍鱼纲Actinopterygii，胡瓜鱼目Osmeriformes，胡瓜鱼科Osmeridae

形态特征 体细长，前部略呈圆柱状，后部侧扁。眼小，侧位。两颌等长，下颌前端有1骨化的缝突。两颌各有1行弯曲的犬齿。无侧线。背鳍后位，基底与臀鳍基底前半部相对。脂鳍微小，位于臀鳍后上方。臀鳍较长大。胸鳍狭长，后缘凹入，镰形。尾鳍分叉。体白色，半透明，大部分裸露无鳞，或仅局部有不规则而易脱落的薄圆鳞，雄鱼臀鳍基部有1行较大的圆鳞。腹鳍具2行黑色小点，胸鳍、腹鳍外缘、臀鳍基部有黑色点，背鳍无色。尾鳍散布黑色点，因呈黑色，故俗称乌尾银鱼。

生态习性 沿海港湾及河口半淡咸水域的小型中上层鱼类，栖息于沿海河口附近的中上层水体，但随着天气和昼夜变化，栖息水层也有变动。产卵期为11～12月。孵化后的仔鱼生长很快，4～5月达40～50 mm，6～7月达90 mm，1龄鱼达140～160 mm。一年性成熟，产卵后亲鱼死亡。体长一般为160 mm以下。以浮游甲壳类和小鱼为食。

渔业利用 食用鱼类，但产量极少。

地理分布 我国沿海均有分布，舟山海域偶见。

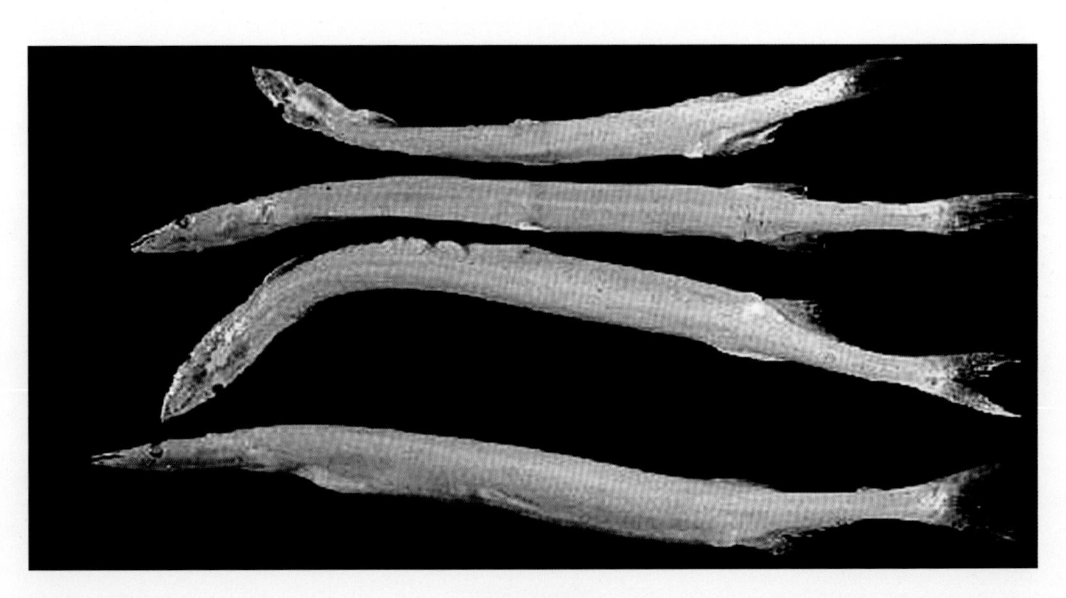

有明银鱼

二十二、辫鱼目 Ateleopodiformes

体延长，稍侧扁，但不呈带状。口下位。齿细小。体光滑无鳞。腹鳍如存在，或为喉位或为颏位，具1丝状鳍条及1～3条退化鳍条。无脂鳍。肛门位于体前半部。骨骼几全为软骨。背鳍基短，仅臀鳍基底与尾鳍相连。

（四十四）辫鱼科 Ateleopodidae

体延长，稍侧扁，但不呈带状。黏滑，几乎是胶状的半透明体。口下位，齿细小。体无鳞。背鳍基底短。臀鳍基底很长，且与尾鳍相连。腹鳍喉位，具1丝状鳍条及1～3退化鳍条。无脂鳍。肛门位于体前半部。骨骼几全为软骨。

97 紫辫鱼

Ateleopus purpureus Tanaka, 1915

地 方 名 软腕鱼、海弹涂、紫软腕鱼

分类地位 辐鳍鱼纲 Actinopterygii，辫鱼目 Ateleopodiformes，辫鱼科 Ateleopodidae

形态特征 体极柔软，前端肥大，向后逐渐侧扁而细尖，尾部长，形如辫状。头大而粗壮，背面有1对平行嵴。吻长，前突，前端钝圆。侧线仅具感觉孔且隐于皮下。小个体有时沿侧线沟的上下缘每隔一段距离有嵴状突出。背鳍单一，颇高。腹鳍外侧鳍条长丝状，内侧鳍条短小。体呈淡褐或褐色，头部腹面白色。口腔和鳃腔白色，腹膜暗褐色。腹鳍白色，其他各鳍均为黑色。

生态习性 海洋暖温性深水层底栖鱼类，罕见中小型鱼类，栖息深度约在100～600 m的沙泥底质水域，记录最大体长为700 mm左右。

渔业利用 一般以底拖网捕获，产量较少，不具食用经济价值，通常作为下杂鱼用。

地理分布 我国分布于东海、台湾海域和南海深海海域，舟山海域少见。

紫辫鱼

二十三、仙女鱼目 Aulopiformes

体稍延长，后部不侧扁，通常具脂鳍。口大，上颌边缘常由前颌骨组成。体被圆鳞。具侧线。背鳍1个，无鳍棘。腹鳍腹位或胸鳍下方，具6～13鳍条。腰骨不与肩骨相连。体无发光器。

（四十五）仙女鱼科 Aulopidae

体延长，略侧扁。眼侧位。口稍宽，前位，口裂微长。上颌骨后端宽大，伸达眼下方。头和身体均被鳞。有辅上颌骨2块。牙小，圆锥形，两颌牙和腭骨牙排列为窄带状。背鳍起点在体前部，基部较长，距头后部近。胸鳍位稍低。腹鳍胸位，两腹鳍间距宽。各鳍条均不延长。雄鱼背鳍前部有1大的红斑，臀鳍具红色带。具脂鳍，无发光器。

98 日本姬鱼

Hime japonica (Günther, 1877)

英文名 Japanese thread-sail fish

地方名 仙鱼、姬鱼、日本仙女鱼

分类地位 辐鳍鱼纲 Actinopterygii，仙女鱼目 Aulopiformes，仙女鱼科 Aulopidae

形态特征 体呈长形，稍侧偏。吻短，近三角形。眼大，眼间隔较窄，中间凹入。前后鼻孔紧相连，前鼻孔有1鼻瓣，后鼻孔为1裂孔。舌大，前端截形。侧线发达。尾鳍叉形，尾柄具棘状鳞。体淡粉红色，体侧上半部具不规则褐色斑驳，下半部则为橘色。各鳍淡色，雄鱼背鳍后半部散布黄色卵形斑；臀鳍具黄色纵斑，雌鱼无。雌鱼背鳍前部另具许多暗色小点。

生态习性 中小型底栖鱼类，体长为150～230 mm。主要栖息于近岸沙泥底质或岩石底质的大陆架区至大陆坡缘的深水域，栖息深度约在85～330 m，主要以鱼类及甲壳类为食。

渔业利用 一般以底拖网捕获，产量较少，可食用。

地理分布 我国分布于东海、台湾海域及南海，舟山海域少见。

日本姬鱼

（四十六）狗母鱼科 Synodontidae

体长圆形或长形，无发光器。口裂大，很宽。上颌骨细长，向后伸越眼后方。齿尖长而密，犬齿少，长大的齿可倒伏。鳃盖骨完整，通常薄。有假鳃。体被圆鳞，少数个体无鳞。侧线平直。背鳍基短，无棘，一般13鳍条以下。有脂鳍，常在臀鳍末端上方。胸鳍小，位高。左右腹鳍接近，起点前于背鳍起点。尾鳍分叉。

99 龙头鱼
Harpadon nehereus (Hamilton, 1882)

英文名 Bombay duck

地方名 虾潺、龙头烤、鼻涕鱼、豆腐鱼

分类地位 辐鳍鱼纲 Actinopterygii，仙女鱼目 Aulopiformes，狗母鱼科 Synodontidae

形态特征 体延长而柔软，前部较粗大，向后逐渐侧扁而细。眼很小。无上颌骨。体前部光滑无鳞，仅侧线部被鳞。尾鳍三叉形，其中叶较短。身体乳白色，背鳍、胸鳍和腹鳍灰黑色或白色。头背部及两侧半透明状，具淡灰色小点。臀鳍白色，尾鳍灰黑色。

生态习性 沿海中下层小型鱼类，生活于海岸或海口一带。一年中大部分时间栖息在沙泥底质的近海深水区，游动能力不强。一般体长为250 mm左右，最大体长可达400 mm。性凶猛，食量大。肉食性，以鱼、虾、蟹及头足类等为食。

渔业利用 一般以底拖网捕获，次重要经济鱼类。

地理分布 我国沿海均有分布，舟山海域常见。

保护现状 2018年IUCN评估为近危物种。

龙头鱼

100 长蛇鲻

Saurida elongata (Temminck & Schlegel, 1846)

英文名 Slender lizardfish

地方名 蛇鲻鱼、长体蛇鲻

分类地位 辐鳍鱼纲Actinopterygii，仙女鱼目Aulopiformes，狗母鱼科Synodontidae

形态特征 体长筒形。眼上侧位。犁腭骨每侧具2组齿带。体被圆鳞，胸鳍和腹鳍基部有发达腋鳞。尾柄圆，两侧有棱。侧线发达，平直。背鳍始于腹鳍起点后上方，后具小脂鳍。无鳔。体棕色，腹部白色。背鳍、腹鳍和尾鳍乳灰色，其后缘黑色，胸鳍和臀鳍白色。

生态习性 近海底层鱼类，栖息于沿海河口港湾水深20～100 m泥质或沙泥底质的海区。游泳迅速，但移动范围不大。黄渤海鱼群5～6月为繁殖期，南海北部湾2～3月为繁殖期，繁殖多在水深20～35 m的沙泥底质海区进行。卵生，卵球形。一般体长180～200 mm，最大可达500 mm。性凶猛，为食肉性鱼类，以乌贼、虾蛄、鳀、小沙丁鱼、竹荚鱼等为食。

渔业利用 用底拖网和流刺网捕捞，为我国沿海主要经济鱼类之一。

地理分布 我国沿海均有分布，舟山海域常见。

保护现状 2019年IUCN评估为无危物种。

长蛇鲻

101 长条蛇鲻

Saurida filamentosa Ogilby, 1910

英文名 Threadfin saury

分类地位 辐鳍鱼纲Actinopterygii，仙女鱼目Aulopiformes，狗母鱼科Synodontidae

形态特征 体圆筒形，瘦长，两端微尖。头中等大。吻圆。眼侧前位。口裂大。上下颌有许多锐利小牙，腭骨每侧有2组牙。鳃盖光滑。体被极易脱落的圆鳞。侧线直。胸鳍和腹鳍基部有短小腋鳞。胸鳍可达腹鳍基上方，背鳍不具延长鳍条。脂鳍小，位于臀鳍基末正上方。体背部为淡棕色，腹部为白色。成鱼体侧有9～10个不显著暗色斑块，呈1纵列状。背鳍前缘和尾鳍的上缘有黑色斑块。

生态习性 喜栖息于沿岸水域的沙泥底质海域，大多集成小群栖息于近底层。一般体长约130 mm，长者可达495 mm。属同种相残的中级肉食性鱼类，主要摄食鱼类、头足类、长尾类、短尾类和口足类等。

渔业利用 属沿海经济鱼类之一，但在浙江省海域产量不高。

地理分布 我国分布于东海、台湾海域和南海，舟山海域少见。

保护现状 2019年IUCN评估为无危物种。

长条蛇鲻

102 大头狗母鱼

Trachinocephalus myops (Forster, 1801)

英文名 Snakefish

地方名 狗母鱼

分类地位 辐鳍鱼纲 Actinopterygii，仙女鱼目 Aulopiformes，狗母鱼科 Synodontidae

形态特征 体长柱形，后端较前端渐细。头粗而圆。吻短钝。鼻孔前有明显竖起的鼻瓣。口前位，口裂大。上下颌有2～3行长短不齐的小牙，腭骨每侧有1组牙，舌上有细尖的小牙。体被小圆鳞。胸鳍和腹鳍基有腋鳞。臀鳍基底长于背鳍基底。脂鳍位于臀鳍基底末端上方。头背部有红色的网状花纹，体背部中央有1行灰色花纹，沿体侧有数条灰色纵纹和黄色细纹相间排列。背鳍底端有1黄色纵纹，腹鳍上有1斜黄纹。

生态习性 暖温性近海的小型鱼类，生活于海洋底层，尤喜在沙泥底质处活动。1～2龄鱼达性成熟。每年1～3月为产卵期。肉食性，常将身体埋入沙泥地中，只露出眼睛，掠食游经其上的小鱼。一般体长约170 mm，长者可达330 mm。摄食鱼类、头足类、长尾类、短尾类、口足类，以鱼类为主。

渔业利用 渔期全年皆有，可利用流刺网、底拖网等捕获，为常见食用鱼类。

地理分布 我国分布于东海、南海，舟山海域少见。

保护现状 2019年IUCN评估为无危物种。

大头狗母鱼

二十四、灯笼鱼目 Myctophiformes

发光器明显。口大，口裂远达眼后缘，具齿。体通常被圆鳞，具侧线。背鳍和臀鳍不具鳍棘。背鳍1个，无鳍棘，通常具脂鳍。腹鳍腹位，或位于胸鳍下方，具6～13鳍条，一般具脂鳍。

（四十七）灯笼鱼科 Myctophidae

体稍延长，侧扁。体被圆鳞或栉鳞，易脱落。在头部、体侧及腹部具有若干组发光器。眼大。口大，前位或亚前位。无辅上颌骨，上颌边缘由前颌骨组成，后端伸达或超过眼后缘。齿细小。鳃盖骨完全。鳃孔大。鳃盖膜分离，不与峡部相连。侧线完全。背鳍1个，无鳍棘。有脂鳍。臀鳍起点接近或位于背鳍基后端下方，基底一般长于背鳍基底。胸鳍位低。腹鳍腹位。尾鳍分叉。

103 七星底灯鱼
Benthosema pterotum (Alcock, 1890)

英文名 Skinnycheek lanternfish

地方名 七星鱼、七星梅子、长鳍底灯鱼

分类地位 辐鳍鱼纲Actinopterygii，灯笼鱼目Myctophiformes，灯笼鱼科Myctophidae

形态特征 体侧扁。眼巨大。口裂稍倾斜，吻钝圆而微突。鳃盖骨薄，呈膜状。体被弱圆鳞，易脱落。头部只鳃盖骨被鳞。背鳍位于体中部，背后具1小脂鳍。尾鳍叉形，尾柄侧扁。全体银灰色，各鳍无斑点。体侧和腹面具许多圆形发光器。

生态习性 近岸中上层小型鱼类。鱼群习惯在黎明前密集在海洋表面，季节性移动明显。白天一般栖息于130～300 m水深处，晚上则于水深10～200 m处觅食。一般体长在70 mm以下，以桡足类或其他甲壳动物的幼体以及浮游硅藻为食。

渔业利用 沿海定置网捕捞副产品。

地理分布 我国分布于东海及以南海域，舟山海域常见。

七星底灯鱼

二十五、月鱼目 Lampridiformes

体延长呈带状，或纵高侧扁。头部无棘及锯齿。两颌一般能伸缩，口裂上缘由前颌骨及上颌骨组成。鳃盖各骨无棘。牙细小或无。体通常被圆鳞或无鳞。鳍无真正鳍棘。背鳍基延长。腹鳍如存在则胸位或喉位，鳍条1～17，有时甚微小或消失。

（四十八）月鱼科 Lampridae

体侧扁而高大，呈卵圆形。头中大。口小，前位。眼较大。体被较小圆鳞。侧线前部呈弓形。背鳍基延长，前部鳍条高出，呈犁形；后部鳍条低。臀鳍基也较延长，鳍条低，不突出。胸鳍长犁状。腹鳍存在，亚胸位，鳍条稍延长，具15～17鳍条。尾鳍新月形。

104 斑点月鱼
Lampris guttatus (Brünnich, 1788)

英文名 Opah

地方名 月鱼

分类地位 辐鳍鱼纲 Actinopterygii，月鱼目 Lampridiformes，月鱼科 Lampridae

形态特征 体近圆形，粉红色，散有许多白色小点，各鳍深红色。头大且位高，吻钝，眼上侧位。幼鱼上下颌有齿，成鱼则无。体被小圆鳞，侧线位高。背鳍呈长镰刀形。胸鳍长镰形。

生态习性 热带外洋性中表层大中型洄游鱼类，栖息水深为120～300 m。有成群习性，靠上下挥动胸鳍的方式游泳。繁殖季为春季，无明显渔期。最大体长可达2 m，重100 kg。肉食性，喜食章鱼、柔鱼等头足类。

渔业利用 主要渔法为拖网、围网或钓获，具有食用价值。

地理分布 我国分布于东海南部至台湾近海海域，舟山海域罕见。

保护现状 2013年IUCN评估为无危物种。

斑点月鱼

（四十九）粗鳍鱼科 Trachipteridae

体延长呈带状，甚侧扁，前部高大，向后渐细狭。头较大。口大，上颌能伸缩，具颌齿。眼大，平镜状。无鳞。无臀鳍。腹鳍退化，具1～10鳍条。尾鳍不明显。背鳍延长，具鳍条164～190。成鱼皮肤上有骨质或软骨质的瘤突。

105 石川氏粗鳍鱼

Trachipterus ishikawae Jordan & Snyder, 1901

英文名 Slender ribbonfish

地方名 粗鳍鱼、王带、地震鱼

分类地位 辐鳍鱼纲 Actinopterygii，月鱼目 Lampridiformes，粗鳍鱼科 Trachipteridae

形态特征 身体侧扁，延长呈带状。头扁，呈马头状，多软骨。口裂斜，上颌骨呈“厂”字形。舌发达，厚而宽长。体仅侧线上有鳞，前部侧线鳞片较短，后部鳞片为长梭形。尾鳍上尾叶上翘，有8根细丝状鳍条；下尾叶不明显。体纯银灰色，不具斑点。

生态习性 大洋性深海大型罕见鱼类，生活水深为0～1200 m，偶尔出现于近海及沿岸。最大体长可达3.4 m。

渔业利用 为罕见鱼种。

地理分布 我国分布于黄海、东海、台湾海域。我国沿海虽都有分布但不易见到，在舟山海域曾有出现。

石川氏粗鳍鱼

（五十）皇带鱼科 Regalecidae

体延长，侧扁，呈带状。裸露无鳞，体侧具许多瘤状突起。头小，头部多为软骨。吻短钝，口小，上颌能伸缩。两颌无齿。胃延长成一狭带，向后延伸至尾部。背鳍基底长，起于吻端后方，前方5鳍条延长呈丝状。臀鳍有或无。腹鳍具1长鳍条。尾鳍退化。脊椎骨90个以上。

106 勒氏皇带鱼
Regalecus russellii (Cuvier, 1816)

英文名 Oarfish

地方名 皇带鱼、大带鱼

分类地位 辐鳍鱼纲Actinopterygii，月鱼目Lampridiformes，皇带鱼科Regalecidae

形态特征 体带状。舌为尖形，不附着于口底。体平滑，侧线完整。背鳍基部具多个膜状突出物。胸鳍短小。腹鳍位于胸鳍基下方。尾鳍不与背鳍相连。体及各鳍浅红色（液浸标本体及各鳍灰白色），体侧散布有许多不规则的浅褐色斑点。口腔白色。

生态习性 大洋性深海大型罕见鱼类，偶尔出现于近海及沿岸。其栖息深度约在表层至1000 m之间，一般在200 m以上，繁殖季节及幼鱼期会巡游至表层。该种是世界上最长的硬骨鱼，体长最高可达8000 mm，常见约为3000 mm。主要摄食磷虾、小型鱼类及乌贼等。

渔业利用 为罕见鱼种。

地理分布 我国分布于东海、台湾海域及南海，舟山海域偶见。

保护现状 2014年IUCN评估为无危物种。

勒氏皇带鱼

二十六、鳕形目 Gadiformes

体延长。口前位、亚前位或下位。口裂上缘仅由前颌骨组成，少数能伸缩。腭骨和前翼骨无齿。犁骨和中筛骨被吻软骨隔开。下颏中央常有1须。每侧具2鼻孔。胸鳍侧位。背鳍1～3个，臀鳍1～2个，具尾鳍，无脂鳍。腹鳍腹位或喉位。尾鳍担鳍骨正型，尾鳍退化或不存在。背鳍、臀鳍基底很长，其后缘达尾的后部。被圆鳞。除长尾鳕类外各鳍无棘。

（五十一）犀鳕科 Bregmacerotidae

体延长，侧扁。头短小，吻短钝。眼大，上半部为脂眼睑覆盖。口大，端位，能伸出。齿细小，尖形。鳃孔宽大。体被圆鳞，头部无鳞。背鳍2个，第一背鳍位于头顶部，为细长鳍条；第二背鳍基长，前部及后部鳍条长，中间鳍条短。臀鳍与第二背鳍相似，基底相对。腹鳍喉位，外侧数鳍条丝状延长。尾鳍圆或凹入。无鳔。

107 麦氏犀鳕

Bregmaceros mcclellandi Thompson, 1840

英文名 Unicorn cod

地方名 黑鳍犀鳕

分类地位 辐鳍鱼纲 Actinopterygii，鳕形目 Gadiformes，犀鳕科 Bregmacerotidae

形态特征 体延长，侧扁，背缘平直，腹部圆形。吻短。眼侧位，眼间隔宽而圆突。舌大，圆形，前端几伸达口腔前方。胸鳍宽短，尾鳍圆形。体暗褐色，背侧面浅灰色，腹面浅色。第二背鳍前部及后部前上方，尾鳍和胸鳍上中部均黑色，腹鳍及臀鳍浅色。

生态习性 热带及亚热带温水性远洋及较深海区上层小型鱼类。喜结群洄游，洄游于近海及开放水域中上层，通常栖息深度在20～30 m之间，最深可达2000 m。常见体长95 mm以下，以浮游生物为食。

渔业利用 体小型，无产量，不具食用价值。

地理分布 我国分布于东海南部、南海，舟山海域偶见。

麦氏犀鳕

（五十二）长尾鳕科 Macrouridae

体延长，躯干短，尾部长而侧扁。头大，吻尖长或短钝。头部具黏液腔。口端位、亚端位或下位，能伸出。具1颌须。上下颌齿1～2行或多行。鳃孔宽大。鳃耙短小，或退化。具侧线。背鳍1～2个，第一背鳍常具2鳍棘，第二鳍棘常呈丝状延长，前缘光滑或具锯齿；第二背鳍延长。臀鳍与第二背鳍相似。胸鳍侧位。腹鳍胸位或亚胸位。尾鳍与第二背鳍及臀鳍相连或退化。体被圆鳞或栉鳞。一般有鳔。

108 台湾腔吻鳕
Coelorinchus formosanus Okamura, 1963

英文名 Formosa grenadier

同物异名 中间腔吻鳕 *Coelorinchus intermedius* Chu & Lo, 1963

分类地位 辐鳍鱼纲 Actinopterygii，鳕形目 Gadiformes，长尾鳕科 Macrouridae

形态特征 头尖长，颅骨半透明。眼侧位，椭圆形。眶上棱显著。口下位，深弧形。上下颌齿呈绒毛状。舌小，前端不游离。体被弱棘鳞，棘刺多且密，形状大小一致呈散射状排列。发光器甚长，自喉颊部伸至肛门处。尾鳍显著，与第二背鳍及臀鳍相连。体银灰色，体侧具3纵行不规则断续斑块，沿侧线具1浅色纵带，吻部腹面白色并散有零星小黑点。

生态习性 较深海底栖性中小型鱼类，最大个体全长250 mm，主要栖息于水深200～450 m的沙泥底质的海域。一般体长在360 mm以下。肉食性，以小型虾蟹为主食。

渔业利用 个体校，产量低，不具有食用价值。

地理分布 分布于我国东海海域等，舟山海域不常见。

台湾腔吻鳕

109 多棘腔吻鳕

Coelorinchus multispinulosus Katayama, 1942

英文名 Spearnose grenadier

分类地位 辐鳍鱼纲 Actinopterygii，鳕形目 Gadiformes，长尾鳕科 Macrouridae

形态特征 体细长而侧扁，尾完全侧扁。吻尖突，吻部腹面裸出，有些许小黑点分布。眼侧位，椭圆形。口弧形。体后区露出部小棘细而弱。第一背鳍基底下方鳞，多数小棘排列呈五点形。吻中央鳞列由9～10枚鳞组成，其上着生的棘列呈全方位辐射状。尾鳍不显著。体银灰色，体侧具3纵行不规则断续黑色斑块，云状斑纹，沿侧线具1浅色纵带。腹面正中具长带状发光器，发光器具2发光球，为黑色。口腔白色，鳃腔及各鳍暗色。

生态习性 暖温性深海底栖中小型鱼类，主要栖息于146～300 m深沙泥底质、水温5～7℃的水域。一般体长在380 mm以下。以小型多毛类、甲壳类及明虾等为食。

渔业利用 个体较大型，躯干部分可食。小型个体则作为下杂鱼。

地理分布 我国分布于东海南部及南海，舟山海域偶见。

多棘腔吻鳕

二十七、鼬鳚目 Ophidiiformes

体稍延长。口裂大，上颌骨后端或超过眼的后缘。体被小圆鳞或无鳞。鳃盖骨呈“∧”字形。背鳍、臀鳍基底甚长，至尾鳍或与尾鳍相连，无鳍棘。腹鳍存在时，为喉位或颏位（极少数为胸位），左右腹鳍的基底紧靠在一起，具1～2鳍条。肛门腹位或喉位。

（五十三）鼬鳚科 Ophidiidae

体延长，侧扁，尾向后渐尖。体被小圆鳞，常埋于皮下，有时消失。口大，上颌骨后端宽大，上下颌、犁骨及腭骨均有宽的牙。须有或无。鳃孔宽大，鳃盖膜一般与峡部分离。背鳍、臀鳍基底长，与尾鳍相连，背鳍鳍条通常等于或多于臀鳍鳍条。腹鳍喉位，仅1～2细长鳍条。鳃盖骨上有1或多枚小棘。大多深居海底。

110 棘鼬鳚

Hoplobrotula armata (Temminck et Schlegel, 1846)

英文名 Armoured cusk

地方名 棘鼬鳚

分类地位 辐鳍鱼纲Actinopterygii，鼬鳚目Ophidiiformes，鼬鳚科Ophidiidae

形态特征 头稍小，前端钝尖。眼侧位。口前位，斜形。舌很厚，稍尖，前端游离。唇发达，吻前端有1枚硬棘，但通常为厚皮所覆盖。体有小黏液孔散存。腹鳍喉位，具2须状游离鳍，鳍条55。胸鳍无游离鳍条。体灰棕色，背侧较暗，具不规则云状斑纹。各鳍多为淡黄色；背鳍与臀鳍在后半部的边缘，向后渐为褐色和黑褐色；尾鳍除基端附近外，大部分为黑色。

生态习性 底层深水鱼类，主要栖息于大陆棚沙泥底质水域，栖息深度在200～350 m。最大体长可达700 mm。肉食性，以底栖生物为主食。

渔业利用 一般为底拖网、延绳钓等渔法捕获。属于常见食用鱼类。

地理分布 我国分布于黄渤海、东海及南海，舟山海域偶见。

保护现状 2019年IUCN评估为无危物种。

棘鼬鳚

111 黑潮新鼬鳚
Neobythites sivicola (Jordan & Snyder, 1901)

英文名 Cusk eel

地方名 新鼬鳚

分类地位 辐鳍鱼纲 Actinopterygii，鼬鳚目 Ophidiiformes，鼬鳚科 Ophidiidae

形态特征 头圆钝，侧扁。吻短而圆突。眼上位。口前位而斜。颏部有2圆形小孔，舌前端游离。在鳃盖骨的后面有1尖锐的硬棘。头部及全身均被小圆鳞。胸鳍长圆形，基部被鳞。腹鳍喉位，呈尖形，2丝状鳍条在基部愈合，在端部稍分离。尾鳍、背鳍和臀鳍相连，为黑色。体腔中大，腹膜黑色。体背侧灰褐色，具许多白色斑点；腹部灰白色，上侧具暗色不规则云状斑纹。

生态习性 主要栖息于大陆架的泥底质水域，生活水深在75～200 m之间。一般体长在250 mm左右。以小型鱼类及甲壳类为主食。

渔业利用 底拖网等副产品，常见食用鱼类。

地理分布 我国分布于黄海南部至台湾海域，舟山海域偶见。

保护现状 2019年IUCN评估为无危物种。

黑潮新鼬鳚

112 仙鼬鳚

Sirembo imberbis (Temminck & Schlegel, 1846)

英文名 Golden cusk

地方名 鼬鱼、仙鳚

分类地位 辐鳍鱼纲Actinopterygii，鼬鳚目Ophidiiformes，鼬鳚科Ophidiidae

形态特征 头稍短小。吻很钝短。眼上位。口前位而甚低。腹侧常有1骨棱。主鳃盖骨有1尖棘。头和身体全部被圆鳞，侧线平直。体黄褐色，腹侧色较淡。体侧具不规则黑色斑块。背鳍的边缘具黑褐色纵带，有时不显著。臀鳍也有一类似的黑褐色纵纹，但无斑而且下缘为白色。胸鳍及腹鳍为淡白色。口腔与腹膜无色，而鳃腔为灰褐色。

生态习性 底栖性中小型鱼类，主要栖息于大陆棚沙泥底质环境，生活水深可达200 m。常见体长在200 mm以下，以小型鱼类及甲壳类为主食。

渔业利用 在底拖网渔获物中常见，食用价值不大。

地理分布 我国分布于东海、台湾海域和南海，舟山海域少见。

保护现状 2019年IUCN评估为无危物种。

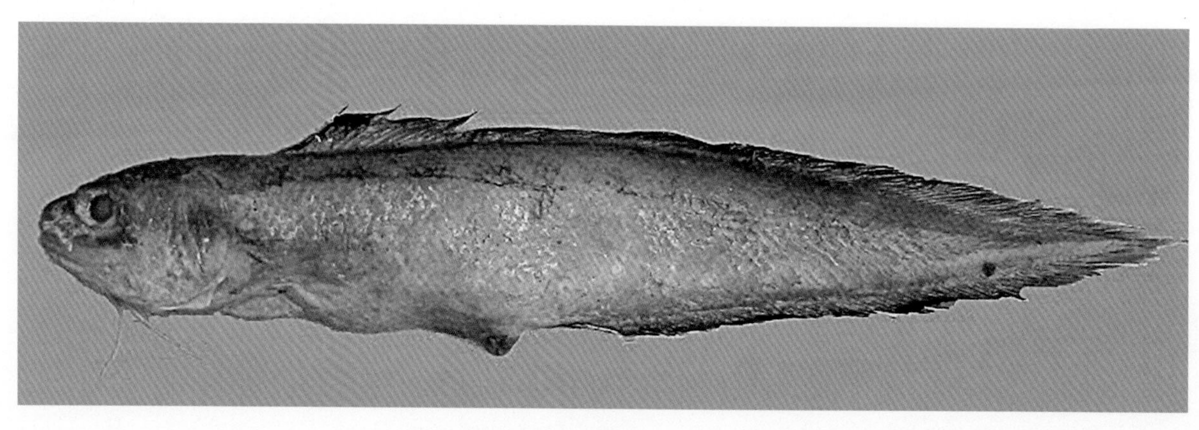

仙鼬鳚

二十八、鮟鱇目 Lophiiformes

体平扁或侧扁。体无鳞，皮肤裸露或具硬棘，或被细小棘刺。头大。眼中大或较小，位于头的背面或头侧。口宽大，通常上位。上颌常可伸缩，下颌一般突出。背鳍2个，第一背鳍常具1～3独立鳍棘，位于头的背侧，第一鳍棘常形成瓣膜状或球茎状吻触手，呈引诱食饵之钓具。胸鳍基底呈柄状。腹鳍如存在，为喉位。鳔如存在，无鳔管。

（五十四）鮟鱇科 Lophiidae

头宽大，扁平。躯干部较短。体无鳞，头周缘具发达的皮质触手状突起。吻宽阔。口大，前上位，下颌突出。上下颌、犁骨、腭骨及鳃弓上均具可倒伏的犬齿或尖锐齿。鳃3对，鳃丝发达，无鳃耙，具伪鳃。第一鳍棘位于吻前部，形成吻触手，末端有皮质穗状拟饵体。第二背鳍与臀鳍位于尾部。胸鳍发达，位于体侧，具辐状骨2块。腹鳍喉位。尾鳍圆形或截形。具幽门盲囊。

113 黑鮟鱇

Lophiomus setigerus (Vahl, 1797)

英文名 Blackmouth angler

地方名 鮟鱇、海蛤蚆

分类地位 辐鳍鱼纲 Actinopterygii，鮟鱇目 Lophiiformes，鮟鱇科 Lophiidae

形态特征 体柔软。头部圆盘状。眼间隔宽而凹入。肩部每侧各具1突出大棘，其上具2～7小棘。背鳍2个。胸鳍发达，支鳍骨特化成柄鳍而埋于皮下。体背方黑褐色，腹面浅色，口底内的前方具黑褐色斑纹，臀鳍白色。

生态习性 近海暖水性底层鱼类。栖息于水深40～50 m沙泥底质的海区，行动缓慢，常在海底匍匐。冬季性腺开始发育，春季产卵。体长一般为200～300 mm，最大可达1000 mm，重约10 kg。肉食性，摄食鱼类和虾蟹。摄食种类多，营养极高。通常以吻触手及耳球引诱猎物前来，在一瞬间吸入猎物。本种与黄鮟鱇的主要区别在于前上颌骨表面有明显突起，背鳍鳍条8，下颌齿3行，口底前部黑白交叉。

渔业利用 用底拖网、围缯或定置网捕捞，为主要经济种类。

地理分布 我国分布于东海、南海，舟山海域常见。

保护现状 2019年IUCN评估为无危物种。

黑鮟鱇

114 黄鮟鱇

Lophius litulon (Jordan, 1902)

英文名 Yellow goosefish

地方名 鮟鱇、海蛤蚆

分类地位 辐鳍鱼纲Actinopterygii，鮟鱇目Lophiiformes，鮟鱇科Lophiidae

形态特征 体呈圆盘形，向后细尖，呈柱形。表皮平滑，柔软。体侧具有许多皮须。口底前部白色。眼上位。胸鳍宽大，在身体两侧呈臂状。体色上方为紫褐色，有很多极小白点；背面褐色，腹面灰白色。各鳍均为深褐色。

生态习性 近海底层肉食性习见鱼类，常栖伏水底，以背鳍棘上端肉诱捕小鱼为食。发出声音似老人咳嗽，所以亦被称为老头鱼。一般体长400～600 mm，体重300～800g。

渔业利用 鱼肉富含维生素A和C。其尾部肌肉可供鲜食或加工制作鱼松等，其鱼肚、鱼子均是高营养食品，皮可制胶，肝可提取鱼肝油，鱼骨是加工明骨鱼粉的好原料。具有食用价值且富含营养元素，为主要经济鱼类之一。本种与黑鮟鱇的主要区别在于前上颌骨表面光滑无突起，背鳍鳍条9～12，下颌齿1～2行，口底前部黄色。

地理分布 我国分布于黄海以及东海北部，舟山海域常见。

黄鮟鱇

（五十五）躄鱼科 Antennariidae

体卵圆形，稍侧扁，腹部突出、膨大，粗短。皮肤疏松，裸露无鳞，表面光滑或密被细棘。头小，眼小。口小，通常上位，口裂通常垂直或倾斜。前颌骨常可伸缩，下颌一般突出。上下颌、犁骨和腭骨均具绒毛状齿。背鳍2个，具3鳍棘，第一背鳍第一鳍棘位于吻部，形成吻触手，末端呈触手状。胸鳍具2～3支鳍骨，形成长的假臂。腹鳍喉位。尾鳍圆形。

115 斑条躄鱼
Antennarius striatus (Shaw, 1794)

英文名 Striated frogfish

地方名 条纹躄鱼、黑躄鱼、带纹躄鱼

分类地位 辐鳍鱼纲Actinopterygii，鮟鱇目Lophiiformes，躄鱼科Antennariidae

形态特征 体粗短，长椭圆形。头前端高而圆钝，额部具1凹陷区，后端触手顶端具3～4分支穗状皮瓣。胸鳍前方沿体侧至头腹面具稀疏的深黑色须状小突起。体色多变，多淡褐色，体侧及鳍上均具不规则暗色带斑，腹部密布黑色小斑点。尾柄部隐具小斑纹，具1黑色横纹，并隐具若干小斑。其余各鳍深黑色，边缘浅色。

生态习性 近海暖水性底层小型鱼类，广泛栖息于各种底质水域，栖息深度在10～219 m，但一般发现在40 m之内，亦可生活于河口区域。利用吻触手顶端的衍生物钓饵及配合极具保护色作用的身体，吸引小鱼，再出其不意将其吞食。卵丝、团状，具有漂浮力。偶见近海拖虾作业中，最大体长约155 mm。

渔业利用 可作学术研究以及供人观赏，不具食用价值。

地理分布 我国分布于东海南部，舟山海域少见。

保护现状 2013年IUCN评估为无危物种。

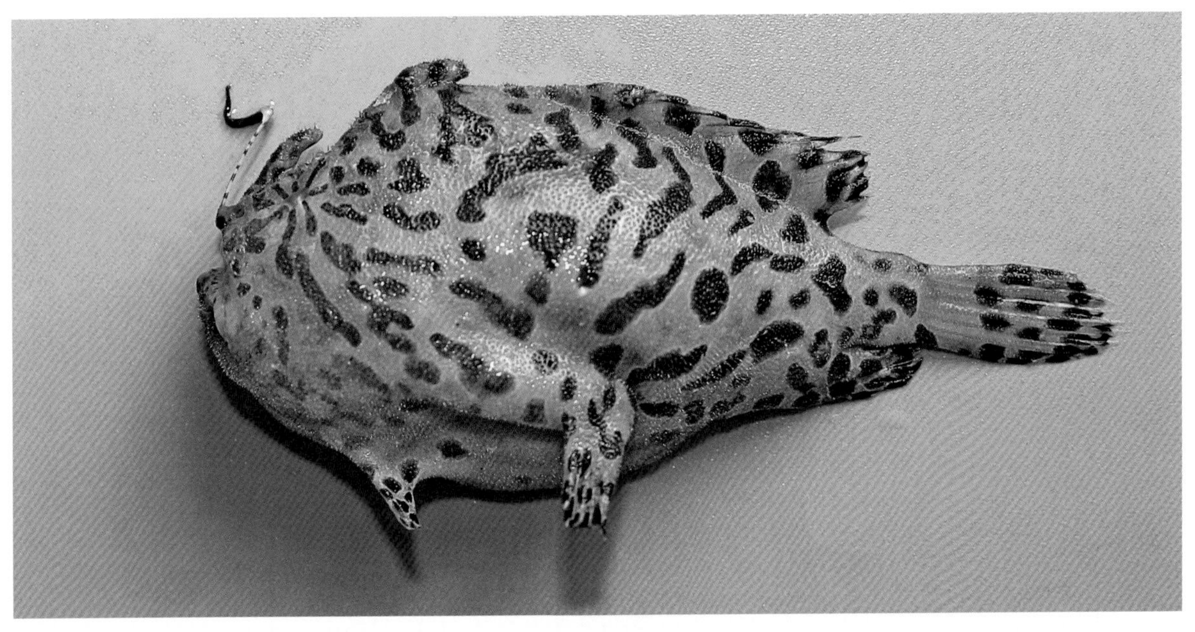

斑条躄鱼

（五十六）单棘躄鱼科 Chaunacidae

体长卵圆形，平扁。体表无鳞，密被细小绒毛状棘。头长大，吻较短。口裂大，斜裂或几呈垂直状。下颌突出，前颌骨可以伸缩。第一背鳍仅具1棘，成吻触手状；第二背鳍中大。臀鳍位于第二背鳍后部下方。胸鳍位于体侧下方，假臂发达，埋于皮下。腹鳍喉位。

116 阿部单棘躄鱼

Chaunax abei Le Danois, 1978

英文名 Sea toad

分类地位 辐鳍鱼纲 Actinopterygii，鮟鱇目 Lophiiformes，单棘躄鱼科 Chaunacidae

形态特征 头部平扁，眼完全位于头的背面。皮肤柔软，密被细棘，侧线发达。口裂大。背鳍正前方具1凹陷区。吻上方具1拟饵，呈薄羽毛状。臀鳍小。胸鳍腹位，呈足状。尾鳍圆形。体浅红或粉红色，体背散布淡黄绿色圆点，腹部色浅。

生态习性 深海底栖性鱼类，栖息深度在90～500 m。常摆动吻触手诱食小生物。最大体长在300 mm左右。

渔业利用 不具食用价值。

地理分布 我国主要分布于东海南部、台湾海域、南海，舟山海域偶见。

保护现状 2019年IUCN评估为无危物种。

阿部单棘躄鱼

（五十七）蝙蝠鱼科 Ogcocephalidae

头体正圆形，显著平扁，腹部平坦，体后部和尾部稍侧扁。体无鳞，上密被骨质突起或尖锐棘刺。口宽大，口裂水平状。鳃孔小，位于胸鳍基部内侧的背方。第一背鳍仅1棘，形成不发达的吻触手，常隐于吻前端的吻凹窝内，吻触手末端有拟饵体。第二背鳍较小或退化。胸鳍水平位，具3辐状骨，形成假臂状构造。腹鳍通常存在，喉位。尾鳍一般圆形或截形。

117 棘茄鱼
Halieutaea stellata (Vahl, 1797)

英文名 Minipizza batfish

地方名 蝙蝠鱼

分类地位 辐鳍鱼纲 Actinopterygii，鮟鱇目 Lophiiformes，蝙蝠鱼科 Ogcocephalidae

形态特征 体甚扁平。体无鳞，头盘周缘具特别强的硬棘。腹面密被绒毛状细棘，分布均匀。无侧线。第二背鳍位于尾部。胸鳍位于头盘后方，柄状。腹鳍喉位。体红色，腹面白色。背面具许多由黑色小斑点连成的不规则网纹或虫纹。背鳍、胸鳍、尾鳍边缘黑色。

生态习性 近海暖温性底层小型鱼类，已知栖息深度在50～400米。喜潜伏于海湾滩涂、沙泥底质的浅海底部。不具游泳能力，以假臂状胸鳍及腹鳍在海底匍匐爬行，鳃孔可能具有喷射推进功能。体长一般为100～150 mm，最大可达300 mm。常摆动吻触手诱食小型甲壳动物。

渔业利用 可作学术研究，不具食用价值。可作药用，性味甘、温，具滋阴补肾功效，主治小儿遗尿。

地理分布 我国沿海均有分布，舟山海域常见。

保护现状 2019年IUCN评估为无危物种。

棘茄鱼

二十九、鲻形目 Mugiliformes

体延长，前部亚圆筒形，后部侧扁。侧线不明显或无。头稍平扁，似呈三角形。眼大或中型，脂眼睑发达或不发达。吻短。口小，端位或下位。背鳍通常2个，间距较远。胸鳍高位。腹鳍腹位或亚胸位。尾鳍叉形。

（五十八）鲻科 Mugilidae

体延长，前部亚圆筒形，尾部稍侧扁，头常宽而平扁。眼圆形，具脂眼睑。口小，前位或亚腹位。前颌骨能伸出，上颌骨常隐于前颌骨及眶前骨之下，上颌中央有1缺刻，下颌中央具1凸起。齿细弱，绒毛状。体被弱栉鳞，鳞大。无侧线。体侧鳞片上常有不开孔的纵行小管。鳃孔宽大，鳃盖膜不连峡部。背鳍2个，相距颇远，第一背鳍具4鳍棘，第二背鳍与臀鳍相对。尾鳍分叉或凹入。

118 棱鲅
Planiliza carinata (Valenciennes, 1836)

英文名 Keeled mullet

地方名 乌鲻、鲻鱼

分类地位 辐鳍鱼纲Actinopterygii，鲻形目Mugiliformes，鲻科Mugilidae

形态特征 头圆锥形，两侧隆起，头顶稍平扁。脂眼睑不发达，仅在眼周一圈。吻短而钝。口较小，亚腹位，上颌骨后端外露且急剧下弯。仅上颌具单行齿。第一背鳍基底两侧、腹鳍基底上部和两腹鳍中央各有1长形鳞瓣。第一背鳍前有1正中棱嵴。尾鳍分叉。体腔大，腹膜深黑色。背侧面青灰色，腹部银白色，体侧具暗色纵带数条。背鳍、尾鳍灰色，腹鳍、臀鳍稍呈淡黄色。

生态习性 栖息于浅海咸淡水交界处，生殖期约在3月中。个体较小，常见体长在200 mm左右，最大体长可达600 mm。是港养鱼类之一。

地理分布 我国产于黄海南部、东海与南海，舟山海域常见。

棱鲅

119 鲅

Planiliza haematocheilus (Temminck & Schlegel, 1845)

英文名 So-iuy mullet

地方名 鲻鱼、黄眼

分类地位 辐鳍鱼纲Actinopterygii，鲻形目Mugiliformes，鲻科Mugilidae

形态特征 背缘平直，腹部圆形。第一背鳍前无正中棱嵴。脂眼睑不发达。吻广弧形。口裂小而平横，下颌边缘锐利，上颌骨后端外露且急剧下弯。鳞大，全身均被鳞，除头部为圆鳞外余皆为栉鳞。体青灰色，腹部银白色，上侧有黑色纵纹数条，各鳍浅灰色。

生态习性 栖息于浅海或河口咸淡水交界处，冬天至深水越冬，春天游向浅海，一般不做远距离洄游。3年成熟，产卵期在5月，分批产卵，是港养鱼类主要对象之一。最大体长可达750 mm。幼鱼以食浮游硅藻及桡足类为主，成鱼食腐败有机质及泥沙中小生物为主。

渔业利用 常见养殖及食用鱼类。

地理分布 我国沿海均有分布，舟山海域常见。

鲅

120 鲻
Mugil cephalus Linnaeus, 1758

英文名 Flathead grey mullet

地方名 鲻鱼

分类地位 辐鳍鱼纲Actinopterygii，鲻形目Mugiliformes，鲻科Mugilidae

形态特征 体延长，前部近圆筒形，后部侧扁。眼中大，脂眼睑发达，伸达瞳孔。吻宽短。口亚腹位，口裂小而平横，上颌骨完全被眶入前骨所盖。仅上下颌具齿。鳞大。体被弱栉鳞，头部被圆鳞，除第一背鳍外各鳍均被小圆鳞。体青灰色，腹部白色，体侧上半部有几条暗色纵带。各鳍浅灰色，胸鳍基部有1黑色斑块。

生态习性 广温广盐性鱼类，水温8～24℃的海域均见。栖息于浅海或河口咸淡水交界处，幼鱼时期喜欢在河口、红树林等半淡咸水海域生活，随着成长而游向外洋。对环境适应能力强，在淡水、咸淡水和高盐度海水中均能生存。最大体长可达1200 mm，重8 kg。以浮游动物、底栖生物及有机碎屑为食。

渔业利用 常见食用种类。

地理分布 我国沿海均有分布，舟山海域常见。

保护现状 2018年IUCN评估为无危物种。

鲻

三十、颌针鱼目 Beloniformes

体长梭形，后部侧扁。眼大。吻短钝，上下颌延长或仅下颌延长。体被圆鳞，侧线与腹缘平行。背鳍1个。腹鳍腹位或亚胸位。胸鳍位高，常发达。

（五十九）飞鱼科 Exocoetidae

体长梭形，呈圆筒状，向后渐侧扁。眼大，圆形，上侧位。口小，前位，上颌骨不与前颌骨接合。齿细小，犁骨、腭骨及舌上有或无齿。鳃孔大，鳃盖膜不与峡部相连。下咽骨大，愈合成凹形骨片。侧线下侧位，近体侧腹缘。体被大圆鳞，薄且脱落，头部多少被鳞。各鳍无棘。背鳍位于背部远后方，与臀鳍相对且同形。胸鳍一般特别长大，向后可超过臀鳍起点，上侧位，用作滑翔。腹鳍腹位，亦作滑翔用。尾鳍深叉形，下叶长于上叶。

121 燕鳐须唇飞鱼

Cheilopogon agoo (Temminck & Schlegel, 1846)

英 文 名 Japanese flyingfish

地 方 名 燕鳐鱼、阿戈飞鱼

分类地位 辐鳍鱼纲 Actinopterygii，颌针鱼目 Beloniformes，飞鱼科 Exocoetidae

形态特征 体长梭形，背部及腹部宽，两侧较平。头颇短。体被大圆鳞。侧线位极低，近于腹缘。腹鳍大，平置时可达臀鳍末端。尾鳍叉形，下叶比上叶长。头、体背面青黑色，各鳍浅黑色，胸鳍下半部分淡色。幼鱼下颌有2须。

生态习性 近海暖水性中上层鱼类。常成群，喜近水面游泳。尾鳍下叶急剧运动，受惊吓时会利用其特化的胸鳍而在水上滑翔一定距离。一般体长在350 mm以下。主要以桡足类及端足类等浮游生物为食。

渔业利用 食用鱼类。

地理分布 我国分布于黄渤海和东海，舟山海域常见。

燕鳐须唇飞鱼

122 尖头文鳐鱼

Hirundichthys oxycephalus (Bleeker, 1853)

英文名 Bony flyingfish

地方名 飞鱼、尖头细身飞鱼、尖头燕鳐鱼

分类地位 辐鳍鱼纲Actinopterygii，颌针鱼目Beloniformes，飞鱼科Exocoetidae

形态特征 幼鱼无须。体微侧扁，较一般飞鱼细。头颇短，背平坦，腹面甚狭。腹鳍平置时可达臀鳍中间。尾鳍分叉，上叶短于下叶。体被圆鳞，大而薄，易脱落。头部多少被鳞。侧线甚低，近腹缘。体背面青绿色，侧下方及腹部白色。背鳍、胸鳍及尾鳍淡绿色。胸鳍中部前缘及鳍下缘具淡色带。腹鳍前半部淡色，后半部暗色。

生态习性 生活于近海或浅海域表层的洄游性鱼类，受惊吓时会利用其特化的胸鳍跃出水面做长距离的滑翔。主要以桡足类及端足类等浮游生物为食。卵具有黏丝，可附着于漂游物或底栖海藻上。体长在180 mm以下。

渔业利用 食用鱼类。

地理分布 我国分布于东海北部至南海，舟山海域常见。

尖头文鳐鱼

（六十）鱵科 Hemiramphidae

体延长，长柱形或侧扁。头较长。眼大，圆形。吻不特别突出。口小，平直。上颌骨与颌间骨完全愈合，呈三角形；下颌一般延长呈长针状。仅两颌相对部分具细小齿。鼻孔大，每侧1个，具1圆形或扇形嗅瓣。鳃孔宽。鳃盖膜不与峡部相连。鳃耙发达。体被圆鳞。侧线下侧位，靠近腹缘。背鳍1个，与臀鳍相对且同形，位于体后部。尾鳍叉形、圆形或截形。

123 间下鱵

Hyporhamphus intermedius (Cantor, 1842)

英文名 Asian pencil halfbeak

地方名 半嘴鱼、水针

分类地位 辐鳍鱼纲 Actinopterygii，颌针鱼目 Beloniformes，鱵科 Hemiramphidae

形态特征 体侧扁，背腹缘微凸出。头前方尖形，额顶部稍凸起。上颌无唇，下颌长大于或等于头长。体被圆鳞，较大，薄弱，极易脱落。头上仅上颌三角部分有鳞。尾鳍叉形，下叶长于上叶。体背侧暗绿色或浅蓝色，腹侧银白色。体背中线具3条平行的暗绿色细线纹，体侧从胸鳍基部至尾鳍基部具1较宽的银灰色纵带。背鳍及尾鳍边缘淡黑色，其他各鳍淡色。吻为黑色，前端具明亮之橘红色。

生态习性 近岸暖水性小型上层鱼类，栖息于水体中上层，也可进入河口及淡水水域。大者体长150 mm左右。以浮游动物为食，有成群习性。

渔业利用 食用鱼类。

地理分布 我国沿海均有分布，舟山海域偶见。

间下鱵（依 roughfish. com）

124 日本下鱵

Hyporhamphus sajori (Temminck & Schlegel, 1846)

英文名 Japanese halfbeak

地方名 半嘴鱼、沙氏下鱵鱼、日本鱵

分类地位 辐鳍鱼纲 Actinopterygii，颌针鱼目 Beloniformes，鱵科 Hemiramphidae

形态特征 体细长，头前方尖锐，顶部及颊部平坦，近腹缘变狭。下颌长短于头长。体被薄圆鳞，易脱落。头顶、颊部、鳃盖及上颌皆被鳞。尾鳍呈叉形，有时下叶长于上叶。体背部青绿色，腹部银白色。体侧自胸鳍基上有1银灰色纵带，下颌前端有1红点或1条红线。

生态习性 沿海暖水性鱼类，栖息于中上层水域，偶尔也会出现于河口。游泳敏捷，常跃出水面逃避敌害。卵粒较大。仔鱼期下颌甚短，到了稚鱼时则迅速增长。产卵后成鱼分散觅食，有时集成小群在港湾、河口、码头附近水域游动。夜间趋光性特强。最大体长可达400 mm。主要以浮游动物为食。

渔业利用 食用鱼类。

地理分布 我国分布于黄渤海，舟山海域偶见。

日本下鱵

（六十一）颌针鱼科 Belonidae

体长，圆柱状或侧扁，被细小圆鳞。鼻骨大，中间有1合缝。有前筛骨。两颌皆延长成细长的喙，上颌部分为眼前骨所盖。两颌齿细小尖锐，犁骨及舌上有齿或无。鳃孔宽阔，鳃盖膜不与峡部相连。下咽骨愈合成1窄长的平板，生有细小的尖齿。背鳍远在背部的后方，与臀鳍相对。侧线低，靠近腹缘。

125 横带扁颌针鱼
Ablennes hians (Valenciennes, 1846)

英文名 Flat needlefish

地方名 尖嘴带鱼、长嘴鱼

分类地位 辐鳍鱼纲Actinopterygii，颌针鱼目Beloniformes，颌针鱼科Belonidae

形态特征 体侧扁，呈长带状，体侧后部有4～8条暗蓝色横带。头细长，额顶部平扁。口平直，两颌等长，喙的背腹正中线上各具1细长的浅沟。上颌骨几乎全为眶前骨所遮盖。侧线近腹缘，不甚明显。尾鳍深叉，下叶明显延长。尾柄无侧线嵴。体背侧翠绿色，腹侧银白色。各鳍均呈淡翠绿色，边缘黑色。两颌齿亦呈绿色。

生态习性 沿海暖温性中上层鱼类，通常巡游于岛屿四周的水表层，偶尔也出现于河口附近。卵可以通过卵表面的细丝附着在水中的物体上。最大体长可达1400 mm。性凶猛，以小鱼为主食。

渔业利用 食用鱼类。

地理分布 我国分布于南海，舟山海域偶见。

保护现状 2012年IUCN评估为无危物种。

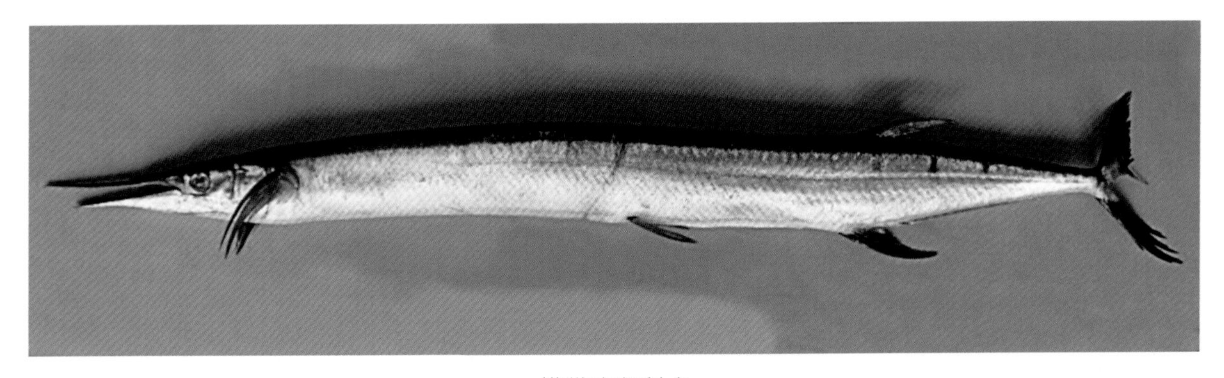

横带扁颌针鱼

126 尖嘴柱颌针鱼
Strongylura anastomella (Valenciennes, 1846)

英文名 Pacific needlefish

地方名 扁颌针鱼、尖嘴扁颌针鱼、尖嘴后鳍颌针鱼

分类地位 辐鳍鱼纲Actinopterygii，颌针鱼目Beloniformes，颌针鱼科Belonidae

形态特征 体细长，很侧扁，躯干部背腹缘平直。口水平，口裂长大。两颌具细小尖锐齿，呈带状排列。体被细小圆鳞，易脱落。侧线鳞较大。侧线低位，近腹缘，至尾柄处向上升，而止于尾柄中部。背鳍位于尾部。臀鳍与背鳍同形，几相对，臀鳍基长于背鳍基。尾鳍截形稍凹，下叶略较长。体侧背上方草绿色，腹下方银白色。背面中央有1黑色纵带，直达尾鳍前，纵带两侧有2条平行的黑色细线。背鳍与尾鳍突出部及尾鳍末端淡黑色。

生态习性 大洋性鱼类，通常巡游于岛屿四周的水表层，偶尔也出现于河口附近。记载最大体长可达1000 mm。性凶猛，以小鱼为主食。

渔业利用 食用鱼类。

地理分布 我国分布于黄海、东海、台湾海域及南海，舟山海域常见。

尖嘴柱颌针鱼

三十一、金眼鲷目 Beryciformes

体侧扁，头较大，眼中大。口斜裂，端位。颏部无须。犁骨与腭骨具齿。背鳍与臀鳍或有鳍棘。腹鳍胸位或亚胸位，具0～1鳍棘，3或6～13鳍条。

（六十二）松球鱼科 Monocentridae

体高，稍侧扁，腹部棱凸。体被以骨质盾状大鳞相连成的骨甲，中央相连形成隆起嵴。头大，有黏液腔。下颌下方有2发光器。背鳍鳍棘部与鳍条部分离。臀鳍具10鳍条，无鳍棘。腹鳍胸位，具1强棘及2～3较小的鳍条。尾鳍叉形。

127 日本松球鱼

Monocentris japonica (Houttuyn, 1782)

英文名 Pinecone fish

地方名 松球鱼

分类地位 辐鳍鱼纲Actinopterygii，金眼鲷目Beryciformes，松球鱼科Monocentridae

形态特征 体高而侧扁，呈卵圆形。体椭圆形，腹部有3条凸棱，尾柄短。头大，圆钝，无鳞。眼大，眼间隔宽。吻圆突。口大，腹位。上颌较下颌长。下颌边缘有1对大的发光器。体被骨板状大型鳞片，彼此愈合而成1体壳，其中央部分有尖凸棱或棘，彼此相连而形成数条棱脊突；腹部中央另具1特别突出的棱嵴。背鳍、腹鳍各具1粗大棘，具活动关节。臀鳍无棘。尾鳍内凹。体呈橘黄色，各鳞片边缘黑色，头及两颌具黑色条纹。

生态习性 常成群游动。主要栖息于岩石洞穴及其周缘水域，栖息深度随年龄而异，幼鱼只在3～6 m深的浅海区域活动，而成鱼可以深入海下18～213 m的高压环境中。体长可达170 mm。主要以浮游动物为食，亦捕食小型甲壳类。

渔业利用 无食用价值。

地理分布 我国分布于黄海、东海和南海，舟山海域少见。

保护现状 2019年IUCN评估为无危物种。

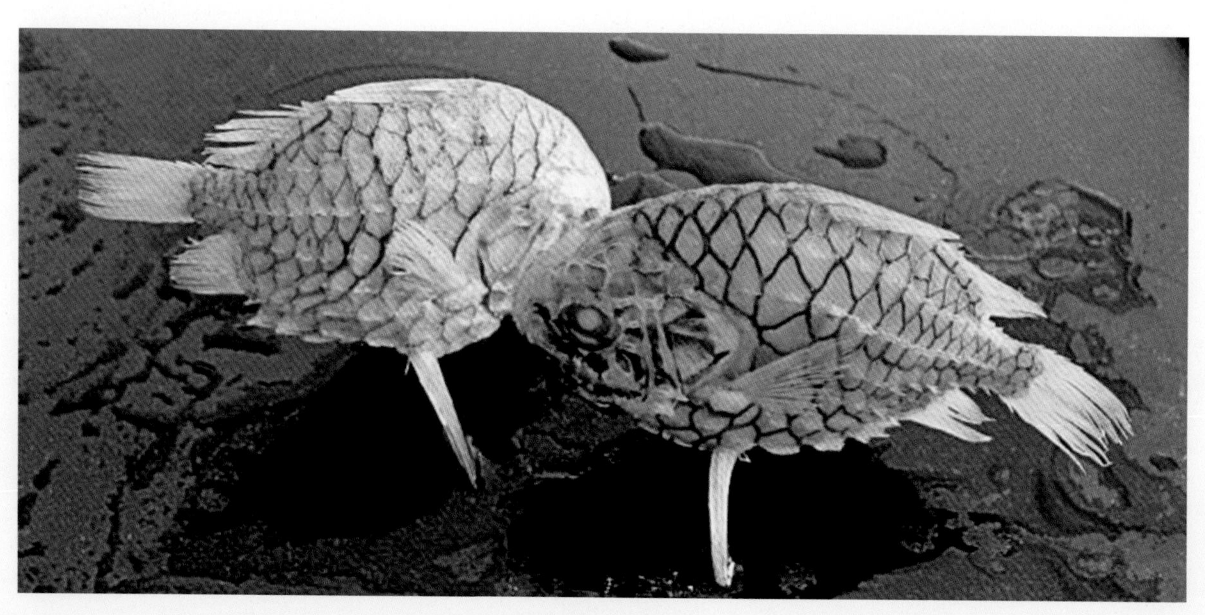

日本松球鱼

（六十三）鳂科 Holocentridae

鳂科也称金鳞鱼科，体长方或长圆形，稍侧扁。头中等大。两颌、犁骨和腭骨均具齿。鳃盖膜与峡部分离。体被强栉鳞或棘鳞。背鳍鳍棘部与鳍条部间微连或略分离，具11～12棘。臀鳍具4棘。腹鳍胸位，具1棘7鳍条。尾鳍深叉形。

128 日本骨鳂
Ostichthys japonicus (Cuvier, 1829)

英文名 Japanese soldierfish

地方名 金鳞鱼、日本骨鳞鱼

分类地位 辐鳍鱼纲 Actinopterygii，金眼鲷目 Beryciformes，鳂科 Holocentridae

形态特征 体呈长椭圆形，稍侧扁。头上具骨质隆起嵴。吻短。眼大，上侧位。口端位，斜裂，下颌稍突出于上颌。体被强栉鳞，鳞上具骨质嵴纹，后缘具小棘，中间最强。侧线完全，侧线鳞明显。背鳍连续。臀鳍有硬棘，以第三棘最长。尾鳍叉形。体鲜红色，各鳞具闪光，鳍条颜色渐淡。液浸标本体呈橙黄色。

生态习性 深水岩礁性鱼类。主要栖息在礁区、近海沿岸，深度为30～200 m。夜行性鱼种，白天躲在洞穴或礁岩下，晚上出来活动觅食。体型中大，最大体长可达560 mm。以底栖无脊椎动物为食。

渔业利用 肉可食用。

地理分布 我国分布于东海北部至台湾海域，舟山海域少见。

保护现状 2015年IUCN评估为无危物种。

日本骨鳂

三十二、海鲂目 Zeiformes

体侧扁且高。上颌显著突出，微可收缩，无辅上颌骨。第一脊椎骨与头盖骨密切连接。体被细鳞，或鳞仅有痕迹。背鳍、臀鳍基部与胸腹部或有棘状骨板。背鳍鳍棘部发达，有5～10鳍棘，棘间膜或延长呈丝状。臀鳍有0～4鳍棘。腹鳍胸位，通常有1鳍棘，5～9鳍条。无眶蝶骨。鳔无管。有或无牙。

（六十四）海鲂科 Zeidae

体卵圆形，侧扁，体长为体高的1.0～2.1倍。头中大，体高大于头长。眼上侧位，较小。吻短。口大，斜裂，上颌能伸缩。鳃盖骨上无棘突。体被小鳞，或退化，或不存在。背鳍连续，中间有明显的缺刻，鳍棘部鳍膜呈丝状延长。臀鳍起点后于背鳍起点，鳍条部与背鳍鳍条部几相对。胸鳍中侧位。腹鳍前胸位。尾鳍截形或圆形。具脊椎骨29～34块。

129 远东海鲂

Zeus faber Linnaeus, 1758

英文名 John dory

地方名 远东海鲂、马头鲷

分类地位 辐鳍鱼纲 Actinopterygii，海鲂目 Zeiformes，海鲂科 Zeidae

形态特征 体形较大，长椭圆形，侧扁。头长而高大，吻较突出。眼大，上侧位，眼距鳃盖后缘较近，眼间隔窄而隆起。口大而斜，下颌突出于上颌，上颌宽大，可伸至眼下方。两颌具厚唇。体被细小圆鳞，排列不规则，头仅颊部具鳞。侧线明显，呈管状，末端弯曲。腹鳍延长，末端可至臀鳍起点。尾鳍截平，微圆。体暗灰色，体侧中部侧线下方有1约大于眼径的白缘黑色椭圆斑。

生态习性 深海底层中大型鱼类。栖息在40～200 m的大陆架斜坡或海床。体型中大，全长可达900 mm。常独居，以群居性鱼类及甲壳类为食。

渔业利用 常为底拖网捕获，常见食用鱼类。

地理分布 我国沿海均有分布，舟山海域常见，但产量不高。

远东海鲂

三十三、刺鱼目 Gasterosteiformes

体延长，呈管状或侧扁。侧线有或无。体被鳞，或裸露，或被甲板。口小，端位，为前颌骨或上颌骨与前颌骨包围。吻管状。背鳍1～2个，第一背鳍存在时常为游离棘。腹鳍腹位或亚胸位，或无腹鳍。尾鳍叉形，或无尾鳍。

（六十五）海龙科 Syngnathidae

体延长纤细，全身具环状鳞板。头细长。吻突出，通常呈长管状，吻端有斜形的口。上下颌短小，微可伸缩。无齿。鳃孔退化为1小孔，位于鳃盖的后上方。鳃4个，假鳃发达。鼻孔2个。背鳍短小，位于肛门附近，通常和臀鳍相对。胸鳍小或无。无腹鳍。尾鳍小或无。雄鱼常在尾下方或腹部有1孵卵囊，囊普遍由2皮褶形成，卵孵化后囊张开，幼鱼即出体外。

130 笔状多环海龙
Hippichthys penicillus (Cantor, 1849)

英文名 Beady piperfish

地方名 海龙

分类地位 辐鳍鱼纲Actinopterygii，刺鱼目Gasterosteiformes，海龙科Syngnathidae

形态特征 体长形，尾部细长。体全部包于真皮性骨板形的骨环中，具棱角。头细长，常具有突出的管状吻。鳃孔很小，鳃4个。假鳃发达。鼻孔每侧2个。背鳍1个，无鳍棘。胸鳍小或无。无腹鳍。尾鳍发达、小或无。雄鱼身体腹面具孵卵囊。头部与躯干的背面及两侧深褐色，体侧常具淡色杂斑。躯干的腹部通常为褐色，不具暗横带，在棱嵴中部则掺杂暗褐色或黑色的斑块。

生态习性 栖息于热带沿岸水深0～5 m的小型海洋鱼类，生活于河口、淡水水域。体长180 mm。

地理分布 我国分布于东海。

保护现状 2016年IUCN评估为无危物种。

笔状多环海龙

131 红鳍冠海龙
Corythoichthys haematopterus (Bleeker, 1851)

英文名 Messmate pipefish

地方名 红鳍海龙、海龙

分类地位 辐鳍鱼纲 Actinopterygii，刺鱼目 Gasterosteiformes，海龙科 Syngnathidae

形态特征 体鞭形，体高稍大于体宽。体无鳞，完全由骨环所组成。躯干部为六棱形，尾部为四棱形，躯干部的中侧棱与尾部上侧棱相接。体环不具纵棘，无皮瓣。头细长，与身体在同一直线上。吻细长，呈管状。眼中等大，眼眶突出。无腹鳍，尾鳍小，为圆扇形。尾短不弯曲。体淡灰色，头部及体侧具甚多不规则的网状黑环纹。管状吻、体背部棱棘及尾鳍呈橘红色。

生态习性 生活于近岸浅海，主要栖息于水浅且有遮蔽的碎石与泥沙混合或半淤泥区域，水深在0～3 m。适盐性强，适温范围广。游泳缓慢，常做垂直游动。雄性体长在90 mm时可以繁殖孵卵，在繁殖期间雌雄几乎是成对生活。常见体长130 mm左右。幼体食微型浮游动、植物，成体食小型甲壳类。

渔业利用 小型鱼类，为张网及底拖网渔获，无食用，但具药用价值。

地理分布 我国分布于东海、南海，舟山海域偶见。

保护现状 2015年IUCN评估为无危物种。

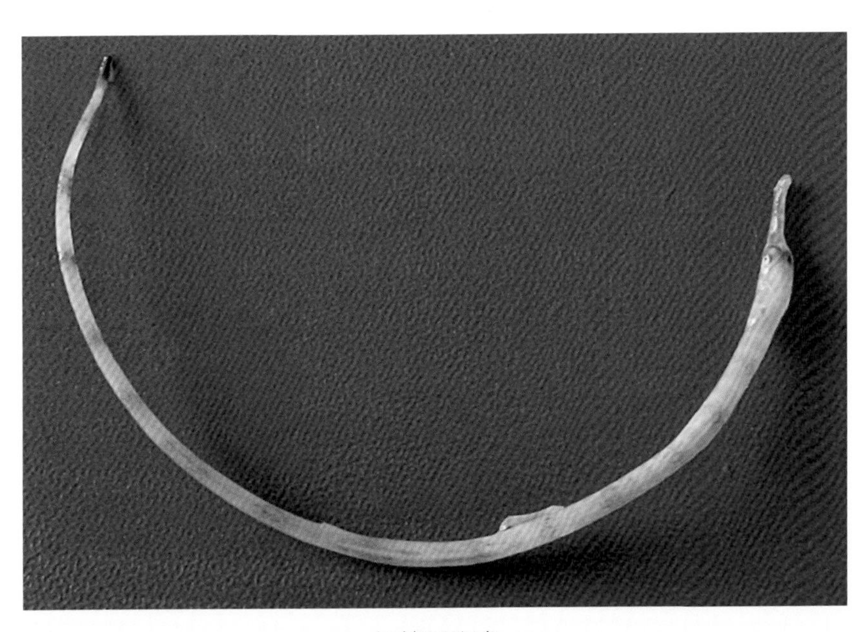

红鳍冠海龙

132 克氏海马

Hippocampus kelloggi Jordan & Snyder, 1901

英文名 Great seahorse

地方名 海马、大海马

分类地位 辐鳍鱼纲Actinopterygii，刺鱼目Gasterosteiformes，海龙科Syngnathidae

形态特征 体形较大，头部与躯干部几成直角，呈马头形，腹部微凸，尾部卷曲。躯干部为七棱形，尾部为四棱形。头部及腹侧棱棘发达，其余体上各棱棘短钝，呈瘤状凸起。头冠低小，尖端棘短小，向后弯曲。吻细长，呈管状。眼较大，侧位而高。体无鳞。颈部中央具2尖锐棘。背鳍长，较发达。无腹鳍及尾鳍。体淡黄色，体侧具虫纹状或不规则的白色线状斑点，有时有黑色斑驳。

生态习性 喜栖居于沿海及内湾、淡水流入少、风平浪静、水质清洁、透明度较高的海底石砾或藻体上，栖息深度可达120 m。体形、产量均相对较大，最大个体长280 mm，以毛虾、糠虾等小型甲壳类动物为食。

渔业利用 为近海底拖网/张网所渔获，为我国传统药材。

地理分布 我国沿海均有分布。

保护现状 2017年IUCN评估为易危物种，列入《濒危野生动植物种国际贸易公约》(CITES)附录Ⅱ，国家二级重点保护野生动物。

克氏海马

133 三斑海马

Hippocampus trimaculatus Leach, 1814

英文名 Longnose seahorse

地方名 海马

分类地位 辐鳍鱼纲Actinopterygii，刺鱼目Gasterosteiformes，海龙科Syngnathidae

形态特征 体长形，尾部细长。体全部包于真皮性骨板形的骨环中，具棱角。头细长，常具有突出的管状吻。头部与躯干区隔明显。鳃孔很小，鳃4个。假鳃发达。鼻孔每侧2个，很小。背鳍1个，无鳍棘。胸鳍小或无。无腹鳍。尾鳍发达、小或无，第一、第四、第七体环背侧通常具1黑斑。雄鱼身体腹面具孵卵囊，卵或幼鱼于囊中孵化或抚育。

生态习性 栖息于热带沿岸水深0～100 m的小型海洋鱼类，生活于珊瑚礁区水域。体长170 mm。

地理分布 我国分布于东海、台湾海域及南海。

保护现状 2012年IUCN评估为易危物种，列入《濒危野生动植物种国际贸易公约》(CITES)附录Ⅱ，国家二级重点保护野生动物。

三斑海马

134 尖海龙
Syngnathus acus Linnaeus, 1758

英文名 Greater pipefish、Longsnout pipefish

地方名 海龙

分类地位 辐鳍鱼纲 Actinopterygii，刺鱼目 Gasterosteiformes，海龙科 Syngnathidae

形态特征 体细长，呈鞭状，体高、宽几乎相等。躯干部七棱形，尾部四棱形，腹部中央棱微突出，尾部不能卷曲。体上棱嵴突出，光滑。躯干部的上侧棱与尾部上侧棱不相连接，中侧棱平直而终止于臀部骨环处附近，与尾部上侧棱相接近。头尖细。眼圆，眼眶微凸出。胸鳍较高，呈扇形，位低。背鳍较长。无腹鳍。有尾鳍，尾鳍后缘圆形。体绿黄色，腹侧淡黄，体上具多数不规则暗色横带。背、臀、胸鳍淡色，尾鳍黑褐色。

生态习性 近岸暖温性底栖大型海龙，主要栖息于有遮蔽的碎石与泥沙混合或半淤泥区域，水深在0～110 m。卵生。雄鱼尾部腹面有育儿囊，交配时雌海龙将卵产在雄海龙的育儿囊中，卵在囊里受精孵化。稚鱼多生活于漂流的海草丛中。最大体长可达500 mm。主要以小型浮游生物为饵料，也常食小型甲壳动物。

渔业利用 具药用价值。

地理分布 我国分布于东海、南海，舟山海域常见。

保护现状 2013年IUCN评估为无危物种。

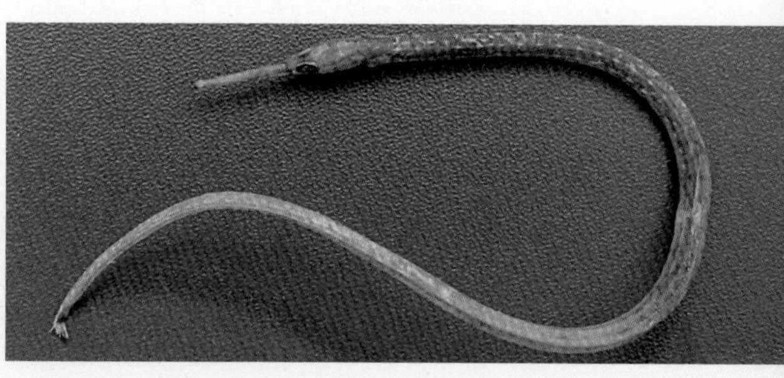

尖海龙

135 粗吻海龙
Trachyrhamphus serratus (Temminck & Schlegel, 1850)

英文名 Crested pipefish

地方名 锯粗吻海龙

分类地位 辐鳍鱼纲 Actinopterygii，刺鱼目 Gasterosteiformes，海龙科 Syngnathidae

形态特征 体延长，呈鞭形。躯干部骨环七棱形，尾部骨环四棱形。躯干部中侧棱与尾部下侧棱相连，腹部中央棱不突出。头小，顶骨处具1明显隆起嵴。眼较大，眼眶突出。吻呈短管状，吻长约为头长的1/2，吻部背面具1行锯齿嵴。体无鳞，完全包于骨环中。背鳍较小。无腹鳍。尾鳍尖，后缘圆形。体灰褐色，腹侧淡灰色，体上具10多条黑灰色横带。背鳍上具3～4列斑点，尾鳍黑色。

生态习性 近海暖水性小型鱼类，主要栖息于岩礁的周围、底部多碎石或沙泥底质的水域。体色随环境颜色的不同而变化，以保护色和拟态来防避敌害及诱食。为海龙类中个体较大的一种，体长最大可达300 mm。以口吸食小型浮游甲壳动物为食。

渔业利用 具药用价值，为传统药用鱼类。

地理分布 我国分布于东海、台湾沿海及南海，舟山海域偶见。

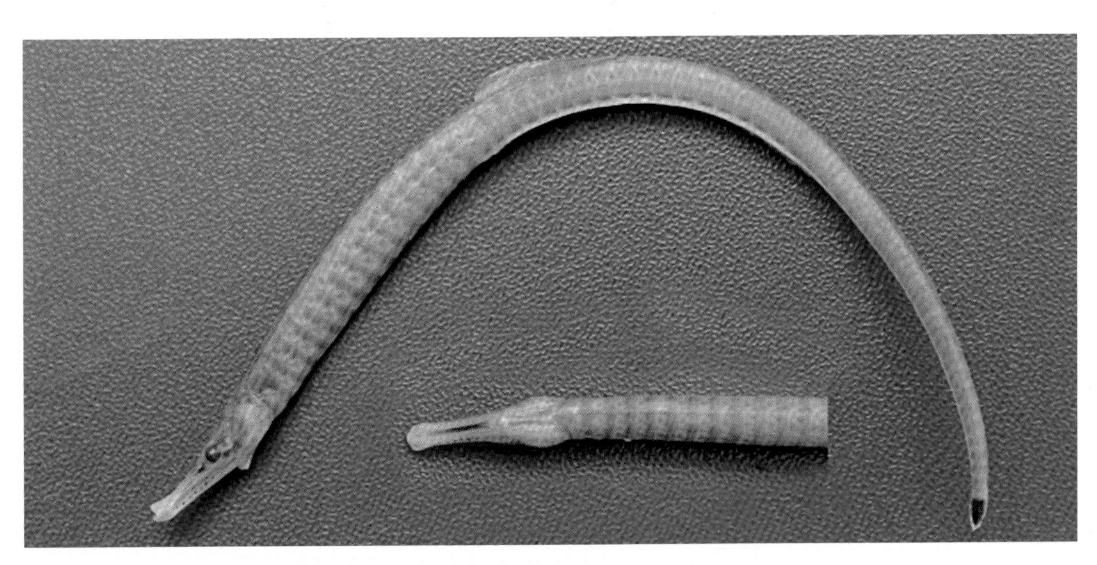

粗吻海龙

（六十六）烟管鱼科 Fistulariidae

体很长，稍平扁。皮肤完全裸露或被以细小的棘刺。背、腹正中线上具有线状鳞或无，侧线鳞前方呈不明显线状，后方呈锯齿状棘。吻特别突出，呈管状。口小，前位，有齿。鳃盖膜分离，不与峡部相连。无鳃耙，具假鳃。背、臀鳍同形且相对，鳍基短，位于体后部。尾鳍叉形，中间鳍条延长。脊椎骨多，前方4个脊椎骨特别延长。

136 鳞烟管鱼

Fistularia petimba Lacepède, 1803

英文名 Red cornetfish、Smooth flute mouth

地方名 马鞭鱼

分类地位 辐鳍鱼纲 Actinopterygii，刺鱼目 Gasterosteiformes，烟管鱼科 Fistulariidae

形态特征 体呈管鞭状。吻特别长。眼椭圆形，两眼间隔凹入。体上在背鳍与臀鳍间的侧线上具线状骨鳞。背部及腹面各有1行骨质鳞。尾鳍中间鳍条延长呈丝状。体淡褐色，腹部暗肉色，尾部暗黑褐色，随深度而变化。

生态习性 外海中上层鱼类，主要栖息于软质底部上的沿岸区域，栖息深度通常超过10 m。平时成群或单独静止于水层中。常见体长在2000 mm以下。肉食性，以长吻吸食小鱼或虾类，有时会模拟水中漂浮棍棒。

渔业利用 以流刺网、一支钓及拖网捕获，食用鱼类。

地理分布 我国分布于黄海、东海和南海，舟山海域常见。

保护现状 2013年IUCN评估为无危物种。

鳞烟管鱼

（六十七）玻甲鱼科 Centriscidae

体甚侧扁，身体完全包被于透明的骨质甲中。腹缘较薄，甚尖锐。头大。吻特别突出，呈管状。口端位，很小，上下颌无齿。无侧线。第一背鳍棘长而尖，位于体之末端，其下有2短棘。第二背鳍、尾鳍及臀鳍均向下弯曲。尾鳍位于体后部下方。胸鳍发达，侧位。腹鳍很小。各鳍均无分支鳍条。

137 条纹虾鱼
Aeoliscus strigatus (Günther, 1861)

英文名 Razorfish

地方名 玻璃鱼、甲香鱼、刀片鱼

分类地位 辐鳍鱼纲 Actinopterygii，刺鱼目 Gasterosteiformes，玻甲鱼科 Centriscidae

形态特征 体延长，甚侧扁，无磷。体表被透明的薄骨板。甲具节，相互密接。吻特别突出，呈管状。口端位，很小，颌无牙。体侧自吻部至尾柄末端有1条显著的黑色纵带。胸鳍发达，侧位。腹鳍很小。从吻部到尾鳍基有1中侧位的暗色纵带，体上无小黑点。

生态习性 亚热带、热带珊瑚礁海区小型鱼类。常常成群躲入珊瑚枝芽或海胆棘丛中逃避敌害的追捕。经常将细长的管状吻向下，做垂直游泳，但遇到危险要迅速游动时，亦可以水平方式、头前尾后地向前蹿游。一般体长在150 mm以下。主要以浮游生物为食，特别是小型甲壳动物。

渔业利用 偶为拖网捕获，不具食用价值。

地理分布 我国分布于东海、南海，舟山海域少见。

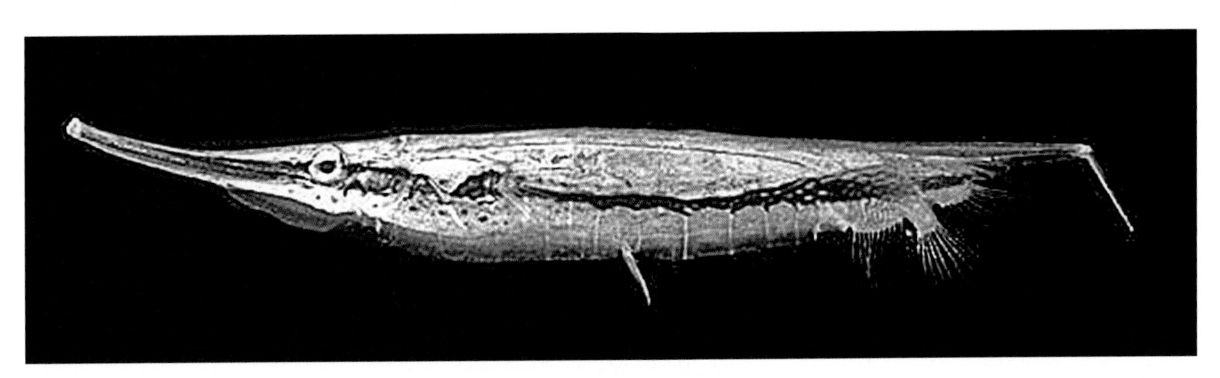

条纹虾鱼（Randall, John E.）

三十四、鲉形目 Scorpaeniformes

体通常侧扁，头部有发达的棱、棘或骨板。第2眶下骨向后延伸，与前鳃盖骨连接。体被栉鳞、圆鳞、绒毛状细刺或骨板，或光滑无鳞。上、下颌齿通常细小，犁骨、腭骨常具齿。背鳍1～2，由鳍棘部和鳍条部组成。臀鳍，有1～3枚鳍棘或消失。胸鳍宽大，有或无游离指状鳍条。腹鳍胸位或亚胸位，有时可愈合成吸盘。

（六十八）豹鲂鮄科 Dactylopteridae

体延长，呈方柱形，向后渐狭小。头宽短，头背及两侧均被骨板。吻短钝，鼻骨愈合。眼中大，上侧位。眶上棱、翼耳棱及后颞棱相连，末端具1棘。眼间隔宽凹。口前下位，仅上下颌具绒毛状齿群。前鳃盖骨具1长棘。鳃盖骨小，无棘。体被栉鳞，每鳞具1长棘，尾柄两侧具数个圆刀状嵴鳞。第一背鳍为游离鳍棘，位于头后部。胸鳍长大，平展，前部鳍条旋入前方，后部鳍条转入后方。尾鳍后缘内凹。

138 单棘豹鲂鮄
Dactyloptena peterseni (Nyström, 1887)

英文名 Starry flying gurnard

分类地位 辐鳍鱼纲 Actinopterygii，鲉形目 Scorpaeniformes，豹鲂鮄科 Dactylopteridae

形态特征 头方形，吻钝短。第一背鳍位于头后部，仅游离1棘，呈“天线”状。胸鳍宽大如翼。体被栉鳞，附着牢固。尾部有3个棱棘特大的鳞。体淡红色，背侧稍暗，散有黄绿色或灰绿色圆斑，腹侧较淡。胸鳍淡褐色，具深褐色大斑点。除臀鳍外，各鳍有蓝绿斑。

生态习性 暖水性中型海洋鱼类，栖息于近海沙泥底质层、水深110～340 m处。卵生。常见体长约250 mm。以虾类和其他无脊椎动物为食。鳔能发声。

渔业利用 肉可食用。

地理分布 我国分布于东海、台湾海域及南海，舟山海域少见。

保护现状 2015年IUCN评估为无危物种。

单棘豹鲂鮄

（六十九）鲉科 Scorpaenidae

体延长，侧扁。头部具棘和棱。眼上侧位，眶前骨具棘；第二眶下骨后延为1骨突，与前鳃盖骨连接。口大或中大，前位，斜裂。上下颌及犁骨均具齿，腭骨齿有或无。前鳃盖骨具4～5棘，鳃盖骨具2棘，鳃盖膜不与峡部相连。体一般被鳞。背鳍连续，起点在头后上方，鳍棘发达，具12～16鳍棘、8～16鳍条。腹鳍胸位。尾鳍内凹，截形或圆形。

139 锯棱短棘蓑鲉

Brachypterois serrulata (Richardson, 1846)

英文名 Sawcheek scorpionfish

地方名 锯棱短鳍蓑鲉

分类地位 辐鳍鱼纲 Actinopterygii，鲉形目 Scorpaeniformes，鲉科 Scorpaenidae

形态特征 体延长，侧扁，背、腹缘浅弧形。头部无皮瓣，棘棱多而低平，额棱、眶上棱、眶下棱常具小锯齿。吻短而圆钝。上颌骨后端宽截形。鳃盖骨具1扁形软棘。背鳍连续。胸鳍长大，下方无游离鳍条，末端伸越臀鳍。体和头部均被栉鳞，头部鳞较小；眼间隔及上颌骨后端被小栉鳞；吻部无鳞。体红色，体侧具不规则灰褐色斑块。背鳍、臀鳍灰黑色；胸鳍黑色，具白色点纹；腹鳍黑色；尾鳍具黑色小斑。

生态习性 暖水性小型海洋鱼类。主要栖息于沙泥底质的近海底层23～79 m处，无远距离洄游习性。记录最大体长120 mm。以虾、蟹等甲壳动物为食。

渔业利用 一般为底拖网所兼捕，食用鱼类。

地理分布 我国分布于东海、台湾海域及南海，舟山海域少见。

锯棱短棘蓑鲉

140 美丽短鳍蓑鲉

Dendrochirus bellus (Jordan & Hubbs, 1925)

英文名 Butterfly scorpionfish

地方名 赤斑多臂蓑鲉、狮子鱼

分类地位 辐鳍鱼纲 Actinopterygii，鲉形目 Scorpaeniformes，鲉科 Scorpaenidae

形态特征 头侧扁。头部无皮瓣，具棘棱，多而低平或呈小锯齿状。吻短而钝，口斜裂，上颌中央有1凹缺。前鳃盖骨具3棘，鳃盖骨无棘。体被栉鳞，头部被圆鳞，吻、眼间隔及上颌骨均无鳞。背鳍鳍棘部与鳍条部之间有1缺刻，鳍棘部鳍膜深裂。腹鳍位于胸鳍基底下方。尾鳍截形，上下缘无丝状延长鳍条。体红色，体侧具红色或红褐色横带。背鳍鳍条部、臀鳍、尾鳍均有暗褐色小点，胸鳍具暗褐色横纹6～7条。

生态习性 暖水性近海小型海洋鱼类。栖息于沙泥或砾石质底、浅水性岩礁及珊瑚丛中，无远距离洄游习性。数量少，属棘毒鱼类。常见体长在100～200 mm。以底栖无脊椎动物为食。

渔业利用 一般为拖网所兼捕，食用鱼类。

地理分布 我国分布于东海、台湾海域及南海等附近岩礁海域，舟山海域偶见。

保护现状 2015年IUCN评估为无危物种。

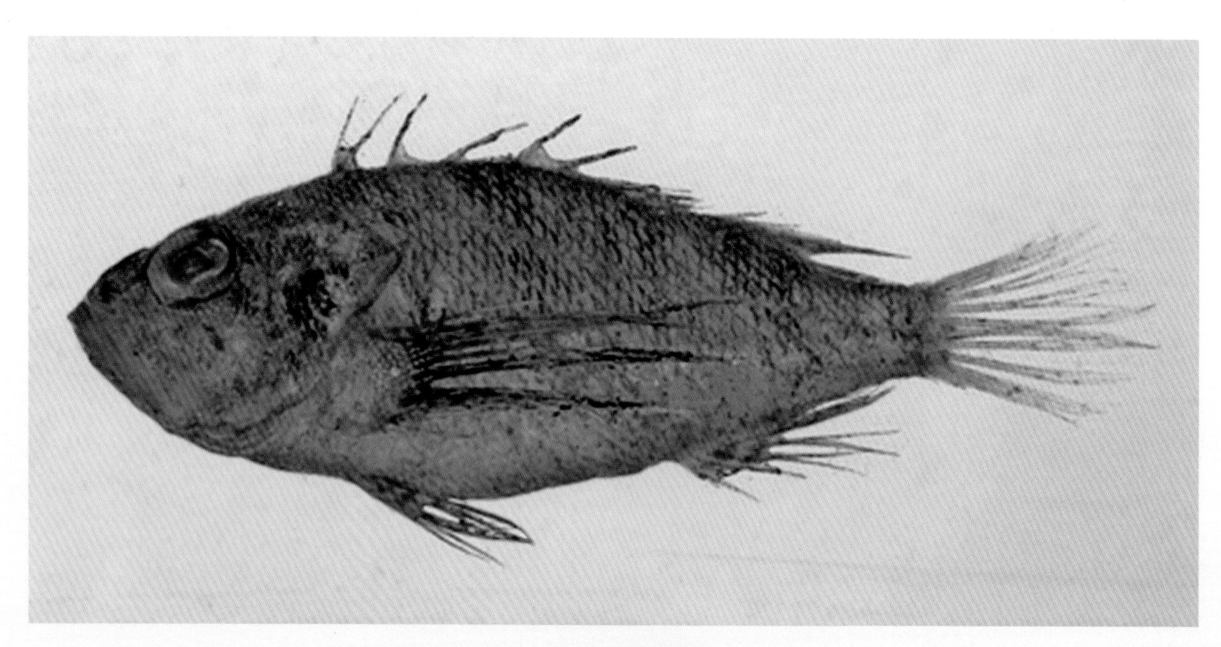

美丽短鳍蓑鲉

141 勒氏蓑鲉
Pterois russelii Bennett, 1831

英文名 Plaintail turkeyfish

地方名 狮鱼/狮子鱼

分类地位 辐鳍鱼纲 Actinopterygii，鲉形目 Scorpaeniformes，鲉科 Scorpaenidae

形态特征 头部棘棱及皮瓣发达，中央具纵行浅沟。口大，前位。上颌中央有1凹缺，下颌腹面有1突起。体被小圆鳞，吻部无鳞。背鳍鳍棘细长，只基部有膜相连。胸鳍很长，上部3鳍条最长，伸达或伸越尾鳍，鳍条后部游离。尾鳍尖长。体红色，眼上缘至口侧中部有1黑色斜带，体侧具宽狭交迭的黑色横带约20条。各鳍具黑色斑点，肩胛部有1黑色斑块。

生态习性 近海底层鱼类。主要栖息于珊瑚、碎石或岩石地质的礁石区。背鳍鳍棘下具毒腺，属刺毒鱼类。一般体长为150～250 mm，最大可达300 mm。以甲壳动物为食。

渔业利用 常见观赏及食用鱼类。

地理分布 我国分布于东海、台湾海域及南海，舟山海域偶见。

保护现状 2015年IUCN评估为无危物种。

勒氏蓑鲉

（七十）平鲉科 Sebastidae

体延长，侧扁。头中大，吻圆钝，口端位。头部棘明显，鳃盖骨上方、侧线前端附近有2～3个棘。头、体均被栉鳞；胸部和腹部被小圆鳞。背鳍棘发达，具11～14鳍棘。胸鳍圆形，鳍条不延长。背鳍、臀鳍等鳍棘基部具毒腺。

142 裸胸鲉
Scorpaena izensis Jordan & Starks, 1904

英文名 Izu scorpionfish

地方名 伊豆鲉、外洋虎头

分类地位 辐鳍鱼纲 Actinopterygii，鲉形目 Scorpaeniformes，平鲉科 Sebastidae

形态特征 头大，侧扁。眼的前后方凹入。头部棘棱及皮瓣发达，头顶有细小乳头状突起。吻圆钝，背面中央隆起，吻缘具皮瓣2对。鳞中大，体被栉鳞，腹部被小圆鳞。侧线斜直，侧线鳞具粗湛黏液管。背鳍连续，中间具1缺刻，鳍棘发达。胸鳍宽圆，具分支鳍条，腋部具1皮瓣。体红色，体侧及头部有暗色斑块，背鳍鳍条部、尾鳍、臀鳍、胸鳍具暗色小斑，腹鳍末端稍呈灰黑色。

生态习性 暖水性底栖中小型海洋鱼类，喜栖于岩礁底质海区。最大体长在250 mm以下。数量较少，背鳍鳍棘下具毒腺。卵生。以软体动物、甲壳类为食。

渔业利用 常为拖网所兼捕，名贵食用鱼类。

地理分布 我国沿海均有分布，舟山海域偶见。

裸胸鲉

143 斑鳍鲉

Scorpaena neglecta Temminck & Schlegel, 1843

地方名 外洋虎头

分类地位 辐鳍鱼纲 Actinopterygii，鲉形目 Scorpaeniformes，平鲉科 Sebastidae

形态特征 头大，眼前后方凹入。头部棘棱具明显锯齿状，皮瓣发达。吻短而钝，吻缘具皮瓣2对。鳃孔宽大，鳃盖膜不连于峡部。鳞中大，体被栉鳞，胸部、胸鳍基底以及腹部被小圆鳞。背鳍鳍棘发达，鳍棘与鳍条间有1缺刻。胸鳍宽圆，腋部无皮瓣。尾鳍圆形。体红色，头部及体侧有黑褐色斑块。背鳍具黑色斑纹，雄鱼在第6～7鳍棘间有1黑色大斑，尾鳍、腹鳍及臀鳍均具灰黑色斑点。胸鳍斑纹显著。

生态习性 暖水性底层中小型海洋鱼类，栖息于潮间带至深水的岩礁或沙底附近，常潜伏在珊瑚礁、石礁、岩缝洞穴中或海藻间，体色与环境相似。卵生，数量较少。背鳍、臀鳍和腹鳍鳍棘基部有毒腺，为海洋危险刺毒鱼类。一般体长60～150 mm，最大可达375 mm。以小鱼和甲壳类动物为食。

渔业利用 常为拖网所兼捕，名贵食用鱼类。

地理分布 我国分布于黄海、东海、台湾海域以及南海，舟山海域常见。

斑鳍鲉

144 赫氏无鳔鲉
Helicolenus hilgendorfii (Döderlein, 1884)

地方名 外洋虎头、无鳔鲉

分类地位 辐鳍鱼纲Actinopterygii，鲉形目Scorpaeniformes，平鲉科Sebastidae

形态特征 头大，头部棘棱较显著。额棱和顶棱低平，额棱无棘。吻短而钝。眼间隔狭而深凹，无棘。第二眶下骨常呈"T"形。体被弱栉鳞，两颌、吻部无鳞。侧线高位。背鳍鳍棘与鳍条间无凹刻。胸鳍宽大，鳍端呈指状突出，腋部有1大皮瓣。尾鳍浅凹。体呈褐红色，体侧上半部具4条褐红色横纹。头上部、背鳍和背侧具棕色斑纹。各鳍褐红色，幼体背鳍鳍棘部有1黑斑。

生态习性 冷温性近海沙泥质底栖中小型鱼类，生活水深150～500 m。常见体长近200 mm。摄食甲壳类、鱼类和其他无脊椎动物，为刺毒鱼类，被刺后剧痛。

渔业利用 通常为延绳钓及底拖网所捕获，终年可获，无明显渔期，传统食用鱼类。

地理分布 我国分布于东海及台湾海域，舟山海域偶见。

赫氏无鳔鲉

145 许氏平鲉

Sebastes schlegelii Hilgendorf, 1880

英文名 Korean rockfish

地方名 黑鲪

分类地位 辐鳍鱼纲 Actinopterygii，鲉形目 Scorpaeniformes，平鲉科 Sebastidae

形态特征 体延长，侧扁。头大，头部各棱嵴发达。顶棱显著，后端具1低棘。侧线稍弯曲。体腔大，腹膜无色。鳞中大，栉状，眼上下方、胸鳍基及眼侧具小圆鳞。胸鳍圆形，下侧位。腹鳍胸位。尾鳍截形或稍圆凸。体灰褐色，腹面灰白色。背侧在头后、背鳍鳍棘部、臀鳍鳍条部以及尾柄处各有1暗色不规则横纹。体侧有许多不规则小黑斑，眼后下缘有3条暗色斜纹，顶棱前后有2横纹，上颌后部有1黑纹。各鳍灰黑色，胸鳍、尾鳍及背鳍鳍条部常具小黑斑。

生态习性 冷水性近海底层常见食用鱼类，常见体长为300 mm。幼小个体多分布于沿岸，大型个体常活动于深水急流处。无远距离洄游习性，生殖季节为4～6月，仔鱼在雌体内发育。卵胎生，产出即会游泳，很快便会摄食。其刺有毒，人若被刺后创口会红肿、剧痛。

渔业利用 名贵食用鱼类。

地理分布 我国分布于渤海、黄海及东海，舟山海域常见。

许氏平鲉

146 汤氏平鲉
Sebastes thompsoni (Jordan & Hubbs, 1925)

地方名 五带平鲉

分类地位 辐鳍鱼纲 Actinopterygii，鲉形目 Scorpaeniformes，平鲉科 Sebastidae

形态特征 体椭圆形，头部具棱、嵴突。眼上位，口上位。下颌明显突出。第二下眶骨常显“T”形，颅骨后缘有5个刺，第二个最大。体被较小栉鳞，鳞间具细小副鳞，覆瓦状排列。体侧鳞片方形，前侧角略呈三角形。胸鳍下侧位，椭圆形。腹鳍无鳞，胸位。尾鳍后缘浅凹，呈截形。体褐黄色，具褐色斑纹。体具5～6条黑色粗糙横带，分别位于头后部，背鳍第六至第八鳍棘，最后2鳍棘，鳍条部中央和尾柄。头部斑纹伸达鳃盖上部，体侧横纹向下伸越侧线。

生态习性 冷水性海洋鱼类，栖息于近海底层岩礁和沙泥底地域。幼小个体活动偏于近岸，大型个体偏于深水急流处活动，水深达100 m。无远距离洄游习性，生殖期在春夏季。卵胎生。一般2～3龄鱼达到性成熟。为刺毒鱼类。体长达300 mm左右。主要摄食甲壳动物及小鱼等。

渔业利用 名贵食用鱼类。

地理分布 我国分布于黄海和东海，舟山海域偶见。

汤氏平鲉

147 褐菖鲉
Sebastiscus marmoratus (Cuvier, 1829)

英文名 False kelpfish

地方名 虎头鱼、石狗公(闽/台)

分类地位 辐鳍鱼纲 Actinopterygii，鲉形目 Scorpaeniformes，平鲉科 Sebastidae

形态特征 体中长，头侧扁。眼中大，上侧位，眼球高达头背缘。口中大，端位，斜裂。上下颌等长，上颌骨延伸至眼眶后缘下方。体上除胸部被小圆鳞外，皆被栉鳞。背鳍连续。腹鳍末端常伸达或稍越过肛门。尾鳍截形或后缘微圆凸。体茶褐色或暗红色，有许多浅色斑。侧线下方横纹不显著，分散呈云石状或网状。胸鳍基底中部有小斑点集成的大暗斑。背鳍和尾鳍具暗色斑点和斑块，体色有随水深分布而增红的趋势。

生态习性 暖温性近岸底层鱼类，常栖息于岩礁和海藻丛中。喜缓流水域，尤以海底洞穴、空隙珊瑚礁、卵石和海藻带居多。卵胎生。渔期长，繁殖期为冬春季。体长一般为150～300 mm。为凶猛肉食性鱼类，以小鱼、蟹类、虾类、端足类为食。

渔业利用 海钓及传统食用鱼类。

地理分布 我国沿海均有分布，舟山海域常见。

褐菖鲉

（七十一）毒鲉科 Synanceiidae

体延长或粗短。头宽大，平扁；头部具凹陷和棘棱或突起。吻中长，口中大，端位或上位。舌宽厚，游离。鳃孔宽大，上端具卷孔。鳃盖膜连于峡部。背鳍连续，鳍棘发达，具毒刺。体无鳞，具发达皮肤腺。

148 单指虎鲉

Minous monodactylus (Bloch & Schneider, 1801)

英文名 Grey stingfish

地方名 虎鲉

分类地位 辐鳍鱼纲 Actinopterygii，鲉形目 Scorpaeniformes，毒鲉科 Synanceiidae

形态特征 体光滑无鳞，侧面灰红色，具数条不规则暗色条纹。头大，颅骨粗糙，密具粒状及线状突起。吻圆钝。眼上侧位，上缘具小须数条。前鼻孔具1短管状皮膜。背鳍连续，鳍部棘鳍膜凹入，每棘鳍膜上端黑色，鳍条部前上方具1大黑斑。胸鳍圆形，为灰黑色，下方具1指状游离鳍条。尾鳍后缘圆形，灰色，具3条灰暗色横纹。

生态习性 暖水性底栖小型海洋鱼类，栖息于近海底层。可以利用胸鳍的游离鳍在海底爬行。具伪装能力。背鳍鳍棘下具毒腺，可刺毒鱼类。卵生。体长一般在80 mm以下，最大体长仅150 mm。以虾、蟹等小型甲壳动物为食。

渔业利用 小型食用鱼类。

地理分布 我国沿海均有分布，舟山海域常见。

保护现状 2017年IUCN评估为无危物种。

单指虎鲉

149 丝棘虎鲉

Minous pusillus Temminck & Sehlegel, 1843

英文名 Dwarf stingfish

地方名 细鳍虎鲉

分类地位 辐鳍鱼纲 Actinopterygii，鲉形目 Scorpaeniformes，毒鲉科 Synanceiidae

形态特征 体无鳞。头大，少粒状及线状突起。额棱1对，眼后顶骨区具1横沟。吻短钝，下颌腹面两侧有短须3对。背鳍鳍棘细弱，鳍膜呈丝状延长。臀鳍棘短小。胸鳍宽圆形，下方具1指状游离鳍条。尾鳍圆形。体侧灰黑带红色，具灰褐色斑纹，腹面白色无斑纹。各鳍基部白色，背鳍鳍棘部鳍膜上端黑色，鳍条部有暗色条纹。胸鳍、臀鳍及腹鳍端部黑色。尾鳍具暗色横纹5～6条。

生态习性 暖水性底栖小型海洋鱼类，栖息于掩蔽的海湾、沿岸浅水区及沙泥底质的外海深处。无远距离洄游习性。可以利用胸鳍在海底爬行，具伪装能力。行动滞钝，头部的棘和棱均较突出，为御敌武器。各棘有毒，为刺毒鱼类。卵生。常见体长在70 mm以下，最大体长仅75 mm。以虾、蟹等小型甲壳动物为食。

渔业利用 常为拖网所兼捕，肉可食用。

地理分布 我国分布于东海、南海，舟山海域偶见。

丝鳍虎鲉

（七十二）绒皮鲉科 Aploactidae

体延长，侧扁。头中大，具突出且明显的棘刺或瘤突。眼中大，上侧位。眶前骨具棘，第二眶下骨后延为1骨突，与前鳃盖骨连接。鼻孔每侧2个。口前位，斜裂，或上位。上下颌及犁骨具绒毛状齿群，腭骨有齿或无。前鳃盖骨具4～5棘，鳃盖骨具1～2棘。鳃盖膜分离或微连。体被细鳞或绒毛状细刺，或裸露无鳞，鳞片特化为密点之突起。背鳍连续，起点在眼上方附近；鳍棘发达，前方数棘有时特别长，前3～5硬棘与其余硬棘间的距离较大。腹鳍胸位或喉位。尾鳍截形或圆形。各鳍鳍条皆不分支。

150 虻鲉

Erisphex pottii (Steindachner, 1896)

地方名 绒鲉、蜂鲉、老虎鱼

分类地位 辐鳍鱼纲 Actinopterygii，鲉形目 Scorpaeniformes，绒皮鲉科 Aploactidae

形态特征 体延长，颇侧扁。头部无皮瓣，额棱低平，在眼中部上方遇合，突起，后部分离，突起前方有1深凹，后方具1浅凹。侧线高位。鳞退化，体被绒毛状细刺。体深褐色而有模糊的较深色斑块，腹部较淡，背鳍鳍条部、尾鳍、臀鳍、胸鳍黑色，幼鱼尾鳍白色。

生态习性 暖水性小型海洋鱼类，栖息于泥沙底质的较深海域。在南海产卵期为春季，黄海产卵期为冬季。为刺毒鱼类。体长一般在100 mm左右，最大体长仅120 mm。以虾、蟹等小型甲壳类动物为食。

渔业利用 小型食用鱼类。

地理分布 我国沿海均有分布，舟山海域习见。

虻鲉

（七十三）鲂鮄科 Triglidae

体延长，前部粗大，后部渐狭小。头近方形，背面和侧面被骨板，有些具小棘。吻中长，向下倾斜，两侧各具1吻突，吻突常具小棘或锯齿。眼上侧位，眼间隔浅凹，顶枕部平坦。口端位或下端位，口裂低斜，上颌较下颌略突出。两颌具细齿，犁骨、腭骨无或有齿。鳃孔宽大，鳃盖膜分离，或仅与峡部前端相连。鼻棘有或无。前鳃盖骨具0～2棘，鳃盖骨具2棘。体被细鳞。头部无鳞，背鳍前方背部、胸部或前腹部常无鳞，各鳍无鳞。背鳍2个，相连或分离。胸鳍长大，下方具3指状游离鳍条。尾鳍凹入或叉形。

151 小眼绿鳍鱼

Chelidonichthys kumu (Cuvier, 1829)

英文名 Bluefin gurnard

地方名 绿鳍鱼、红眼鱼、剃头刀、角鱼

分类地位 辐鳍鱼纲 Actinopterygii，鲉形目 Scorpaeniformes，鲂鮄科 Triglidae

形态特征 体稍侧扁，头近长方形，吻稍突出，广圆形，具小棘。眼上侧位，前上角有2短棘。前鳃盖骨、鳃盖骨具棘。背鳍2个，第一背鳍高大。胸鳍长且宽大，下方具3条似指状完全游离鳍条。尾鳍截形或浅凹。体被细小圆鳞，两背鳍基底均具棘楯板。体背侧红色，头部及背侧面具蓝褐色网状斑纹。腹面白色。胸鳍内侧青黑色，具粉绿色斑点，边缘蓝色。第一背鳍后部具1暗色斑块，第二背鳍具暗红色纵带，尾鳍灰红色。

生态习性 暖温性中型鱼类，体长150～250 mm。栖息于近海沙泥底海域，生活水深一般在30～40 m。以虾类、软体动物、小型鱼类等为食。卵生，春末夏初产卵，卵浮性。秋末冬初游向外海越冬。春季向北游向近岸产卵，秋后开始返回。

渔业利用 为东海底拖网主要对象之一，为近海底层栖息的次要经济鱼类。

地理分布 我国沿海均有分布，舟山海域常见。

保护现状 2009年IUCN评估为无危物种。

小眼绿鳍鱼

152 翼红娘鱼
Lepidotrigla alata (Houttuyn, 1782)

英文名 Forksnout searobin

地方名 角鱼、剃头刀、红娘鱼

分类地位 辐鳍鱼纲 Actinopterygii，鲉形目 Scorpaeniformes，鲂𩾌科 Triglidae

形态特征 体稍侧扁。吻两端突出为长三角形，边缘常呈锯齿状，上颌中央具1缺刻。侧线完全。体被栉鳞。头部、胸部及腹部前半部无鳞。背鳍鳍棘前缘具细锯齿。胸鳍宽而低位，长圆形，下方具3指状游离鳍条，最长游离鳍条几伸达腹鳍鳍条末端。体红色，腹侧白色。胸鳍内侧上中部黑紫色，外侧乳白色。其余各鳍淡红色。

生态习性 暖水性中小型海洋鱼类，栖息于沙泥底质的近海底层60～70 m及以下。有群栖及短距离洄游习性。卵生，产浮性卵。鳔能发声。体长约150 mm。以虾类和其他无脊椎动物等为食。

渔业利用 一般以拖网渔船捕获较多，常见食用鱼类。

地理分布 我国分布于东海、台湾海域及南海，舟山海域偶见。

翼红娘鱼

153 贡氏红娘鱼

Lepidotrigla guentheri Hilgendorf, 1879

英文名 Red-banded sea robin

地方名 红娘鱼、角鱼、剃头刀

分类地位 辐鳍鱼纲 Actinopterygii，鲉形目 Scorpaeniformes，鲂鮄科 Triglidae

形态特征 吻中央凹入，两端圆突。头后部的凹槽深陷可见。前鼻孔圆形，后鼻孔裂缝状。背鳍鳍棘部的第二鳍棘延长，约为头长的2/3。体被小栉鳞，头部、胸部及腹部前半部无鳞。胸鳍低位，宽大，圆形，下方具3指状游离鳍条。体红色；胸鳍上半部内侧黑色，下半部白色，有1暗蓝色的大斑块。

生态习性 暖温性中小型海洋鱼类，栖息于近海底层沙泥质水域，有群栖习性。能短距离洄游。卵生，产浮性卵。体长约200 mm。以虾类和其他无脊椎动物为食。

渔业利用 一般为拖网所兼捕，常见食用鱼类。

地理分布 我国分布于东海、台湾海域，舟山海域少见。

贡氏红娘鱼

154 岸上红娘鱼
Lepidotrigla kishinouyi Snyder, 1911

英文名 Devil sea robin

地方名 红娘鱼、角鱼、剃头刀

分类地位 辐鳍鱼纲 Actinopterygii，鲉形目 Scorpaeniformes，鲂鮄科 Triglidae

形态特征 头高，近长方形，背面及两侧均被骨板。吻中央凹入，两侧略呈三角形。头后部的凹槽可见。侧线平直。鳞片小，不易脱落。两背鳍基底两侧各具1列有棘盾板。背鳍无突出鳍棘。胸鳍宽而低位。体红色。胸鳍内侧灰色，端部黑色，下部具1椭圆形大黑斑，斑中具浅色小点。其他各鳍红色。

生态习性 暖水性中小型海洋鱼类。生活水层为40～140 m，栖息于泥沙质的近海海底。鳔能发声。有群栖及短距离洄游习性。卵生，产浮性卵。体长约200 mm。以虾类和其他无脊椎动物等为食。

渔业利用 一般为拖网所兼捕，常见食用鱼类。

地理分布 我国分布于东海、台湾海域，舟山海域偶见。

岸上红娘鱼

155 短鳍红娘鱼
Lepidotrigla microptera Günther, 1873

地方名 红娘鱼、剃头刀、角鱼

分类地位 辐鳍鱼纲 Actinopterygii，鲉形目 Scorpaeniformes，鲂鮄科 Triglidae

形态特征 体延长，稍侧扁，向后渐细小。吻前端中央凹入。口大，舌宽而圆形，不游离。体被中大栉鳞。头部、胸部及腹部前方无鳞。第一背鳍高大。胸鳍低位，长而圆形。背侧红色，腹面白色，胸鳍灰黑色。第一背鳍第四至第七鳍棘的鳍膜上部具1椭圆形黑色大斑。

生态习性 暖温性中型海洋鱼类，栖息于近海泥底质海区。具群栖性，有短距离洄游习性。头部有骨板保护，眶前骨形成平扁吻突，有犁土觅食之功用。鳔发达，能发声。卵生，产浮性卵。生殖期为5～6月，主要产卵场在渤海湾、鸭绿江口及连云港外海等地。体长300 mm。摄食虾类、软体动物、小鱼、其他无脊椎动物等。

渔业利用 为东海和黄海底拖网主要对象之一，捕捞的适宜水深为67～70 m。为近海底层栖息的次要经济鱼类。

地理分布 我国分布于渤海、黄海和东海，舟山海域常见。

短鳍红娘鱼

（七十四）黄鲂鮄科 Peristediidae

体延长，前部稍平扁，后部渐狭小。头被骨板，每骨板常具1强棘。眼上侧位，眼前背中线具1棘或无棘。口下位。前颌骨不能伸缩，上颌骨无辅骨，被眶前骨遮盖；下颌腹面具皮须。仅上颌有齿或无。鳃孔大。前鳃盖骨下角圆钝，或具1尖棘；鳃盖骨具2棘。鳃盖膜与峡部相连，具7鳃盖条。侧线中侧位。背鳍连续，鳍棘部基底短，鳍条部基底甚长。臀鳍长，其基底约等于背鳍鳍条部基底，无鳍棘。胸鳍下部具2指状游离鳍条。腹鳍胸位。尾鳍凹入或截形。

156 东方黄魴鮄

Peristedion orientale Temminck & Schlegel, 1843

英文名 Armored sea robin

分类地位 辐鳍鱼纲 Actinopterygii，鲉形目 Scorpaeniformes，黄魴鮄科 Peristediidae

形态特征 口呈马蹄形。吻两侧延长，平扁，边缘具微细锯齿，稍斜向外侧。鼻孔小而呈卵孔状。眼椭圆形，眼间隔凹入。体被骨板，背鳍连续。前鳃盖骨后角无棘，吻背中线也无棘。体黄褐色，背侧面具许多棕褐色虫纹状条纹，腹面白色。胸鳍有2或3列的暗纹。背鳍鳍棘部边缘暗褐色，基部具1行褐色斑点，软条有2列暗黑色斑点，鳍条部具2行褐色小斑点。腹鳍、臀鳍和尾鳍浅黄。

生态习性 冷温性中小型海洋鱼类。栖息于较深水域，水深可达1000 m。卵生。体长170 mm左右。以甲壳类等无脊椎动物为食。

渔业利用 一般以拖网渔船捕获较多，不具经济价值。

地理分布 我国分布于东海、台湾海域及南海，舟山海域偶见。

东方黄魴鮄

157 瑞氏红鲂鮄
Satyrichthys rieffeli (Kaup, 1859)

英文名 Spotted armoured-gurnard

地方名 多板红鲂鮄、平面黄鲂鮄

分类地位 辐鳍鱼纲 Actinopterygii，鲉形目 Scorpaeniformes，黄鲂鮄科 Peristediidae

形态特征 头由上往下看近三角形。吻中央浅凹，两侧平扁。眶下棱宽扁，向外侧突出。口大，马蹄形。上颌突出。体被骨板。背鳍连续。胸鳍宽而尖长，下方具2指状游离鳍条，短于胸鳍鳍条。前鳃盖骨后角具1向后锐棘，吻背中线有1小棘。体黄色，背侧面具棕褐色小圆斑，呈网状排列，腹面白色。背鳍鳍棘部与鳍条部具褐色小圆斑多行。各鳍深黄色。

生态习性 暖水性中小型鱼类。栖息于较深水海域底层，生活水层为65～600 m。卵生。体长约300 mm。以甲壳类及其他小型无脊椎动物为食。

渔业利用 一般以拖网渔船捕获较多。

地理分布 我国分布于东海、台湾海域及南海，舟山海域偶见。

瑞氏红鲂鮄

（七十五）红鲬科 Bembridae

体延长，亚圆筒形，向后渐侧扁。头稍平扁，具棱和强棘，背视圆弧形。眼大，上侧位。吻长而平扁。口端位，下颌微突出，上下颌、犁骨及腭骨均具绒毛状齿群。前鳃盖骨具1大棘，或4棘。下鳃盖骨或具棘。头、体均被栉鳞。侧线中侧位。背鳍2个，分离。臀鳍长于第二背鳍，具3棘或无鳍棘。腹鳍前胸位，起点前于或正对胸鳍起点，下部无指状游离鳍条。尾鳍凹入。

158 短鲬

Parabembras curta (Temminck & Schlegel, 1843)

英文名 Matron flathead

地方名 山肖鱼、红牛尾

分类地位 辐鳍鱼纲 Actinopterygii，鲉形目 Scorpaeniformes，红鲬科 Bembridae

形态特征 头大。眼中央凹入，眶上棱低平，眶下棱显著，有3大棘。前鳃盖骨具1大棘。舌扁薄，表面光滑。上颌骨后端叉形，后缘凹入。黏液管粗大。臀鳍具3棘，腹鳍起点与胸鳍起点相对。无鳔。全身均为红色。第一和第二背鳍常具暗色不规则斑点，其余各鳍淡红色。

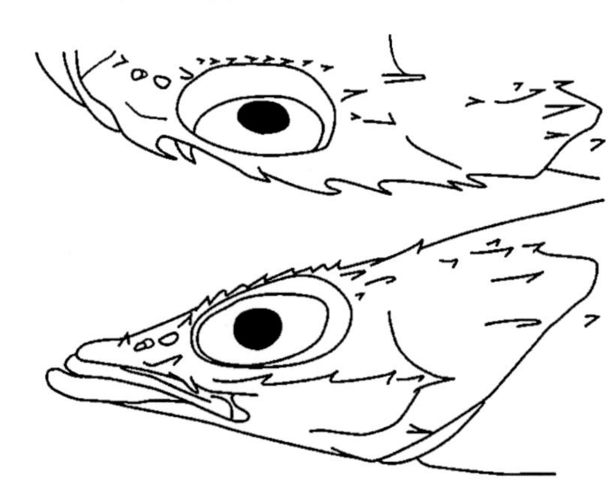

生态习性 暖水性小型海洋鱼类。栖息于近海底层，水深约60～100 m。常见体长约200 mm。以虾、蟹等小型甲壳类动物及鱼类为食。

渔业利用 一般以拖网渔船捕获较多。

地理分布 我国沿海均有分布，舟山海域少见。

短鲬（依 NFRDI）

（七十六）鲬科 Platycephalidae

体平扁，延长，向后渐狭小。头宽扁，棘和棱常显著。眼大，上侧位。口前位，下颌突出，上下颌、犁骨及腭骨均具绒毛状齿群。体被栉鳞，头后部具鳞。背鳍2个，第一背鳍前方常具1～2游离鳍棘。臀鳍、胸鳍斜圆，无游离鳍条。腹鳍亚胸位，左右基底远离。尾鳍微圆或截形。

159 鳄鲬 *Cociella crocodilus* (Cuvier, 1829)

英文名 Crocodile flathead

地方名 正鳄鲬、牛尾

分类地位 辐鳍鱼纲 Actinopterygii，鲉形目 Scorpaeniformes，鲬科 Platycephalidae

形态特征 头平扁尖长。吻平扁，背视弧形。虹膜半圆形，额棱细弱。口大。舌宽薄，前端游离，方形。侧线平直，中位，具鳞。头部前端及其腹面上无鳞。体黄褐色，背侧面具4～5条暗褐色宽大横纹和许多棕黑色小圆斑。第一背鳍后半部黑色，第二背鳍具3～4纵行暗色斑点。臀鳍及腹鳍灰褐色。胸鳍上部具灰褐色斑点，下部暗褐色。尾鳍颜色多变，具黑褐色不规则斑块。

生态习性 暖水性中型海洋鱼类，栖息于近海泥沙底层。体平扁，常半埋沙中，露出背鳍鳍棘，以诱饵并御敌。行动缓慢，无远距离洄游习性。体长约400 mm，最大体长可达500 mm。摄食虾类和其他无脊椎动物或鱼类等。卵生。

渔业利用 渔期全年皆有，可利用底拖网、延绳钓等捕获。

地理分布 我国沿海均有分布，舟山海域少见。

保护现状 2015年IUCN评估为无危物种。

鳄鲬

160 日本瞳鲬
Inegocia japonica (Cuvier, 1829)

英文名 Japanese flathead

地方名 日本牛尾鱼、牛尾

分类地位 辐鳍鱼纲 Actinopterygii，鲉形目 Scorpaeniformes，鲬科 Platycephalidae

形态特征 体延长，平扁。头平扁尖长，额棱细狭，鼻棘1个。吻前端钝尖，颊部具2棱。虹膜触毛状。侧线鳞具2开口，平直，中位。体灰褐色，背侧面具6条暗色横纹，腹面白色。第一背鳍及第二背鳍均具暗色斑点4～5纵行。胸鳍、腹鳍灰褐色，具暗色小斑点。臀鳍灰褐色。尾鳍暗色，具黑色圆形和长形斑块。

生态习性 暖水性中型海洋鱼类，喜生活于水深7～85 m的沙泥质海底。体平扁，常半埋沙中，露出背鳍鳍棘，作为诱饵并御敌。行动缓慢，无远距离洄游习性。体长约200 mm，最大记载体长350 mm。摄食虾类、其他无脊椎动物或鱼类等。卵生。

渔业利用 为底拖网捕捞，常用食用鱼类。

地理分布 我国沿海均有分布，舟山海域偶见。

保护现状 2015年IUCN评估为无危物种。

日本瞳鲬

161 大鳞鳞鲬
Onigocia macrolepis (Bleeker, 1854)

英文名 Notched flathead

地方名 大眼牛尾鱼、山肖鱼

分类地位 辐鳍鱼纲 Actinopterygii，鲉形目 Scorpaeniformes，鲬科 Platycephalidae

形态特征 头背面粗糙，轮廓似半卵圆形。额骨、顶骨光滑。吻平扁而短，前缘呈圆弧状。口大。舌宽短，前端游离，圆截形。侧线平直。头、体背侧黄褐色，头后背部至尾柄的背侧有若干不甚清楚的暗褐色横带状斑。体侧下方淡红色，腹侧白色。背鳍、胸鳍、腹鳍及尾鳍淡黄色，均有红褐色小点纹。上下唇具斑点。

生态习性 暖水性底栖小型鱼类，生活水深130 m以内。常半埋沙中，露出背鳍鳍棘，作为诱饵并御敌。行动缓慢，无远距离洄游习性。初春产卵。常见体长约90 mm，最大体长为150 mm。摄食虾类和其他无脊椎动物或鱼类等。

渔业利用 偶被渔船捕获，传统食用鱼类。

地理分布 我国分布于东海、台湾海域以及海南岛以东海域，舟山海域常见。

保护现状 2015年IUCN评估为无危物种。

大鳞鳞鲬（依 WEB 鱼图鉴）

162 鲬

Platycephalus indicus (Linnaeus, 1758)

英文名 Bartail flathead

地方名 牛尾鱼、山肖鱼

分类地位 辐鳍鱼纲 Actinopterygii，鲉形目 Scorpaeniformes，鲬科 Platycephalidae

形态特征 体延长，平扁，向后渐狭小。头宽大。吻平扁，背视近半圆形。舌扁薄，宽圆，游离。间鳃盖骨具1舌状皮瓣。体被小栉鳞，喉胸部及腹侧鳞更细小，吻部及头的腹面无鳞。侧线平直。体背侧黄褐色，具黑暗色斑点，背侧具6褐色横纹，腹面白色。臀鳍浅灰色。胸鳍灰黑色，密具暗褐色小斑。腹鳍浅褐色，具不规则小斑。尾鳍中间黄色，具有3～4黑色横带，具白缘。

生态习性 近海底层鱼类，栖息于沿岸至水深50 m的沙底质海区，但可常见于河口域，稚鱼甚至可生活于河川下游。游动缓慢，摄食鲉类、天竺鲷、绯鲤和虾蛄等。闽东渔场鲬的生殖期为5～6月。体长一般为200～350 mm，最长可达500 mm。

渔业利用 常为底拖网捕获，常见高档食用鱼类。

地理分布 我国沿海均有分布，舟山海域常见。

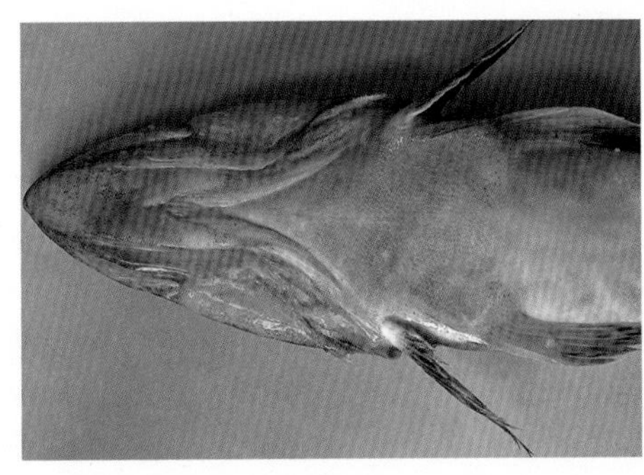

鲬

163 大眼鲬
Suggrundus meerdervoortii (Bleeker, 1860)

英文名 Big-eye flathead

地方名 大眼牛尾鱼、山肖鱼、牛尾

分类地位 辐鳍鱼纲 Actinopterygii，鲉形目 Scorpaeniformes，鲬科 Platycephalidae

形态特征 体平扁，延长，向后渐狭小。头平扁尖长。吻平扁而短，三角形。虹膜双叶形。口大。舌宽薄，游离，长方形。体被栉鳞。头除后半部被小鳞外，余均无鳞。侧线平直，侧线鳞前方数鳞各具1细棘。体黄褐色，背侧面前半部具暗褐色小点，腹面白色。第一背鳍灰褐色，边缘及第5～7鳍棘黑色。第二背鳍具褐色小点4～5纵行。胸鳍具褐色小斑点，腹鳍暗褐色，臀鳍端部灰褐色，尾鳍端部和基部具暗色横带。

生态习性 暖水性中小型海洋鱼类，栖息于近海泥沙底层。体长约130 mm。体平扁，常半埋沙中，露出背鳍鳍棘，以诱饵并御敌。行动缓慢，无远距离洄游习性。摄食虾类和其他无脊椎动物或鱼类等。卵生，产浮性卵，产卵期4～6月。早期雌雄同体，雄性先成熟，后转换成雌性。

渔业利用 为底拖网捕捞，传统食用鱼类。

地理分布 我国分布于东海和台湾海域，舟山海域偶见。

大眼鲬

（七十七）棘鲬科 Hoplichthyidae

体平扁，延长。头甚平扁，粗糙，密具颗粒状和锯齿状突起，棘和棱均发达。眼中大，上侧位，眼间隔窄而凹入。眶前骨下缘具多个小棘，眶下棱密具棘刺。吻平扁，前缘圆钝。鼻棘细尖。口大，前位。上下颌约等长。上下颌、犁骨及腭骨均具绒毛状齿群。舌宽薄，游离。前鳃盖骨具棘多个。鳃盖骨具细锯齿，后缘具3棘。鳃盖膜与峡部相连。体背面和上侧面具骨板1纵行，每一骨板具粒状突起和1～2棘；下腹面和腹面均裸露。背鳍2个，分离，第一背鳍短小，第二背鳍长大。臀鳍延长，基底略长于第二背鳍基底。胸鳍中大，鳍条有时延长呈丝状，下方具3～4游离鳍条。腹鳍位于胸鳍基底稍前下方。尾鳍圆截形。

164 蓝氏棘鲬
Hoplichthys langsdorfii Cuvier, 1829

英文名 Ghost flathead

地方名 小鳍棘鲬

分类地位 辐鳍鱼纲 Actinopterygii，鲉形目 Scorpaeniformes，棘鲬科 Hoplichthyidae

形态特征 体很平扁，延长，向后渐细小。头背视三角形。额棱细狭，前端分枝呈“V”字形。前鳃盖骨具1大棘。吻平扁，前缘圆钝。眼间隔狭，中间凹入。雄性鳍条延长成丝状。尾鳍狭小，后端圆形。体背侧面灰褐色，隐具暗色横纹5条以及不规则斑纹；腹面白色。第一背鳍上半部黑色，基部淡色；第二背鳍具暗色斑点数纵行。胸鳍及尾鳍具暗色斑点，腹鳍及臀鳍白色。

生态习性 暖水性小型海洋鱼类，栖息于近海沙泥底层。体平扁，常半埋沙中，露出背鳍鳍棘，作为诱饵并御敌。行动缓慢，无远距离洄游习性。卵生。体长约150 mm。摄食虾类和其他无脊椎动物等。

渔业利用 不具经济价值。

地理分布 我国分布于东海、南海，舟山海域少见。

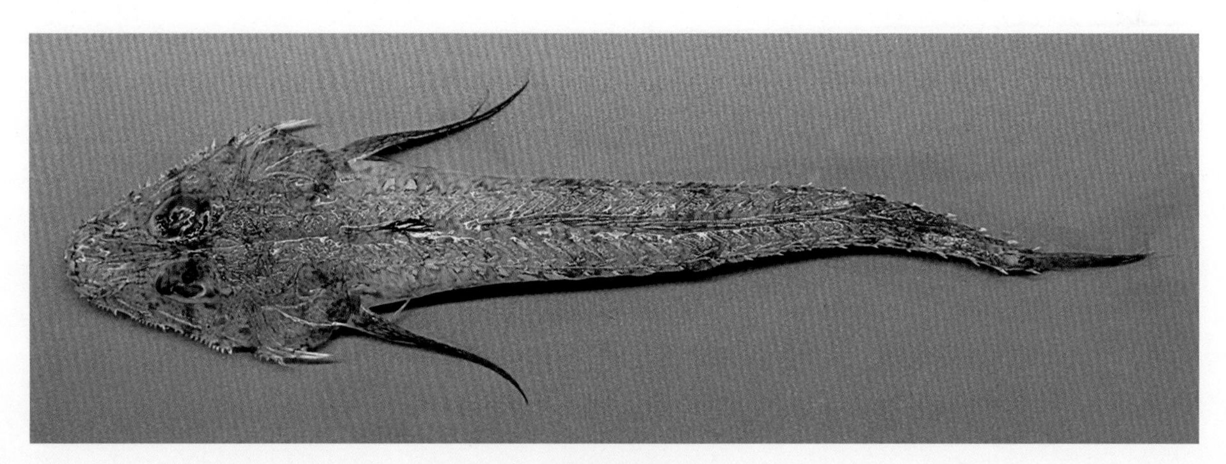

蓝氏棘鲬

（七十八）六线鱼科 Hexagrammidae

体侧扁，长椭圆形。头较小，略尖凸。头顶无棘，有些种类眼背和项背具羽状皮瓣。眼小，眼间隔宽平。吻中大，略尖圆。鼻孔每侧1个，后鼻孔不明显或消退。口端位，口裂低斜。上下颌具尖齿，外行齿较大。无鼻棘。眶前骨长菱形。前鳃盖骨具小棘或无。鳞较小，栉鳞或圆鳞。侧线1条或4条以上。背鳍很长，连续或几分离，鳍棘细弱。臀鳍长，或具棘。胸鳍宽圆。腹鳍亚胸位。尾鳍截形或微凹。

165 斑头六线鱼

Hexagrammos agrammus (Temminck & Schlegel, 1843)

英文名 Spotty-bellied greenling

地方名 斑头鱼、花鲷

分类地位 辐鳍鱼纲 Actinopterygii，鲉形目 Scorpaeniformes，六线鱼科 Hexagrammidae

形态特征 体延长，侧扁，头小而尖，项部每侧具1细小羽状皮瓣，吻尖长。唇厚，舌圆形，前端稍游离。体及头的背部和后侧部被小栉鳞；颊部、鳃盖、胸鳍基部及胸部均被小圆鳞；吻、第二眶下骨骨突以及头的腹面均无鳞；背鳍鳍条部、胸鳍外侧及尾鳍被小圆鳞。侧线1条，高位，臀鳍无鳍棘，鳍膜具缺刻，胸鳍鳍条粗大，背鳍鳍条部暗褐色，中间具1浅色纵条，其余各鳍均具暗褐色斑点或斑纹。

生态习性 冷温性海洋鱼类。栖息于近海底层，常与六线鱼混栖在岩礁周围。卵生，产黏性卵，产卵期在8～9月。体中型，体长可达200 mm左右，最大记载体长为300 mm。主要营底栖生物食性。

渔业利用 恋礁性鱼类，为常见的海钓对象，也是传统食用鱼类。

地理分布 我国分布于渤海、黄海和东海，舟山海域少见。

斑头六线鱼

166 大泷六线鱼

Hexagrammos otakii Jondan & Starks, 1895

英文名 Fat greenling

地方名 欧氏六线鱼、花鲷

分类地位 辐鳍鱼纲Actinopterygii，鲉形目Scorpaeniformes，六线鱼科Hexagrammidae

形态特征 体延长，侧扁，头中大而尖，吻尖突，眼上侧位，眼后缘上角有1黑色羽状皮瓣。项部每侧具1细小羽状皮瓣。口端位，舌圆锥形，前端游离。下颌下方及前鳃盖骨边缘有10个黏液孔。侧线每侧5条。体色会因环境不同有所变化，通常体黄褐色。背侧较暗，约有9个暗褐色斑块，呈云纹状。背鳍鳍棘部后方具暗褐色斑块。臀鳍鳍条灰褐色，末端黄色。其他各鳍均具灰褐色斑纹。

生态习性 近海底层岩礁性鱼类，常见体长150～250 mm，最大记载体长为570 mm。主要以小型甲壳类为食。

渔业利用 以钓捕为主，用海蟑螂作为钓饵尤易上钩。

地理分布 我国分布于渤海、黄海以及东海，舟山海域常见。

大泷六线鱼

（七十九）杜父鱼科 Cottidae

体中长，前部稍平扁，后部稍侧扁，向后渐细小。体裸露无鳞或具不整齐鳞片，被刺或骨板。眼较大，上侧位，眼间隔狭小。第二眶下骨后延为1骨突，与前鳃盖相连。口端位，上下颌、犁骨及腭骨具齿。前颌骨能伸缩，上颌骨无辅骨。前鳃盖骨具3～4棘，上棘尖直，分叉或上弯具钩刺。鳃盖膜宽而相连，常连于峡部具侧线。背鳍2个，分离或连续，鳍棘常细弱，常为皮肤所盖。臀鳍与第二背鳍同形，胸鳍基底宽大，腹鳍胸位。尾鳍常圆形，有时分叉。假鳃存在，大多数无鳔。

167 松江鲈

Trachidermus fasciatus Heckel, 1837

英文名 Roughskin sculpin

地方名 松江鲈鱼、四鳃鲈

分类地位 辐鳍鱼纲 Actinopterygii，鲉形目 Scorpaeniformes，杜父鱼科 Cottidae

形态特征 头大，宽而平扁，头面全蒙皮膜。吻宽而圆钝，舌宽厚，圆形，前端稍游离。具黏液管。体无鳞，被皮质小突起。体黄褐色，体侧具暗色横纹5～6条，吻侧、眼下、眼间隔和头侧具暗色条纹。尾鳍、臀鳍、背鳍和胸鳍均具黑色斑点，背鳍鳍棘部前部具1黑色大斑，腹鳍白色。

生态习性 为河口底栖性小型鱼类，昼伏夜出。常见体长50～170 mm。具降河性洄游习性，在淡水水域生长、育肥，成鱼降河入海，在河口近海区繁殖。在长三角洲，通常从11月底开始，雄、雌成鱼先后降河入海，翌年2月上旬结束，3月在浅海区产卵，产卵后由雄性护卵。4月下旬开始幼鱼由近海溯河进入淡水水域，6月结束。为肉食性凶猛鱼类，以小型鱼类及虾类为食。

渔业利用 古时名列我国四大名鱼之一，具有食用价值。

地理分布 我国分布于渤海、黄海、东海沿岸及通海河川江湖中。

保护现状 国家二级重点保护野生动物。

松江鲈（依 ffish. asia）

（八十）狮子鱼科 Liparidae

体粗大，前部宽扁，后部渐侧扁。体光滑，皮肤柔软，或具颗粒状小棘，无骨瘤状突起。头宽扁近圆形。眼小或中大，上侧位。眼间隔宽凸。吻圆钝。口宽大或中大，端位或亚端位，平裂。上颌较下颌突出。上颌骨不外露，伸达眼前缘或前下方。仅上下颌具齿。鳃盖膜分离，与峡部相连。鳃耙短小，侧线消失。背鳍延长，连续或具1缺刻。臀鳍延长，与背鳍同形且相对。背、臀鳍后端几连于尾鳍。胸鳍宽大或中大，基底向前延伸至头的下方。腹鳍常愈合为1吸盘。尾鳍细狭或圆形。

168 细纹狮子鱼
Liparis tanakae (Gilbert & Burke, 1912)

英文名 Tanaka's snaifish

地方名 海泥鳅

分类地位 辐鳍鱼纲Actinopterygii，鲉形目Scorpaeniformes，狮子鱼科Liparidae

形态特征 体延长，前部宽扁粗大，后部渐侧扁狭小。头大，成体头后部隆起，向吻端弧形倾斜；幼体背面较低平，不显著隆起。眼小，上侧位。口大，亚前位，弧形。下颌下方每侧具黏液孔4个。体无鳞，皮质松软，无侧线。腹鳍愈合成吸盘状，具12圆形肉质突起。背鳍、胸鳍和臀鳍鳍条的基部都有毒腺，鳍条尖端还有毒针。体红褐色，腹侧较淡。背侧面常具不规则斑点和斑块。头后及背鳍起点处常各具1黑褐色斑块。背鳍、臀鳍、胸鳍及尾鳍端部黑褐色，鳍端白色。

生态习性 冷温性海洋鱼类。栖息于近海底层，一般生活于潮间带附近，用吸盘附着于岩石上或其他物体上，活动能力差，无远距离洄游习性。卵生，产黏性卵，卵块附着于海底，呈橘红或橘黄色，卵径为1.5 mm左右。生殖期为10月中下旬至12月初。生殖时期，鱼体表面粗糙，密布粒状小刺。体中型，体长可达400 mm。以虾类和其他无脊椎动物为食。

渔业利用 底拖网副产物，低值鱼类，但其干制品（海泥鳅鲞）为传统食法。

地理分布 我国分布于黄海和东海，舟山海域常见。

细纹狮子鱼

三十五、鲈形目 Perciformes

上颌口缘由前颌骨组成，无眶蝶骨，有中筛骨，后颞骨通常分叉。眼与头骨皆对称。肩带无中乌喙骨。鳔无鳔管。背鳍、臀鳍、腹鳍一般均具鳍棘，通常有2个背鳍，第一背鳍全部由鳍棘组成；无脂鳍；腹鳍通常胸位，有时喉位，具1枚鳍棘，鳍条不超过5枚；尾鳍通常发达，鳍条不超过17枚。无韦伯氏器。有背、腹肋骨，无肌间骨。

（八十一）花鲈科 Lateolabracidae

体延长，侧扁。口大，口裂稍斜，上颌骨后端扩大，伸达眼后缘下方，下颌骨稍突出，有辅上颌骨。两颌、犁骨与腭骨均具绒毛状齿，舌上光滑无齿。前鳃盖骨后缘具锯齿，下缘具小棘，鳃盖骨后缘具扁棘。具假鳃，鳃盖条7。体及头均被细小栉鳞或圆鳞。背鳍2个，鳍棘部与鳍条部在基部相连。胸鳍短小，低位。腹鳍胸位，外部鳍条较长。尾鳍叉形。

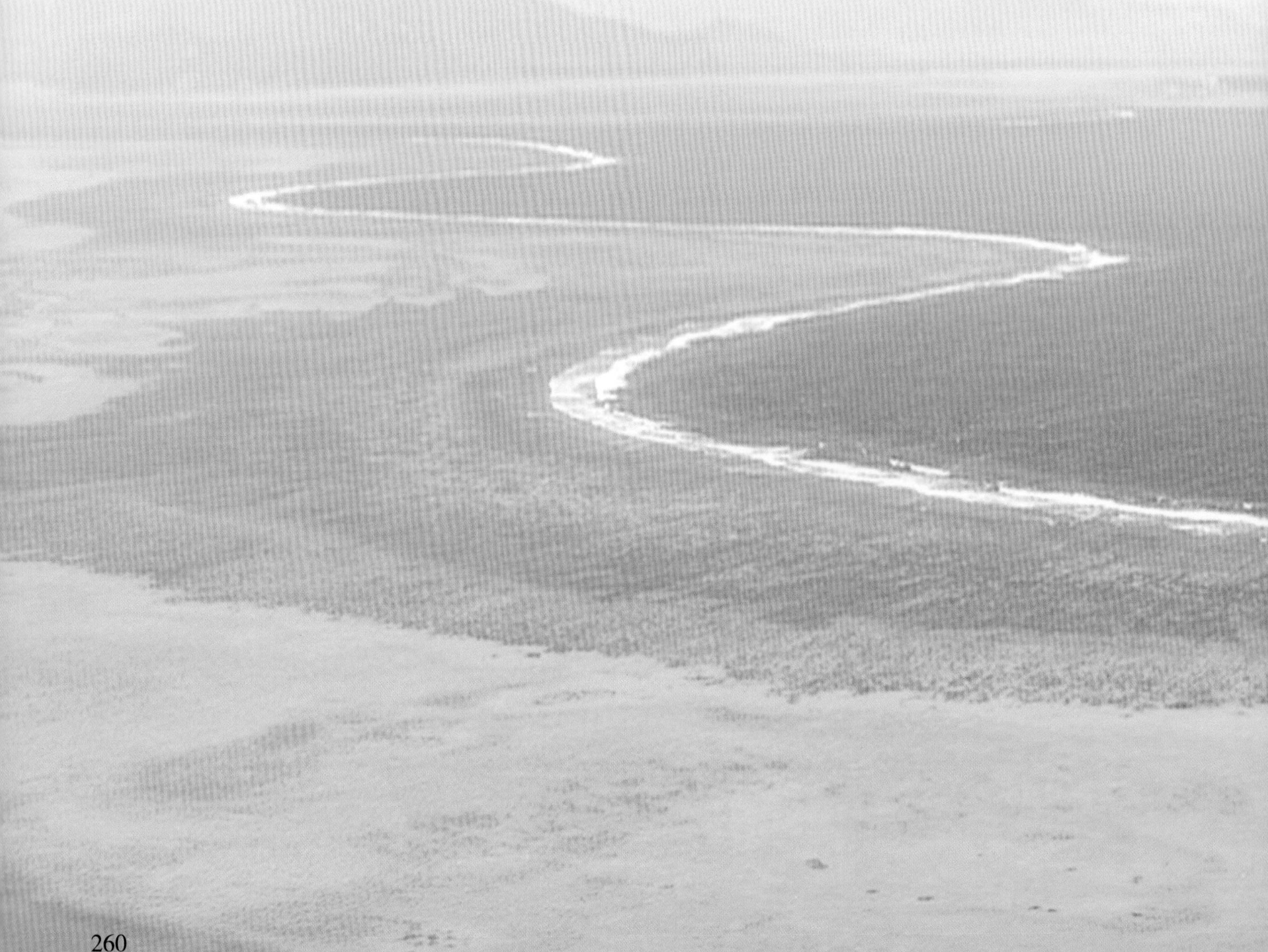

169 花鲈

Lateolabrax japonicus (Cuvier, 1828)

英文名 Japanese seabass

地方名 日本花鲈、七星鲈、鲈鱼、海鲈鱼

分类地位 辐鳍鱼纲 Actinopterygii，鲈形目 Perciformes，花鲈科 Lateolabracidae

形态特征 体延长，侧扁。吻较尖。眼上侧位，靠近吻端。侧线完全，平直。体背侧青灰色，鳞小，栉状齿弱，排列整齐。背侧及背鳍鳍棘部散布若干黑色斑点，斑点常随年龄增长逐渐减少。腹部灰白色，背鳍鳍条部及尾鳍边缘黑色。背鳍黄褐色，臀鳍黄褐色而具暗色斑纹，尾鳍淡色至灰黑色。

生态习性 为近岸浅海鱼类。喜栖息于河口咸水处，亦可生活于淡水中。秋末产卵，产浮性卵，卵径1.32～1.44 mm。油球一个，球径0.35～0.38 mm。卵黄均匀，卵黄周隙甚狭。常上溯至淡水域觅食。最大个体可达1020 mm。性情凶猛，属于肉食性鱼类。幼鱼以浮游动物和小虾为食，成鱼摄食鱼类和虾蟹类。

渔业利用 在夏、秋季节用延绳钓和手钓捕捞，是目前我国主要养殖鱼类之一。

地理分布 我国沿海及各大江河均有分布，舟山海域常见。

花鲈

（八十二）发光鲷科 Acropomatidae

体长椭圆形，侧扁，背腹部边缘弧形。头中大。眼大，眼上缘近头背缘。口大，前位，口裂斜。上颌骨外露，上颌齿呈绒毛状，前端具大犬齿1对，下颌齿1行，前端具小犬齿1对。犁骨和腭骨均具齿。侧线完全。体被栉鳞，易脱落。背鳍2个，分离，两背鳍间有时具1独立的短棘。臀鳍具3棘。腹鳍较大，下侧位。肛门位于两腹鳍之间。尾鳍叉形。有时在胸鳍腹面具埋于皮下的黄色“U”形发光体。

170 日本发光鲷
Acropoma japonicum Günther, 1859

英文名 Glowbelly

地方名 发光鲷

分类地位 辐鳍鱼纲 Actinopterygii，鲈形目 Perciformes，发光鲷科 Acropomatidae

形态特征 体呈长椭圆形，侧扁。吻短，眼间隔中央具有骨质线纹。头部裸露，颊部与鳃盖上有鳞。背鳍及臀鳍上皆无鳞，胸鳍长大于腹鳍，腹鳍短小，腹面具“U”形发光器，呈黄色，埋于皮下。生活时浅赤色，腹部色较淡。背侧黄褐色，各鳍淡色。

生态习性 暖温带外海性中小型鱼类。主要栖息于大陆架斜坡，深度约在100～500 m。一般体长在200 mm以下。为肉食性鱼类，主要以甲壳类为食。

渔业利用 常为底拖网捕获，一般皆当下杂鱼利用，也可食用。

地理分布 我国分布于东海、台湾海域及南海，舟山海域偶见。

日本发光鲷

171 赤鲑

Doederleinia berycoides (Hilgendorf, 1879)

英文名 Blackthroat seaperch

地方名 红果鲤

分类地位 辐鳍鱼纲 Actinopterygii，鲈形目 Perciformes，发光鲷科 Acropomatidae

形态特征 体呈长椭圆形，侧扁。头大。吻短，眼巨大，侧上位。眶前骨狭，边缘光滑。鼻孔2个，前鼻孔小，具瓣膜，后鼻孔大，椭圆形。上颌能向前伸出，有1凸起嵌于上颌浅凹内。侧线位高，呈弧状弯曲，沿背鳍至尾柄中央终止。背鳍单一，具缺刻，胸鳍大，腹鳍位于胸鳍基下，尾鳍浅凹形。鲜活时体赤红色，腹部较淡。背鳍鳍棘部和尾鳍边缘黑色。

生态习性 大陆架斜坡较深海小型鱼类，栖息深度在80～200 m。一般体长在400 mm以下。为肉食性鱼类，以甲壳类及软体动物为食。

渔业利用 常为延绳钓或底拖网鱼获物，为名贵食用鱼类。

地理分布 我国分布于黄海、东海及台湾海域，舟山海域常见。

赤鲑

（八十三）鮨科 Serranidae

体长椭圆形，侧扁。口大或中大，稍倾斜，上颌骨不为眶前骨所遮盖，有时具辅上颌骨，前颌骨可稍向前伸出。上下两颌具齿，细尖或呈绒毛状，外行细尖齿常可向内倒伏，犁骨与腭骨均具绒毛状齿。舌上平滑或具齿。前鳃盖骨边缘一般具细锯齿，鳃盖条5～8。有假鳃，鳃盖膜分离，不与峡部相连。体被栉鳞或圆鳞，有时鳞片埋于皮下，不明显。背鳍连续或分离，鳍棘发达，一般具6～15鳍棘。臀鳍短，胸鳍下侧位，腹鳍胸位，尾鳍鳍条17。

172 赤点石斑鱼
Epinephelus akaara (Temminck & Schlegel, 1842)

英文名 Hong Kong grouper

地方名 石斑鱼、鸡鱼

分类地位 辐鳍鱼纲 Actinopterygii，鲈形目 Perciformes，鮨科 Serranidae

形态特征 体呈长椭圆形，体背腹缘皆圆钝，尾柄侧扁。头背部圆凸，两侧平坦，吻短。眼侧上位，眼间隔圆凸，鼻孔2个，圆形，前鼻孔具瓣膜。口大。体被小栉鳞，栉状齿细弱，后头部及鳃盖部被细鳞，多埋藏于皮下不明显。侧线完全。胸鳍宽大，后缘圆，腹鳍较小，尾鳍圆形。体浅棕色，全体及头部散布有赤黄色斑点。体侧另具6条不明显的暗横带。背鳍基底具1黑斑。

生态习性 暖温性中下层鱼类，多生活于岩礁底质的海域，一般不以大群体活动。主要的渔期大约在4～11月，稚鱼具高度洄游性。常见体长在530 mm以下。为肉食性鱼类，主要摄食鱼类和虾类。

渔业利用 传统名贵食用鱼类。

地理分布 浙江沿海常见，舟山海域偶见。

保护现状 2016年IUCN评估为濒危物种。

赤点石斑鱼

173 青石斑鱼

Epinephelus awoara (Temminck & Schlegel, 1842)

英文名 Yellow grouper

地方名 石斑鱼、鸡鱼

分类地位 辐鳍鱼纲Actinopterygii，鲈形目Perciformes，鮨科Serranidae

形态特征 体呈长椭圆形，侧扁；体背腹缘皆圆钝。头大，吻短而圆钝。眼上位，下颌微突出，前颌骨稍能向前伸出。体被细栉鳞，栉状齿细弱。头部鳞片多埋藏于皮下，侧线完全。背鳍鳍棘强硬，臀鳍位于背鳍鳍条部下方，胸鳍后缘圆形，尾鳍圆形。头部及体侧的上半部呈灰褐色，腹部则呈金黄色或淡色，体侧有5条暗褐色横带，头部及体侧散布着小黄点，体侧及奇鳍常具灰白色小点。背鳍软条部及尾鳍具黄缘。

生态习性 暖水性中下层的中型鱼类，常栖息于沿海岛屿附近礁石间，水深10～50 m处。幼鱼则常出现于潮下带。最大体长可达600 mm。为凶猛性鱼类，吞食鱼类和虾类。

渔业利用 传统名贵食用鱼类。

地理分布 我国分布于东海、南海，舟山海域常见。

青石斑鱼

174 宽带石斑鱼

Epinephelus latifasciatus (Temminck & Schlegel, 1842)

英文名 Striped grouper

地方名 石斑鱼、鸡鱼

分类地位 辐鳍鱼纲 Actinopterygii，鲈形目 Perciformes，鮨科 Serranidae

形态特征 体呈长椭圆形，侧扁而粗状，背缘和腹缘圆弧形，尾柄侧扁。背缘和腹缘圆弧形，尾柄侧扁。头大，吻短而圆钝。体被细圆鳞，头部除上下颌及吻部外均被细鳞。侧线完全。臀鳍、胸鳍后端圆形，尾鳍后缘近圆形。幼鱼体呈淡紫色或淡褐色，腹侧偏白色，头、体侧面具3条深棕色的宽纵带，纵带边缘具黑色细线。背鳍和尾鳍具黑色斑点。臀鳍、胸鳍和腹鳍浅灰色，无斑点。

生态习性 为暖水性中下层大型鱼类，生活在20～230 m多岩礁的海区，记载最大体长可达1370 mm，体重近60 kg。主要摄食鱼类和虾类等。

渔业利用 传统名贵食用鱼类。

地理分布 我国分布于东海、南海，舟山海域近年来未采到样本，仅有记载。

保护现状 2016年IUCN评估为无危物种。

宽带石斑鱼

175 日本长鲈
Liopropoma japonicum (Döderlein, 1883)

英文名 Spotlined bass

分类地位 辐鳍鱼纲 Actinopterygii，鲈形目 Perciformes，鮨科 Serranidae

形态特征 体侧扁。两颌齿细尖或绒毛状；犁骨和腭骨具绒毛状齿。鳃盖骨具1～3钝棘。头、体被栉鳞或圆鳞，有时埋入皮下，不甚明显。背鳍1个，具7～13鳍棘、10～27鳍条；臀鳍常具2～3鳍棘或无鳍棘、10～11鳍条。腹鳍具1鳍棘、5鳍条；尾鳍圆形、截形或分叉，尾鳍后缘不呈黑色，基部并有1同色圆斑。

生态习性 栖息于20～100 m较浅水域的岩礁区，穴居性。肉食性，主食无脊椎动物。最大体长188 mm。

地理分布 我国分布于东海深海、南海，舟山海域少见。

保护现状 2015年IUCN评估为无危物种。

日本长鲈

176 东洋鲈
Niphon spinosus Cuvier, 1828

英文名 Ara

地方名 东方鲈

分类地位 辐鳍鱼纲Actinopterygii，鲈形目Perciformes，鮨科Serranidae

形态特征 体延长。体背腹缘皆圆钝，尾柄长而侧扁。头大而长，背部平坦，前端略呈圆锥形。吻稍长而尖，背面微凸。眼侧上位，眼间隔宽而平坦，中央具2条低的隆起线。鼻孔2个，前鼻孔椭圆形，具鼻瓣，后鼻孔裂缝状。口大，侧线完全。背鳍鳍棘坚硬，可褶迭于背部沟内，胸鳍后缘圆形，尾鳍浅凹形，尖端圆形。体棕灰色，无斑点及条纹。

生态习性 栖息于大陆架缘的岩礁区100 m左右深的底层鱼类，最大体长可达1000 mm，以鱼类及其他无脊椎动物为食。

渔业利用 食用鱼类。

地理分布 我国分布于东海、南海，舟山海域偶见。

东洋鲈

177 姬鮨

Tosana niwae Smith & Pope, 1906

英文名 Threadtail anthias

地方名 姬花鲈

分类地位 辐鳍鱼纲 Actinopterygii，鲈形目 Perciformes，鮨科 Serranidae

形态特征 体延长，侧扁，体高以背鳍起点前为最高，背腹缘弓状弯曲均甚小，尾柄侧扁，尾柄长为其高的2倍。头背部圆凸，眼侧上位。鼻孔2个，前鼻孔具瓣膜，后鼻孔位于眶前缘。体背薄栉鳞，头上除唇部与吻端外，余皆被小鳞。侧线完全，在胸鳍上方有1弓状弯曲。胸鳍在体长50 mm以下时不分枝，体长达80 mm时逐渐开始分枝。尾鳍凹形，上下叶作丝状延长。头部及体侧玫瑰红色，体侧中央具1条黄色纵带。

生态习性 暖海性底栖小型鱼类，一般体长在160 mm以下，栖息于沿岸较深沙泥质海底。

渔业利用 肉可食用，但没有产量，无经济价值。

地理分布 我国分布于东海、南海，舟山海域少见。

姬鮨

（八十四）大眼鲷科 Priacanthidae

体长椭圆形或卵圆形，侧扁。头较大，短而高。眼巨大，眼径约为头长的一半，眼上缘位达头背缘。吻短，口大，上位，口裂近垂直状。上颌骨宽，后端扩大，外露，不为眶前骨遮盖。上下颌、犁骨、腭骨均具细齿，舌上无齿。前鳃盖骨边缘光滑或具锯齿，隅角处常具1强棘。鳃盖膜分离，不与峡部相连。假鳃发达。鳃耙长或中长。体被小型栉鳞，不易脱落，坚厚粗糙。侧线完全，上侧位，与背缘平行。背鳍1个，鳍棘可倒卧于背沟内。臀鳍具3强大鳍棘、5～10鳍条。胸鳍小，后缘圆钝。腹鳍大，位于胸鳍基底下方或稍前方。以膜与腹部浅沟相连，左右两腹鳍紧相邻。尾鳍圆形、截形或浅凹形。

178 短尾大眼鲷
Priacanthus macracanthus Cuvier, 1829

英文名 Red bigeye

地方名 大眼鲷、红眼鱼、红剥皮鱼

分类地位 辐鳍鱼纲 Actinopterygii，鲈形目 Perciformes，大眼鲷科 Priacanthidae

形态特征 体呈长椭圆形，侧扁；体高以背鳍鳍棘中部为最高。头大，吻甚短。眼甚大，侧上位，眼上缘几达背缘。前鼻孔甚小，后鼻孔大，呈裂缝状，具鼻瓣。口大，前颌骨能伸出。侧线位高，与背缘平行，背鳍单一，鳍棘尖锐，边缘圆，臀鳍与背鳍鳍条部同形，鳍棘前缘有细锯齿，第三鳍棘为最长。生活时全体赤色，腹部色较浅，各鳍浅红色。背鳍、臀鳍及腹鳍鳍膜间有棕黄色斑点。

生态习性 暖水性近岸鱼类，主要栖息于沿岸、近海礁区20～400 m深的水域，一般体长在300 mm以下。为肉食性鱼类，主要以甲壳类及小鱼等为主食。

渔业利用 通常为底拖网、延绳钓所获，常见普通食用鱼类。

地理分布 我国分布于黄海至南海，舟山海域偶见。

保护现状 2015年IUCN评估为无危物种。

短尾大眼鲷

179 日本锯大眼鲷
Pristigenys niphonia (Cuvier, 1829)

英文名 Japanese bigeye

地方名 拟大眼鲷、日本拟大眼鲷

分类地位 辐鳍鱼纲 Actinopterygii，鲈形目 Perciformes，大眼鲷科 Priacanthidae

形态特征 体呈卵圆形，较高而侧扁，腹面圆钝，背腹缘隆起度大，尾柄短而侧扁。头大，吻甚短。眼巨大，上缘达头背缘。前鼻孔甚小，圆形，后鼻孔大，裂缝状，具鼻瓣。口大，向上倾斜。侧线位高，在胸鳍上有1弓状弯曲。侧线完全，背鳍鳍棘强大，臀鳍与背鳍鳍条部同形，胸鳍宽短，腹鳍鳍棘亦具锯齿边缘，尾鳍圆形。生活时全体赤色。背鳍鳍膜间灰色，腹鳍末端黑色。幼鱼时体较纵高，具有5条棕灰色横带。背鳍、臀鳍与尾鳍上散布有黑色斑点，横带及斑点随个体增长而逐渐消失。

生态习性 主要栖息于沿岸、近海礁区80～100 m深的水域，幼鱼则栖息于较浅水域，成鱼体长在274 mm以下。为肉食性鱼类，主要以甲壳类及小鱼等为主食。

渔业利用 常为底拖网所获，普通食用鱼类。

地理分布 我国分布于东海、南海，舟山海域偶见。

保护现状 2015年IUCN评估为无危物种。

日本锯大眼鲷

（八十五）天竺鲷科 Apogonidae

体长椭圆形，侧扁。头较大，侧扁。吻短，口大，倾斜。眼大，眼径略长于吻长。上下颌、犁骨、腭骨均具绒毛状细齿，舌上无齿。鳃孔大，前鳃盖骨具双边，边缘一般光滑。鳃盖骨棘不发达。鳞片大。侧线完全，上侧位，与背缘平行。背鳍2个，鳍棘较细，无鳞鞘及背沟。臀鳍一般与第二背鳍同形，几相对。胸鳍下侧位，较大。腹鳍胸位，位于胸鳍基底下方。尾鳍截形或分叉。

180 细条天竺鲷

Apogon lineatus Temminck & Schlegel, 1842

英文名 Indian perch

地方名 细条天竺鱼、海蜇眼睛

分类地位 辐鳍鱼纲 Actinopterygii，鲈形目 Perciformes，天竺鲷科 Apogonidae

形态特征 体长椭圆形，侧扁。背腹面皆圆钝，体高以第一背鳍起点处为最高。吻短，眼侧上位，眼上缘达头背缘。前鼻孔圆形，后鼻孔裂缝状。眼前部甚狭，眶前骨边缘平滑。鳞片薄而易脱落，头部除颊部被鳞外，其余大部裸露。胸鳍长，体浅灰色，体侧有灰褐色垂直条带，条带细，条宽小于条间隙，头顶部、背鳍及尾鳍边缘分布有黑色小点，各鳍色浅。

生态习性 较深海底栖性小型鱼类，大量出现于沙泥质海底，常见体长在 90 mm 以下。雄鱼会在口内孵卵，卵块呈面团状。

渔业利用 低值鱼类，也是其他鱼类的饵料。

地理分布 我国分布于渤海、黄海、东海及台湾海域，舟山海域常见。

保护现状 2021 年 IUCN 评估为无危物种。

细条天竺鲷

181 宽条天竺鲷

Ostorhinchus fasciatus (Shaw, 1790)

英文名 Broadbanded cardinalfish

同物异名 四线天竺鲷*Apogon quadrifaciatus* Cuvier，1828

分类地位 辐鳍鱼纲 Actinopterygii，鲈形目 Perciformes，天竺鲷科 Apogonidae

形态特征 体呈长椭圆形，侧扁，体高以第一背鳍起点处为最高。头大，吻钝短。眼大，侧上位。口稍倾斜，两颌牙细小，呈绒毛带状，犁骨及腭骨具绒毛牙，舌上无牙。幼鱼的前鳃盖脊平滑，成鱼鳃盖角外围呈锯齿状。体被弱栉鳞，鳞薄，极易脱落。头上只颊部及鳃盖骨被鳞，其余裸露。侧线完全，与背缘并行。背鳍分离，臀鳍与第二背鳍同形，尾鳍分叉。体银灰色，体侧有2条灰褐色纵带，各鳍色浅。

生态习性 较深海底栖性小型鱼类，大量出现于沙泥质海底，常见体长在130 mm以下，具有群居性。以浮游动物或其他底栖无脊椎动物为食，同时本身又是其他鱼类的主要饵料。

地理分布 我国分布于东海、台湾海域及南海，舟山海域偶见。

保护现状 2021年IUCN评估为无危物种。

宽条天竺鲷

182 半线天竺鲷

Ostorhinchus semilineatus (Temminck & Schlegel, 1842)

英文名 Half-lined cardinal

别　名 半线鹦天竺鲷

同物异名 *Apogon semilineatus* Temminck & Schlegel, 1843

分类地位 辐鳍鱼纲 Actinopterygii，鲈形目 Perciformes，天竺鲷科 Apogonidae

形态特征 体长椭圆形，侧扁。腹面圆钝，体高以第一背鳍起点处为最高，尾柄侧扁。头大，吻短。眼大，侧上位，距吻端较近。前鼻孔圆形，具鼻瓣，后鼻孔裂缝状。鳞片薄，易脱落。头部除颊部及鳃盖被鳞外，其大部裸露。臀鳍与第二背鳍同形，胸鳍后缘钝圆。体色淡红，腹面银白，自吻端穿过眼径达鳃盖边缘有1明显黑色纵带。另1黑色带较细，自吻端经眼上缘，向后延伸止于第二背鳍基底中央下方。尾柄基底中央有1黑色圆斑点。各鳍无色，第一背鳍末端有一黑斑点。

生态习性 较深海底栖性小型鱼类，大量出现于沙泥质海底。具有群居性，以浮游动物或其他底栖无脊椎动物为食，同时本身又是其他鱼类的主要饵料。雄鱼会在口内孵卵。常见体长在120 mm以下。

渔业利用 低值鱼类。

地理分布 我国沿海均有分布，舟山海域偶见。

半线天竺鲷

（八十六）鱚科 Sillaginidae

体延长，稍侧扁，呈长梭形或圆柱形，尾柄稍侧扁。头尖长，圆锥形，额骨具黏液腔，前部平坦。口小，前位，口裂小。吻钝尖。上下颌、犁骨具绒毛状细齿，腭骨及舌上均无齿。前鳃盖骨边缘光滑或具弱锯齿，下半部折向头腹面。鳃盖骨小，具弱棘。左右鳃盖膜愈合，不与峡部相连。具假鳃。体被弱栉鳞。侧线完全。鳔简单。背鳍2个，基底分离；第二背鳍基底较第一背鳍长。臀鳍与第二背鳍同形。胸鳍稍大于腹鳍。腹鳍位于胸鳍基底稍后下方。尾鳍截形或浅凹形。

183 少鳞鱚

Sillago japonica (Temminck & Schlegel, 1843)

英文名 Japanese sillago、Japanese whiting

地方名 沙梭、锤齿鱼

分类地位 辐鳍鱼纲 Actinopterygii，鲈形目 Perciformes，鱚科 sillaginidae

形态特征 体延长，略呈圆柱状。口小，吻钝尖。两颌牙细小，犁骨具绒毛状齿，腭骨及舌上均无齿。前鳃盖骨后缘锯齿状。两背鳍分离。体被小栉鳞，极易脱落，胸鳍及腹鳍基部无鳞。体背部青灰色，头部背侧深色，腹部近于白色。体侧中部具1模糊锯齿状银色条带。第一及第二背鳍近似透明，背鳍前几枚棘之间具有黑色小点，第二背鳍边缘具黑色小点。胸鳍透明，胸鳍基部银白色且不具有黑斑。腹鳍和臀鳍浅白色或近似透明。尾叉较浅，尾鳍深灰色，边缘深色。

生态习性 主要栖息于近岸浅滩及河口水域，具钻沙习性。

地理分布 广泛分布于我国渤海、黄海、东海近岸水域，在南海近岸、北部湾也有分布，但数量较少。舟山海域常见。

保护现状 2009年IUCN评估为无危物种。

少鳞鱚

184 多鳞鱚

Sillago sihama (Forsskal, 1775)

英文名 Sliver sillago

地方名 沙梭、锤齿鱼

分类地位 辐鳍鱼纲 Actinopterygii，鲈形目 Perciformes，鱚科 sillaginidae

形态特征 体延长，略呈圆柱状。口小，吻钝尖。两颌牙细小，犁骨具绒毛状齿，腭骨及舌上均无齿。前鳃盖骨后缘锯齿状。两背鳍分离。臀鳍具1枚硬棘及22～24枚鳍条。体被小栉鳞，极易脱落，胸鳍及腹鳍基部无鳞。体背部青灰色，头部背侧深色，腹部近于白色。体侧中部一般不具黑色色素条带。第一及第二背鳍近似透明，鳍膜间散布黑色小点。胸鳍透明，基部银白色，不具有黑斑。腹鳍和臀鳍浅白色或近似透明，无黑色小点分布。尾鳍颜色浅，边缘深色。

生态习性 主要栖息于暖水性近岸浅滩及河口水域，具钻沙习性，常见小型食用鱼类。

地理分布 广泛分布于我国东海南部、台湾近岸海域和南海。舟山海域常见。

保护现状 2015年IUCN评估为无危物种。

多鳞鱚

185 中国鱚

Sillago sinica (Gao & Xue, 2011)

英文名 Chinese sillago

分类地位 辐鳍鱼纲Actinopterygii，鲈形目Perciformes，鱚科sillaginidae

形态特征 体延长，略呈圆柱状。口小，吻钝尖。两颌牙细小，犁骨具绒毛状齿，腭骨及舌上均无齿。前鳃盖骨后缘锯齿状。两背鳍分离。臀鳍具1枚硬棘及22～24枚鳍条。体被小栉鳞，极易脱落，胸鳍及腹鳍基部无鳞。背鳍2个。臀鳍鳍膜上有细小黑点。胸鳍第一鳍条呈丝状延长，尾鳍后缘略呈截形。体呈黄褐色，腹侧灰白色。吻背部灰褐色，颊部有银色光泽。尾鳍上、下缘黑灰色。

生态习性 暖温性底层鱼类。栖息于近岸沙泥底质海区。体长约16 mm。

地理分布 分布于我国渤海、黄海及东海海域。舟山海域少见。

中国鱚（依高天翔）

（八十七）弱棘鱼科 Malacanthidae

体侧扁。头圆钝，近方形，侧面观呈马头形，俗称马头鱼。眼中大，靠近背缘。口中大，端位，稍倾斜。前颌骨能伸缩，无辐上颌骨。两颌牙细小，圆锥状，犁骨及舌上均无齿。前鳃盖骨边缘具细锯齿，鳃盖骨无棘。鳃盖膜分离或稍愈合，不与峡部相连。体被弱栉鳞。侧线完全。背鳍鳍棘部与鳍条部连续，无缺刻。臀鳍具2鳍棘、12鳍条。胸鳍中大，末端尖。腹鳍较小，位于胸鳍基底下方。尾鳍截形、双截形或分叉。

186 银方头鱼
Branchiostegus argentatus (Cuvier, 1830)

英文名 Silver horsehead

地方名 银马头鱼、马头鱼、方头鱼

分类地位 辐鳍鱼纲Actinopterygii，鲈形目Perciformes，弱棘鱼科Malacanthidae

形态特征 体延长，侧扁。体背部自头部起至尾鳍基几乎呈直线，腹部弓状，弯曲不大。尾柄长大于高。头部略呈方形，吻长，钝高。眼侧上位。头部，前躯干上及胸部为圆鳞。头部只鳃盖与后头部被细鳞，其余皆裸露。背鳍前中央线上有1纵走棱脊，鳍棘弱，臀鳍鳍棘短而弱，胸鳍呈菱形，腹鳍较长。体黄灰色。腹鳍鳍膜间黑褐色，其他各鳍浅灰色。生活时体呈赤色，背鳍与臀鳍鳍膜间黄色。尾鳍具棕色及蓝色条纹。

生态习性 暖温性底栖中小型鱼类，一般体长在250 mm左右，主要栖息于沙泥质海底，水深50～65 m。为肉食性鱼类，以小鱼、虾等为食。

渔业利用 用延绳钓、底拖网及船钓均可捕获，经济鱼种。

地理分布 我国分布于东海、台湾海域及南海，舟山海域常见。

银方头鱼（依日本市场鱼贝类图鉴）

187 日本方头鱼

Branchiostegus japonicus (Houttuyn, 1782)

英文名 Horsehead tilefish

地方名 马头鱼、方头鱼、日本马头鱼

分类地位 辐鳍鱼纲 Actinopterygii，鲈形目 Perciformes，弱棘鱼科 Malacanthidae

形态特征 体长，侧扁。体背部白头顶部尾基几成直线状，腹部微呈弓状弯曲。头自上颌向头背方呈大弧状隆起，略呈方形，口居前位。背鳍前中央线上有1纵走棱脊，胸鳍呈菱形。体背部黄灰色，腹部白色，背鳍与腹鳍灰白色，背鳍前至后头部有1黑色线纹。生活时体呈红色，背部深腹部较浅，眶下缘及眶前缘至吻端各有1黄色带，眼前上缘亦为黄色。背鳍鳍膜下部红色，上部淡蓝色，边缘黄色，臀鳍微带蓝色，有蓝色边缘。胸鳍浅红色，腹鳍浅蓝色边缘黄色，尾鳍上部红色，下部浅蓝色，杂有黄色斑点。

生态习性 主要栖息于沙泥质海底，生活水深30～200 m，一般体长在400 mm左右。为肉食性鱼类，以小鱼、虾等为食。

渔业利用 利用延绳钓、底拖网及船钓均可捕获，经济鱼类。

地理分布 我国分布于黄渤海、东海及台湾海域，舟山海域常见。

保护现状 2009年IUCN评估为无危物种。

日本方头鱼

（八十八）青鲑科 Scombropidae

体呈长椭圆形，稍侧扁。头部钝尖。口大，前位，下颌稍突出。上颌骨不被眶前骨所遮盖，后端伸达眼中部下方。颌齿1行，具犬齿。体被细小的弱栉鳞或易脱落的圆鳞。侧线完全。背鳍2个，分离。背鳍、臀鳍均被鳞。腹鳍胸位，位于胸鳍基底稍前方。尾鳍凹形或叉形。

188 牛眼青鯥
Scombrops boops (Houttuyn, 1782)

英文名 Gnomefish

地方名 短鳍鯥、鯥、牛尾鯥

分类地位 辐鳍鱼纲 Actinopterygii，鲈形目 Perciformes，青鯥科 Scombropidae

形态特征 体呈长圆形，侧扁。背腹皆圆钝，尾柄侧扁。前鼻孔前缘略突起，后缘具皮瓣，裂孔状。眼侧位而高。口裂稍倾斜。牙尖锐，上下颌各1行，排列稀疏，下颌牙大于上颌牙，上颌前部具3枚较大的尖牙。犁骨具小牙丛，呈块状。腭骨牙小而尖，呈带状。舌端微凹，舌面具2纵行小牙带。臀鳍鳍棘紧贴，胸鳍短，尖形。体蓝黑至紫褐色，腹部较白。

生态习性 暖水性大中型鱼类，主要栖息于较深的礁区，深度可达400 m。最大体长可达1500 mm，主要以鱼类及甲壳类为食。

渔业利用 一般以底拖网或延绳钓捕获，产量稀少，鱼贵鱼类。

地理分布 我国分布于东海，舟山海域偶见。

牛眼青鯥

（八十九）鲯鳅科 Coryphaenidae

体延长，侧扁，向尾部渐变细，尾柄甚短。头大且高，近方形，成鱼的额部有1骨质隆起。口端位，口裂大。上下颌、犁骨、腭骨及舌上均具齿。鳃孔大。前鳃盖骨及鳃盖骨后缘光滑。鳃盖膜不与峡部相连，无假鳃。体被细小圆鳞。侧线在胸鳍上方呈不规则弯曲，向后平直。背鳍1个，基底很长，无鳍棘，起于眼上方，止于尾柄前。胸鳍短小。腹鳍发达，胸位。尾鳍深叉形，无鳔。

189 鲯鳅
Coryphaena hippurus Linnaeus, 1758

英文名 Common dolphinfish

地方名 鬼头刀、獐跳、万鱼

分类地位 辐鳍鱼纲 Actinopterygii，鲈形目 Perciformes，鲯鳅科 Coryphaenidae

形态特征 体延长，侧扁。头大，背部很窄，成鱼头背几呈方形，额部有1骨质隆起，随着年龄的增长而越明显，尤以雄鱼为甚。口裂大，微倾斜。头上只颊部被鳞，其余部分裸露。背鳍与臀鳍无真正鳍棘。背鳍与臀鳞鳍膜发达。胸鳍较小，腹鳍位于胸鳍基底下方，左右紧相连，一部分可收折于沟中。头部及背面黑褐色，体侧及腹部灰色，散布有黑色小圆点，胸鳍灰白色，其余各鳍黑色。

生态习性 为大洋性洄游鱼类，常可发现成群于开放水域，但也偶尔发现于沿岸水域。游泳迅速，喜欢阴影，或聚集在浮林或漂流的海藻下面，有时会跳出水面。具有趋向声源的习性。一般体重3～4 kg，记载最大体重40 kg，体长2100 mm。为肉食性鱼类，主食沙丁鱼、飞鱼等。

渔业利用 可以用曳绳钓、流刺网、定置网渔获，游钓及普通食用鱼类。

地理分布 我国分布于黄海、东海及南海，舟山海域常见。

保护现状 2010年IUCN评估为无危物种。

鲯鳅

（九十）军曹鱼科 Rachycentridae

体延长，近圆筒形，躯干部较粗，至尾部逐渐变细。头平扁，眼小。口大，前位，近水平状，下颌稍长于上颌，上颌骨后端伸达眼前缘下方。上下颌、犁骨、腭骨、舌上均具绒毛状齿带。鳃孔大，鳃盖骨边缘光滑，鳃盖膜不与峡部相连。无假鳃。鳃耙粗短。体被细小圆鳞。侧线完全，稍呈波状。第一背鳍粗短，棘间膜低，似分离状，第二背鳍前部鳍条较长，后渐短。臀鳍与第二背鳍同形，但短于第二背鳍。胸鳍长，下侧位。腹鳍胸位。尾鳍分叉或新月形。无鳔。

190 军曹鱼
Rachycentron canadum (Linnaeus, 1766)

英文名 Cobia

地方名 军曹鱼

分类地位 辐鳍鱼纲Actinopterygii，鲈形目Perciformes，军曹鱼科Rachycentridae

形态特征 体延长，近圆筒形，躯干部较粗，至尾部逐渐细小，尾柄亦近圆筒形。头平扁而宽，吻大。眼小，位于头两侧。口大，前位。上下颌、犁骨、腭骨及舌面均有绒毛状齿带。胸鳍低位、腹鳍胸位。幼时尾鳍圆形，成体尾鳍则内凹呈半月状。体背部黑褐色，腹部灰白色，各带之间为灰白色。各鳍多为黑褐色，但腹鳍边缘及尾鳍上下缘为白色。

生态习性 栖息于泥质、沙质、珊瑚礁、岩礁等不同底质环境和红树林、海洋漂浮物、固定物等周围场合，从外海至近海都可能分布。个体大，最大体长记载为2000 mm。大西洋的种群每年在暖温季节产卵，幼体长大后身上花纹会变淡，食性也渐转为掠食性，以大洋性之小型鱼类、乌贼及甲壳类等为食。

渔业利用 一般以底拖网、流刺网、一支钓及延绳钓捕获，常见食用鱼类。

地理分布 我国沿海均有分布，舟山海域常见。

保护现状 2012年IUCN评估为无危物种。

军曹鱼

（九十一）䲟科 Echeneidae

体长形，头部背面平扁，腹面宽圆。口宽大，上位，下颌突出。犁骨及腭骨均具绒毛状齿群。第四鳃后有裂孔。体被小圆鳞。第一背鳍变态为长椭圆形的吸盘，位于头的背侧，吸盘由许多横软骨板组成；第二背鳍位于尾部。臀鳍与第二背鳍同形，无鳍棘。胸鳍上侧位。腹鳍胸位，具1鳍棘、5鳍条。尾鳍尖形、截形、内凹或分叉。

191 䲟
Echeneis naucrates Linnaeus, 1758

英文名 Live sharksucker

地方名 长印鱼、鞋底鱼

分类地位 辐鳍鱼纲 Actinopterygii，鲈形目 Perciformes，䲟科 Echeneidae

形态特征 体细长，向后渐成圆柱状。尾柄细，前端圆柱状，后端渐侧扁。头的两侧至腹面微圆凸，在头及体前部的背面有1个由第一背鳍变态的长椭圆形吸盘，吻很平扁，背面大部被吸盘占据。眼小，侧中位。口大，上前位，呈深弧状，前端具三角皮质膜状突起。上下颌、犁骨及腭骨均有绒状牙群。圆鳞很微小，长圆形，除头及吸盘外，全身均有鳞。呈灰黑色。沿眼的上下缘在头体部各有1条灰白色纵纹，两纹之间为黑色纵带状，腹侧较淡。各鳍呈黑褐色，幼体的尾鳍上下缘为灰白色。

生态习性 通常依靠吸盘寄生于较大型的鲨鱼、海龟等生物的体表。生活于水深20～50 m处，通常可随寄主而发生深度变化。最大体长可达110 mm。以大鱼的残余食物、体外寄生虫为食，或者自行捕捉浅海的无脊椎动物。

渔业利用 经济价值较低，少见，没有食用习惯，一般作为观赏鱼类。

地理分布 我国沿海均有分布，舟山海域少见。

保护现状 2012年IUCN评估为无危物种。

䲟

192 白短䲟

Remora albescens (Temminck & Schlegel, 1850)

英文名 White suckerfish

地方名 白小䲟、䲟鱼、鞋底鱼

分类地位 辐鳍鱼纲 Actinopterygii，鲈形目 Perciformes，䲟科 Echeneidae

形态特征 体长形，粗短，前方平扁。向后渐侧扁；尾柄短，侧扁，头短且钝，背面平坦，与体前部均被吸盘占据，头的腹面稍圆凸；吻宽短，甚平扁，前端圆弧状，背面除上唇外，大部亦被吸盘占据。眼很小，侧位，稍高，口稍大，前上位；口裂很宽，呈圆弧状。鳞埋于皮下，不明显。侧线亦很细弱。背鳍吸盘由13对横软骨板组成。全身为橘黄色，腹部及各鳍后缘为淡白色。

生态习性 大洋性中小型鱼类。近海或表层可见，或随宿主任意游动。依靠头背部的吸盘常寄生在大型鱼类、鲸类或海龟等身上。一般体长在300 mm以下。

渔业利用 为罕见鱼种，没有食用习惯，一般作为观赏鱼类。

地理分布 我国沿海均有分布，舟山海域常见。

保护现状 2010年IUCN评估为无危物种。

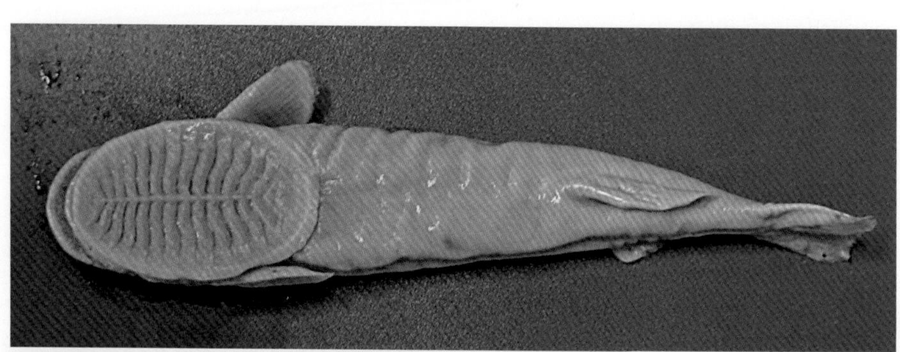

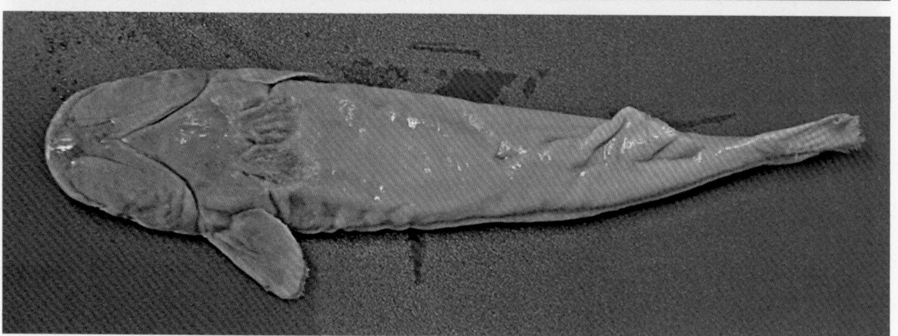

白短䲟

193 短䲟

Remora remora (Linnaeus, 1758)

英文名 Shark sucker

地方名 印鱼、免费旅行家

分类地位 辐鳍鱼纲 Actinopterygii，鲈形目 Perciformes，䲟科 Echeneidae

形态特征 体延长，前部平扁，后部侧扁。头短，平扁。吻宽扁，前端广圆形。眼小，圆形，侧位。口大，前位，下颌突出，颌骨后延不达眼前缘下方。牙细尖，紧密排列。体粗短，体被小圆鳞，除头部及吸盘无鳞外，全身均被鳞。鳞小，埋入皮下，侧线完全。背鳍吸盘由19对横软骨板组成，体一致为深蓝色或灰黑色，背鳍、臀鳍缘及尾鳍上下缘为淡黄色。

生态习性 大洋性中小型鱼类。近海或表层偶见，依靠头背部的吸盘常寄生在大型鱼类、鲸或海龟等身上，很少独立、自主活动，通常随宿主被捕获。一般体长在300 mm左右。

渔业利用 为罕见鱼种，没有食用习惯，一般作为观赏鱼类。

地理分布 我国沿海均有分布，舟山海域常见。

保护现状 2012年IUCN评估为无危物种。

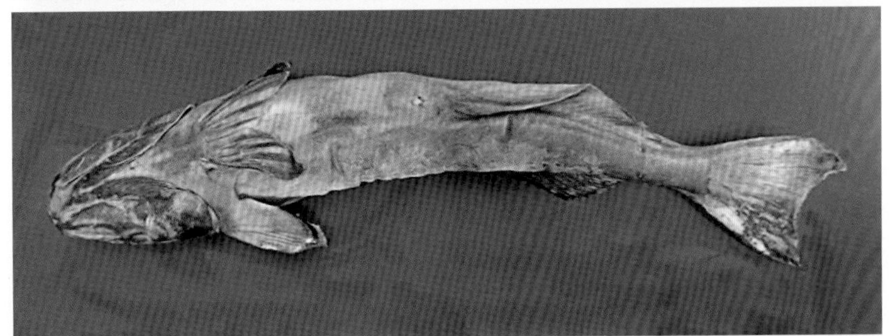

短䲟

（九十二）鲹科 Carangidae

体侧扁，呈流线型、椭圆形、卵圆形或菱形，尾柄细小。头侧扁，枕骨嵴明显。口大小不一，前颌骨一般能伸缩。两颌牙细小绒毛状，呈1行或齿带。鳃孔大。鳃盖膜分离，不与峡部相连。一般具假鳃。前鳃盖骨后缘光滑，有时具细锯齿。鳃耙通常细长。体一般被小圆鳞，有时退化。侧线完全，前部稍弯曲，侧线上或多或少具骨质棱鳞。背鳍2个，第一背鳍短，鳍棘细弱，通常有膜相连，第二背鳍基底长。臀鳍与第二背鳍同形，前方常有2游离棘，有些属在第二背鳍与臀鳍后方有小鳍。胸鳍宽短或呈镰刀形。腹鳍胸位，尾鳍分叉。鳔的后端通常分为两叉。

194 短吻丝鲹
Alectis ciliaris (Bloch, 1787)

英文名 African pompano

分类地位 辐鳍鱼纲 Actinopterygii，鲈形目 Perciformes，鲹科 Carangidae

形态特征 体极侧扁，略呈菱形。鳞退化，体光滑。侧线在胸鳍上方具1弧形弯曲，直线部始于第二背鳍第十至第十二鳍条下方。不同大小个体的体色有较大差异。幼鱼体侧具4～5条弧形黑色横带，随成长而逐渐消失。第二背鳍与臀鳍的延长鳍条基部各有1大黑斑，延长鳍条均为深黑色。本种主要特征是吻长与眼径相当。

生态习性 暖温性大洋大中型鱼类。生活于水深20～100 m海域，幼鱼时期游泳能力较差，会随洋流进入内湾或沿岸，成鱼时期则成群洄游于礁石区间。最大体长可达1200 mm。主要以沙泥底或游泳速度慢的甲壳类食，偶尔捕食小型鱼类。

渔业利用 主要以延绳钓、拖钓或定置网捕获，经济鱼类。

地理分布 我国分布于黄海、东海及南海，舟山海域常见。

保护现状 2009年IUCN评估为无危物种。

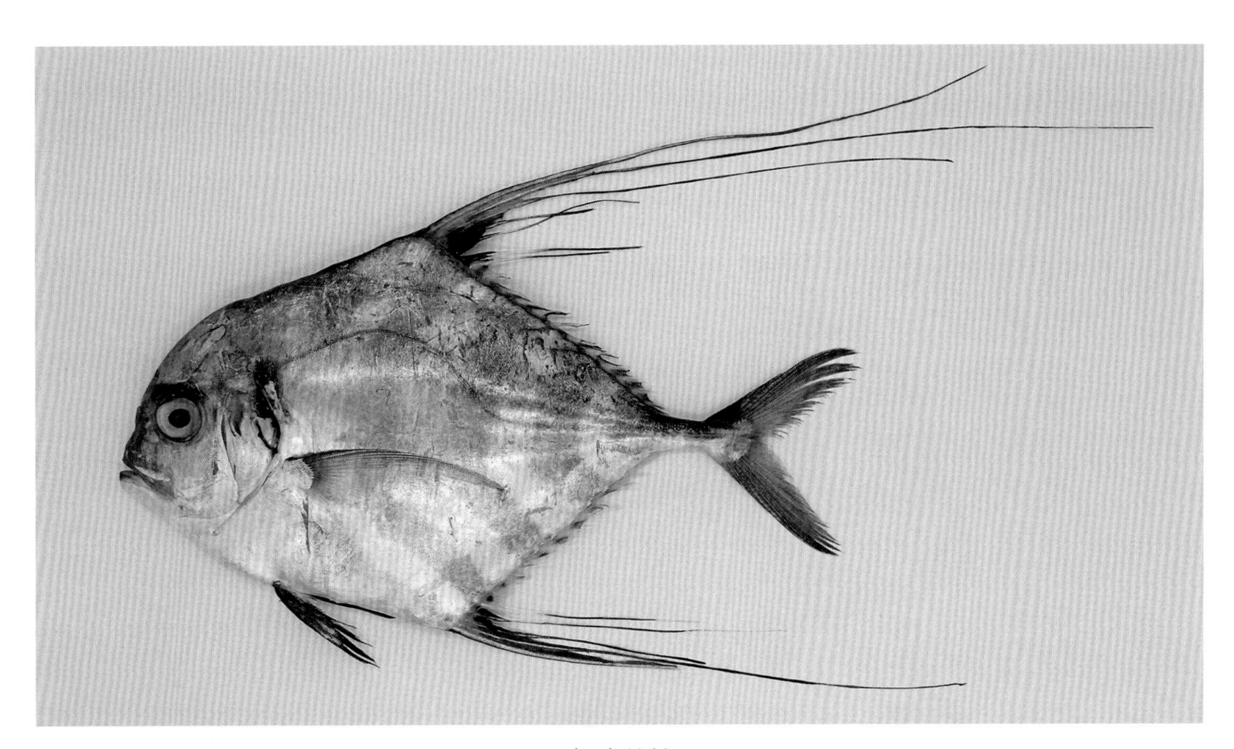

短吻丝鲹

195 长吻丝鲹

Alectis indica (Rüppell, 1830)

英文名 Indian Threadfish

地方名 印度丝鲹

分类地位 辐鳍鱼纲 Actinopterygii，鲈形目 Perciformes，鲹科 Carangidae

形态特征 体略呈菱形，甚侧扁而高。头高大于头长，使得头背部轮廓明显陡斜。枕骨嵴明显，吻长大于眼径。上颌齿3～4列，下颌2列，幼鱼时齿尖细，成鱼则呈圆锥形。棱鳞弱，存在于直线部的后半部或稍后。体银色，幼鱼时体侧有4～5条黑色弧形横带。多数个体自眼后上缘至头顶或背鳍起点间有1黑色斜带。延长鳍条深黑色。本种主要特征是吻长远大于眼径。

生态习性 大洋性大型鱼类，生活水深通常在100 m处，成鱼偶进入近海或浅水礁区附近。幼鱼游泳力弱，容易受海流推送，较常聚集于内湾或沿岸沙质海滩。其最大体长可达1650 mm。为肉食性鱼类，主要以游速慢的底栖性甲壳类为食，偶尔捕食头足类、小型鱼类。

渔业利用 主要以延绳钓、拖钓或定置网捕获，食用鱼类。

地理分布 我国分布于东海、台湾海域及南海，舟山海域偶见。

保护现状 2015年IUCN评估为无危物种。

长吻丝鲹

196 沟鲹

Atropus atropos (Bloch & Schneider, 1801)

英文名 Cleftbelly trevally

地方名 沟鲹

分类地位 辐鳍鱼纲 Actinopterygii，鲈形目 Perciformes，鲹科 Carangidae

形态特征 体呈卵圆形，侧扁。腹部具1深沟，腹鳍、肛门和臀鳍前方2游离硬棘均可收藏其中。吻钝，眼大。体被小圆鳞，胸部中胸鳍基部至腹鳍基底后方具1裸露无鳞区。侧线在胸鳍上方弯曲度大。棱鳞弱，存在于侧线直线部的全部。体背浅绿色带淡黄色，腹银白色，腹鳍黑色，幼鱼时体侧常有4～5条暗色横带。

生态习性 亚热带海区近岸中小型鱼类，主要栖息于浅岸边，通常成群游动于表层水域。一般体长在260 mm以下。以小型虾类、桡足类及小型鱼类为食。

渔业利用 可使用底拖网、一支钓或设陷阱捕获，常见食用鱼类。

地理分布 我国沿海均有分布，舟山海域常见。

保护现状 2017年IUCN评估为无危物种。

沟鲹

197 高体若鲹

Carangoides equula (Temminek & Schlegel, 1844)

英文名 Whitefin trevally

地方名 高体若鲹

分类地位 辐鳍鱼纲 Actinopterygii，鲈形目 Perciformes，鲹科 Carangidae

形态特征 体呈卵圆形，高而侧扁。最大体高在第二背鳍起点附近。头和体均被小圆鳞，第二背鳍和臀鳍有发达的鳞鞘。侧线前部广弧形，弯曲部长于直线部。棱鳞小，存在于侧线直线部的后部。幼鱼体侧有5～6条暗色横带。第二背鳍与臀鳍基部黄色，中部具有1条灰黑色纵带，顶部乳白色。腹鳍灰黑色，尖端乳白色，尾鳍黄色，边缘黑色。

生态习性 栖息于暖温性沙泥底质的中型鱼类。栖息水深为100～200 m，幼鱼具有跟随其他大鱼一起巡游的习性，以此获得大鱼的保护。一般体长在280 mm左右，最大可达375 mm。为肉食性鱼类，以底栖甲壳类及小型鱼类为食。

渔业利用 一般以底拖网捕获，常见食用鱼类。

地理分布 我国分布于黄海南部、东海、南海，舟山海域少见。

保护现状 2015年IUCN评估为无危物种。

高体若鲹

198 马拉巴若鲹

Carangoides malabaricus (Bloch & Schneider, 1801)

英文名 Malabar trevally

地方名 马拉巴裸胸鲹

分类地位 辐鳍鱼纲 Actinopterygii，鲈形目 Perciformes，鲹科 Carangidae

形态特征 体呈椭圆形，侧扁而高，尾柄细短。身体均被小圆鳞，胸部的侧面和腹面都无鳞。侧线前部浅弧形。棱鳞弱，与普通鳞不易区分。背部青蓝色，腹部银色，鳃盖后缘上方具1小黑点。大多数个体的体侧有5～6条暗色横带。

生态习性 暖水性中上层鱼类，多栖息洄游于水深60 m以上的近海。夜晚有趋光习性。一般体长在500 mm左右。为肉食性鱼类，以甲壳类、小乌贼及小型鱼类为食。

渔业利用 为机帆船灯光围网的兼捕对象，底拖网也可捕获，春夏季常可捕获，常见食用鱼类。

地理分布 我国沿海均有分布，舟山海域少见。

保护现状 2015年IUCN评估为无危物种。

马拉巴若鲹

199 六带鲹

Caranx sexfasciatus Quoy & Gaimard, 1825

英文名 Bigeye trevally

地方名 六带鲹

分类地位 辐鳍鱼纲Actinopterygii，鲈形目Perciformes，鲹科Carangidae

形态特征 体呈椭圆形，侧扁。头侧扁，吻长略等于眼径。侧线直线部始于第二背鳍第四鳍条的下方，直线部长于弯曲部，棱鳞明显，全分布于侧线部位。侧线前部弯曲，后部平直。腹鳍胸位。尾鳍深叉，具黑缘。身体底色呈草绿色，腹部银色，眼上缘有1黑色细带，幼鱼体侧有5条带草绿色的浅黑横带，各鳍黄色。成鱼体侧呈橄榄绿色，腹部银白色。

生态习性 主要栖息于近岸沿海礁石底质水域，幼鱼时常小群出现在河口区，甚至河川的中、下游。被捕获时会发出"呱呱"声，成鱼喜大群游于断崖处，形成圆柱形的鱼群风暴。白天常聚集成群缓慢巡游于礁石区或外缘区，晚上则四散休息。最大记载体长为1200 mm，重18 kg。常见体长在300 mm左右。以鱼类及甲壳类为食。

渔业利用 一般以延绳钓、一支钓、流刺网、定置网捕获，食用鱼类。

地理分布 我国沿海均有分布，舟山海域少见。

保护现状 2018年IUCN评估为无危物种。

六带鲹

200 蓝圆鲹

Decapterus maruadsi (Temminck & Schlegel, 1843)

英文名 Japanese scad

地方名 红背圆鲹、黄占鱼

分类地位 辐鳍鱼纲 Actinopterygii，鲈形目 Perciformes，鲹科 Carangidae

形态特征 头侧扁，吻锥形。颊、鳃盖上部、头顶部、胸部和身体均被小圆鳞。侧线前部稍弯曲，弯曲部等于或稍长于直线部。棱鳞存在于侧线直线部的绝大部分上。背部蓝灰色，腹部银色，鳃盖后上角与肩带部共有1显著黑色小圆斑。第一背鳍间有膜相连。第二背鳍与臀鳍的后方各有1枚小鳍。胸鳍长随鱼体的大小而异，鱼小时短于头长，鱼大时则等于或长于头长。腹鳍胸位。尾鳍叉形。第二背鳍前部上顶有1白斑。

生态习性 近海上层集群性中小型鱼类。巡游于近海，栖息深度为1～200 m。游泳速度快，趋光性强。一般体长在300 mm左右。滤食浮游性无脊椎动物。

渔业利用 一般由流刺网、围网或定置网大量捕获，全年皆产，传统经济种类。

地理分布 我国沿海均有分布，舟山海域常见。

保护现状 2017年IUCN评估为无危物种。

蓝圆鲹

201 红鳍圆鲹
Decapterus russelli (Rüppell, 1830)

英文名 Indian scad

地方名 勒氏圆鲹、无斑圆鲹、黄占鱼

分类地位 辐鳍鱼纲Actinopterygii，鲈形目Perciformes，鲹科Carangidae

形态特征 体呈纺锤形，稍侧扁。头亦侧扁，吻锥形，吻长与眼径略相等。头和体均被小圆鳞。侧线前部稍弯曲，棱鳞存在于侧线直线部的绝大部分。背面蓝灰色，腹面银白色，各鳍红色，鳃盖后上角有1显著黑色小斑。尾鳍边缘黄色，体侧有1黄色纵带。

生态习性 暖温带近海较深层中小型鱼类，生活水深125～415 m，常聚集成群巡游于近海，最大体长可达400 mm。滤食浮游性无脊椎动物。

渔业利用 一般以底拖网、流刺网、定置网或围网捕获，传统食用鱼类。

地理分布 我国分布于东海、台湾海域及南海，舟山海域偶见。

保护现状 2009年IUCN评估为无危物种。

红鳍圆鲹

202 大甲鲹

Megalaspis cordyla (Linnaeus, 1758)

英文名 Torpedo scad

地方名 大甲鲹

分类地位 辐鳍鱼纲 Actinopterygii，鲈形目 Perciformes，鲹科 Carangidae

形态特征 体呈纺锤形，侧扁。脂眼睑非常发达，前后均达眼中部。口大，侧线前部弯曲，直线部长，直线部长于弯曲部。棱鳞强而高，被于弯曲部后部及直线部全部，在尾柄处连接形成1显著隆起嵴。第二背鳍和臀鳍后方各有6～8枚小鳍。背部深蓝色，腹部银色稍带淡黄色，鳃盖上缘有1显著蓝黑色圆斑。

生态习性 暖温性近岸洄游性上层鱼类，常栖息于岩礁质的海底，最大体长可达800 mm。集群性，以小型鱼类为食。

渔业利用 常见食用鱼类。

地理分布 我国分布于东海、台湾海域及南海，舟山海域偶见。

保护现状 2015年IUCN评估为无危物种。

大甲鲹

203 乌鲹
Parastromateus niger (Bloch, 1795)

英文名 Black Pomfret

地方名 黑皮鲳、乌鲳

分类地位 辐鳍鱼纲 Actinopterygii，鲈形目 Perciformes，鲹科 Carangidae

形态特征 体呈卵圆形，高而侧扁。尾柄每侧有1隆起嵴。身体、颊部、鳃盖、后头部及各鳍鳍基均被小圆鳞。侧线稍呈弧形，将至尾柄处开始变为直线形。棱鳞仅存在于尾柄处，各棘相连而形成1隆起嵴。头、躯干、鳍均呈草绿色，背鳍、臀鳍与尾鳍边缘浅蓝黑色。

生态习性 暖温性近海中大型鱼类，最大体长可达750 mm，经常聚集成群于水深15～40 m的沙泥底质海域，白天常在底层，晚上则在表层。为肉食性鱼类，主要以浮游动物为食。

渔业利用 一般以拖网、流刺网捕获，传统食用鱼类。

地理分布 我国分布于东海和南海，舟山海域偶见。

保护现状 2017年IUCN评估为无危物种。

乌鲹

204 日本竹筴鱼
Trachurus japonicus (Temminck & Schlegel, 1844)

英文名 Japanese jack mackerel

地方名 竹筴鱼

分类地位 辐鳍鱼纲Actinopterygii，鲈形目Perciformes，鲹科Carangidae

形态特征 体呈长纺锤形，脂眼睑发达。体被圆鳞，易脱落，头部除吻和眼间隔前部以外均被鳞。侧线前部斜度甚大，后部几乎呈直线状，侧线上全被棱鳞。棱鳞高而强，在直线部连接成1明显的隆起嵴。体背部青黄带绿色，腹部银色，鳃盖后上缘有1明显的黑色斑，背鳍暗色，胸鳍淡色，其余各鳍黄色。

生态习性 洄游性中上层鱼类。喜集群，游泳迅速，对声音反应灵敏。通常栖息在50～275 m的深度，白天栖息水层较深，夜晚有趋光习性，可用灯光诱集到表层。幼鱼时期会伴随大洋中漂浮的海藻移动。一般体长350～500 mm，最大体重666 g，最长寿命可达12年。肉食性，主要以小型甲壳类及小型鱼类为食。

渔业利用 一般由底拖网、流刺网及定置网捕获，全年皆产，为常见的经济性食用鱼类。

地理分布 我国沿海均有分布，舟山海域常见。

保护现状 2017年IUCN评估为近危物种。

日本竹筴鱼

205 黑纹小条鰤
Seriolina nigrofasciata (Rüppell, 1829)

英文名 Blackbanded trevally

地方名 黑甘、小甘鲹、黑纹小条鰤

分类地位 辐鳍鱼纲 Actinopterygii，鲈形目 Perciformes，鲹科 Carangidae

形态特征 体呈长椭圆形，尾柄短，尾鳍基上下缘有1深凹。脂眼睑不发达。鳃耙绝大部分为瘤状，数目少，排列稀。第二背鳍前部较高，臀鳍与第二背鳍同形，胸鳍短小，腹鳍胸位，尾鳍叉形。体呈蓝绿色而带淡黄绿色，幼鱼眼间隔有1弧形蓝黑色带，体侧有4条曲状蓝黑色带，第二背鳍顶部为白色。成鱼仅第一背鳍和腹鳍为黑色，第二背鳍顶部为白色。

生态习性 暖水性近海中大型鱼类。栖息水深为20～150 m。不喜结群，最大体长可达775 mm，体重5.2 kg。以小型鱼类及无脊椎动物为食。

渔业利用 一般由定置网、流刺网、围网捕获，为一般食用鱼类。

地理分布 我国分布于东海、台湾海域及南海，舟山海域偶见。

保护现状 2015年IUCN评估为无危物种。

黑纹小条鰤

（九十三）眼镜鱼科 Menidae

体极侧扁，近三角形，背缘稍弯曲，腹缘突出，薄锐如刀锋，形似眼镜片。尾柄细短，无隆起嵴。头小，枕骨嵴高。眼中大，几位于头侧中部，无脂眼睑。口小，上位，几呈垂直状。前颌骨能向前伸出。上颌骨宽而外露，上下颌具绒毛状齿带。鳃盖膜不与峡部相连。鳞极细小。侧线不完全，与背缘平行。背鳍1个，基底甚长。成鱼背鳍和臀鳍均无棘。臀鳍基底长，鳍条埋于皮下，仅末端外露。胸鳍宽短。腹鳍胸位，具1鳍棘、5鳍条，幼鱼鳍条细长，成鱼仅第一鳍条呈带状延长。尾鳍叉形。

206 眼镜鱼

Mene maculata (Bloch & Schneider, 1801)

英文名 moonfish

地方名 眼眶鱼、菜刀鱼、眼镜鲳

分类地位 辐鳍鱼纲Actinopterygii，鲈形目Perciformes，眼镜鱼科Menidae

形态特征 体极为侧扁，形似眼镜片，背缘稍弯曲，腹缘甚突出，薄锐如刀锋。尾柄短而侧扁。有高的枕骨嵴，无脂眼睑。眼圆形，口小。前颌骨能伸缩，上下颌有绒毛状齿带，腭骨无齿，前鳃盖与鳃盖骨边缘均圆滑。皮肤光滑，体具极小的鳞片，肉眼不易看见。侧线分为2支，侧线鳞不明显。背鳍1个，基底极长。胸鳍短宽，短于头长。腹鳍胸位，尾鳍叉形。有鳔。体呈银白色，背部偏蓝，侧线上下缘共有2～4列蓝绿色小斑。背鳍淡黄绿色，臀鳍及胸鳍淡黄色，腹鳍蓝色，尾鳍淡蓝色。

生态习性 热带和亚热带近海中上层中小型鱼类。生活于稍深海区，生活水层为50～200 m。有时会游到沿岸水域觅食，甚至出现于河口区。一般体长在300 mm以下。肉食性，以浮游生物或底栖无脊椎动物为食，夜间具趋光性。

渔业利用 食用鱼类。

地理分布 我国分布于东海及南海，舟山海域偶见。

眼镜鱼

（九十四）鲾科 Leiognathidae

体呈长卵圆形或椭圆形，极侧扁。口小。前颌骨突起呈长柄状，向后伸入额骨左右纵嵴之间的凹陷中。上下颌齿细小，呈绒毛状，上下颌骨缝合部两侧具1～2对犬齿；腭骨、犁骨和舌上均无齿。鳃孔大，前鳃盖骨下缘具细锯齿。鳃盖膜与颊部相连。鳃盖条5。体被小圆鳞，头部一般光滑无鳞，胸部有或无鳞。侧线完全。背鳍1个，鳍棘部与鳍条部相连。背鳍和臀鳍基底具鳞鞘，每侧有1纵行棘状突起；背鳍的第三、第四鳍棘和臀鳍第三鳍棘前下缘具细锯齿。腹鳍亚胸位。尾鳍叉形。

207 小牙鲾

Gazza minuta (Bloch, 1795)

英文名 Toothpony

地方名 扁占、牙鲾

分类地位 辐鳍鱼纲 Actinopterygii，鲈形目 Perciformes，鲾科 Leiognathidae

形态特征 体呈椭圆形而侧扁，背、腹部轮廓相当。脂眼睑不发达。侧筛骨上缘有2枚小棘。口倾斜，牙较大且尖锐，上下颌各1列。体被小圆鳞，头部和胸部无鳞。侧线稍弯曲，末端达尾鳍基。背鳍1个，背鳍和臀鳍前部鳍基有鳞鞘，基底每侧由间鳍骨构成1纵行棘状突起。腹鳍具腋鳞，背鳍及臀鳍具鞘鳞。胸鳍发达，似镰刀形。尾柄细窄，尾鳍深叉形。背部淡蓝色，具许多黑蓝色小斑，腹部银色。体侧具不规则的暗色条纹和斑块，臀鳍棘部具1黄色斑，其他各鳍为浅草绿色。

生态习性 暖水性近岸小型鱼类。栖息在水深1～40 m的沙泥质海底。适温26～29℃。产卵期时，会游入河口区产卵。一般体长在140 mm以下，最大个体可达210 mm。以小型鱼类、虾蟹或多毛类为食。

渔业利用 为小型食用鱼类。

地理分布 我国分布于东海、台湾海域及南海，舟山海域少见。

保护现状 2016年IUCN评估为无危物种。

小牙鲾

208 鹿斑仰口鲾
Leiognathus ruconius (Hamilton, 1822)

英文名 Deep pugnose ponyfish

地方名 鹿斑鲾

分类地位 辐鳍鱼纲 Actinopterygii，鲈形目 Perciformes，鲾科 Leiognathidae

形态特征 体卵圆形，高而侧扁。背、腹部隆起。头中大，背部略凹。尾部扁，尾柄短。吻短，长度短于眼径。口小，几呈垂直状，上下颌向前伸出时口管上斜。颌齿细小。鳃孔大。头部无鳞，侧线不完全，侧上位，与背鳍平行。延伸至尾鳍基部。背鳍1个，第二鳍棘最长。背鳍和臀鳍的鳍条部同形，基部具1纵行小棘。胸鳍侧中位，腹鳍胸位。尾鳍叉形。体背暗银色，腹部银白色；体背部具8～10条暗色较宽横带。

生态习性 热带至暖水性近岸中小型鱼类。大多栖息于水深1～60 m的近岸和沙泥底质水域，喜集群。最大体长为80 mm。肉食性，一般在底层活动觅食，以底栖生物为食。

渔业利用 小型食用鱼类。

地理分布 我国分布于东海、台湾海域及南海，舟山海域少见。

鹿斑仰口鲾

（九十五）乌鲂科 Bramidae

体高而侧扁，背腹缘均圆凸。尾柄粗短。头中大，眼小，脂眼睑不发达。吻短钝，口大，斜裂，上颌骨外露，末端至少伸达眼中部的下方。吻部、鳃孔边缘和下颌骨均不被鳞。幼鱼前鳃盖骨具锯齿，成鱼则光滑。背鳍1个，基底极长，等于或长于臀鳍基底。前部鳍条长，向后减短。腹鳍胸位，具1鳍棘、5鳍条，具腋鳞。尾鳍叉形。侧线1条或无。

209 日本乌鲂

Brama japonica Hilgendorf, 1878

英文名 Pacific pomfret

地方名 深海三角仔、黑飞刀、黑皮刀

分类地位 辐鳍鱼纲Actinopterygii，鲈形目Perciformes，乌鲂科Bramidae

形态特征 体前部呈卵圆形，后部近三角形。头中大，吻圆凸，略短于眼径。眼侧上位，口端位，上下颌及腭骨均有纤细牙齿。体被圆鳞，侧线不明显，前面稍弯曲，后面平直。背鳍和臀鳍鳍棘部不明显，与鳍条部相连续，背鳍前部鳍条延长成三角形。胸鳍长大，位高，伸达臀鳍基部中间。腹鳍短小，位于胸鳍基中央下方，其末端不伸达肛门。尾鳍深叉形，幼鱼尾鳍上叶向后延长。鲜活时，体背面为蓝灰色，腹面为银白色。背鳍和尾鳍鳍膜为黑色。死亡后，鱼体迅速转变为灰褐色至黑褐色。

生态习性 大洋性底栖鱼类。白天栖息于150～400 m深的底层，夜晚则到水表层活动、觅食。一般体长在610 mm以下，常见体长在200 mm左右。肉食性，以其他鱼类、甲壳类及头足类等为主食。

渔业利用 可食用鱼类。

地理分布 我国分布于东海、台湾海域等，舟山海域常见。

日本乌鲂

（九十六）笛鲷科 Lutjanidae

体呈长椭圆形，侧扁。头中大。口中大，稍倾斜。前颌骨稍能伸缩。上颌骨后端宽，大部分被眶前骨遮盖。两颌齿细小、尖锐，外行或前端齿有时扩大成犬齿。前鳃盖骨边缘具锯齿或光滑，鳃盖骨一般无棘。鳃盖膜分离，不与峡部相连。体被中小型栉鳞或圆鳞。侧线完全。侧线上鳞一般斜行，侧线下鳞平行或斜行。背鳍1个，鳍棘部与鳍条部常相连，中央常有1缺刻，鳍棘强大，折叠时可平卧于背部浅沟内。臀鳍具3鳍棘。胸鳍一般尖长。尾鳍截形或分叉。鳔简单，肠短。

210 红鳍笛鲷

Lutjanus erythropterus Bloch, 1790

英文名 Crimson snapper

地方名 红鳍笛鲷

分类地位 辐鳍鱼纲 Actinopterygii，鲈形目 Perciformes，笛鲷科 Lutjanidae

形态特征 体呈长椭圆形，侧扁。背、腹面圆钝，尾柄侧扁。头大，吻钝尖，眼侧位而高。两颌外侧为1行圆锥牙，内侧为绒毛状牙，呈带状，上颌前端4个牙较大，闭口时可露于唇外。体被中大栉鳞，颊部及鳃盖具多列鳞，侧线上方的鳞片斜向后背缘排列，下方的鳞片则均与体轴呈斜行排列。腹鳍腋鳞甚小。侧线完全，与背缘并行，在胸鳍上方呈弧形。胸鳍大，呈镰状。腹鳍位于胸鳍基底后下方，尾鳍浅凹形。体呈粉红色或红色，腹部较淡，幼鱼自吻部经眼径达背鳍起点前有黑色斜带，尾柄上部为黑色，但在成鱼时此种斑纹不明显。尾鳍边缘为黑色。

生态习性 暖温及热带海区中型鱼类。栖地广泛，礁沙混合区、石砾区、岩石区、泥沙区或外海独立礁均可见其踪迹，栖处水深35～130 m，喜栖泥质海底，夜间觅食。一般体长在900 mm以下。以鱼类、甲壳类或其他底栖无脊椎动物为食。

渔业利用 较名贵食用鱼类。

地理分布 我国分布于东海、南海，舟山海域偶见。

保护现状 2018年IUCN评估为无危物种。

红鳍笛鲷

211 勒氏笛鲷
Lutjanus russellii (Bleeker, 1849)

英文名 Russell's snapper

别　名 黑星笛鲷

分类地位 辐鳍鱼纲Actinopterygii，鲈形目Perciformes，笛鲷科Lutjanidae

形态特征 体呈长椭圆形，背缘呈弧状弯曲，尾柄侧扁。头中等大，吻钝尖。眼侧位而高。口中等大，微斜。两颌牙细小，呈尖锥形，排列疏松。前鳃盖骨边缘锯齿退化。体被弱栉鳞，腹鳍具小腋鳞。侧线完全，向后达尾鳍上，侧线上方鳞片斜向背后方，侧线下方鳞片成平行排列。胸鳍宽，呈镰状，腹鳍位于胸鳍基底后下方，其末端不伸达肛门。尾鳍分叉浅。体背部为棕灰色，腹部为银白色，体侧有5～7条黄色纵带，背鳍鳍条部下方具1大黑斑，黑斑2/3在侧线上方，此黑斑约占有9个鳞片。背鳍鳍条部及尾鳍浅灰色，其他各鳍色浅。

生态习性 暖温及热带海区中型鱼类。幼鱼有时可发现于红树林区、河口或河川的下游。成鱼主要栖息于外礁，但也可发现于岩岸礁区。一般体长在500 mm以下。夜间觅食，以鱼类及甲壳类为主食。

渔业利用 较名贵食用鱼类。

地理分布 我国分布于东海、南海，舟山海域偶见。

保护现状 2015年IUCN评估为无危物种。

勒氏笛鲷

212 画眉笛鲷

Lutjanus vitta (Quoy & Gaimard, 1824)

英文名 Brownstripe red snapper

地方名 笛鲷

分类地位 辐鳍鱼纲 Actinopterygii，鲈形目 Perciformes，笛鲷科 Lutjanidae

形态特征 体呈长椭圆形，侧扁。头中大，吻较长。眼大，侧位稍高。眼间隔宽，平滑微凸。鼻孔2个，前鼻孔椭圆形，后鼻孔裂缝状。口端位，稍倾斜。上下颌具多列细齿，舌面无齿。栉鳞中等大，体前背部鳞片向前延伸达眼间隔处。尾鳍大部分具细鳞，胸鳍具腋鳞。侧线完全，与背缘并行，向后伸至尾鳍上，侧线下方鳞片完全与侧线平行，侧线上方鳞片开始一小部与侧线平行，其后鳞片皆斜向背后方。各鳍棘平卧时，左右交错可折叠于背部浅沟中，背鳍鳍棘部基底长于鳍条部基底。尾鳍分叉浅。体背部为暗棕色，腹部为银白色。自眼后起沿体侧中央有1黑色纵带，直达尾柄处。成鱼在背鳍鳍条起点前有1黑斑，幼鱼此黑斑不明显或无。

生态习性 暖温及热带海区中小型鱼类。栖息于礁沙交错及大陆架缘海区水深10～70 m处。一般体长在400 mm以下。主要以鱼类、虾、蟹及其他底栖无脊椎动物为食。

渔业利用 较名贵食用鱼类。

地理分布 我国分布于东海、南海，舟山海域常见。

保护现状 2015年IUCN评估为无危物种。

画眉笛鲷

（九十七）松鲷科 Lobotidae

体呈长椭圆形，侧扁而高。头较小。眼小，上侧位。吻短钝，口中大，倾斜。上下颌具绒毛状齿带，犁骨、腭骨及舌上无齿。前鳃盖骨边缘具锯齿。鳃盖条6。体被中大栉鳞，排列整齐。侧线完全。背鳍连续，鳍棘部与鳍条部之间具浅缺刻。臀鳍与背鳍鳍条部同形，相对。胸鳍圆形。腹鳍胸位。尾鳍圆形。

213 松鲷
Lobotes surinamensis (Bloch, 1790)

英文名 Triple tail

地方名 松鲷

分类地位 辐鳍鱼纲 Actinopterygii，鲈形目 Perciformes，松鲷科 Lobotidae

形态特征 体呈长椭圆形，较高而侧扁，背面狭窄，腹面圆钝。头小，吻短。眼小，侧上位。眼间隔甚宽。鼻孔2个，前鼻孔边缘具发达鼻瓣。口倾斜，上下颌具带状细齿，其外列齿扩大，呈尖锥形。前鳃盖骨后缘直，有强锯齿；下缘锯齿较小，鳃盖骨后缘平滑无棘。体被中大栉鳞，排列正齐，不易脱落。侧线完全，位高，与背缘并行。背鳍鳍棘部与鳍条部相连，鳍棘部发达。臀鳍与背鳍鳍条部同形，相对。胸鳍小，圆形。尾鳍圆形。体呈灰褐色至黑褐色，背侧较深，腹部较淡。全身黑褐色，除胸鳍灰白色外，其余各鳍皆为黑褐色。

生态习性 温带至热带浅海水域洄游性鱼类。喜混浊水域及阴天气候，或随浮木、海藻、海水泡沫下游至岸边甚至进入河口区。喜集群。幼鱼有拟态习性，状似枯叶，随海流漂向岸边。最大体长可达1100 mm，重19.2 kg。肉食性，以底栖甲壳类及小型鱼类为食。

渔业利用 名贵经济鱼类。

地理分布 我国沿海均有分布，舟山海域常见。

保护现状 2012年IUCN评估为无危物种。

松鲷

（九十八）石鲈科 Haemulidae

体呈椭圆形或稍延长，侧扁。头中大，眶前骨后上角具棘或无棘。前颌骨稍能伸缩；上颌骨大部为眶前骨所盖。上下颌齿细小，尖锐，多行，无犬齿。犁骨、腭骨均无齿。颏孔1～4对。前鳃盖骨后缘具锯齿。鳃盖膜不与颊部相连，具假鳃。体被中大或较小栉鳞。侧线完全。背鳍1个，连续，鳍棘部与鳍条部之间常具1缺刻，臀鳍与背鳍鳍条部相对。尾鳍凹形、圆形或分叉。

214 纵带髭鲷

Hapalogenys kishinouyei Smith & Pope, 1906

英文名 Lined javelinfish

地方名 髭鲷

分类地位 辐鳍鱼纲 Actinopterygii，鲈形目 Perciformes，石鲈科 Haemulidae

形态特征 体呈椭圆形，高而侧扁，体背面狭，背缘沿背鳍鳍棘基较平直，腹缘几近平直，尾柄短而侧扁。头较大，吻钝尖，眼中大，侧上位。口前位而低，微倾斜，上下颌约等长；颌齿细小，呈带状，外列齿较大。颏部密生小髭。体被细栉鳞，上颌骨无鳞。侧线完全，与背缘平行。背鳍鳍棘部与鳍条部仅在基底部相连，中间形成1深凹陷；鳍棘强大，前端有1向前倒棘。臀鳍起点与背鳍鳍条部相对，同形。胸鳍中大。尾鳍圆形。体灰褐色，体侧有4条深褐色的纵带，腹鳍为褐色，幼鱼时腹鳍为淡褐色，随着成长逐渐变暗。背鳍及臀鳍硬棘部鳍膜为褐色，其他各鳍均为灰黑色。

生态习性 暖水性中小型鱼类。主要栖息于沿岸水深5～50 m的礁沙混合区或沙泥底质水域。会使用咽头齿摩擦发声，再由鳔加以放大。一般体长在340 mm以下，主要以底栖的虾类、鱼类及软体动物等为食。

渔业利用 名贵食用鱼类。

地理分布 我国分布于东海及台湾海域，舟山海域偶见。

纵带髭鲷

215 横带髭鲷
Hapalogenys analis Richardson, 1845

英文名 Broadbanded velvetchin

地方名 十六枚

分类地位 辐鳍鱼纲 Actinopterygii，鲈形目 Perciformes，石鲈科 Haemulidae

形态特征 体呈椭圆形，高而侧扁，体背面较窄，腹面钝圆。头中等大，眼侧上位。口前位，上下颌约等长；颌齿细小，呈带状，外列齿较大。颏部密生小髭，颏孔3对。体被细栉鳞，栉状齿强。头部除吻端、两颌及额部外皆被鳞，上颌骨有鳞，背鳍、臀鳍基部均有鳞鞘。侧线完全，位高，与背缘平行。背鳍鳍棘强大，在起点处有1向前倒棘，以第三鳍棘为最长。臀鳍小，其起点与背鳍鳍条部相对，同形。胸鳍小，末端圆形。腹鳍稍长于胸鳍，起点在胸鳍基底下方，其末端接近肛门。尾鳍圆形。体背部灰褐色，腹部较淡。体侧有4～5条深色横带。背鳍和臀鳍棘间膜为黑色。背鳍、臀鳍、尾鳍均为淡黄色，有深黑色边缘。胸鳍为浅黄色。腹鳍为灰褐色。

生态习性 暖温性近海中小型鱼类。主要栖息于水深30～50 m的礁岩区或沙泥地的交会区。喜好成群游动，白天躲藏在洞穴中，夜间外出捕食。一般体长在210 mm以下。肉食性，主要以底栖的甲壳类、鱼类及贝类等为食。

渔业利用 名贵食用鱼类。

地理分布 我国沿海均有分布，舟山海域常见。

横带髭鲷

216 斜带髭鲷
Hapalogenys nigripinnis (Temminck & Schlegel, 1843)

英文名 Short barbeled velvetchin

地方名 十八枚

分类地位 辐鳍鱼纲 Actinopterygii，鲈形目 Perciformes，石鲈科 Haemulidae

形态特征 体呈长椭圆形，高而侧扁，体背面呈弧形，腹面圆钝。头较大，吻钝尖。眼侧上位，眼间隔凸。口前位而低，两颌齿呈绒毛带状，外行较大，呈圆锥形，犁骨、腭骨及舌上无齿。颏部密生小髭，颏孔4对。前鳃盖骨边缘具锯齿。体被小栉鳞，背鳍及臀鳍基部均具鳞鞘。侧线完全，与背缘平行。背鳍棘强大，其起点在鳃盖边缘上方，前端有1向前倒棘，以第四鳍棘为最长。臀鳍小，起点与背鳍鳍条部相对，圆形。胸鳍小，末端圆形。尾鳍圆形。体侧有3条黑色斜宽带。各鳍均为灰褐色，边缘下呈黑色。腹腔膜和鳃腔均为白色。

生态习性 暖温性近海中小型鱼类。主要栖息于水深3～50 m的礁岩区或是沙泥地的交会区，喜好成群游动，白天躲藏在洞穴中，夜间外出捕食。一般体长在400 mm以下。肉食性，主要以底栖甲壳类、鱼类及贝类等为食。

渔业利用 常见食用鱼类。

地理分布 我国沿海均有分布，舟山海域常见。

斜带髭鲷

217 三线矶鲈

Parapristipoma trilineatum (Thunberg, 1793)

英文名 Chicken grunt

地方名 三线鸡鱼

分类地位 辐鳍鱼纲 Actinopterygii，鲈形目 Perciformes，石鲈科 Haemulidae

形态特征 体较长，侧扁，体背面较狭，腹面圆钝，背缘弯曲呈弓状，尾柄长而侧扁。头中等大，其长微小于体高。眼侧上位。口端位，微倾斜。上下颌约等长，上下颌齿细小，绒毛状，外列齿大。前鳃盖骨后缘具细锯齿，颏孔1对。体被细栉鳞，胸鳍与腹鳍外侧具腋鳞。侧线完全，几呈直线，后端延达尾鳍上。背鳍鳍棘部与鳍条部连续完全，中间无缺刻，鳍棘尖锐，在基部有2行小鳞形成浅的背沟，鳍棘折叠时，部分可收藏于沟中。尾鳍分叉较浅。体背部棕灰色，腹部白色。幼鱼体侧有2条深棕灰色纵带与浅灰白色带相间隔，成鱼时不明显。成鱼的背鳍鳍棘部、胸鳍及臀鳍为金黄色。

生态习性 暖温性中型鱼类。主要栖息于暖水、高盐度的岩礁外围宽阔水域，也喜欢出没在人工鱼礁的周边海域，常常是人工鱼礁区的优势鱼种之一。通常成群游动，数量众多，具有在近海和外海之间洄游的习性。一般体长在400 mm左右，最大可达600 mm。以水层中的浮游生物为主食。

渔业利用 较名贵食用鱼类。

地理分布 我国分布于东海及南海，舟山海域少见。

三线矶鲈

218 大斑石鲈
Pomadasys maculatus (Bloch, 1793)

英文名 Saddle grunt

地方名 斑鸡鱼、石鲈

分类地位 辐鳍鱼纲 Actinopterygii，鲈形目 Perciformes，石鲈科 Haemulidae

形态特征 体呈长椭圆形，侧扁，体背面较狭，腹面圆钝。体高以背鳍起点处为最高，尾柄侧扁，其长稍大于高。头中等大，吻钝尖。眼侧上位。口端位，微斜，上颌稍长于下颌，上下颌齿细小，绒毛状，外列齿大。前鳃盖骨边缘具细锯齿，颏孔1对。体被弱栉鳞，背鳍、臀鳍基底均有鳞鞘。侧线完全，与背缘平行，后端达尾鳍基上。背鳍鳍棘部与鳍条部相连，中间有1凹陷；平卧时背鳍各鳍棘左右交错，部分可收藏于鳞鞘的沟中。胸鳍位低呈镰状，尾鳍浅凹形。体背部灰褐色，腹部银白色，体侧一般具4大黑斑，第一黑斑最大，从背部看呈马鞍形。第四至第八背鳍鳍棘间有1黑色椭圆形大斑。尾鳍灰色，臀鳍、胸鳍、腹鳍均为黄色。

生态习性 暖温性近海中型鱼类。主要栖息于沿岸靠近礁石的沙泥底质海域。最大体长可达593 mm，重3200 g。以小型鱼类、甲壳类以及底栖软体动物为食。

渔业利用 食用鱼类。

地理分布 我国分布于东海及南海，舟山海域偶见。

保护现状 2009年IUCN评估为无危物种。

大斑石鲈

（九十九）金线鱼科 Nemipteridae

体延长，侧扁。头中大。口中大，端位，稍倾斜，前颌骨稍能伸出，上颌骨被眶前骨所盖。两颌前方具圆锥形犬齿，两侧齿细小、尖锐，犁骨、腭骨及舌上均无齿。前鳃盖骨后缘常具细锯齿，鳃盖骨棘弱，不明显。鳃盖膜分离，不与颊部相连。具假鳃。鳃耙短小。体被弱栉鳞，头部鳞片开始于眼间隔中部后方。侧线完全。背鳍鳍棘部与鳍条部完全连续，无缺刻。胸鳍中长，略呈镰形。腹鳍位于胸鳍下方，第一鳍条常呈丝状延长。尾鳍分叉，有些种类上叶或上下叶末端呈丝状延长。

219 金线鱼

Nemipterus virgatus (Houttuyn, 1782)

英文名 Golden threadfin bream

地方名 金线鱼

分类地位 辐鳍鱼纲Actinopterygii，鲈形目Perciformes，金线鱼科Nemipteridae

形态特征 体延长，侧扁，背腹面皆圆钝，尾柄侧扁。头中等大，背腹面微凸，两侧平坦。吻钝尖。眼中等大，侧上位。眼间隔宽，微凸起。口中等大，稍倾斜。两颌齿细尖，呈圆锥状。前鳃盖骨下缘平滑。体被栉鳞，侧线完全，与背缘并行。背鳍连续而无深刻。尾鳍分叉。生活时全身为浅红色。头部上方及体背呈粉红色，腹部为银白色，体侧具5～6条金黄色纵带；侧线起始处下方具1小而呈长卵形的淡红色斑。背鳍为淡粉红色，基部有1条黄色纵纹，另具带红色光泽的鲜黄色缘。臀鳍中部有2黄条。尾鳍上叶丝状延长呈黄色。

生态习性 暖温性中小型鱼类。栖息于大陆架缘18～33 m深的沙泥底质海区，最深可达220 m。一般体长在350 mm以下。以甲壳类、头足类或其他小型鱼类为食。

渔业利用 常见食用鱼类。

地理分布 我国分布于黄海、东海及南海南部，舟山海域常见。

保护现状 2009年IUCN评估为易危物种。

金线鱼

（一〇〇）裸颊鲷科 Lethrinidae

体呈长椭圆形，侧扁。头中大，头顶裸露或被鳞。吻稍尖。口中大，前位，上颌骨为眶前骨所遮盖。两颌具锥状齿，前端具犬齿或无。犁骨、腭骨和舌上均无齿。前鳃盖骨边缘光滑或具细齿。鳃盖骨具1扁棘。鳃盖膜不与颊部相连。鳃耙退化，呈结节状。被中大或小型弱栉鳞。侧线完全。背鳍鳍棘部与鳍条部相连。腹鳍胸位，具1棘5鳍条。尾鳍叉形。

220 灰裸顶鲷

Gymnocranius griseus (Temminck & Schlegel, 1843)

英文名 Grey large-eye bream

地方名 裸顶鲷

分类地位 辐鳍鱼纲 Actinopterygii，鲈形目 Perciformes，裸颊鲷科 Lethrinidae

形态特征 体呈椭圆形，侧扁，腹面圆钝，背腹缘均呈弓状弯曲。头中等大、眼较大，距鳃盖后缘较距吻端为近，眼间隔平，其宽略大于眼径。口较小，微斜，上下颌等长。上、下颌前端有2或3对犬牙，两颌外行为1列圆锥牙。体被弱栉鳞，头部除鳃盖部、上颅骨部及颊部以外，皆裸露无鳞。侧线完全，与背缘平行。背鳍鳍棘部与鳍条部相连，臀鳍鳍条部与背鳍鳍条部相对。胸鳍位低而短，尾鳍叉形。生活时体呈棕灰色，在吻端、眼间隔及眼下方各有1条深色带，此带在幼鱼时明显，成鱼时消失。体侧具5～8个横向黑色斑。液浸标本为灰褐色，体侧具深褐色横带。

生态习性 暖温带较深海中小型鱼类。主要栖息于沿岸及近海礁岩外缘的沙地上或碎石区的水域，栖息深度可达80 m。一般体长在350 mm以下。主要以底栖甲壳类、头足类或其他小型鱼类为食。

渔业利用 较名贵食用鱼类。

地理分布 我国分布于东海及南海，舟山海域偶见。

保护现状 2015年IUCN评估为无危物种。

灰裸顶鲷

（一〇一）鲷科 Sparidae

体呈卵圆形或椭圆形，侧扁。一般背缘圆凸，腹缘较平直。头大或中大，上枕骨嵴发达，额骨分离或愈合。吻短钝。口小，前位。上颌可伸出，上颌骨大部或全部被眶前骨遮盖。齿强，两颌前端具犬齿、圆锥状齿或门齿，两侧具臼齿或颗粒状齿，犁骨、腭骨及舌上均无齿。鳃孔大。鳃盖骨后缘具1扁平钝棘。鳃盖膜分离，不与颊部相连。具假鳃。鳃耙不发达。体被弱栉鳞或圆鳞，颊部和头顶部具鳞。背鳍1个，中间无缺刻。臀鳍具3棘，第二鳍棘一般最强。胸鳍尖长，下侧位。腹鳍胸位，具1鳍棘。尾鳍分叉。

221 黄鳍棘鲷
Acanthopagrus latus (Houttuyn, 1782)

英文名 Yellowfin seabream

地方名 黄鳍鲷

分类地位 辐鳍鱼纲 Actinopterygii，鲈形目 Perciformes，鲷科 Sparidae

形态特征 体呈长椭圆形，侧扁，体背面狭窄，腹面圆钝，弯曲度小。眼侧位，眼间隔微凸。上下颌约等长，上颌后端达瞳孔前缘下方。前鳃盖边缘平滑，鳃盖后缘具1扁平钝棘。体被薄栉鳞，背鳍及臀鳍鳍棘部具发达鳞鞘，侧线完全，与背缘平行。背鳍鳍棘部与鳍条部相连，中间无缺刻，平卧时鳍棘可收藏于鳞鞘沟中。尾鳍叉形。生活时体呈青灰色而带黄色，体侧有若干条灰色纵走线，背鳍、臀鳍1小部分及尾鳍边缘为灰黑色，腹鳍、臀鳍下叶为黄色。液浸标本黄色消失。

生态习性 暖温性中小型鱼类。主要栖息在沙泥底质的沿岸海区，偶会进入河口或淡水域中。幼鱼时期栖息在湾内平缓的半淡咸水域。一般体长在500 mm以下。以多毛类、软体动物、甲壳类、棘皮动物及其他小型鱼类为主食。

渔业利用 较名贵食用鱼类。

地理分布 我国分布于黄海、东海及南海，舟山海域常见。

黄鳍棘鲷

222 黑棘鲷
Acanthopagrus schlegelii (Bleeker, 1854)

英文名 Blackhead seabream

地方名 黑鲷

分类地位 辐鳍鱼纲Actinopterygii，鲈形目Perciformes，鲷科Sparidae

形态特征 体呈长椭圆形，侧扁，体背面狭窄，腹面圆钝，近于平直。头中等大。吻钝尖。眼侧位而高。眼间隔宽，眼径较大。上下颌约等长，上、下颌前端均具圆锥齿2～3对，犁骨、腭骨及舌上无牙。左右骨分离。体被中等大弱栉鳞，颊部具鳞7行，背鳍及臀鳍棘部有发达的鳞鞘。侧线完全，弧形，与背缘平行。背鳍鳍棘部与鳍条部相连，中间无缺刻，平卧时各鳍棘左右交错可收于鳞鞘沟中。腹鳍较短小。尾鳍叉形。体灰黑色，带有银色光泽，有若干条不太明显的暗褐色横带。除腹鳍外，各鳍边缘为黑色。

生态习性 广温、广盐性中型鱼类。常在港湾、蚵棚、红树林或堤防区的消波块附近活动，行动极为敏捷。冬季集结至河口周边海域繁殖产卵，春季时幼鱼开始出现在河口水域。性成熟过程具有明显的性逆转现象。最大体长可达500 mm。成鱼以贝类和小鱼虾为主食。

渔业利用 较名贵食用鱼类。

地理分布 我国分布于黄渤海、东海及南海，舟山海域少见。

保护现状 2009年IUCN评估为无危物种。

黑棘鲷

223 二长棘犁齿鲷
Evynnis cardinalis (Lacepède, 1802)

英文名 Threadfin porgy

地方名 二长棘鲷

分类地位 辐鳍鱼纲Actinopterygii，鲈形目Perciformes，鲷科Sparidae

形态特征 体呈椭圆形，侧扁，背面狭窄，腹缘圆钝。头中大，前端甚钝。眶前骨宽，边缘平滑无锯齿。上颌前端具犬齿4枚，下颌前端具犬齿6枚，两侧具臼齿与上颌同。犁骨、腭骨及舌上均无齿。前鳃盖骨后缘平滑，鳃盖骨具1扁平钝棘。鳃耙短小，背鳍第三、四棘均呈丝状延长，胸鳍位低，长而尖。腹鳍位于胸鳍基下方。尾鳍叉形。生活时体呈黄色，腹部较淡，体侧具不明显蓝色纵带。

生态习性 暖水性中小型鱼类。主要栖息于大陆架水深30～200 m的沙泥底质海区。一般体长在400 mm以下。以甲壳类、软体动物及小型鱼类等底栖动物为食。

渔业利用 较名贵食用鱼类。

地理分布 我国分布于东海和南海，舟山海域少见。

保护现状 2009年IUCN评估为濒危物种。

二长棘犁齿鲷

224 真赤鲷
Pagrus major (Temminck & Schlegel, 1843)

英文名 Red seabream

地方名 真鲷

分类地位 辐鳍鱼纲 Actinopterygii，鲈形目 Perciformes，鲷科 Sparidae

形态特征 体呈长椭圆形，侧扁，背面圆钝。头大，前端稍尖。眼中等大。眼间隔宽，隆起，稍大于眼径。口前位，上颌前端具犬齿4枚，两侧具臼齿2列，下颌前端具犬齿6枚，两侧具臼齿2列。左右额骨并为一整块，骨厚，前端圆形。体被薄栉鳞，背鳍及臀鳍基部均具鳞鞘，基底被鳞。侧线完整，位高，呈弧形，与背缘平行。背鳍鳍棘部与鳍条部相连，中间无缺刻，平卧时各鳍棘左右交错，可收于鳞鞘形成的沟中。腹鳍较小，胸位，起点在胸鳍基略后下方。尾鳍叉形。生活时全体呈淡红色，背部零星分布有蓝色的小点，随成长会逐渐消失，尾鳍边缘为黑色。

生态习性 暖水性大中型底层鱼类。通常栖息于30 m以下的沙砾及沙泥质海区，喜集群，游泳迅速，生殖季节游向近岸，通常为群栖性，会随着季节改变而成群洄游，变换其栖所。性凶猛，主食贝类和甲壳类动物。

渔业利用 名贵鱼类，目前已有人工网箱养殖。

地理分布 我国沿海均有分布，舟山海域习见。

保护现状 2009年IUCN评估为无危物种。

真赤鲷

225 平鲷

Rhabdosargus sarba (Forsskål, 1775)

英 文 名 Goldlined seabream

地 方 名 黄锡鲷

分类地位 辐鳍鱼纲 Actinopterygii，鲈形目 Perciformes，鲷科 Sparidae

形态特征 体呈长椭圆形，侧扁，背缘深弧形，较窄，腹面圆钝，近于平直。头大，背面隆起极高，吻钝。眼侧位。口小，上、下颌前方具门齿各6枚，上颌两侧具臼齿5行，下颌两侧具臼齿3行。左右额骨分离，多孔。前鳃盖骨后缘光滑，鳃盖骨后缘具扁平棘。体被中等大薄圆鳞，鳍条基底被鳞，背鳍及臀鳍棘基部有发达的鳞鞘。侧线完全，位高，与背缘平行。背鳍鳍棘部与鳍条部相连，平卧时各鳍棘左右交错，可收于鳞鞘沟中。尾鳍叉形。体背呈青灰色，腹面颜色较淡，体侧有若干条暗色纵带，侧线起点处有数枚鳞片的边缘为黑色，形成1规则的黑斑。

生态习性 温热带中大型鱼类。主要栖息于沿岸岩礁区或礁沙交错处，亦常进入河口沼泽域活动。幼鱼时，常出现于河口，随着成长而逐渐向深处移动，具群居性。最大记载体长达800 mm，重12 kg。以软体动物等无脊椎动物为食。

渔业利用 较名贵食用鱼类。

地理分布 我国沿海均有分布，舟山海域少见。

平鲷

（一〇二）马鲅科 Polynemidae

体延长，侧扁。头中大。吻圆凸。眼大，完全被脂眼睑所盖。口大，下位，前颌骨可伸出，无辅上颌骨，颌骨长，后部宽大，可伸至眼后缘下方。上下颌、犁骨和腭骨具绒毛状齿。鳃裂大，鳃盖膜不与峡部相连。鳃耙细长。体被栉鳞。侧线完全。背鳍2个，分离。臀鳍与第二背鳍相对、同形。腹鳍亚胸位，接近胸鳍。胸鳍下侧位，上部鳍条正常，下部鳍条游离呈丝状。尾鳍分叉。

226 四指马鲅

Eleutheronema tetradactylum (Shaw, 1804)

英文名 Fourfinger threadfin

地方名 獐跳、午鱼(台湾)

分类地位 辐鳍鱼纲 Actinopterygii，鲈形目 Perciformes，马鲅科 Polynemidae

形态特征 脂眼睑发达，覆盖整个眼睛。齿细小，绒毛状，上下颌齿带细狭，腭骨齿带排列成1纵带。鳞为栉鳞，头除吻侧和峡部外全部被鳞，第二背鳍、臀鳍及尾鳍均被细鳞。侧线平直，伸达尾鳍基底。胸鳍低位，胸鳍下部具4枚游离鳍条。尾鳍大，深叉形，上下叶均尖长。体淡黄色或金黄色，前端侧线具1污斑，头后侧线上有1黑色网纹状斑块。各鳍灰色而略带黄色，边缘和端部黑色，胸鳍游离鳍条和腹鳍黄色，腹膜浅黑色。

生态习性 沿岸水域常见鱼类。幼鱼主要栖息于河口，成鱼则生活于近海。个性凶猛，具群栖性，常成群洄游，有季节洄游的习性，会随着渔期到来而大量涌现。最大体长可达1 m。以其他鱼类、虾类为食。

渔业利用 较名贵食用鱼类。

地理分布 我国沿海均有分布，舟山海域少见。

四指马鲅

227 黑斑多指马鲅
Polydactylus sextarius (BlochetSchneider, 1801)

英文名 Blackspot threadfin

地方名 六指马鲅、多指马鲅、黑斑马鲅

分类地位 辐鳍鱼纲Actinopterygii，鲈形目Perciformes，马鲅科Polynemidae

形态特征 体延长，侧扁。头钝圆，吻短而圆突，脂眼睑很发达，覆盖整个眼睛。口大，下位。齿细小，绒毛状，上下颌齿带细狭，腭骨齿带排列成1纵带，犁骨无齿。鳞为栉鳞，头除吻侧和峡部外全部被鳞，第二背鳍、臀鳍及尾鳍均被细鳞。侧线平直，伸达尾鳍基底。胸鳍低位。尾鳍大，深叉形，上下叶均尖长。体淡黄色或金黄色，前端侧线具1污斑，头后侧线上有1黑色网纹状斑块。各鳍灰色而略带黄色，边缘和端部黑色，胸鳍游离鳍条和腹鳍黄色，腹膜浅黑色。

生态习性 大陆架附近中小型鱼类，主要栖息于沙泥地混浊水域或珊瑚礁干净水域，不过大多在沙泥底质环境常见，河口、港湾、红树林等海域也能发现其踪迹，常成群洄游。雌雄同体，雄性先成熟。最大体长为300 mm。以浮游动物、甲壳类、鱼类和沙泥地中的软体动物为食。

渔业利用 小型食用鱼类。

地理分布 我国分布于东海及南海，舟山海域偶见。

黑斑多指马鲅

（一〇三）石首鱼科 Sciaenidae

体延长，侧扁。头中大，圆钝或尖突，额骨及前鳃盖骨的黏液腔一般很发达。吻中长，吻孔4～6个。眼中大或小，位于头的前半部。口端位或下位，口裂或斜或平。牙一般细小，列成牙带，犁骨、腭骨及舌上均无牙。前鳃盖骨边缘常具细弱锯齿。鳃盖骨具1～2扁棘。具假鳃。体被圆鳞或栉鳞，背鳍、臀鳍的鳍条和鳍膜上常被小圆鳞，侧线鳞常延伸至尾梢。背鳍一般连续，两背鳍间常有1深凹。臀鳍常具2鳍棘。尾鳍呈尖形、楔形、截形或双凹形。鳔一般很发达，呈圆筒形，后部尖细，有时前部两侧向后延长成管状，或向外突出成囊状；鳔侧常具多对侧支，耳石大型，背面常有颗粒凸起或嵴状隆起，腹面有1蝌蚪形印迹。

228 日本白姑鱼

Argyrosomus japonicus (Temmick & Schlegel, 1843)

英文名 Japanese meagre

地方名 白鮸、日本黄姑鱼

分类地位 辐鳍鱼纲Actinopterygii，鲈形目Perciformes，石首鱼科Sciaenidae

形态特征 体延长侧边，背腹部浅弧形。吻尖突，吻上具4小孔，分上下两行排列。口大，上颌外行齿较大。颏孔6个，无颏须。侧线平直。鳔较小，前端圆形，不突出成短囊，鳔侧具26对侧支，有腹分支，无背分支。耳石尾端弯向外缘。体黑褐色，与鮸鱼相似，但银色光泽更明显。背鳍鳍棘部和鳍条部之间具1凹陷，第一鳍棘短小，第三鳍棘最长。臀鳍第一鳍棘短小，第二鳍棘强大。胸鳍较短，约等于眼后头长。尾鳍双凹形。背鳍边缘为黑色，胸鳍腋部具1黑斑。

生态习性 暖温性近海中下层大型食用海鱼。主要栖息于河川下游、河口区、礁石区及深达150 m的大陆架区。有记载最大体长可达1810 mm，重75 kg，常见体长为800～1000 mm。主要以鱼、虾、蟹及蠕虫等底栖生物为食。

渔业利用 较名贵食用鱼类。

地理分布 我国分布于东海、台湾海域及南海，舟山海域偶见。

保护现状 2018年IUCN评估为濒危物种。

日本白姑鱼

229 黑姑鱼

Atrobucca nibe (Jordan & Thompson, 1911)

英文名 Blackmouth croaker

地方名 黑姑鱼

分类地位 辐鳍鱼纲 Actinopterygii，鲈形目 Perciformes，石首鱼科 Sciaenidae

形态特征 体延长，侧扁，背腹缘浅弧形。头中大，侧扁，背面隆起，吻钝尖，吻上具4小孔，吻褶完整。口大，唇薄。齿细小，上颌外行齿及下颌内行齿较大。存在假鳃。胸鳍尖形，短于头长。尾鳍尖长稍呈楔形。鳔呈圆筒形，较小，前部不向两侧突出，鳔侧具树支状侧支，每一侧支具背分支和腹分支。背侧面灰黑色，胸鳍腋部黑色，口腔及鳃腔黑色。

生态习性 近海暖水性底层中型鱼类。喜栖息于水深60～80 m的沙泥质底海区。繁殖季在夏初，每年6～7月在福建闽东渔场及浙江南部沿海产卵，常会大量集结。稚鱼于第二年秋季在浙江韭山列岛及福建台山列岛一带出现。一般体长在450 mm以下。肉食性，以鹰爪虾、鼓虾、细螯虾、海胆以及小型鱼类为食。

渔业利用 是拖网渔业重要渔获物之一，盛产期在5～8月，为次要食用鱼类。

地理分布 我国分布于黄海南部和东海、台湾海域，舟山海域少见。

保护现状 2018年IUCN评估为无危物种。

黑姑鱼

230 黄唇鱼

Bahaba taipingensis (Herre, 1932)

英文名 Chinese bahaba

分类地位 辐鳍鱼纲Actinopterygii，鲈形目Perciformes，石首鱼科Sciaenidae

形态特征 体延长，侧扁，背部隆起，腹部广圆。头重大，少侧扁。吻钝尖，吻褶边完整，不游离成吻叶。眼在头的前半部，口裂颇斜，口闭时上下颌约相等，口开时下颌突出于上颌前方。尾鳍尖圆（幼体）或楔形，尾柄细长。鳔中大，圆筒形，前端宽平，端侧向后管状延长，约与鳔等长，鳔的后端短而细尖，鳔侧无侧支。体背侧灰棕带橙黄色，腹侧灰白色，胸鳍基部腋下有1黑斑，背鳍鳍棘部及鳍条部边缘黑色。

生态习性 近海暖温性底层大型鱼类。幼时栖于河口咸淡水区或沿岸浅水区，也能生活在江河下游，成鱼则栖息于水深50～60 m的外海，以虾、蟹等甲壳类及小鱼为食。幼体以虾类为饵，一般只见于长江口以南各处。记载最大个体体长达2000 mm，重100 kg。

渔业利用 大型鱼类，尤以鳔更为名贵。

地理分布 我国分布于东南沿海，为我国特有种，近年来在舟山海域已属罕见。

保护现状 2019年IUCN评估为极危物种，国家一级重点保护野生动物。

黄唇鱼

231 尖头黄鳍牙鰔

Chrysochir aureus (Richardson, 1846)

英文名 Reeve's croaker

地方名 尖头黄姑鱼

分类地位 辐鳍鱼纲 Actinopterygii，鲈形目 Perciformes，石首鱼科 Sciaenidae

形态特征 体延长，侧扁，背部略成弧形，腹部较平直。头中大，侧扁。吻尖凸，大于眼径，吻褶游离。口裂稍斜，上颌稍长于下颌，上颌骨后端伸达眼后缘下方。上下颌具稀疏外露犬齿，无颏须，侧线弧形。背鳍连续，鳍棘部与鳍条部之间具1深缺刻。胸鳍尖长，大于眼后头长。腹鳍位于胸鳍基底后下方，短于胸鳍。尾鳍楔形。鳔大，前部无突出侧囊，前端圆形，后端细长，侧肢无背分支。耳石长形，末端弯向耳石外缘。体背侧淡黄色，腹部及胸鳍、臀鳍金黄色。胸鳍、臀鳍具许多黑色小点，尾鳍稍带黑色。

生态习性 近海暖水性底层中小型鱼类。一般体长在300 mm以下，以鱼类、虾、蟹及底栖动物等为食。

渔业利用 传统食用鱼类。

地理分布 我国分布于东海南部及南海，舟山海域常见。

保护现状 2019年IUCN评估为无危物种。

尖头黄鳍牙鰔

232 棘头梅童鱼

Collichthys lucidus (Richardson, 1844)

英文名 Spinyhead croaker

地方名 细眼梅童、大头梅童

分类地位 辐鳍鱼纲Actinopterygii，鲈形目Perciformes，石首鱼科Sciaenidae

形态特征 体延长，侧扁，背部浅弧形，腹部平圆，尾柄细长。头大而圆钝，额部隆起，黏粘液腔发达，头部枕骨棘棱显著。眼小，无颏须。鳃腔白色或灰白色，具假鳃。体及头部被薄小圆鳞，极易脱落，侧线发达，尾鳍尖形。鳔大，亚圆锥形，前端弧形，两侧不突出成短囊，鳔侧具21～22对侧支，各侧支分为背分支和腹分支，腹分支也分出许多小支。耳石印迹头区圆形，尾端亦为圆形。背侧面灰黄色，腹侧面金黄色，尾鳍末端黑色，各鳍淡黄色，鳃腔白色或灰色。

生态习性 暖温性近海中上层小型食用鱼类。栖息于水深20 m左右的沙泥质海区。体长一般为80～160 mm。以毛虾等小型甲壳类为食。群聚性较弱。

渔业利用 多以底拖网及定置网所获，为小型但名贵鱼类。

地理分布 我国沿海均有分布，舟山海域常见。

保护现状 2019年IUCN评估为无危物种。

棘头梅童鱼

233 黑鳃梅童鱼
Collichthys niveatus Jordan & Starks, 1906

英文名 Bighead croaker

地方名 老鼠嘴

分类地位 辐鳍鱼纲 Actinopterygii，鲈形目 Perciformes，石首鱼科 Sciaenidae

形态特征 体长而侧扁，背部弧形，腹部较平直，尾柄细长。头大而圆钝，额部隆起，高低不平，黏液腔发达，枕骨棘棱显著，呈马鞍状。前鳃盖骨边缘无细锯齿。鳃盖骨后上缘有1软弱扁棘。鳃腔上部为深黑色。体腔大。头及全身均被圆鳞，鳞片大而薄，易脱落。侧线明显。胸鳍尖长，超过腹鳍尖端。尾鳍尖形。鳔大，前端弧形，两侧不突出成短囊，鳔侧具14～15对侧支，各侧支分为背分支和腹分支。脊椎背侧面灰黄色，腹侧面金黄色，腹膜色浅。

生态习性 暖温性小型鱼类。为黄海及东海常见小型鱼类，尤以长江口以北水域较多。一般体长为80～120 mm。其他习性不详。

渔业利用 小型食用鱼类，具一定产量。

地理分布 我国分布于黄海及东海，舟山海域常见。

保护现状 2016年IUCN评估为无危物种。

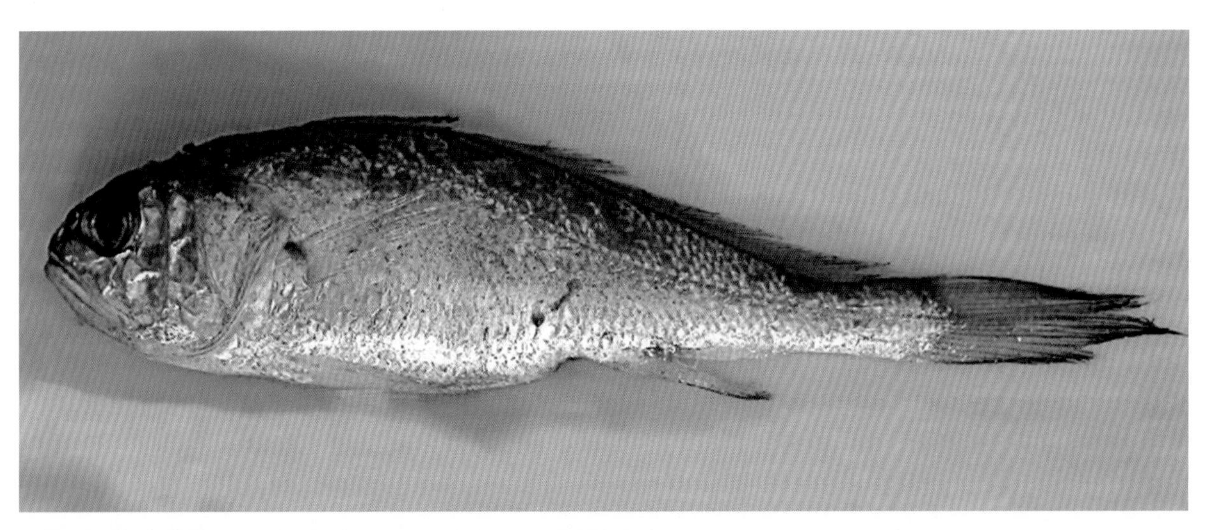

黑鳃梅童鱼

234 皮氏叫姑鱼
Johnius belangerii (Cuvier, 1830)

英文名 Belenger's croaker

地方名 巴拉格、高老婆子、叫姑鱼

分类地位 辐鳍鱼纲 Actinopterygii，鲈形目 Perciformes，石首鱼科 Sciaenidae

形态特征 体延长而侧扁，背部轻微隆起，腹部圆钝，尾柄细长。头侧扁，短而圆钝，突出。吻圆钝，吻褶边缘游离分为4吻叶，具5小孔。口小，下位。体被栉鳞，吻及颊部具小圆鳞。侧线完全，伸达尾鳍后端。鳔中大，圆筒形，前部两侧突出成锤形侧囊，后端尖细而长，侧肢具腹分支，无背分支。体灰褐色，背部深暗。背鳍鳍棘部边缘为黑色，背鳍鳍部上端、鳍条各部上缘及基部不具黑斑、黑缘或黑色条纹。

生态习性 暖温带近海底栖性小型鱼类。主要栖息于沿岸水深约20 m以内的沙泥底质水域。具夜行性，有昼夜垂直移动的习惯。生殖期在4～7月，产卵期间栖于海水平静、透明度低、营养丰富的河口浅水区。鳔能发声，尤其在生殖期间，声音特别响，发出如蛙鸣般的声音。一般体长在300 mm以下。肉食性，以底栖生物为食。

渔业利用 传统食用鱼类。

地理分布 我国分布于黄海、东海及南海，舟山海域常见。

保护现状 2019年IUCN评估为无危物种。

皮氏叫姑鱼

235 鳞鳍叫姑鱼
Johnius distinctus (Tanaka, 1916)

英文名 Ting's wak

地方名 叫姑鱼、丁氏叫姑鱼

分类地位 辐鳍鱼纲 Actinopterygii，鲈形目 Perciformes，石首鱼科 Sciaenidae

形态特征 体延长而侧扁，背腹部广弧形。头中大，稍尖凸，吻短而钝，吻褶边缘游离，吻叶不甚明显。眼在头的前半部，口裂斜，两颌约等长。口闭时上颌外行齿常外露。体及头部被栉鳞，眼间隔、吻、颊及鳃盖部均被圆鳞。鳔大，前端截形，后端延长成管状，前部两侧突出成锤形侧囊，耳石印迹头区半圆形，尾端扩大为圆锥形。背鳍鳍棘部上端具1黑斑，鳍条部上缘黑色，基部有1黑色条纹，尾鳍边缘浅黑色，其余各鳍浅灰色。眼黯色，鳃盖几全部黑色。

生态习性 暖温带近岸小型食用鱼类。主要栖息于沿岸水深1～40 m的沙泥底质水域，会进入河口区。具夜行性。鳔能发声，尤其在生殖期间，声音特别响，发出"咯咯"声。一般体长在220 mm以下。一般在底层活动觅食，肉食性，以底栖生物为食。

渔业利用 小型食用鱼类。

地理分布 我国分布于东海、台湾海域和南海，舟山海域偶见。

保护现状 2016年IUCN评估为无危物种。

鳞鳍叫姑鱼

236 大黄鱼

Larimichthys crocea (Richardson, 1846)

英文名 Large yellow croaker

地方名 黄鱼、黄花鱼、大黄花、细鳞

分类地位 辐鳍鱼纲Actinopterygii，鲈形目Perciformes，石首鱼科Sciaenidae

形态特征 体延长而侧扁，背腹缘均广弧形，尾柄细长。头侧扁，尖钝。枕骨嵴不显著。吻钝尖。齿细小，尖锐。尾柄细长，尾柄长为尾柄高的3倍多。体侧下部各鳞下均具1金黄色皮腺体。侧线完全，前部稍弯曲，后部平直。鳔大，前端圆形，两侧不突出，后端细尖，鳔侧具31～33对侧支，每一侧支具背分支及腹分支。腹分支下小支的前后两小支等长，互相平行。体呈金黄色，背鳍及尾鳍为灰黄色，唇为橘红色。

生态习性 暖温性近海集群洄游鱼类。栖息于水深80 m以内的沿岸和近海水域的中下层，偶能进入河口区。厌强光，喜混浊水流，黎明、黄昏或大潮时多上浮，白昼或小潮时则下浮至底层。鳔能发声，在生殖期会发出"咯咯"的声音，鱼群密集时的声音如水沸声或松涛声。生殖季节群聚洄游至河口附近或岛屿、内湾的近岸浅水域。最大体长可达800 mm。主要以小鱼及虾蟹等甲壳类为食。

渔业利用 野生种群为传统名贵鱼类，曾为我国"四大海产"之一，现为我国养殖规模最大的鱼种。

地理分布 为我国特有种，舟山海域常见。

保护现状 2016年IUCN评估为极危物种。

大黄鱼

237 小黄鱼
Larimichthys polyactis (Bleeker, 1877)

英文名 Yellow croaker

地方名 小鲜、黄鱼、粗鳞

分类地位 辐鳍鱼纲Actinopterygii，鲈形目Perciformes，石首鱼科Sciaenidae

形态特征 体延长而侧扁，背腹缘均广弧形。头大，尖钝，侧扁。枕骨嵴不显著。吻短而钝尖。齿细小，尖锐，颏孔不明显。尾柄比大黄鱼较粗，尾柄长为尾柄高的2.5倍左右。体前部及头部被圆鳞，尾鳍也被小圆鳞，体后部被栉鳞，侧线发达，前部稍弯曲，后部平直。鳔大，前部圆，两侧不突出，成短囊，鳔侧具26～32对侧支，每一侧支具背分支及腹分支。腹分支分上下两小支，下小支再分前后两小支，前小支细长，后小支短小，沿腹膜下延伸达腹面。体呈金黄色，各鳍为灰黄色，唇为橘红色。

生态习性 暖温性底层洄游鱼类。主要栖息于沿岸及近海沙泥底质水域，大多栖息于中底层，水深为20～100 m，偶会进入河口区。厌强光，喜混浊水流，黎明、黄昏或大潮时多上浮，白昼或小潮时则下浮至底层。鳔能发声，在生殖期会发出“咯咯”的声音，在鱼群密集时的声音如水沸声或松涛声。生殖季节在初夏，会群聚洄游至河口附近或岛屿、内湾的近岸浅水域，秋冬则游入较深海域。体长通常在400 mm以下。主要以小鱼及虾蟹等甲壳类为食。

渔业利用 曾为我国“四大海产”之一，但近年来种质出现退化，有明显的小型化、早熟化、低龄化现象。

地理分布 我国分布于渤海、黄海、东海以及台湾海域，舟山海域常见。

保护现状 2016年IUCN评估为无危物种。

小黄鱼

238 褐毛鲿鱼

Megalonibea fusca (Chu , Lo & Wu ,1963)

英文名 Dusky roncador

地方名 大鱼、毛鲿鱼

分类地位 辐鳍鱼纲 Actinopterygii，鲈形目 Perciformes，石首鱼科 Sciaenidae

形态特征 体延长，稍侧扁，背腹缘浅弧形。吻钝尖。鼻孔2个。上下颌齿细小，排列成齿带，犁骨及腭骨均无齿。舌端圆形，游离。体被栉鳞，除吻部、颊部无鳞外，全身被鳞。背鳍连续，鳍棘部和鳍条部之间具1深凹。胸鳍短。腹鳍短于胸鳍。尾鳍双凹形。体银灰，带橙褐色。鳃盖部分、前部背鳍基略金黄色。

生态习性 近海暖温性底层大型食用鱼类，终年可以捕获，以冬季及夏季较多。喜栖于岩礁和石砾底质的流急浅水水域，生活水深8～10 m。记载最大体长可达2000 mm，重60～100 kg。

渔业利用 20世纪70年代后资源锐减，现已无鱼汛。本种肉质稍粗糙，但其鳔颇为名贵，仅次于黄唇鱼鳔，为上等补品。

地理分布 为我国特有种，分布于黄海南部、东海及台湾海域。舟山海域罕见。

褐毛鲿鱼

239 鮸
Miichthys miiuy (Basilewsky, 1855)

英文名 Mi-iuy croaker

地方名 米鱼、鮸鱼

分类地位 辐鳍鱼纲 Actinopterygii，鲈形目 Perciformes，石首鱼科 Sciaenidae

形态特征 体延长而侧扁，背腹部浅弧形。头中大，较尖凸。口前位，唇较厚，口腔灰白色。上下颌约等长，口闭时上颌微突。除吻部及鳃盖骨被小圆鳞，颊部及上下颌无鳞外，全身皆被栉鳞。鳔大，圆锥形，前端不突出成短囊，后端尖细，每一侧支具背分支及腹分支，背分支和腹分支又分出细密小支，交叉成网状。体呈米白色或银灰色，腹部灰白色。背鳍棘上缘黑色。胸鳍腋部上方有1暗斑。其余各鳍灰黑色。

生态习性 暖温性中下层鱼类。主要栖息于15～70 m的大陆沿岸和近岸水域，喜分散活动，白天下沉，夜间上浮。有南北洄游的习性，每年秋冬游入较深海域或南下越冬，4～5月从深水游向近岸作生殖洄游。常见体长为300～700 mm，最大体长可达800 mm以上，最大体重可达17 kg以上。为近海常见大型食用鱼类，主要以小鱼及虾、蟹等甲壳类为食。

渔业利用 重要的经济鱼种。

地理分布 我国沿海均有分布，舟山海域常见。

鮸

240 黄姑鱼
Nibea albiflora (Richardson, 1846)

英文名 Yellow drum

地方名 黄婆鸡、黄鳃

分类地位 辐鳍鱼纲 Actinopterygii，鲈形目 Perciformes，石首鱼科 Sciaenidae

形态特征 体延长而侧扁，背部隆起，略呈浅弧形，腹部广弧形。头稍尖凸，吻短钝。上颌齿细小，外行齿较大，上颌口闭时不外露。体及头的后部被栉鳞。侧线发达，伸达尾鳍后端。鳔大，前端圆形，两侧不突出成短囊，具侧支，无侧囊和侧管，无背分支，具腹分支。耳石末端达耳石外缘。体金黄色或黄色，背侧面灰橙色，腹面银白色，背侧有许多灰色波状条纹，斜向前下方，不与侧线下方条纹连续。背鳍鳍棘上部晴褐色，鳍条部边缘黑色，每一鳍条基底有1黑色小点。

生态习性 暖温性近海中上层鱼类。生活水深21～35 m。主要栖息于沿岸较浅的沙泥底质海域，生殖季节会群聚洄游至岛屿、内湾的近岸浅水域，秋冬则游入较深海域或南下越冬。鳔能发声，在生殖期会发出“咯咯”的声音。体长一般为210～350 mm，最大体长可达430 mm，体重1.5 kg。以小型甲壳类及小鱼等底栖动物为食。

渔业利用 较名贵经济鱼类。

地理分布 我国沿海均有分布，舟山海域常见。

保护现状 2016年IUCN评估为无危物种。

黄姑鱼

241 双棘原黄姑鱼
Protonibea diacanthus (Lacépède, 1802)

英文名 Blackspotted croaker

地方名 双棘黄姑鱼、黑鮸

分类地位 辐鳍鱼纲 Actinopterygii，鲈形目 Perciformes，石首鱼科 Sciaenidae

形态特征 体延长，侧扁。吻短，圆钝。鼻孔2个，前鼻孔圆形，后鼻孔椭圆形。口端位。上颌外行齿较内行齿较大，排列稀疏，内行齿细小，呈带状齿群。下颌齿细小，内行齿大。腭骨及犁骨均无齿。体及头部皆被栉鳞。吻部被圆鳞，尾鳍楔形。背侧面暗褐色，腹部灰色，体侧有许多黑色斑点和斑块，排列成不规则斜带。胸鳍、腹鳍、臀鳍深黑色。背鳍和尾鳍具许多不规则黑斑，排列成不规则斜带。

生态习性 近海暖温性底层鱼类，栖息于水深90～100 m以内的沙泥底质海域。常见体长270～300 mm，记载最大体长可达1000 mm。以甲壳类及小型鱼类为食。春夏季常见于黄海南部，冬季以舟山外海及浙江南部较多。

渔业利用 本种为大型的海洋名贵鱼类，外形酷似鮸鱼，具有鱼体大、生长快、食性广、抗病力强等诸多优点。养殖一年体重可达2 kg，第二年增长4 kg，第三年达10 kg以上。肉质细嫩鲜美，鱼鳔可加工制作高级食品鱼胶，具滋补强身、消炎、止血等功效。是深水网箱适养鱼种，发展前景广阔。

地理分布 分布于我国沿海，野生种群少见。

保护现状 2018年IUCN评估为近危物种。

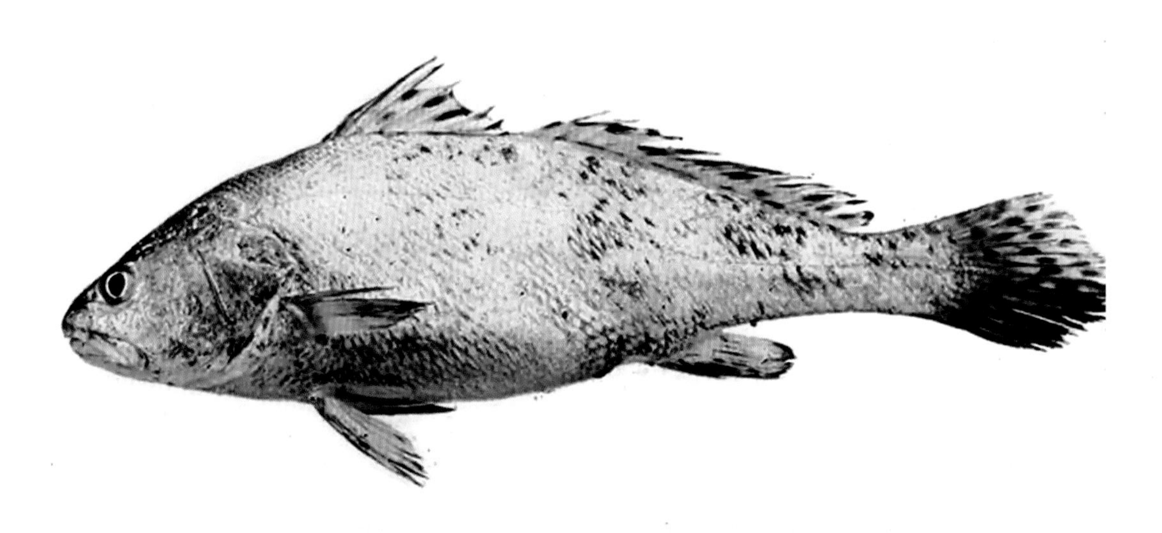

双棘原黄姑鱼

（一〇四）羊鱼科 Mullidae

体延长，稍侧扁，略呈长梭形。颏部稍后方具1对长须。头中大。眼上侧位，中大。吻圆钝，端位。口较小，上下颌齿细小，犁骨及腭骨齿或有或无。前鳃盖骨后缘光滑，鳃盖骨后缘具1弱扁棘。体被中大栉鳞，易脱落，侧线完全，侧线感觉管常分叉。背鳍2个，鳍棘细弱，腹鳍胸位，尾鳍分叉。体色一般为红色或黄色。

242 日本绯鲤

Upeneus japonicus (Houttuyn, 1782)

英文名 Japanese goatfish

地方名 羊鱼、条尾绯鲤

分类地位 辐鳍鱼纲 Actinopterygii，鲈形目 Perciformes，羊鱼科 Mullidae

形态特征 体延长，稍侧扁。头中等大，吻圆钝，眼大，侧位而高，距吻端与距鳃盖后缘约相等。鼻孔小，前后鼻孔分离远。口小，略倾斜，上颌稍长于下颌，上颌骨后端达眼前缘下方，下颌被于上颌之下。两颌齿细小，排列呈绒毛状，犁骨及腭骨也具细齿。颏部有2条长须，末端可达前鳃盖骨后缘。眼前部被鳞。侧线鳞感觉管分叉。生活时体玫瑰色，体上半部浅红色，下半部白色，头上半部与尾鳍下半部较红。腹部为浅黄色，各鳍淡黄色，两背鳍的鳍膜上各具2～3条浅黄色斜条，尾鳍上叶具3条浅褐色斜条，触须淡黄色。

生态习性 暖水性底栖小型鱼类。栖息于水深20～40 m的沿岸及近海沙泥底质海区，经常单独或成小群地寻找底栖软体动物、甲壳类及小型鱼类。一般体长在15 cm左右。

渔业利用 可食用鱼类。

地理分布 我国沿海均有分布，舟山海域少见。

日本绯鲤

243 四带绯鲤
Upeneus quadrilineatus Cheng & Wang, 1963

英文名 Four-stripe goatfish

地方名 羊鱼

分类地位 辐鳍鱼纲 Actinopterygii，鲈形目 Perciformes，羊鱼科 Mullidae

形态特征 体延长，稍侧扁，头中等大，吻短而钝，吻长略短于眼后头长。颏部有2条长须，末端可达前鳃盖骨后缘。头部在眼前部，无鳞。生活时体呈玫瑰红色，腹部浅黄色，两背鳍浅红色，第一背鳍与第二背鳍均具2条黄纹。臀鳍、腹鳍浅黄色，胸鳍、尾鳍淡红色，触须浅红色。体侧有4条并行的黄色狭纵带，尾鳍上叶具5条黄色斜纹，下叶边缘带黑的斜黄纹与上叶基部1斜纹相连续。

生态习性 热带及亚热带近海底层鱼类。常栖息于岩礁底质，一般体长在170 mm以下。通常以少数几尾或小群数洄游觅食。

渔业利用 可食用鱼类。

地理分布 我国分布于东海及南海，舟山海域少见。

四带绯鲤

（一〇五）鮀科 Kyphosidae

体呈椭圆形，侧扁。头小，背腹面隆起。吻圆钝。眼中大，侧位。口小，前位，上下颌几等长，上颌能伸缩，上颌骨部分为眶前骨所盖。颌齿多行，犁骨、腭骨及舌上无齿或具绒毛状齿。前鳃盖骨边缘光滑，或具细锯齿，鳃盖骨无棘，或具1～2钝棘。左右鳃盖膜愈合，不与颊部相连。具假鳃。体被栉鳞，不易脱落。侧线上侧位，完全，与背缘平行。背鳍1个，鳍棘部与鳍条部连续，无缺刻。胸鳍小或宽大，下侧位。腹鳍尖，位于胸鳍基后下方。尾鳍分叉。

244 斑鮍
Girella punctata Gray, 1835

英文名 Largescale blackfish

地方名 鮍鱼

分类地位 辐鳍鱼纲Actinopterygii，鲈形目Perciformes，鮀科Kyphosidae

形态特征 体侧扁，呈长椭圆形，头圆钝。体高以背鳍第六鳍棘处为最高，尾柄侧扁而短。上下颌前端的门齿具3尖头，能活动。犁骨、腭骨及舌上均无齿。前鳃盖骨上缘具弱小锯齿。头部被细鳞，其余部分皆裸露。尾鳍新月形。体呈绿褐色，各鳍为灰褐色，各鳞片皆有1小黑斑点，相连形成纵条纹。

生态习性 亚热带至热带近岸中型鱼类。主要栖息于岛礁附近，活动深度为1～30 m。日行性。产卵季在2～6月。最大体长可达500 mm。杂食鱼类，冬天以藻类为主食，夏天则捕食各种小型动物。

渔业利用 较名贵食用鱼类。

地理分布 我国主要分布于东海及南海，舟山海域偶见。

斑鮍

245 低鰭鮀

Kyphosus vaigiensis (Quoy & Gaimard, 1825)

英文名 Brassy chub

地方名 短鰭鮀

分类地位 辐鳍鱼纲 Actinopterygii，鲈形目 Perciformes，鮀科 Kyphosidae

形态特征 体侧扁，长椭圆形，背腹面弧形隆起。体高以背鳍第四鳍棘处为最高。上下颌门齿状，末端不分叉。犁骨、腭骨及舌上具细齿。头上除吻端外，其余部分皆被细鳞。体侧具有多条由鳞片色素形成的细纵纹。生活时体灰绿色，腹部色浅，自吻端沿眼下缘有1银色带，向后延伸至胸鳍基，各鳍棕灰色。

生态习性 温热带大中型鱼类。栖息于近海的岩礁区或海藻床，多活动于水深1～24 m的表层，日行性。最大体长可达700 mm。草食偏杂食性鱼类，主要以海藻为食，辅以小型无脊椎动物。

渔业利用 较名贵食用鱼类。

地理分布 我国分布于东海、台湾海域及南海，舟山海域偶见。

保护现状 2014年IUCN评估为无危物种。

低鰭鮀

246 细刺鱼
Microcanthus strigatus (Cuvier, 1831)

英文名 Stripey

地方名 柴鱼

分类地位 辐鳍鱼纲Actinopterygii，鲈形目Perciformes，鮀科Kyphosidae

形态特征 体呈卵圆形，极侧扁，头小，体背缘自眼中部上方急骤隆起，尾柄甚侧扁，尾柄高大于长。眼较大，侧上位。鼻孔2个，紧邻，位于眼前上缘，前鼻孔小，圆形，具鼻瓣，后鼻孔裂缝状。吻钝尖。两颌齿细密而尖锐，外列1行排列紧密，齿尖棕黄色。犁骨、腭骨及舌上均无齿。鳃孔大。具假鳃。鳃盖膜相连，不连于颊部，跨越颊部，形成1皮质。侧线在体中部具1弓状弯曲，在尾柄上平直达尾鳍基底。臀鳍第二鳍棘粗大，尾鳍浅凹形。体淡黄色，体侧有6条稍呈弧形的褐色纵带。

生态习性 暖水性小型鱼类。主要栖息于近岸岸礁区或潮间带。最大体长为160 mm。杂食性，以海藻及底栖动物为食。

渔业利用 细刺鱼体色鲜丽，似蝴蝶鱼，适合作水族观赏，亦可食用。

地理分布 我国分布于黄海、东海及南海，舟山海域常见。

保护现状 2018年IUCN评估为无危物种。

细刺鱼

（一〇六）鸡笼鲳科 Drepaneidae

体近菱形，侧扁。背缘隆起，背鳍起点处最高。头中大，吻短而斜高。眼中大，上侧位。口小，端位，能向前伸出。两颌齿细弱而尖，排列呈带状，犁骨、腭骨均无齿。前鳃盖骨下缘具锯齿。鳃盖膜与颊部相连。具假鳃。体被中大圆鳞。侧线弧形，与背缘平行。背鳍1个，中央具1缺刻，前方具1向前平卧棘。胸鳍尖长，长镰状，几可伸达尾鳍末端。腹鳍第一鳍条延长，具腋鳞。

247 条纹鸡笼鲳

Drepane longimana (Bloch & Schneider, 1801)

英文名 Concertina fish

地方名 鸡笼鲳

分类地位 辐鳍鱼纲 Actinopterygii，鲈形目 Perciformes，鸡笼鲳科 Drepaneidae

形态特征 体侧扁而高，近菱形。头中等大，头的高度大于长度。背缘陡高，腹缘较平直。吻短而高。眼侧位而高。鼻孔2个，相距稍远。口小，前位而甚低，两颌约等长，能向前呈管状伸出，上颌骨后端达眼前缘下方或稍后。两颌齿细弱，排列呈带状。犁骨与腭骨均无齿。鳃盖膜与颊部相连，但不横过颊部愈合成皮褶。除头部的腹面、吻、唇、眼间隔及眶下无鳞外，全体被圆鳞。背鳍具8鳍棘，以第三鳍棘最长。生活时体银灰色，腹部较淡，体侧有4～9条深蓝色横带，各鳍浅黄色，胸鳍淡黄色，尾鳍后缘略呈双截形。

生态习性 暖水性中小型底栖鱼类。主要栖息于沿海礁区及礁石与泥沙交错的海区，偶尔进入河口觅食，适盐性广，一般体长在200 mm左右。杂食性，主要以底栖无脊椎动物为食。

渔业利用 一般作为杂鱼销售。

地理分布 我国分布于东海及南海，舟山海域偶见。

条纹鸡笼鲳

248 斑点鸡笼鲳
Drepane punctata (Linnaeus, 1758)

英文名 Spotted sicklefish

地方名 鸡笼鲳

分类地位 辐鳍鱼纲 Actinopterygii，鲈形目 Perciformes，鸡笼鲳科 Drepaneidae

形态特征 体侧扁而高菱形，头中等大，头高大于头长，背缘陡高，腹缘较平。鼻孔2个，距离略远。前鼻孔呈圆孔状，后缘有瓣膜，后鼻孔裂缝状，紧临眼前缘。口小，前位而低，呈横裂状，两颌约等长，能向前呈管状伸出。两颌齿细弱而尖，排列呈带状，犁骨、腭骨均无齿。唇颇厚。头部具细髭1丛。鳃盖膜与颊部相连，且横过颊部愈合成皮褶。背鳍具9鳍棘，以第四鳍棘最长。生活时体呈淡蓝色，腹部较淡，体侧有4～10斜行排列的深蓝色斑点。各鳍黄绿色，仅背鳍鳍条部有2纵行颜色较深的斑点，尾鳍后缘略呈圆形。

生态习性 暖水性底栖中小型鱼类，主要栖息于沿海礁区及礁石与泥沙交错的海区，偶尔进入河口觅食，适盐性广。一般体长在150 mm左右，最大体长可达500 mm。杂食性，主要以底栖无脊椎动物为食。

渔业利用 一般食用鱼类。

地理分布 我国分布于东海、台湾海域及南海，舟山海域偶见。

斑点鸡笼鲳

（一〇七）蝴蝶鱼科 Chaetodontidae

体高，甚侧扁，近菱形或亚圆形。头小。吻尖凸。口小，端位，略能向前伸出。两颌齿细长，尖锐，呈刚毛状，腭骨无齿。鳃盖膜与颊部相连。体被中大或较小栉鳞。背鳍基底长，连续。臀鳍基底颇长，约与背鳍鳍条部相对。胸鳍基底长，镰刀状，或短小。腹鳍胸位。尾鳍一般截形或圆凸。体色艳丽。

249 朴蝴蝶鱼

Roa modesta (Temminck & Schlegel, 1844)

英文名 Brown banded butterfly fish

地方名 蝴蝶鱼

分类地位 辐鳍鱼纲 Actinopterygii，鲈形目 Perciformes，蝴蝶鱼科 Chaetodontidae

形态特征 体短而高，侧扁，亚圆形，背缘较腹缘弧度大，尾柄甚短小，其长小于高的1 /2。头颇小，背缘颇陡斜或眼前方凹下。眼较大，位于头侧正中。鼻孔2个，相距甚近，前鼻孔圆形，后缘有鼻瓣，后鼻孔略呈卵圆形。吻尖，口小，能略向前伸缩。腹鳍第一鳍条不延长。生活时体为黄色，体侧有4条浅蓝色、边缘呈深蓝色的宽带。背鳍鳍条前方有1个白色边的浅蓝色大斑点。背鳍鳍条与臀鳍鳍条边缘银灰色。胸鳍、腹鳍黄色。尾鳍截形，呈银灰色。

生态习性 暖水性中小型鱼。主要栖息于较深海的礁区，栖息深度可达200 m，但幼鱼及稚鱼也常活动于水深10 m左右的近海混水区。一般体长在170 mm以下。以小型甲壳类为主食。

渔业利用 常为底拖网渔获物，肉可食用。

地理分布 我国分布于东海、台湾海域及南海，舟山海域常见。

保护现状 2009年IUCN评估为无危物种。

朴蝴蝶鱼

（一〇八）五棘鲷科 Pentacerotidae

曾名帆鳍鱼科（Histiopteridae）。体高而侧扁，头部背面颅骨裸露，具辐射状突起。口中大，低位；唇厚，有绒毛状小髭。前颌骨稍能活动。两颌齿细小、尖锐、多行，排列不规则；犁骨、腭骨有时具齿，舌上无齿。鳃盖膜分离，不与颊部相连。体被栉鳞，颊部被细鳞。侧线完全，有1弧形弯曲。背鳍1个，很高大，鳍棘部与鳍条部相连。臀鳍短小，具2～5鳍棘。胸鳍略呈镰状。腹鳍具1长而粗壮鳍棘。尾鳍浅凹。

250 帆鳍鱼

Histiopterus typus Temminck & Schlegel, 1844

英文名 Sailfin armourhead

地方名 帆鳍鱼、五棘鲷、旗鲷

分类地位 辐鳍鱼纲 Actinopterygii，鲈形目 Perciformes，五棘鲷科 Pentacerotidae

形态特征 体高而侧扁，背面狭窄，呈弓状弯曲，体高以背鳍第三鳍条处为最高，腹面平坦，尾柄极短。头小，吻突出，圆锥形。眼大，眼上缘凸起。两颌齿为钝圆锥形，犁骨、腭骨及舌上均无齿。侧线弧形，与背缘并行。背鳍呈帆状，背鳍嵴占背部的全长，鳍条部发达，鳍条长大。体呈棕灰色，体侧隐具3～4条深褐色横纹。腹鳍为黑色，胸鳍及尾鳍为灰色。幼鱼背鳍、腹鳍及臀鳍的鳍膜具有椭圆形黑斑。

生态习性 暖水性中型鱼类。栖息于较深岩礁质的海域，栖息深度在400 m以上。体长一般在420 mm以下。以小型鱼类和甲壳类为食。

渔业利用 一般食用鱼类。

地理分布 我国分布于东海及南海，舟山海域常见。

帆鳍鱼

（一〇九）鯻科 Terapontidae

体呈长椭圆形，侧扁。眼间隔和后头部具骨质线纹，眶前骨后下缘具细锯齿。口前位，上下颌几乎等长，前颌骨可稍向前伸出，上颌骨大部分被眶前骨所盖。上下颌齿细小或尖锐侧扁，或齿端分叉，犁骨、腭骨齿有或无；舌面无齿。鳃孔大。前鳃盖骨边缘具细锯齿，鳃盖骨常具1强棘。鳃盖膜与峡部分离或相连。体被栉鳞，不易脱落。侧线完全。背鳍连续，中间缺刻深或浅。胸鳍圆形，下侧位。尾鳍分叉或内凹。

251 细鳞鯻
Terapon jarbua (Försskål, 1775)

英文名 Jarbua terapon

地方名 细鳞鯻

分类地位 辐鳍鱼纲 Actinopterygii，鲈形目 Perciformes，鯻科 Terapontidae

形态特征 体侧扁，长椭圆形，体背缘略狭，以背鳍起点处为最高。吻短钝，犁骨及腭骨具细绒毛齿。体被小栉鳞，侧线上鳞15～16。背鳍鳍棘部与鳍条部间缺刻深。背鳍鳍棘部具1大黑斑，鳍条部具2小黑斑。尾鳍分叉。体背部灰褐色，腹部乳白色，体侧有3条棕灰色弓形纵带，第三条纵带向后与尾鳍中央斑纹相连。尾鳍上叶尖端黑色，上下叶及尾鳍中央各具1黑色条纹。胸鳍浅灰色，臀鳍与腹鳍色浅。

生态习性 沿岸广盐性小型底层鱼类。主要栖息于沿海、河川下游及河口区沙泥底质海底。偏好小群活动，活动能力强。雄性亲鱼有护卵的行为。一般体长在300 mm以下。以小型鱼类、甲壳类及其他底栖无脊椎动物为食，也摄食一些藻类。

渔业利用 一般食用鱼类。

地理分布 我国主要分布于东海及南海，舟山海域常见。

保护现状 2016年IUCN评估为无危物种。

细鳞鯻

252 鯻

Terapon theraps Cuvier, 1829

英文名 Largescaled terapon

地方名 鯻鱼

分类地位 辐鳍鱼纲 Actinopterygii，鲈形目 Perciformes，鯻科 Terapontidae

形态特征 体侧扁，呈长椭圆形，背缘较狭窄，腹缘圆钝。头背面平滑，眼侧上位。口前位，犁骨、腭骨及舌上均无齿。上下颌齿外列1行微能活动。体鳞较大，侧线上鳞9～10。背鳍鳍棘部与鳍条部相连，中间缺刻深。尾鳍分叉。体背部为灰褐色，体侧有4条棕褐色纵带。背鳍鳍棘部和鳍条部各具1黑斑。尾鳍有5条黑色斑纹，中央斑纹不与体侧纵带相接。臀鳍鳍膜间为浅灰褐色，胸鳍与腹鳍色淡。

生态习性 热带及亚热带暖水性底栖小型鱼类。广盐性，主要栖息于沙泥底质的沿海及河口区域，一般活动于较浅水域，幼鱼及繁殖期常侵入河口内。一般体长在300 mm以下。以小型鱼类、甲壳类及其他底栖无脊椎动物为食。

渔业利用 一般食用鱼类。

地理分布 我国主要分布于东海南部及南海，舟山海域少见。

保护现状 2016年IUCN评估为无危物种。

鯻

（一一〇）石鲷科 Oplegnathidae

体短，侧扁而高，尾柄宽短。头短小，吻钝尖，眼小。口小，端位，不能伸出。上下颌齿愈合，形成坚固骨喙，腭骨无齿。鳃孔大。前鳃盖骨边缘具锯齿，鳃盖骨具1扁棘。鳃盖膜不与颊部相连。体被细小栉鳞。侧线完全。背鳍连续，鳍棘部长于鳍条部。臀鳍与背鳍鳍条部相对，基底短于背鳍鳍条部。胸鳍短圆。腹鳍胸位。尾鳍截形或浅凹。

253 条石鲷
Oplegnathus fasciatus (Temminck & Schlegel, 1844)

英文名 Barred knifejaw

地方名 七色

分类地位 辐鳍鱼纲 Actinopterygii，鲈形目 Perciformes，石鲷科 Oplegnathidae

形态特征 体稍延长，头后背缘略斜直。体被细小栉鳞，吻部无鳞，颊部具鳞。侧线弧形，与背缘平行。尾鳍截形。体呈灰褐色，体侧具7条黑色横带，无斑点，但随着生长有时横带会逐渐愈合，尤以幼鱼更为明显。背鳍、臀鳍和尾鳍边缘为黑色，胸鳍和腹鳍为黑色。

生态习性 暖水性近海岩礁区底层中型鱼类。幼鱼会随海藻漂流，成鱼则栖息在岩礁区。最大个体体长可达800 mm，重6.4 kg。强肉食性，齿锐利，常以贝类或海胆等为食，不畏棘刺，也有“海胆鲷”的俗名。

渔业利用 名贵食用鱼类。

地理分布 我国分布于黄海及东海海域，舟山海域常见。

条石鲷

254 斑石鲷
Oplegnathus punctatus (Temminck & Schlegel, 1844)

英文名 Spotted knifejaw

地方名 斑石鲷、斑鲷

分类地位 辐鳍鱼纲 Actinopterygii，鲈形目 Perciformes，石鲷科 Oplegnathidae

形态特征 体稍延长，侧扁而高，背缘在背鳍起点稍前及背鳍鳍条部起点处，腹缘在腹鳍附近、臀鳍鳍条部基底均形成1钝角，使体略呈钝角六边形。头小，吻短，前端稍尖。眼小，位于头侧。鼻孔2个，甚接近。口小，前位，不能伸缩。臀鳍第二棘最长，尾鳍后缘微凹。体灰白色，无黑色横带，密布杂乱的黑色斑点，腹鳍黑色。

生态习性 暖水性近海鱼类。一般栖息于岩礁区，幼鱼会随着海藻漂移。体长一般在150 mm左右，记载最大体长达860 mm，体重达12.1 kg。肉食性，齿锐利，以贝类或海胆等为食。

渔业利用 较名贵食用鱼类。

地理分布 我国分布于黄海及东海海域，舟山海域偶见。

斑石鲷

(一一一)唇指䱵科 Cheilodactylidae

体呈长椭圆形，侧扁，背面较腹面窄。眼中大，上侧位。口小，唇厚，前位。两颌前端齿小，圆锥形，多行，向后成单行，犁骨、腭骨及舌上均无齿。前鳃盖骨边缘光滑，鳃盖骨后角具1扁棘，上缘具1半月状缺刻，边缘具膜。左右鳃盖膜愈合，不与颊部相连。体被中大圆鳞。侧线完全，上侧位，几近平直。背鳍1个，鳍棘部基底短于或等于鳍条部基底。胸鳍下部具6～8枚肥厚而不分支的鳍条。尾鳍深叉形。岛礁性底栖鱼类，以一游一停的方式移动，常停栖于礁盘上方，伺机猎取食物，或于沙泥底上，以胸鳍延长鳍条探寻猎物，以底栖甲壳类为食。

255 四角唇指𩶘

Cheilodactylus quadricornis Günther, 1860

英文名 Blackbarred morwong

地方名 背带隼𩶘、背带𩶘、素尾鹰斑𩶘、素尾鹰𩶘

分类地位 辐鳍鱼纲 Actinopterygii，鲈形目 Perciformes，唇指𩶘科 Cheilodactylidae

形态特征 体长椭圆形，侧扁，背面很窄，腹面圆钝。背面很窄，腹面圆钝。头前端略尖。背鳍鳍棘部与鳍条部间有1浅凹。体呈淡灰褐色，腹部较白，各鳍呈灰白至淡黄色，尾鳍上叶为淡黄，不具黄色小圆斑，下叶为黑色，无任何白斑。生活时体背部呈蓝灰色，体侧及头部有8条黑色斜带，有几条伸达背鳍。

生态习性 暖水性外沿岛礁中小型底栖鱼类。栖息在礁沙混合区四周的底部，一般体长在250 mm左右，最长可达40 cm。以底栖甲壳类为主食。

渔业利用 较名贵食用鱼类。

地理分布 我国分布于东海及南海，舟山海域常见。

四角唇指𩶘

256 花尾唇指䱵

Cheilodactylus zonatus Cuvier, 1830

英文名 Spottedtail morwong

地方名 花尾鹰斑䱵、花尾鹰䱵

分类地位 辐鳍鱼纲 Actinopterygii，鲈形目 Perciformes，唇指䱵科 Cheilodactylidae

形态特征 背部狭窄，呈锐棱状。头侧扁，口小，端位。眼中大，眼前上方乳突明显。体被圆鳞，侧线完全。背缘和腹缘呈浅弧形，尾鳍深分叉。体呈黄褐色，体侧具9条橘黄色斜带，各鳍为黄褐色，尾鳍散布有白色小圆斑。

生态习性 为近岸暖水性鱼类。多栖息于岩礁处，一般体长在350 mm左右，最大体长可达450 mm。以底栖甲壳类为主食。

渔业利用 偶被延绳钓或流刺网捕获，具有食用价值。经济价值不大。

地理分布 我国主要分布于东海南部及南海，舟山海域习见。

花尾唇指䱵

（一一二）赤刀鱼科 Cepolidae

体甚侧扁，延长呈带状，向尾部渐细尖，肛门位于胸鳍基后下方。头短而圆钝，骨化完全，头顶冠状凸起短小。吻短钝。眼大。口前位，口裂大且斜裂。上颌骨宽且裸露。齿细弱，有时弯曲，犬齿状；犁骨、腭骨及舌上均无齿。鳃孔大。前鳃盖骨边缘光滑或具棘。鳃盖膜分离，不与颊部相连。体被细小圆鳞。侧线自鳃盖后上角向上升至背鳍基部，沿鳍基向后延伸并逐渐消失。背鳍1个，背鳍与臀鳍均由鳍条组成，其基底甚长，后方与尾鳍相连。胸鳍短小。腹鳍前胸位。尾鳍中间鳍条常尖长。

257 印度棘赤刀鱼
Acanthocepola indica (Day, 1888)

地方名 红带鱼、红带

分类地位 辐鳍鱼纲 Actinopterygii，鲈形目 Perciformes，赤刀鱼科 Cepolidae

形态特征 体呈带状，体长约为体高的7倍，背鳍鳍条83～85，胸鳍鳍条17，臀鳍鳍条93～100。前鳃盖骨后缘具5～6枚棘。体呈赤色，背部色深，体侧具多条橙红色横带，12～13对黄色椭圆形斑，背鳍、臀鳍及尾鳍边缘深红色。背鳍第九至十二鳍条之间基部具1大黑斑。

生态习性 暖水性底栖鱼类。常栖息于较浅的沙泥底质水域，喜穴居，以头上尾下的姿势立于洞穴周缘捕食获物。一般体长在550 mm以下。以底栖生物为食。

渔业利用 一般以底拖网或虾拖网捕获，数量不多，经济价值不高。

地理分布 我国分布于东海及南海，舟山海域常见。

印度棘赤刀鱼

(一一三)雀鲷科 Pomacentridae

体一般小型，卵圆形或近于圆形，侧扁。头短而高，吻短钝。鼻孔每侧1个。口小，前位或稍斜，略能向前伸出，上颌骨为眶前骨所盖。眼侧位。上下颌齿尖锐，锥状，或侧扁，呈门齿状，犁骨与腭骨均无齿。左右下咽骨愈合，呈三角形骨板，第二上咽骨明显，第三与第四上咽骨愈合。鳃孔中大。左右鳃盖膜多少愈合，不与颊部相连。鳃盖条5～7。假鳃存在。体被中大或较小栉鳞。侧线不完全或中断，前部侧线鳞具感觉管，在背侧延伸，后部在尾柄正中，为1纵行小孔。背鳍鳍棘部与鳍条部连续，有时中间具凹缺，具9～14鳍棘。臀鳍具2～10鳍棘。胸鳍宽圆。腹鳍胸位。尾鳍分叉或内凹。

258 豆娘鱼
Abudefduf sordidus (Forsskål, 1775)

英文名 Blackspot sergeant

分类地位 辐鳍鱼纲 Actinopterygii，鲈形目 Perciformes，雀鲷科 Pomacentridae

形态特征 体略呈卵圆形。吻短，前端略尖。鼻孔1个。唇较厚，眶前骨、眶下骨下缘及各鳃盖骨均无锯齿。体被中等大栉鳞，背鳍和臀鳍基底有鳞鞘。各奇鳍鳍膜大部被小鳞。背鳍1个。臀鳍鳍条部外廓与背鳍相似。腹鳍第一鳍条呈丝状延长，后端达臀鳍鳍棘部。尾鳍后缘叉形。体侧有5条暗色横带(有时不明显)。尾柄前端背面有1黑色鞍状斑。胸鳍基底上端有1黑色斑点。除胸鳍外，各鳍均呈灰褐色。腹鳍第1鳍条暗色。

生态习性 暖水性底栖小型鱼类，记载最大体长为240 mm。以藻类、甲壳类及其他无脊椎动物为食。有很强的领地性，幼鱼常出现于中低潮带的水潭中。

地理分布 我国分布于台湾海域及南海，舟山东极岛偶见。

保护现状 2010年IUCN评估为无危物种。

豆娘鱼

259 五带豆娘鱼

Abudefduf vaigiensis (Quoy & Gaimard, 1825)

英文名 Indo-Pacific sergeant

地方名 豆娘鱼

分类地位 辐鳍鱼纲 Actinopterygii，鲈形目 Perciformes，雀鲷科 Pomacentridae

形态特征 体略呈卵圆形。头短而圆。吻短。眼中大，圆形。鼻孔1个。唇颇厚，眶前骨、眶下骨下缘及各鳃盖骨均无锯齿。体被中等大栉鳞。背鳍1个。臀鳍鳍条部外廓也与背鳍相似。胸鳍与腹鳍均略比头长，腹鳍第一鳍条呈丝状。尾鳍叉形，上下叶略尖。体呈灰褐色，体侧有5条暗色横带。背鳍与臀鳍呈暗灰色，边缘暗褐色，后部色淡。尾鳍与腹鳍亦呈暗灰色。胸鳍大部分无色，基底上方有1黑色斑点。尾柄前端背面无黑色鞍状斑。

生态习性 暖水性底栖小型鱼类，最大个体体长200 mm，常见体长58～102 mm。以藻类、甲壳类及其他无脊椎动物为食，有很强的领地性，幼鱼常出现于中低潮带的水潭中。

地理分布 我国分布于台湾海域及南海，舟山海域偶见。

保护现状 2013年IUCN评估为无危物种。

五带豆娘鱼

（一一四）隆头鱼科 Labridae

体呈长椭圆形，侧扁，头较大。眼中大。鼻孔每侧2个。口端位。前颌骨稍能向前方伸出，上颌骨被眶前骨所盖。牙分离，不愈合成喙状骨板，犁骨和腭骨均无齿。唇厚，内侧具纵褶。鳃孔大。左右鳃盖膜多少愈合，与颊部相连或不相连。鳃盖条5～6。假鳃发达。体被圆鳞。侧线连续或中断。背鳍1个，鳍棘部与鳍条部连续。体色通常艳丽。

260 蓝猪齿鱼

Choerodon azurio (Jordan & Snyder, 1901)

英文名 Azurio tuskfish

分类地位 辐鳍鱼纲 Actinopterygii，鲈形目 Perciformes，隆头鱼科 Labridae

形态特征 体呈长椭圆形，侧扁，背腹缘弯曲度甚小，尾柄侧扁，尾柄高大于长。额部隆起，颜面陡度大于60°，并随鱼龄增长而加大。眼侧位而高。口稍倾斜，上唇无唇沟。侧线连续、完全，与背缘平行，在尾柄前急遽弯曲。背鳍鳍棘部与鳍条部间无凹陷，后缘圆形，腹鳍具腋鳞，尾鳍叉形。体浅红褐色，胸鳍上方有1条黑褐色斜向背鳍基部的斜带，其后缘鳞片为白至粉红色。体侧具有蓝色斜带，后部每一鳞片上有暗色横斑，有时在尾柄前上方有褐色斑块，尾鳍晴褐色。

生态习性 温热带中小型鱼类。主要栖息于岩岸礁区水深7～80 m的海域。白天觅食，夜间藏于隐秘的岩荫或岩穴之中。最大个体体长可达400 mm，一般体长在250 mm以下。以底栖甲壳类等为食，利用2对尖锐犬齿，可轻易咬碎贝类及甲壳类等。

渔业利用 可被当作观赏鱼，亦可食用。

地理分布 我国分布于东海、台湾海域及南海，舟山海域少见。

蓝猪齿鱼

261 花鳍副海猪鱼

Parajulis poecilepterus (TemminicketSchlegel, 1845)

英文名 Multicolorfin rainbowfish、Speckledfin wrasse

地方名 花鳍海猪鱼、雷公鱼

分类地位 辐鳍鱼纲Actinopterygii，鲈形目Perciformes，隆头鱼科Labridae

形态特征 体较延长，侧扁，体背腹缘皆圆钝，弓状弯曲均不大。尾柄侧扁，尾柄高大于其长。体背呈淡黄褐色，腹侧为淡黄色至白色，吻端至尾鳍基具1黑色宽纵带，背鳍基部具1黑色窄纵带，各鳞片具1橙红色或黄色点，背鳍与臀鳍具排成纵列的橙红色或橙黄色点，尾鳍具横列红点。雌雄鱼颜色有变异，雌鱼头部在黑纵带下方的淡黄色至白色，上方为淡红色，胸鳍上方的大黑斑不明显；雄鱼头部颜色较深，体侧纵带颜色较淡，胸鳍上方具1大黑斑，背鳍基黑纵带不明显。

生态习性 暖水性热带中大型鱼类。主要生活于岩石礁、珊瑚礁海区。常见体长在160 mm左右，最大体长可达340 mm。以底栖无脊椎动物为食。

渔业利用 体色鲜艳，是适合水族观赏的鱼类，亦可食用。

地理分布 我国分布于东海、台湾海域及南海，舟山海域少见。

花鳍副海猪鱼

262 金黄突额隆头鱼

Semicossyphus reticulatus (Valenciennes, 1839)

分类地位 辐鳍鱼纲 Actinopterygii，鲈形目 Perciformes，隆头鱼科 Labridae

形态特征 体近似长方形，侧扁而粗壮。头大，前额高隆起，个体愈大则愈隆起，呈冠状瘤凸。吻较长，前端圆钝。年小个体吻尖突，后逐渐缩短，至老年个体，雄性额部明显隆起。口前位，环上唇有深唇沟，下唇唇沟在缝合部分离。上下颌前端各具2对犬状齿。体被大形圆鳞。吻背至眼后额部裸露无鳞，头部鳞片较小。背鳍1个，具11～13鳍棘。胸鳍宽大。尾鳍浅凹形。侧线连续，体呈纯淡褐色，有些个体呈淡红色。

生态习性 暖温带至热带岩礁区大型鱼类，记载最大体长1000 mm，重达14.7 kg。栖息于岛礁附近较深水层中。以小型鱼类为食。据报道，本种两性异形，且有性逆转现象。未成年个体通常都为雌性，成熟后的8～10年，个别雌性逐渐变为雄性，在形体上也发生明显变化。雄性个体还有很强的“领地性”。

金黄突额隆头鱼雌性个体

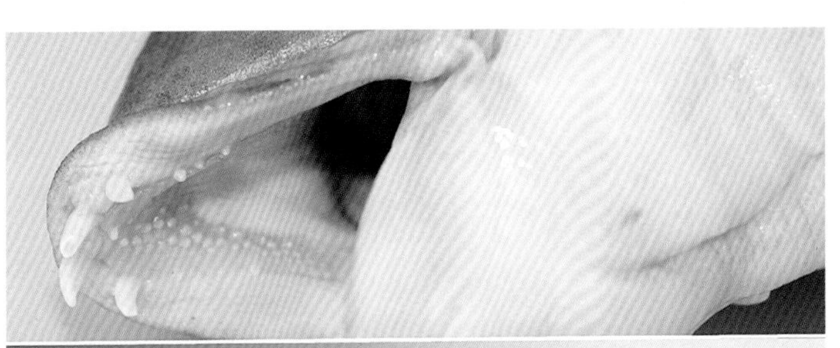

金黄突额隆头鱼雄性个体

地理分布 国外常见于日本北海道、韩国，每年3～5月，舟山的浪岗岛附近可见。

（一一五）绵鳚科 Zoarcidae

体略呈鳗形，后部侧扁。头大，光滑无棘。口大。上下颌具尖锥齿，犁骨及腭骨有齿或无齿。鳃孔宽大。鳃盖膜与颊部相连。具假鳃。鳃耙小。体无鳞，或有细小圆鳞，埋于皮下。背鳍与臀鳍均延长，且末端与尾鳍相连。背鳍末端近尾鳍处或具短小鳍棘。胸鳍小或宽大。腹鳍小，喉位，有时腹鳍消失。尾鳍小，不显著。

263 长绵鳚

Zoarces gillii Jordan & Starks, 1905

英文名 Tanaka's snailfish

地方名 绵鳚

分类地位 辐鳍鱼纲 Actinopterygii，鲈形目 Perciformes，绵鳚科 Zoarcidae

形态特征 体呈鳗形，后部侧扁。唇发达，舌厚，圆形。体被小圆鳞，埋于皮下。背鳍后部近尾鳍处具短小鳍棘。胸鳍宽圆，腹鳍喉位。体灰黄色，腹侧淡白色，背侧具纵行黑色斑块15～19个，体侧在侧线上下方各具暗色云状斑块10余个。眼间隔及眼后具1方形黑斑。背鳍前部鳍条上方具1黑色圆斑。

生态习性 较深海底栖性鱼类。生活水深在50 m以内，最大体长可达500 mm。以小型鱼类为食。

渔业利用 为沿海常见次要经济鱼类，产量不高。

地理分布 我国分布于黄海、渤海、东海，舟山海域常见。

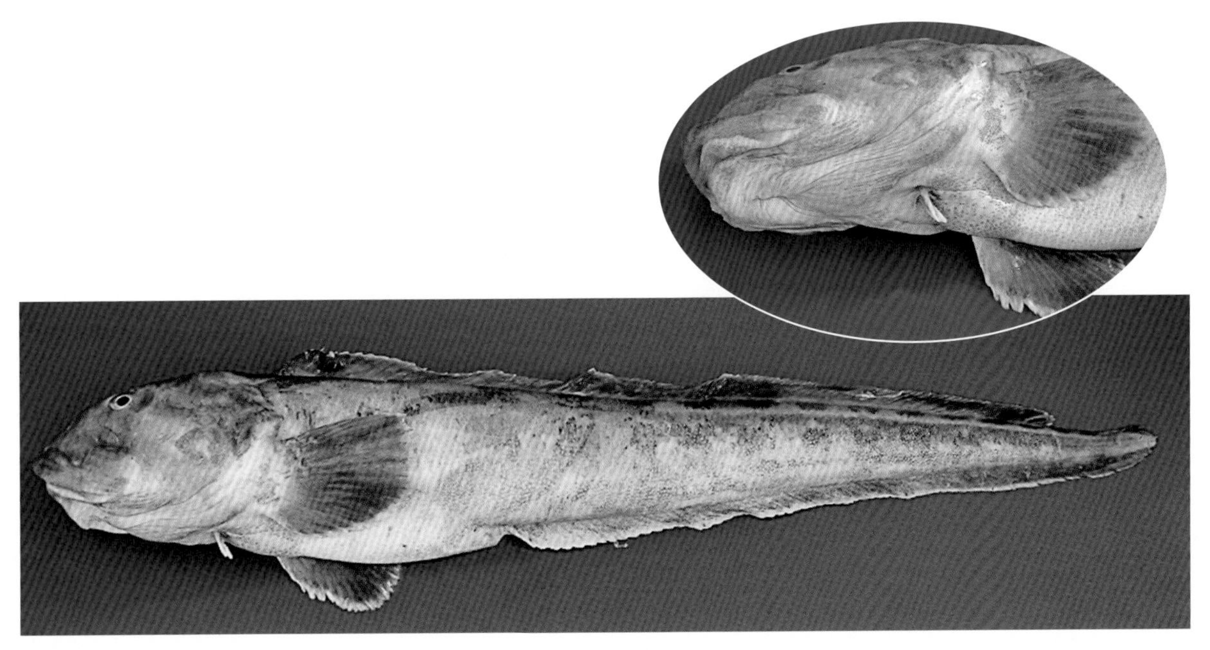

长绵鳚

(一一六)锦鳚科 Pholidae

体细长，甚侧扁。口小或中大，前位。两颌具齿。犁骨和腭骨具齿或无齿。左右鳃盖膜相连，一般不与颊部相连。体被小圆鳞。头部无皮瓣。侧线无或不完全。背鳍1个，无鳍条，由鳍棘组成，延长，约为臀鳍基底长的2倍。臀鳍具1～2小鳍棘或无。胸鳍短小，圆形，退化或消失。腹鳍喉位，具1鳍棘和1鳍条，有时退化或消失。尾鳍明显，微圆或平直，几与背鳍、臀鳍相连。尾柄不明显。

264 云纹锦鳚

Pholis nebulosa (Temminck & Schlegel, 1845)

英文名 Tidepool gunnel

地方名 银宝鱼

分类地位 辐鳍鱼纲 Actinopterygii，鲈形目 Perciformes，锦鳚科 Pholidae

形态特征 体鳗形，头短小，侧扁。体鳞埋于皮下，无侧线。腹鳍退化，极短小。尾鳍短，圆截形。体背侧淡灰褐色，微黄。腹侧淡黄白色。背侧及体侧中央有云状淡黑斑。自眼间隔至眼下有1黑纹。背鳍及臀鳍亦具云状斑。尾鳍淡黄白色。

生态习性 暖温性小型底层鱼类。栖息于近岸礁石、海藻和石砾间，活动范围狭，数量少，不集群。一般体长在100 mm左右，最大体长可达300 mm。肉食性，雄鱼有护卵习性。

渔业利用 肉可食用，但其卵有毒，误食会引起食物中毒。

地理分布 我国分布于渤海、黄海及东海北部沿岸，舟山海域常见。

保护现状 2009年IUCN评估为无危物种。

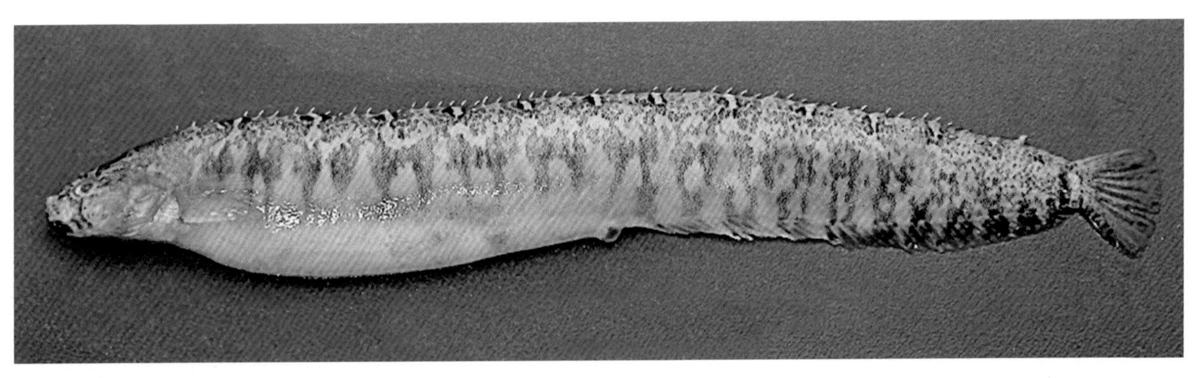

云纹锦鳚

(一一七)鳄齿䲢科 Champsodontidae

体侧扁。吻较长。口大，斜裂。上颌骨大部分外露，下颌突出。上下颌内行齿呈细小绒毛状，外行齿细长，犬齿状，可倒伏，犁骨具2齿丛，腭骨无齿。鳃孔大，前鳃盖骨后下角具1长棘。眶前骨下缘具分叉小棘。体侧各具2条侧线，侧线上下均具小分支。背鳍2个，第一背鳍较小，鳍棘细弱。臀鳍与第二背鳍同形，几相对。胸鳍短小，侧中位。腹鳍位于胸鳍稍前方，具1鳍棘、5鳍条。尾鳍分叉。

265 短鳄齿䲢

Champsodon snyderi Franz, 1910

地方名 鳄齿、黑狗母

分类地位 辐鳍鱼纲 Actinopterygii，鲈形目 Perciformes，鳄齿䲢科 Champsodontidae

形态特征 体延长，稍侧扁，小型。头中大，侧扁，无骨板。吻较长，大于眼径，稍侧扁，吻背面与头顶平直，具2条平行鼻棱，在吻的前下缘具1枚“丁”字形尖棘。眼稍小，位于头顶部，后缘距吻端较距鳃盖后上缘略近，上缘具1黑色小皮瓣。鼻孔每侧2个，位于吻的前端，前鼻孔小，后鼻孔较大。口大，斜裂。两颌具犬齿，可向口内倒伏。舌肥厚，尖形。侧线2条，背鳍2个。腹鳍喉位。体黄褐色，腹侧浅黄色。各鳍淡黄色，第一背鳍上部黑色。

生态习性 暖水性近海底小型鱼类。一般体长在100 mm以下。以鱼类及底栖甲壳类动物为食。

渔业利用 小型鱼类，无经济价值，多为其他鱼类的饵料生物。

地理分布 我国分布于东海及南海，舟山海域常见。

短鳄齿䲢

（一一八）拟鲈科 Pinguipedidae

体圆筒形，后部稍侧扁。头略平扁，吻较尖，突出。眼中大，上侧位，眼间隔窄。口小，端位。上颌稍能伸缩。上颌骨为眶前骨所盖，不外露。无辅上颌骨。两颌齿细小，绒毛状，外行齿稍扩大，有时呈犬齿状；犁骨具齿，排列呈横月形，腭骨有齿或无齿。唇厚。鳃孔大。前鳃盖骨边缘有或无锯齿，鳃盖骨后上缘常具1扁棘。左右鳃盖膜愈合，不与颊部相连。具假鳃。体被较小栉鳞或圆鳞。侧线完全，中侧位。背鳍1个或2个，中间常具1深的缺刻或缺刻不明显。臀鳍和背鳍鳍条部同形。胸鳍圆形，下侧位。腹鳍狭长，前胸位，内侧鳍条较长。尾鳍截形或圆形，有时上叶数鳍条延长。

266 六带拟鲈

Parapercis sexfasciata (Temminck & Schlegel, 1843)

英文名 Grub fish

地方名 六横斑拟鲈

分类地位 辐鳍鱼纲 Actinopterygii，鲈形目 Perciformes，拟鲈科 Pinguipedidae

形态特征 体长棱形，前部近圆筒状，尾部稍侧扁。具假鳃。头中大，稍平扁，吻稍长，前端尖，鼻孔小，位于吻中部。口中大，端位，略倾斜。侧线略呈弯曲状。背鳍鳍棘部与鳍条部间无缺刻，尾鳍后缘圆形。体背部灰褐色，腹部黄色，体侧具4个“V”形黑色斑。自胸鳍基部到项部有1暗黑色横带，尾柄具1暗斑，尾鳍基上部具1带白边的黑色斜斑。腹鳍、尾鳍暗灰色，具3～4条黑色不规则纹。

生态习性 近岸暖水性底栖小型鱼类。喜栖息于沙泥底质的海域，平时伏于礁盘与沙地间，伺机掠食。一般体长在120 mm左右。以底栖小型生物为食。

渔业利用 小型食用鱼类。

地理分布 我国分布于东海、台湾海域，舟山海域常见。

六带拟鲈

(一一九)䲢科 Uranoscopidae

体亚圆筒形，头宽大，后端侧扁。眼小，位于头背面，部分颅骨外露。口上位，口裂几垂直，前颌骨能伸缩。上颌骨宽，外露。下颌向前上方突出。上下颌、犁骨及腭骨均具绒毛状齿群。鳃孔宽大，向前延伸。左右鳃盖膜微连，与峡部分离。无鳔。被圆鳞，细小或退化。侧线发达，上侧位。背鳍1～2个，鳍棘部很短或无。臀鳍基底较长。胸鳍宽大。腹鳍喉位，具1鳍棘、5鳍条，内侧鳍条最长。尾鳍不分叉，截形或圆形。

267 披肩䲍

Ichthyscopus lebeck (Bloch & Schneider, 1801)

英文名 Longnosed stargazer

地方名 鱼䲍、角鱼

分类地位 辐鳍鱼纲Actinopterygii，鲈形目Perciformes，䲍科Uranoscopidae

形态特征 体长形，略侧扁，前端甚粗钝，向后方逐渐变细。头很粗大，无棘及锐棱。吻很短。眼小，背侧位，距吻端较距鳃盖后缘为近。前鳃盖骨、下鳃盖骨及肩部无棘。上下颌各有1行小须状突起。舌厚、圆形。后肩部有1块羽状皮膜，与胸鳍基上缘1行低而短羽状突起形成纵管状。背鳍1个，胸鳍近半圆形。腰带骨无棘，尾鳍截形。体背部棕褐色，腹部色较淡，体背缘两侧有许多大的白斑。背鳍浅褐色。臀鳍、腹鳍黄白色。胸鳍浅褐色，近基部有4～5个淡黄色斑。尾鳍黄白色，有时具不规则斑点。口腔与鳃腔白色。

生态习性 暖温带较深海底栖性中型鱼类。主要栖息于大陆架边缘沙泥质底的较深海区，最大体长可达600 mm。以小型鱼类为食。

渔业利用 传统食用鱼类。

地理分布 我国分布于东海及南海，舟山海域偶见。

披肩䲍

268 日本䲢
Uranoscopus japonicus Houttuyn, 1782

英文名 Japanese stargazer

地方名 角鱼、日本瞻星鱼

分类地位 辐鳍鱼纲 Actinopterygii，鲈形目 Perciformes，䲢科 Uranoscopidae

形态特征 体长形，前端稍平扁，向后渐侧扁。头粗大，略平扁。头背面及两侧被粗骨板，似四棱形。眼后部粗糙，有纵骨质棱，棱后有2肩棘。唇上下缘均有许多小须状皮状突起。体被细小圆鳞，头部、项背部、胸腹部、背鳍基与臀鳍基无鳞。背鳍2个，腹鳍喉位，尾鳍截形。体背侧黄褐色，腹部白色，体两侧及背面具白色网纹。第一背鳍黑色，基底白色。第二背鳍淡黄色。臀鳍白色。腹鳍淡红色，尾鳍黄色，后缘白色。口腔与鳃腔白色。

生态习性 暖温性底层中小型鱼类，多潜伏栖息于沙泥质浅海水域，露出两眼及口，利用下颌附属瓣诱捕底栖生物。很少被观察到，有时栖息深度可达300 m。产卵分散，产卵期在6～7月。一般体长在180 mm左右。

渔业利用 传统食用鱼类。

地理分布 我国沿海均有分布，舟山海域常见。

日本䲢

269 土佐䲢

Uranoscopus tosae (Jordan & Hubbs, 1925)

英文名 Tosa stargazer

地方名 佐土䲢、角鱼

分类地位 辐鳍鱼纲 Actinopterygii，鲈形目 Perciformes，䲢科 Uranoscopidae

形态特征 体长形，头近四棱形，头两侧各有1低纵骨棱。吻短钝。前鼻孔有管状突起。下颌齿较尖长。舌较宽，边缘游离。唇上下缘有小须状突起。体被细小圆鳞，半埋于皮下，斜行排列。仅喉部到肛门间和胸鳍基附近无鳞。体背侧黄褐色，腹侧灰白色，第一背鳍黑色，下缘黄白色，第二背鳍、胸鳍与尾鳍为灰黄色，腹鳍、臀鳍、口腔、鳃腔等均为白色。

生态习性 暖水性底层中小型鱼类。主要栖息于沙砾底部，生活水深可达420 m，一般体长在250 mm以下。隐身于沙泥质底中，露出两眼，利用下颌附属瓣诱捕其他小型鱼类和无脊椎动物。

渔业利用 传统食用鱼类。

地理分布 我国分布于东海、台湾海域及南海，舟山海域偶见。

土佐䲢

270 青騰

Xenocephalus elongatus (Temminck & Schlegel, 1843)

地方名 角鱼、瞻星鱼

分类地位 辐鳍鱼纲 Actinopterygii，鲈形目 Perciformes，騰科 Uranoscopidae

形态特征 头平扁，部分骨板外露。吻短钝，前鼻孔后缘有1皮瓣。舌宽短。体被很小圆鳞，退化，多埋入皮下。头部、胸部及腹部无鳞，项背部有鳞。背鳍无鳍棘，仅由鳍条组成。体背部灰青绿色，腹部淡青灰色，体背部及两侧上方具许多不规则淡蓝绿色小斑，背鳍淡黄色。臀鳍胸鳍及腹鳍淡棕褐色，尾鳍灰青色。

生态习性 广温性较深海底栖性中型鱼类。主要栖息于大陆架边缘泥沙质底的较深海区，栖息水深为35～440 m。产卵期为每年的8～10月。常见体长200～300 mm。以小型鱼类为食。

渔业利用 传统食用鱼类。

地理分布 我国分布于黄渤海、东海及南海，舟山海域不常见。

青騰

（一二〇）鳚科 Blenniidae

体长椭圆形，侧扁，无鳞。头短钝，口不能伸出，上下颌具齿，无齿根，能活动；犁骨与腭骨常无齿。侧线仅存在于体前部。背鳍延长，一般鳍条多于鳍棘。臀鳍有或无鳍棘，臀鳍条数在30以下。胸鳍下侧位。腹鳍喉位，具1鳍棘、1～3鳍条，或无腹鳍。尾鳍圆形。

271 斑点肩鳃鳚
Omobranchus punctatus (Valenciennes, 1836)

英文名 Muzzled blenny

分类地位 辐鳍鱼纲 Actinopterygii，鲈形目 Perciformes，鳚科 Blenniidae

形态特征 体延长。两颌前方具耙状齿，两侧有1个或多个犬齿，犁骨及腭骨常无齿。无鳞。背鳍前部为鳍棘，后部为鳍条。臀鳍延长，常具1～2鳍棘，鳍条一般少于30。胸鳍宽大，圆形。腹鳍具1鳍棘、3鳍条，有时消失。尾鳍显著，圆形或凹入。侧线位于体的前半部或消失。头顶部无冠状皮瓣，体具多条深色细纵纹，雄鱼在体后部的细纵纹呈网状。

生态习性 栖息于内湾沿岸浅海潮间带区水深0～5 m的岩礁、潮池周围的海域。最大体长95 mm。以底栖生物为食。

地理分布 我国分布于台湾澎湖列岛及兰屿、南海珠江口。

保护现状 2009年IUCN评估为无危物种。

斑点肩鳃鳚

272 八部副鳚
Parablennius yatabei (Jordan & Snyder, 1900)

英文名 Yatabe's blenny

地方名 耶氏鳚、八部氏鳚、副鳚、矶鳚

分类地位 辐鳍鱼纲 Actinopterygii，鲈形目 Perciformes，鳚科 Blenniidae

形态特征 体侧扁，略呈长方形。头高，圆钝，侧扁。眼小，圆形，眼上缘具羽状皮须，眼后头部无明显的"颈"。吻短而钝。鼻孔2个，位于眼前方，前鼻孔后缘具1细小羽状皮质突起。口中大，端位，口裂近平行。前鼻孔后缘具细小羽状皮须。侧线略呈弧形。体黄褐色，具黑色小点，背侧常具2纵行斑块，颊部具暗色斜条。臀鳍、尾鳍、胸鳍、腹鳍均为灰黑色。

生态习性 温带岩礁区小型鱼类。主要栖息于潮池或潮间带岩礁区。卵生，卵借助黏性会黏成卵团。常见体长在90 mm以下。以藻类及其他碎屑为食。

渔业利用 仅具学术研究价值。

地理分布 我国分布于黄海、东海北部及台湾海域，舟山海域常见。

保护现状 2009年IUCN评估为无危物种。

八部副鳚

（一二一）䲗科 Callionymidae

体延长，平扁，尾稍侧扁，无鳞。头宽，近三角形。眼中大，位于头的背侧，眼间隔窄。口小，能伸缩，仅上下颌具绒毛状齿。鳃孔小，上侧位。前鳃盖骨具1长棘，主鳃盖骨与下鳃盖骨无棘。具侧线，侧线有时分支。背鳍1～2个，第一背鳍具3～4鳍棘，第二背鳍与臀鳍同形，均由鳍条组成。腹鳍喉位，具1鳍棘、5鳍条，最后一鳍条常具1皮膜与胸鳍基底相连。胸鳍大。

273 绯鰤

Callionymus beniteguri Jordan & Snyder, 1900

英文名 Whitespotted dragonet

地方名 本氏鰤、绯斜棘鰤

分类地位 辐鳍鱼纲 Actinopterygii，鲈形目 Perciformes，鰤科 Callionymidae

形态特征 体宽而平扁，头无骨板或棘外露，前鳃盖骨棘后端向上弯曲。体背侧灰褐色，具不规则圆形浅色小斑，沿侧线具6个不规则暗色斑块，腹部白色，胸鳍浅色，上半部有黑色小斑点，尾鳍灰色，有蓝白色斑纹及黑色小斑点。雄鱼第一背鳍鳍棘延长成丝状，鳍膜具蓝白色斑纹，第三至第四鳍棘上缘及后缘黑色，臀鳍灰黑色，基部浅色。雌鱼背鳍第三至第四鳍棘间具黑色斑块，第二背鳍散布蓝白色及黑色小斑点，臀鳍浅灰色。

生态习性 近海小型底层鱼类。栖息于沙泥质海底，游泳缓慢。最大体长为220 mm。以底栖生物为食，如小型软体动物和蠕虫。

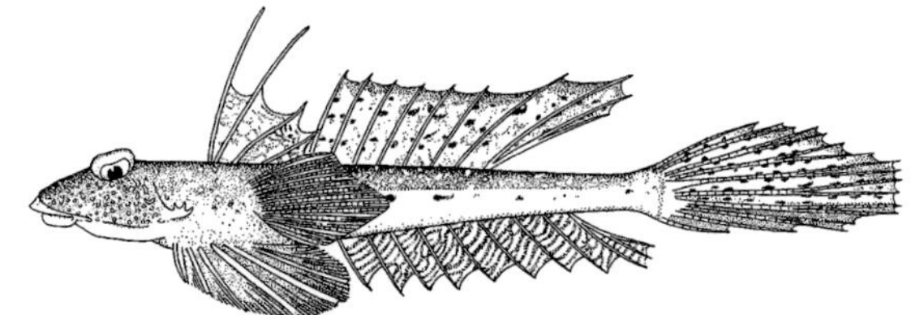

渔业利用 仅具学术研究价值。

地理分布 我国分布于黄海、东海，舟山海域常见。

绯鰤（依 Suzuki, T. 等）

274 丝背鰤

Callionymus doryssus (Jordan & Fowler, 1903)

英文名 Spear dragonet

地方名 丝背鰤

分类地位 辐鳍鱼纲 Actinopterygii，鲈形目 Perciformes，鰤科 Callionymidae

形态特征 体平扁，吻三角形。头顶枕部平坦，无外露粗骨板。前鳃盖骨棘后端平直。头体背侧灰褐色，具许多淡色而边缘褐色的云状花纹，背缘隐具6条褐色宽横纹，侧线附近具4～5个暗斑，排成1纵行。第一背鳍各棘呈丝状延长，第二背鳍散布暗色斑纹。臀鳍端部黑色，腹鳍、胸鳍灰色，鳍条具暗斑点。尾鳍灰色，具黑斑纹，斜行排列。

生态习性 近海暖温性底层鱼类。主要栖息于较浅的沙泥底质水域，以底栖生物为食。

渔业利用 无经济价值，仅具有学术研究价值。

地理分布 我国分布于黄海南部、东海、台湾海域以及南海，舟山海域常见。

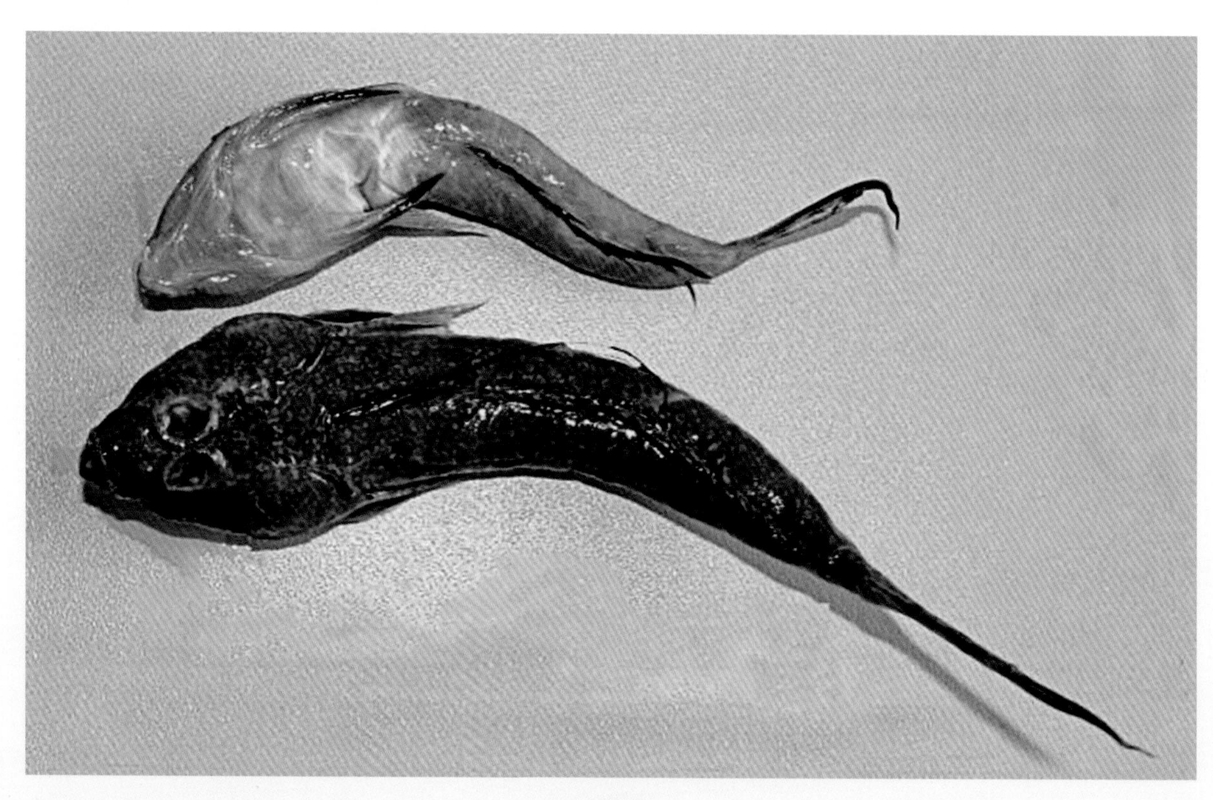

丝背鰤

275 香斜棘鰤

Repomucenus olidus (Günther, 1873)

英文名 Chinese darter dragonet

地方名 香鰤

分类地位 辐鳍鱼纲 Actinopterygii，鲈形目 Perciformes，鰤科 Callionymidae

形态特征 体平扁，向后渐细尖，后部稍侧扁。头平扁，背视三角形。吻短而尖凸，吻褶发达。眼较小，卵圆形，位于头背侧，两眼靠近。鼻孔每侧2个，位于眼前方，前鼻孔较大，圆形，具1鼻瓣。口小，亚前位，能伸缩。上颌稍突出。灰褐色，密具暗色细斑点。吻短而尖突。背面有时隐具5～6个暗色横纹，第一背鳍短小，深黑色，近基部淡色，臀鳍浅色。

生态习性 近海小型底层鱼类。栖息于近河口的沙泥质海底，游泳缓慢。最大体长为80 mm。摄食小型软体动物和蠕虫。

渔业利用 仅具学术研究价值。

地理分布 我国分布于东海，舟山海域常见。

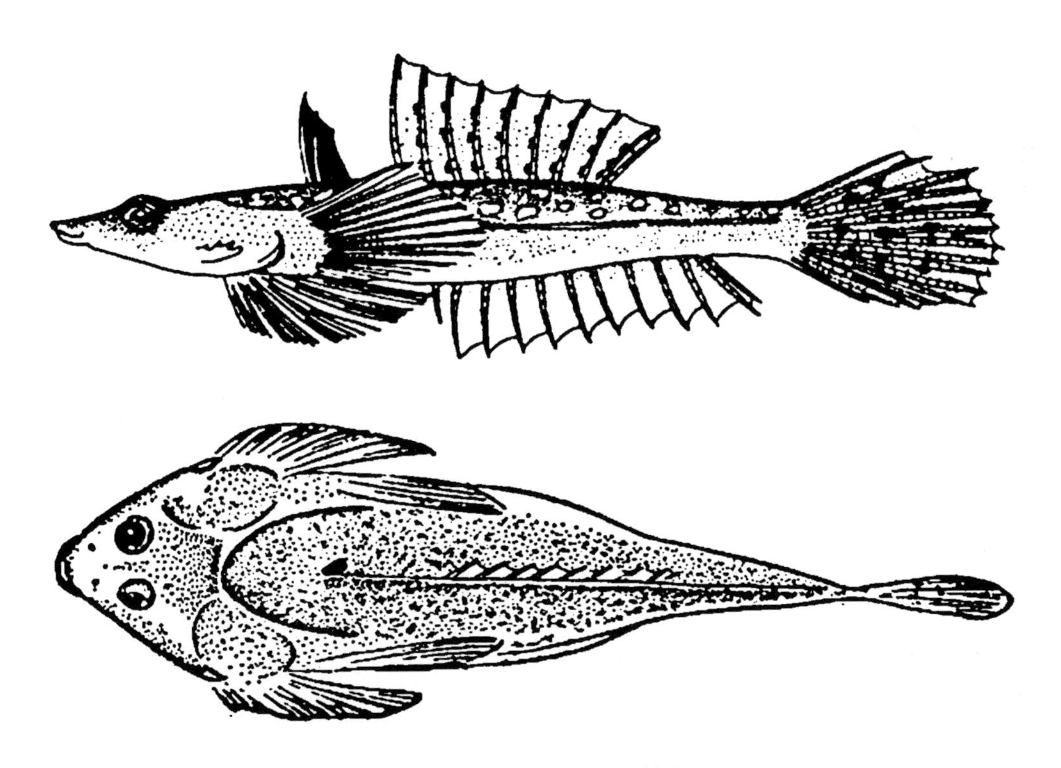

香斜棘鰤（依 FishBase 等）

276 丝鳍斜棘鰤

Repomucenus virgis (Jordan & Fowler, 1903)

英文名 Virgin dragonet

地方名 处女鰤、丝鳍鰤

分类地位 辐鳍鱼纲 Actinopterygii，鲈形目 Perciformes，鰤科 Callionymidae

形态特征 体延长，宽而平扁，向后渐细尖。头平扁，背面光滑，无外露的骨板和棘，背视三角形。吻短而平扁。前鳃盖骨棘尖长，后端向上弯曲。体黄褐色，具黑色斑点及不规则云状条纹。第一背鳍鳍棘延长，可达尾鳍基，鳍膜灰黑色，具白色斜条和点纹，第二背鳍灰色，具白色点纹。臀鳍淡色，胸鳍上部具黑色细点，横向排列。腹鳍和尾鳍灰色，具黑色条纹。

生态习性 暖温性近海底栖小型鱼类。栖息于沙泥质海底，生活水层为40～100 m，游泳缓慢，摄食小型软体动物和蠕虫。最大体长为83 mm。

渔业利用 具有学术研究价值。

地理分布 我国分布于东海，舟山海域常见。

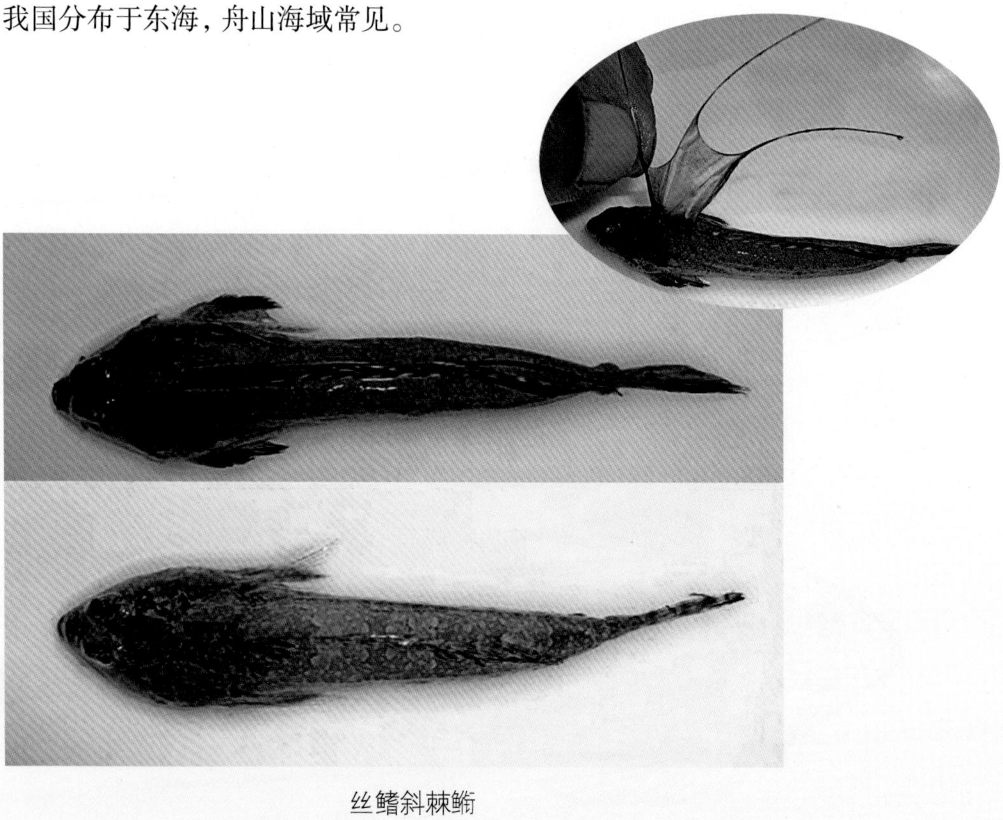

丝鳍斜棘鰤

（一二二）塘鳢科 Eleotridae

体延长，前部近圆筒形，后部侧扁。头短且圆钝，眼小。吻圆钝，口大，下颌常突出，上下颌均有细齿。鳃孔中大，鳃盖膜与颊部相连。体被栉鳞或圆鳞，部分无鳞，无侧线。背鳍2个，第一背鳍具6～8鳍棘；第二背鳍大于第一背鳍，基部较长。胸鳍大，腹鳍胸位，左右腹鳍分离。尾鳍圆形，或稍尖。

277 乌塘鳢

Bostrychus sinensis Lacepède, 1801

英文名 Four-eyed sleeper

地方名 涂鳗、中华乌塘鳢

分类地位 辐鳍鱼纲 Actinopterygii，鲈形目 Perciformes，塘鳢科 Eleotridae

形态特征 体延长，粗状，前部亚圆筒形，后部侧扁。背缘、腹缘浅弧形隆起，尾柄较长。头中大，前部钝尖，宽而略平扁。吻短钝，宽圆，平扁。犁骨具小形锥状齿，排列呈半卵圆形齿丛。唇厚，舌大，游离，前端圆形。体及头部均被小圆鳞，无侧线。体灰褐色，散有不规则斑纹。第一背鳍始于胸鳍基部后上方，鳍棘较低。第二背鳍高于第一背鳍。臀鳍和第二背鳍相对，同形。胸鳍宽圆，扇形。腹鳍不愈合成吸盘。尾鳍圆形。

生态习性 近内海暖水性小型鱼类。栖息于浅海、内湾和河口咸淡水水域的中低潮区，喜在石缝中营穴居生活和繁殖，生殖期在每年4～5月，雌雄鱼同栖息于洞穴中，产卵后离去。一般体长在220 mm以下。冬季潜伏在沙泥底中越冬。性凶猛，摄食虾类、蟹类、水生昆虫和贝类。

渔业利用 名贵食用鱼之一，可作为养殖品种，有开发价值。

地理分布 我国分布于东海、南海，舟山海域常见。

保护现状 2018年IUCN评估为无危物种。

乌塘鳢

278 锯嵴塘鳢

Butis koilomatodon (Bleeker, 1849)

英文名 Mud sleeper

地方名 锯塘鳢

分类地位 辐鳍鱼纲 Actinopterygii，鲈形目 Perciformes，塘鳢科 Eleotridae

形态特征 体延长，头短而圆钝。眼上侧位，口前上位。上下颌齿细小，犁骨及腭骨均无齿。体被大形栉鳞，胸部与腹部被圆鳞。吻部和头的腹面无鳞，无侧线。体灰褐色，体侧具6条暗色宽横带。背鳍及臀鳍黑色，具浅色条纹。胸鳍淡灰色，基部具1黑色圆斑。

生态习性 暖水性近岸小型底栖性鱼类。多栖息于沙岸沿海的沙泥底质海域，也栖息于海滨礁石或退潮后残存的小水洼中。产量少，不常见，且个体小，常见体长在110 mm以下。通常行穴居生活，多在夜间出来觅食，摄食小鱼、甲壳类。

渔业利用 较名贵食用小型鱼类。

地理分布 我国分布于东南沿海、台湾至海南岛海域，舟山海域少见。

保护现状 2020年IUCN评估为无危物种。

锯嵴塘鳢

（一二三）虾虎鱼科 Gobiidae

体延长，前部亚圆筒形，后部侧扁。头侧扁或稍平扁，颊部稍隆起。眼侧位，吻圆钝，口前位，两颌等长，有时上颌或下颌微突出，上下颌齿尖锐。犁骨及腭骨一般无齿，前鳃盖骨后缘光滑。体被栉鳞或圆鳞，无侧线。背鳍2个，或第一背鳍退化。左右腹鳍愈合成1吸盘。尾鳍圆形或尖长形。

279 黄鳍刺虾虎鱼

Acanthogobius flavimanus (Temminck & Schlegel, 1845)

英文名 Yellowfin goby

地方名 刺虾虎鱼、刺虎鱼、泥鱼

分类地位 辐鳍鱼纲 Actinopterygii，鲈形目 Perciformes，虾虎鱼科 Gobiidae

形态特征 体延长，头圆钝，眼背侧位。上下颌齿排列呈带状，外行齿均扩大。舌游离，前端平截形。体被弱栉鳞，吻部无鳞，项部、颊部、鳃盖上方、胸部及腹部被小圆鳞，无侧线。头部有不规则棕褐色斑块。眼前下方至上唇具2黑色斜纹。第一背鳍中部无黑斑，两背鳍各具3～4纵行黑色小点，尾鳍具6～7行由黑色小点组成的弧形条纹。臀鳍边缘黑色，胸鳍基部具1不规则浅褐色条纹，腹鳍浅色。

生态习性 冷温性近岸底层小型鱼类，栖息于河口、港湾及沿岸沙质或泥底的浅水区。有时会上溯到河川。冬季繁殖季时，成鱼会迁移到下游河口产卵。体长一般在145 mm左右，最大可达300 mm。摄食小型无脊椎动物和幼鱼等。

渔业利用 传统食用鱼类。

地理分布 我国分布于渤海、黄海及东海沿岸，各河口区，舟山海域少见。

保护现状 2020年IUCN评估为无危物种。

黄鳍刺虾虎鱼（依 NFRDI）

280 棕刺虾虎鱼

Acanthogobius luridus Ni & Wu, 1985

地方名 刺虾虎鱼

分类地位 辐鳍鱼纲Actinopterygii，鲈形目Perciformes，虾虎鱼科Gobiidae

形态特征 体延长，雄鱼头部圆钝，略平扁；雌鱼头部较尖，略侧扁。上下颌齿排列呈带状，外行齿均扩大。舌游离，前端近截形。体被弱栉鳞，胸部及腹部被小圆鳞，无侧线。液浸标本头、体灰褐色，背部色较深，腹部浅色，体侧隐具6～7个暗色斑块。背鳍灰色，第一背鳍端部浅黑色，臀鳍、胸鳍和腹鳍灰色，尾鳍黄褐色，具6～7条黑褐色小点构成的横纹。

生态习性 暖温性底层小型鱼类，栖息于浅海和河口咸淡水域。生殖期为5～6月。一般体长在60～80 mm。以小型鱼虾类为食。

渔业利用 小型食用鱼类，每年8～11月常见。

地理分布 我国分布于黄海、东海及南海海域，舟山海域常见。

棕刺虾虎鱼

281 矛尾复虾虎鱼

Acanthogobius hasta (Temminck & Schlegel, 1845)

英文名 Asian freshwater goby

地方名 泥鱼、斑尾复虾虎鱼、光鱼

分类地位 辐鳍鱼纲 Actinopterygii，鲈形目 Perciformes，虾虎鱼科 Gobiidae

形态特征 体延长，吻较长，圆钝。上颌具尖细齿。犁骨、腭骨及舌上均无齿。舌大，游离。颏部有1长方形皮突，后缘微凹。体淡黄褐色，被圆鳞及栉鳞。背侧淡褐色，腹面白色。头部有不规则暗色斑纹，中小个体体侧常具数个黑色斑块。颊部下缘淡色。第一背鳍淡黄色，上缘橘黄色；第二背鳍有3～5纵行黑色点纹。臀鳍浅色，下缘橘黄色。胸鳍和腹鳍淡黄色，前下缘橘黄色，基部有1暗色斑块，后方有白色半月形条纹。

生态习性 暖温性近岸底层中大型虾虎鱼类。生活于沿海、港湾及河口咸淡水交混处，也进入淡水。一般体长在200～250 mm，体重150～200 g。性凶猛，摄食各种幼鱼、虾、蟹和小型软体动物。

渔业利用 具较高的经济价值。目前我国沿海有的地方已开始进行养殖。

地理分布 我国沿海均有分布，舟山海域常见。

保护现状 2020年IUCN评估为无危物种。

矛尾复虾虎鱼

282 犬牙细棘虾虎鱼
Acentrogobius caninus (Valenciennes, 1837)

英 文 名 Tropical sand goby

地 方 名 云斑裸颊虾虎鱼、犬牙缰虾虎鱼

分类地位 辐鳍鱼纲 Actinopterygii，鲈形目 Perciformes，虾虎鱼科 Gobiidae

形态特征 体延长，背缘、腹缘浅弧形。吻短而圆钝，上下颌齿细小，外行齿扩大，仅分布于颌的前端1/2处，最后2齿为犬齿。舌前端截形。鳃盖膜与峡部相连。体被栉鳞，胸部及腹部均被圆鳞，头部除项部及鳃盖上部被小圆鳞外，其余均无鳞，无侧线。体黄绿色，头侧和体侧具亮绿色和红色小点，体侧正中有5个排成1纵行的紫黑色斑块。背侧有4～5个不规则紫黑色横斑与体侧斑块相间排列。眼后方到第一背鳍起点间具2灰黑色横带。第一背鳍上部黄色，下部浅红色，有2行紫色斑点组成的纵带纹，最后鳍棘处具1较大紫斑；第二背鳍边缘红色，中部黄色，下部浅棕色，具1纵行紫色斑点。臀鳍浅蓝色，边缘灰黄色，中部具1黄色纵纹，近基部处有2～3纵行红色小点。胸鳍基部有2紫色小斑，肩胛部有1蓝绿色圆斑。腹鳍蓝灰色。尾鳍黄棕色，近边缘处红色，中部具1黄色宽横带，其余部分具4～5横行蓝色和紫色相间排列的小斑点。

生态习性 暖水性近岸底栖性小型鱼类。生活于河口咸淡水水域及沿海沙泥地的环境。耐盐性较广，但不能在纯淡水中生存。一般体长在80～120 mm，最大体长达183 mm。食肉性，以小型鱼类、有机碎屑、小型无脊椎动物为食。

渔业利用 体含河豚毒素（TTX），不宜食用。

地理分布 我国分布于东海、台湾海域及南海北部沿海，舟山海域少见。

保护现状 2015年IUCN评估为无危物种。

犬牙细棘虾虎鱼

283 小眼细棘虾虎鱼
Acantrogobius microps (Chu & Wu, 1963)

地方名 小眼缰虾虎鱼

分类地位 辐鳍鱼纲 Actinopterygii，鲈形目 Perciformes，虾虎鱼科 Gobiidae

形态特征 体延长，吻短而圆钝，口斜裂。上下颌各具齿数行，外行齿扩大。下颌外行齿大，仅分布于前端1/2处。颏部下方中央具1"∧"形的短小皮瓣。舌游离，前端略呈截形。体侧被栉鳞，项部、胸鳍基部、胸部、腹部及鳃盖上部均被圆鳞，颊部无鳞，无侧线。液浸标本头、体浅灰色，背部隐具灰色横纹。鳃盖后上角和尾鳍基部上方各有1个黑斑，胸鳍基底上方具2小黑斑，有时合二为一。腹侧具数个黑点。第二背鳍、臀鳍与尾鳍均有暗色条纹。

生态习性 暖水性近岸底层小型鱼类，栖息于咸淡水水域或近岸浅水处。一般体长在70～80 mm。主要以小型鱼类、甲壳类等动物为食。

渔业利用 个体小，无经济价值。

地理分布 我国分布于东海沿岸，为我国特有种，舟山海域偶见。

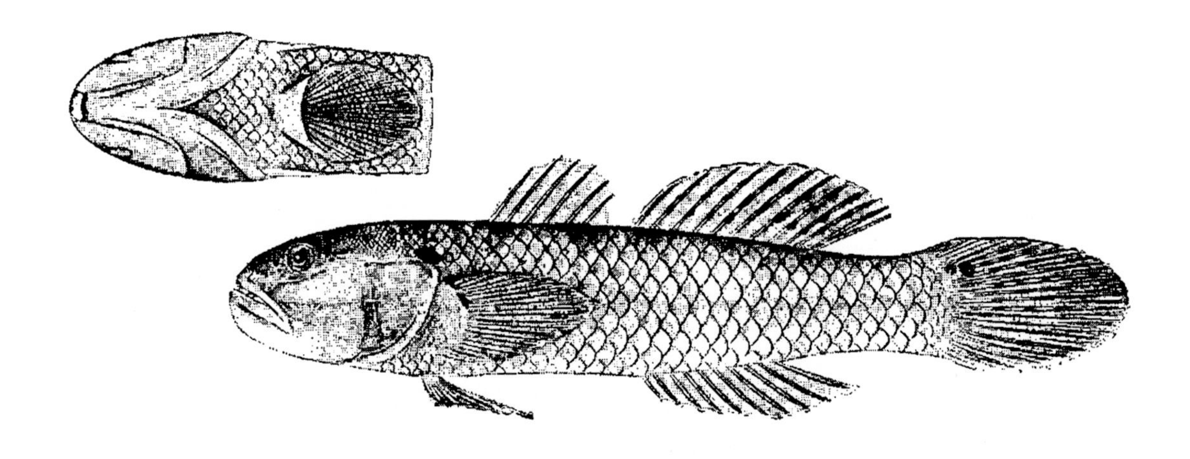

小眼细棘虾虎鱼（依朱元鼎等）

284 普氏细棘虾虎鱼

Acentrogobius pflaumii (Bleeker, 1853)

英文名 Striped sandgoby

地方名 普氏栉虾虎鱼、普氏缰虾虎鱼

分类地位 辐鳍鱼纲 Actinopterygii，鲈形目 Perciformes，虾虎鱼科 Gobiidae

形态特征 体延长，圆钝，口斜裂。上下颌齿细尖，多行，前部齿形成狭带状，外行齿扩大，后部仅2行齿。舌游离，前端截形。体被大型栉鳞，除后项部外，头部裸露无鳞。项部仅在背鳍前方有1～2枚圆鳞或无鳞，胸鳍基部、胸部被小圆鳞。液浸标本头、体灰褐色，体背部及体侧鳞片具暗色边缘。体侧具2～3条褐色点线状纵带，并夹杂4～5个黑斑。鳃盖下部具1个小黑斑。第一背鳍近基部具1行黑色纵带，在第五、第六鳍棘之间具1黑色圆斑；第二背鳍具4～5行褐色纵行点线。臀鳍外缘色深，基部浅色。胸鳍与腹鳍灰色，尾鳍具数条不规则横带，尾鳍基部有1暗色圆斑。

生态习性 暖温性沿岸小型鱼类。生活于河口咸淡水水域及沿海沙泥地的环境，居住在洞穴中。耐盐性较广，但不能在纯淡水中生存。一般体长在60～70 mm，最大个体长120 mm。食肉性，以小型无脊椎动物为食。

渔业利用 可食用，味美，唯产量稀少。

地理分布 我国分布于黄海、东海和南海，舟山海域少见。

普氏细棘虾虎鱼

285 六丝钝尾虾虎鱼

Amblychaeturichthys hexanema (Bleeker, 1853)

地方名 六丝矛尾虾虎鱼

分类地位 辐鳍鱼纲 Actinopterygii，鲈形目 Perciformes，虾虎鱼科 Gobiidae

形态特征 体延长，吻圆钝，口斜裂。齿细尖，上颌齿2行，外行齿稍扩大。下颌前部齿3行，后部齿2行。舌前端游离，截形。下颌颏部具小须3对。体被栉鳞，头部鳞小，颊部、鳃盖及项部均被鳞，吻部及下颌无鳞。背鳍分离。臀鳍与第二背鳍相对，同形。腹鳍愈合成吸盘。尾鳍尖长。体黄褐色，体侧常具4～5个暗色斑块，第一背鳍前部边缘黑色，其余各鳍灰色。

生态习性 暖温性近岸小型底栖性鱼类。栖息于浅海及河口附近水域，可进入淡水中生活。1龄鱼即达性成熟，怀卵量1342～6742粒，产沉性粘附着卵，产卵期为4～5月。生长快，当年鱼体长为67～113 mm。以多毛类、小鱼、对虾、糠虾、钩虾为食。

渔业利用 可食用，但少见。

地理分布 我国沿海均有分布，舟山海域常见。

六丝钝尾虾虎鱼

286 舟山缰虾虎鱼

Ctenogobius chusanensis Herre, 1940

地方名 舟山细棘虾虎鱼

分类地位 辐鳍鱼纲 Actinopterygii，鲈形目 Perciformes，虾虎鱼科 Gobiidae

形态特征 体延长，头略呈圆筒形。吻圆钝，口斜裂。上颌前部数齿呈弱犬齿状，下颌最后齿扩大成弯向后方的较大犬齿。舌游离，前端截形。体被栉鳞，头部、颊部、鳃盖部裸露无鳞，胸鳍基部、胸部及腹部被小圆鳞。项部侧部的小圆鳞向前仅伸达鳃盖后缘上方，项部中央至第一背鳍基前方具1无鳞区。体淡绿色，背部色深，腹部较浅。峡部灰黑色。项部第一、第二条纵纹之间具1红底灰黑色斑点。眼下方具1黑绿色小斑块，肩部具1较大蓝绿色斑块。鳃盖骨具3个天蓝色斑点。第一背鳍灰色，下半部色较深；第二背鳍鳍膜上具1～3行黑白相间条纹，下半部具1条由红点组成的纵带。臀鳍下半部黑色，基部浅绿色。胸鳍淡黄色。腹鳍灰色，并具淡黄色边缘。尾鳍浅绿色，上部有黑色小点组成的纵带，纵带上方灰色；下部有1条由红色小点组成的纵带，纵带下方灰黑色，中部散布许多红色斑点，形成数条不规则的横纹。

生态习性 近岸底层小型鱼类。栖息于咸淡水水域或近岸浅水处。喜生活于滩涂的泥洞中。一般体长在60～80 mm。以底栖生物为食。

地理分布 我国分布于东海沿岸，为我国特有种。舟山海域少见。

舟山缰虾虎鱼

287 大弹涂鱼

Boleophthalmus pectinirostris (Linnaeus, 1758)

英文名 Great blue spotted mudskipper

地方名 弹胡、跳跳鱼、弹涂鱼

分类地位 辐鳍鱼纲 Actinopterygii，鲈形目 Perciformes，虾虎鱼科 Gobiidae

形态特征 体延长，吻圆钝。上下颌齿各1行，上颌齿直立，尖形。体及头部被圆鳞。体表皮肤较厚，无侧线。背鳍分离，鳍棘延长丝状。胸鳍尖圆形，基部具臂状肌柄。腹鳍为1吸盘。尾鳍尖圆，下缘斜截形。体蓝褐色，体侧、背鳍、尾鳍均具不规则蓝色斑点。

生态习性 暖温性近岸小型鱼类。生活于近海沿岸及河口的低潮区滩涂，适温适盐性广，水陆两栖，洞穴定居。视觉和听觉灵敏，通常退潮时白天出洞，依靠发达的胸鳍肌柄在泥涂上爬行、摄食、跳跃，稍受惊即潜回水中或钻入洞内。一般体长在120～160 mm，最长可达200 mm。植物性食性，主食底栖硅藻、蓝绿藻类及泥涂中的有机质，也食少量桡足类和圆虫等。春季产卵。

渔业利用 小型名贵鱼类。

地理分布 我国沿海均有分布，舟山海域常见。

大弹涂鱼

288 大口裸头虾虎鱼
Chaenogobius gulosus (Sauvage, 1882)

英文名 Gluttonous goby

地方名 大口虾虎鱼

分类地位 辐鳍鱼纲Actinopterygii，鲈形目Perciformes，虾虎鱼科Gobiidae

形态特征 体延长，前部圆筒形，尾柄颇高。吻较长，圆钝。鼻孔每侧2个，分离，前鼻孔呈短管状，后鼻孔圆形。上下颌齿细弱，两颌前部各具齿3～4行，交错排列呈狭带状，后半部无齿。犁骨、腭骨、舌上均无齿。颏部常具1皮质突起。具假鳃。体被细小圆鳞，吻部无鳞，项部具背鳍前鳞。无侧线。头部具3个感觉管孔。背鳍2个，胸鳍宽圆，鳍条游离，呈丝状。腹鳍短，圆盘状，左右腹鳍愈合成1吸盘。尾鳍圆形。头、体呈暗褐色，喉部及腹部色浅。头部有不规则的暗色斑点，尤以颊部较为明显。体侧有不规则的白色小斑点，多排成横列状，有时呈现为9～11条不连续的白色横带，正中具白色小点约30个。背鳍暗色，具白色边缘，第一背鳍有2条不清晰的暗色纵带，第六鳍棘后缘鳍膜黑色；第二背鳍有3条暗色纵带。臀鳍、尾鳍暗色，亦具浅色边缘。胸鳍、腹鳍浅色，无黑色斑点。尾鳍几全为黑色，边缘白色，基部具1大黑斑。

生态习性 暖温性底层小型鱼类，栖息于有岩礁的沿岸海域，不常见。一般体长在100～120 mm。

渔业利用 可食用，但少见。

地理分布 我国分布于渤海、黄海沿岸及东海北部。

大口裸头虾虎鱼

289 矛尾虾虎鱼

Chaeturichthys stigmatias Richardson, 1844

英文名 Branded goby

地方名 外洋泥鱼、尖尾虾虎

分类地位 辐鳍鱼纲 Actinopterygii，鲈形目 Perciformes，虾虎鱼科 Gobiidae

形态特征 体延长，吻圆钝，眼较小呈上侧位。上下颌各具2行尖形齿，外行齿较大，呈犬齿状。舌上无齿，宽大，游离，前端圆形。颏部有短小触须3～4对。体被圆鳞，后部鳞较大，头部仅吻部无鳞，体其余部分被小圆鳞。体黄褐色，头部和背部有不规则暗色斑纹；第一背鳍第五至第八鳍棘间有1大黑斑；第二背鳍有3～4纵行暗色斑点。胸鳍灰色，具暗色斑纹。臀鳍后半部灰色，腹鳍淡色。尾鳍有4～5行暗色横纹。

生态习性 广温性近岸小型底栖鱼类。栖息于河口咸淡水滩涂淤泥底质水域，最深可达90 m，也可进入江河下游淡水水体中。一般体长在为180～220 mm。摄食桡足类、多毛类、虾类等底栖动物。

渔业利用 不具渔业价值。

地理分布 我国沿海均有分布，舟山海域常见。

矛尾虾虎鱼

290 中华栉孔虾虎鱼

Ctenotrypauchen chinensis Steindachner, 1867

英文名 Crested combgoby

地方名 “漆油杆”（音）

分类地位 辐鳍鱼纲Actinopterygii，鲈形目Perciformes，虾虎鱼科Gobiidae

形态特征 体延长，头宽短而高。吻短钝，眼几埋于皮下。口斜裂，波曲。上下颌均具齿，排列稀疏，无犬齿，舌游离。体被小圆鳞，头部及项部裸露无鳞。无侧线。体略呈紫红色或蓝褐色。背鳍连续，鳍棘部与鳍条部相连，起点在胸鳍基部后上方。臀鳍后部鳍条稍长并与尾鳍相连。胸鳍小，上部鳍条较长。腹鳍小，左右腹鳍愈合成1吸盘，边缘不完整，后缘凹入，具1缺刻。尾鳍尖圆。

生态习性 暖水性近岸底栖性小型鱼类。栖息于河口咸淡水滩涂淤泥底质水域。一般体长在80～110 mm。以底栖生物为食。

渔业利用 本种营养价值很高，但国内并无食用。

地理分布 我国沿海均有分布，舟山海域常见。

中华栉孔虾虎鱼

291 舌虾虎鱼
Glossogobius giuris (Hamilton, 1822)

英文名 Tank goby

地方名 泥鱼、叉舌虾虎

分类地位 辐鳍鱼纲 Actinopterygii，鲈形目 Perciformes，虾虎鱼科 Gobiidae

形态特征 体延长，头较尖，吻尖突，眼背侧位，口斜裂。上下颌均具齿。舌前端游离，分叉。体被中大栉鳞，头部除鳃盖上方部分及眼后项部被鳞外，其余均裸露无鳞。胸部及腹部被小圆鳞。体灰褐色，背部深暗，隐具5～6个褐色横斑。体侧中部具4～5个较大暗斑。眼后及背鳍前方无黑斑。腹部色浅。第一背鳍灰褐色，后端有时具1个黑色圆斑；第二背鳍具3～4纵列褐色小点。臀鳍褐色，基部色浅。腹鳍灰褐色。胸鳍及尾鳍灰褐色，具暗色斑纹。

生态习性 暖水性近岸中小型底层鱼类。喜栖息于沙泥底质的咸淡水区域。不好游动，多停栖在沙泥表面。一般体长在80～150 mm。食肉性鱼类，大多以小型鱼类、甲壳类、无脊椎动物为食。

渔业利用 传统食用小型鱼类。

地理分布 我国分布于东海、南海及各河口区，舟山海域少见。

保护现状 2019年IUCN评估为无危物种。

舌虾虎鱼

292 斑纹舌虾虎鱼

Glossogobius olivaceus (Temminck & Schlegel, 1845)

地方名 泥鱼、斑纹叉舌虾虎鱼

分类地位 辐鳍鱼纲Actinopterygii，鲈形目Perciformes，虾虎鱼科Gobiidae

形态特征 体延长。头较尖，无触须。吻圆钝，眼上侧位。口斜裂，具齿。舌游离，前端分叉。体被中大栉鳞，头部除鳃盖上方部分及眼后项部被鳞外，其余均裸露无鳞。胸部及腹部被小圆鳞。无侧线。体棕褐色，背部深暗，背部具3～4个褐色宽阔横斑。眼后项部具4群小黑斑，列成2横行，项部在背鳍前方附近还有2横行黑点，或分散成数小群的斑点。腹面较淡，体侧中部具4～5个暗色大斑块，背鳍深棕色，胸鳍浅棕色，尾鳍灰棕色，均有许多不规则的黑色点纹。胸鳍基部具2个灰黑斑。腹鳍和臀鳍灰黑色。尾柄基部有1个三角形黑斑。

生态习性 近海暖温性小型底层鱼类。栖息于河口咸淡水区及江河下游淡水中，也见于近岸滩涂处。一般体长在120～150 mm。以小鱼和小型甲壳类为食。

渔业利用 小型鱼类，用定置网捕捞。较常见，具有食用价值和一定的经济价值。

地理分布 我国分布于东部、南部沿海及各河口，舟山海域偶见。

保护现状 2011年IUCN评估为无危物种。

斑纹舌虾虎鱼

293 凯氏衔虾虎鱼
Istigobius campbelli (Jordan & Snyder, 1901)

英文名 Campbell's goby、Campbell's sandgoby

地方名 康凯氏细棘虾虎鱼

分类地位 辐鳍鱼纲 Actinopterygii，鲈形目 Perciformes，虾虎鱼科 Gobiidae

形态特征 体延长，头大而宽，较尖。吻短而圆钝。上下颌均具齿。舌游离，前端截形。体被大型栉鳞，胸部、腹部及胸鳍基部均被圆鳞。无侧线。体灰褐色，眼后鳃盖上缘具1黑色纵带。眼下方及颊部有暗色斑块。鳃盖有淡色小点。第一背鳍无明显黑斑。背鳍的鳍棘和鳍条上有3～4列纵行点列。臀鳍近边缘色深，形成1深色纵带。胸鳍近基底的上部有1黑点。尾鳍基底常有1横的"V"形斑。

生态习性 暖水性近岸小型底栖性鱼类。喜栖息于岩礁性海岸的沙地。一般体长在60～80 mm。肉食性，摄食底栖无脊椎动物、小型鱼类或稚幼鱼。

渔业利用 不常见，无食用价值。

地理分布 我国分布于东海南部及南海，舟山海域少见。

凯氏衔虾虎鱼

294 睛尾蝌蚪虾虎鱼
Lophiogobius ocellicauda Günther, 1873

地方名 蝌蚪虾虎鱼、小虾虎

分类地位 辐鳍鱼纲 Actinopterygii，鲈形目 Perciformes，虾虎鱼科 Gobiidae

形态特征 体延长，吻前端广圆形。上下颌均具齿。舌宽大，前端略呈截形。颏部密布短小皮须，颊部、前鳃盖骨边缘和鳃盖上均有小须。体被中大圆鳞，颊部、鳃盖部及项部均被小鳞。体黄褐色，背部色较深，腹部色浅。头部有不规则断续带状花纹。体侧鳞片后缘各有1弧形黑斑。第二背鳍有2～3条黑色条纹。尾鳍基部中央有1黑色大形圆斑，圆斑后方具2～3个新月形黑色横纹。

生态习性 近岸底栖性小型鱼类。1龄性成熟，怀卵量为3872～15764粒，产卵期为4～5月，产卵后多数个体死亡。一般体长在100～140 mm。以水生昆虫、小虾、糠虾、对虾、小鱼、幼鱼及底栖水生动物为食。

渔业利用 个体小，无经济价值，是河口肉食性鱼类的饵料鱼。

地理分布 我国分布于渤海及黄海沿岸、东海北部，舟山海域少见。

睛尾蝌蚪虾虎鱼

295 竿虾虎鱼
Luciogobius guttatus Gill, 1859

英文名 Flat-headed goby

地方名 竿虾虎

分类地位 辐鳍鱼纲 Actinopterygii，鲈形目 Perciformes，虾虎鱼科 Gobiidae

形态特征 体细长，呈竿状。头圆钝。颊部肌肉发达，隆突，无扁须。吻短而圆钝，前端截形。上下颌均具齿。舌宽大，游离，前端凹入，呈叉形。体完全裸露无鳞，无侧线。体褐色，密布细小黑点，头部及体侧有较大浅色圆斑。背鳍、胸鳍及尾鳍具带状条纹，但基部无黑色垂直纹。

生态习性 暖温性近岸及河口底栖性小型鱼类。偶可进入淡水中生活，退潮后在沙滩或岩石间残存的水体中常可见到。生长缓慢，1龄鱼达性成熟，怀卵量370～1542粒。卵长形，前端钝，末端细小，油球数多，冬季产卵。一般体长在40～60 mm。杂食性，以底藻、底栖的无脊椎动物以及桡足类、轮虫等浮游动物为食。

渔业利用 无食用价值。

地理分布 我国分布于黄海和东海，舟山海域少见。

保护现状 2020年IUCN评估为无危物种。

竿虾虎鱼

296 阿部鲻虾虎鱼

Mugilogobius abei (Jordan & Snyder, 1901)

英文名 Eatuarine goby

地方名 鲻虾虎鱼

分类地位 辐鳍鱼纲Actinopterygii，鲈形目Perciformes，虾虎鱼科Gobiidae

形态特征 体延长，头颇大，吻圆钝。上下颌齿细尖，排列成带状。舌游离，前端浅分叉。体被弱栉鳞，后部鳞较大，前部被小圆鳞，项部、鳃盖、胸鳍基部、胸部和腹部均被圆鳞。吻部和颊部无鳞。无侧线。液浸标本体灰褐色，腹面浅色，前部有5～6行暗色横纹，后部有2条暗色纵带，自第二背鳍中部下方向后延伸至尾鳍。鳃盖中部有1暗斑。第一背鳍的第五、第六鳍棘间具1黑斑。尾鳍上部黑色，边缘白色。其余各鳍暗色。

生态习性 河口咸淡水交界水域小型鱼类。广泛栖息于河口、滨海沟渠与红树林栖地类型的半咸淡水域，也栖息于近岸浅水滩涂处。一般体长在30～40 mm，大者可达60 mm。主要摄食水底的有机物或小型无脊椎动物。

渔业利用 个体小，无食用价值，可作为观赏鱼类。

地理分布 我国沿海均有分布，舟山海域少见。

保护现状 2010年IUCN评估为无危物种。

阿部鲻虾虎鱼

297 拉氏狼牙虾虎鱼

Odontamblyopus lacepedii (Temminck & Schlegel, 1845)

英文名 Warasubo eel goby

地方名 漆油杆、红鳗虾虎鱼、红狼牙虾虎鱼

分类地位 辐鳍鱼纲 Actinopterygii，鲈形目 Perciformes，虾虎鱼科 Gobiidae

形态特征 体极为延长，呈鳗状。头侧扁，略呈长方形。吻短，宽而圆钝。眼退化，埋于皮下。上下颌均具齿。舌游离，圆形。鳞片退化，体裸露而光滑。无侧线。臀鳍后部鳍条连于尾鳍。胸鳍尖形，尾鳍长而尖。体呈淡红色或灰紫色，背鳍、臀鳍、尾鳍黑褐色。

生态习性 暖温性底层鱼类。栖息于河口附近沙泥和近岸滩涂海区，也生活于咸淡水交汇处及水深2～8 m的泥或沙泥底质的海区。冬季营底栖穴居生活，随气温、水温的变化，潜伏的洞穴深浅不同。温度低则下潜较深，温度高则下潜较浅。一般穴居250～300 mm深的泥层中，最深可达550 mm。夏季气温、水温特高时则离穴栖息于泥面上。游泳能力弱，行动迟缓。生活能力甚强而不易死亡。每年产卵2次，2～4月为春季产卵期，7月下旬至9月为秋季产卵期，在咸淡水水域内产卵，怀卵量3820～37364粒。生长快，当年产幼鱼半年后体长为100～110 mm，成鱼一般体长在200～250 mm，大者体长可达300 mm。肉食性，以甲壳类、小型鱼类为食。

渔业利用 具一定经济价值。

地理分布 我国沿海均有分布，舟山海域常见。

拉氏狼牙虾虎鱼

298 小鳞沟虾虎鱼

Oxyurichthys microlepis (Bleeker, 1849)

英文名 Maned goby

分类地位 辐鳍鱼纲Actinopterygii，鲈形目Perciformes，虾虎鱼科Gobiidae

形态特征 体延长，头圆钝。吻宽短，眼呈椭圆形。口斜裂，上下颌均具齿。舌大，游离。眼后头部、项部及体前部被小圆鳞，体后部被较大弱栉鳞。吻部、颊部和鳃盖部均无鳞；背中线无鳞，具1低小皮嵴突起。无侧线。体呈浅棕色，腹部色浅。体侧具5～6个不规则横斑，背部隐具多个不规则紫色斑块，体背部各鳞片边缘具深棕色小点。背鳍基底及胸鳍上方鳞片大多各有1黑色小点，眼上部具1三角形斑，眼下方有1暗斑，鳃孔上方肩胛部有1蓝色斑点，项部皮嵴突起的顶部灰黑色。第一背鳍和第二背鳍均具2～3行点纵纹，臀鳍灰棕色，边缘黑色。胸鳍和腹鳍暗色。尾鳍具多行暗纹。

生态习性 暖水性小型鱼类。栖息于温带、亚热带近岸河口咸淡水处及沿岸滩涂礁石处。一般体长在150 mm以下。以小型鱼虾、其他无脊椎动物为食。

渔业利用 小型鱼类，无食用价值。

地理分布 我国分布于东海及南海，舟山海域少见。

小鳞沟虾虎鱼

299 拟矛尾虾虎鱼

Parachaeturichthys polynema (Bleeker, 1853)

英文名 Taileyed goby

地方名 须虾虎鱼、多须拟虾虎

分类地位 辐鳍鱼纲Actinopterygii，鲈形目Perciformes，虾虎鱼科Gobiidae

形态特征 体延长，头平扁。吻圆钝，眼上侧位。口斜裂，上下颌均具齿，犁骨、腭骨、舌上均无齿，舌游离。下颌腹面两侧各具1纵行短须，颏部两侧各具1纵行较长小须。体被中大栉鳞。头部，项部、胸部及腹部均被圆鳞。鳔大，几乎占体腔背面全部。体棕褐色，腹部浅色。各鳍灰黑色，尾鳍基部上方具1椭圆形白边黑色暗斑。

生态习性 近海暖水性小型鱼类。栖息于河口及近海底层沙泥及软泥底质处。体长150 mm以下。以小鱼、小型底栖无脊椎动物为食。

渔业利用 小型鱼种。体含河豚毒素（TTX），不宜食用。

地理分布 我国分布于黄海、东海、台湾海域以及南海，舟山海域常见。

保护现状 2018年IUCN评估为无危物种。

拟矛尾虾虎鱼

300 弹涂鱼

Periophthalmus modestus Cantor, 1842

英文名 Shuttles hoppfish

地方名 弹糊、跳杆、跳跳鱼

分类地位 辐鳍鱼纲 Actinopterygii，鲈形目 Perciformes，虾虎鱼科 Gobiidae

形态特征 体延长，头宽大。吻短而圆钝，斜直隆起。口横裂，齿尖锐，直立。舌宽圆，不游离。体及头背均被小圆鳞。无侧线，第一背鳍较低。胸鳍基部具臂状肌柄。腹鳍基部愈合成1心形吸盘。体棕褐色，体侧散具许多黑色小点，体中央有时具若干褐色小斑，第一背鳍黑褐色，边缘白色，近边缘处具1黑色纵带；第二背鳍中部也具1黑色纵带，端部白色。近鳍的基底处暗褐色。臀鳍浅褐色，腹鳍灰褐色，边缘白色。胸鳍黄褐色。尾鳍褐色，下叶边缘新鲜时红色。

生态习性 暖温性近岸小型鱼类。栖息于海水或半咸水的河口，港湾的浅水区和底质为淤泥、沙泥的滩涂。适温适盐性广，穴居性鱼种。常依靠发达的胸鳍肌柄匍匐或跳跃于泥滩上，退潮时跳动于泥滩上觅食，稍受惊即跳回水中。每年4～5月产卵，有明显迁移的特性。一般体长在40～60 mm，最长可达100 mm。主食浮游动物、昆虫及其他无脊椎动物，也会刮食底栖硅藻和蓝绿藻。

渔业利用 可食用，肉味鲜美，无重要的渔业经济价值。

地理分布 我国分布于沿海各岛屿及港湾滩涂，舟山海域常见。

弹涂鱼

301 大青弹涂鱼

Scartelaos gigas Chu & Wu, 1963

地方名 跳跳鱼、弹涂鱼、跳杆

分类地位 辐鳍鱼纲 Actinopterygii，鲈形目 Perciformes，虾虎鱼科 Gobiidae

形态特征 体延长，头大，圆形。吻短而圆钝，弧形隆起。下眼睑发达，能上闭。口稍斜，上下颌均具齿。犁骨、腭骨、舌上均无齿。舌前端圆形。鳞细小，退化，头及体均被细鳞，胸鳍基底被鳞。无侧线。体灰褐色，密具暗色小点，背部色深，腹部较浅。颊部和鳃盖在其生活时各具黄色横纹。口角黑色。第一背鳍前后缘具明显黑斑，其余部分黄色。第二背鳍边缘黑色，鳍膜上具暗色点纹。臀鳍和腹鳍浅灰色，胸鳍灰黑色，尾鳍具暗色小点。

生态习性 暖温性潮间带底栖性小型鱼类。栖息于沿岸的半咸淡水水域，亦见于沙泥底质的滩涂、潮间带及低潮区水域。适温适盐性广，穴居。常依靠发达的胸鳍肌柄匍匐或跳跃于泥滩上。视觉和听觉灵敏。个体较大，一般体长在120～170 mm，最大可达180 mm，重50 g。杂食性，主食底栖硅藻、蓝绿藻和底栖小型无脊椎动物。

渔业利用 小型名贵食用鱼类。

地理分布 我国分布于东海沿岸及台湾海域，舟山海域偶见。

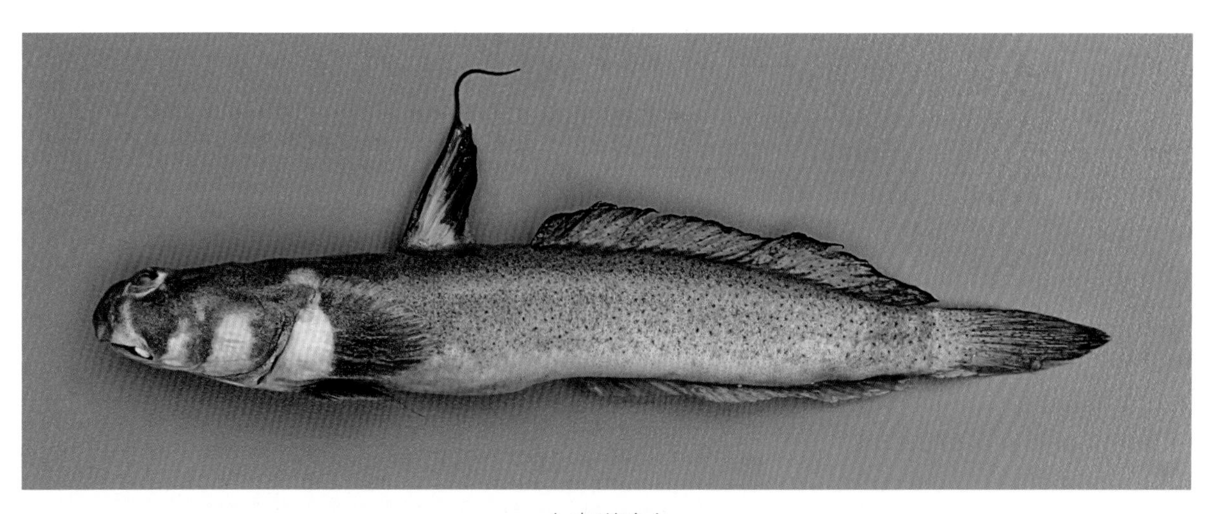

大青弹涂鱼

302 青弹涂鱼

Scartelaos histophorus (Valenciennes, 1837)

英文名 Walking goby

地方名 弹胡、跳跳鱼、弹涂鱼

分类地位 辐鳍鱼纲 Actinopterygii，鲈形目 Perciformes，虾虎鱼科 Gobiidae

形态特征 体延长，头大，圆钝。吻颇短，下眼睑发达。口稍斜，齿尖锐，上颌齿直立，下颌齿平卧。舌呈圆形，下颌腹面两侧各有1行细小短须。体及头部被细小退化鳞片，前部鳞隐于皮下，后部鳞稍大，无侧线。腹鳍愈合成1心脏形吸盘。体背蓝黑色，腹面浅蓝色，头背及体侧具黑色细点，体侧常具5～7条黑色狭横带。第一背鳍蓝灰色，端部黑色，第二背鳍暗色，具小蓝点。尾鳍具4～5条黑色横纹。臀鳍、腹鳍浅色，胸鳍外侧具黑色小点。

生态习性 暖水性小型鱼类。栖息于沿岸的半咸淡水水域，也见于沙泥底质的滩涂、潮间带及低潮区水域。视觉和听觉灵敏，适温适盐性广，洞穴定居。一般体长在140 mm以下。杂食性，摄食泥涂表层硅藻类、底栖小型无脊椎动物及有机碎屑。

渔业利用 小型鱼类，可食用。

地理分布 我国分布于东海和南海，舟山海域常见。

保护现状 2017年IUCN评估为无危物种。

青弹涂鱼

303 须鳗虾虎鱼

Taenioides cirratus (Blyth, 1860)

英文名 Bearded worm goby

分类地位 辐鳍鱼纲 Actinopterygii，鲈形目 Perciformes，虾虎鱼科 Gobiidae

形态特征 体延长，头宽短。吻短而圆钝，眼退化，隐于皮下。口宽短，下颌及颏部显著突出。上下颌均具齿。舌游离，前端圆形。头部腹面两侧有3对扁须。体裸露无鳞，鳍棘与鳍条均埋于皮膜中，后端具1缺刻。腹鳍长，愈合成1漏斗状吸盘。体红带蓝灰色，腹部浅色，各鳍灰色，尾鳍灰黑色。

生态习性 暖水性近岸底栖性小型鱼类，栖息于河口咸淡水水域及泥质近海滩涂上，常隐于洞穴内。体长130～160 mm，最长可达300 mm。属杂食性，以有机碎屑、小型鱼虾为食。

渔业利用 不具经济价值。

地理分布 我国分布于东海、台湾海域及南海，舟山海域少见。

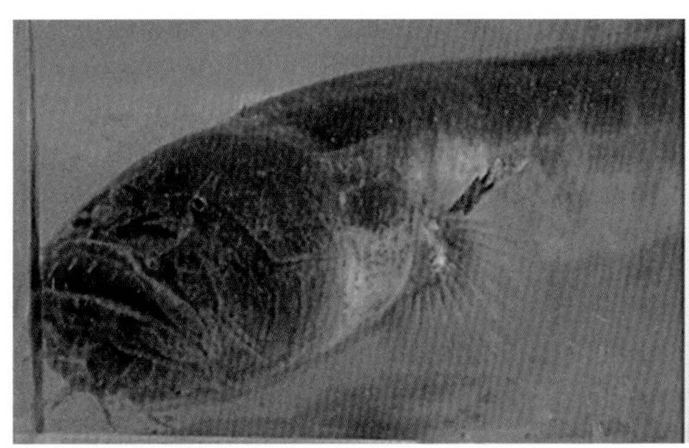

须鳗虾虎鱼

304 髭缟虾虎鱼
Tridentiger barbatus (Günther, 1861)

英文名 Shokihaze goby

地方名 老虎头泥鱼、钟馗虾虎鱼

分类地位 辐鳍鱼纲 Actinopterygii，鲈形目 Perciformes，虾虎鱼科 Gobiidae

形态特征 体延长，粗壮。头大，吻宽短。眼上侧位，口稍斜裂。上下颌均具齿，外行齿三叉型。舌游离，前端圆形。头部具许多触须，穗状排列。吻缘具须1行，向后伸延至颊部，其下方具触须1行，向后亦伸达长颌后方，延至颊部；下颌腹面具须2行；眼后至鳃盖上方具2群小须。体被中大栉鳞。头部及胸部无鳞，项部及腹部被小圆鳞，无侧线。体黄褐色，体侧具垂直宽阔黑色斑纹5条。第一背鳍具2条黑色斜纹，有时具1条较宽的黑色斜条；第二背鳍具暗色纵纹2～3条。臀鳍灰色。胸鳍及尾鳍灰黑色，具暗色横纹5～6条。

生态习性 近海暖温性小型底层鱼类。栖息于河口咸淡水水域、近岸浅水处及沙泥底质的环境中，也进入河口及江湖淡水中栖息。1龄鱼体长80～90 mm，体重25～32 g，可达性成熟。产沉性黏性卵，产卵后亲体死亡，体长90～110 mm，大者可达近190 mm。摄食小型鱼类、幼虾、桡足类、枝角类及其他水生昆虫。

渔业利用 小型食用鱼类，无重要渔业经济价值。

地理分布 我国沿海均有分布，舟山海域常见。

髭缟虾虎鱼

305 双带缟虾虎鱼
Tridentiger bifasciatus Steindachner, 1881

英文名 Shimofuri goby

分类地位 辐鳍鱼纲 Actinopterygii，鲈形目 Perciformes，虾虎鱼科 Gobiidae

形态特征 体延长，头宽大，背视三角形突出。吻圆钝，眼上侧位。口斜裂，上下颌均具齿，外行齿除最后数齿外，均为三叉型。舌宽，游离。体被栉鳞，头部无鳞，项部具背鳍前鳞，腹部及胸鳍基部被小形圆鳞，无侧线。体灰褐色，背部深色，腹部浅色。幼鱼体侧具6～7条不规则横带及1条自眼后方经体侧至尾鳍基的黑褐色纵带；成鱼体侧常具2条黑褐色纵带，较大的个体体侧仅有云状斑纹，无纵带和横带。头侧及头部腹面密具许多白色小圆点。第一背鳍及第二背鳍各具4行暗色横纹。臀鳍灰黑色，边缘浅色。胸鳍灰蓝色，基部中间有1大黑斑。尾鳍浅色，具暗色横纹4～5条，基部上方及中部有时各具1黑斑。

生态习性 近岸底层小型鱼类。栖息于河口半咸淡水水域及近岸浅水沙泥底质处，也进入江河下游淡水体中。个体小，一般体长在80～100 mm，最长可达120 mm。属于肉食性鱼类，摄食小型鱼类、幼虾，桡足类及其他底栖无脊椎动物等。

渔业利用 小型食用鱼类。

地理分布 我国沿海均有分布，舟山海域少见。

保护现状 2020年IUCN评估为无危物种。

双带缟虾虎鱼

306 纹缟虾虎鱼
Tridentiger trigonocephalus (Gill, 1859)

英文名 Chameleon goby

分类地位 辐鳍鱼纲 Actinopterygii，鲈形目 Perciformes，虾虎鱼科 Gobiidae

形态特征 体延长粗状。头略平扁，背视三角形突出。吻短钝，口稍斜裂。上下颌均具齿，外行齿除最后数齿外，均为三叉型。舌宽，游离。头部无须无鳞，体被栉鳞，无侧线。体灰褐色或褐色，背部深色，腹部浅色。体侧常有2条黑褐色纵带。上带自吻端经眼上部，沿背鳍基底向后延伸至尾鳍基，下带自眼后经颊部与胸鳍基部上方，沿体侧中部伸至尾鳍基。

生态习性 暖温性近岸底层小型鱼类。栖息于沙泥底质的环境中及近岸浅水处，可进入淡水中生活。1龄鱼即开始性成熟，产卵期为4～5月，在海岸及咸淡水水域中产卵，产沉黏性卵，产卵后多数亲体死亡。一般体长在80～110 mm，最长可达130 mm。以仔鱼、钩虾、桡足类、枝角类及其他水生昆虫为食。

渔业利用 小型食用鱼类，是港养及池养对虾的敌害。

地理分布 我国沿海均有分布，舟山海域常见。

保护现状 2020年IUCN评估为无危物种。

纹缟虾虎鱼

307 孔虾虎鱼

Trypauchen vagina (Bloch & Schneider, 1801)

地方名 孔虾虎

分类地位 辐鳍鱼纲 Actinopterygii，鲈形目 Perciformes，虾虎鱼科 Gobiidae

形态特征 体延长，头短，头后中央具1棱状嵴。吻短而钝，眼小，埋于皮下。口斜裂，边缘波曲，下颌弧形突出。上下颌均具齿，舌游离。体被圆鳞，头部及背前区无鳞，项部、胸部及腹部被小鳞，无侧线。左右腹鳍愈合成1漏斗状吸盘。体略呈红色或淡紫红色。

生态习性 近海潮间带暖水性底栖性小型鱼类。生活于沿岸海域或半淡咸水水区中。行动缓慢，穴居习性，涨潮时游出穴外，生命力强，能在缺氧情况下生活。春季产卵，年底体长为90～100 mm；成鱼体长200～220 mm，大者可达250 mm。杂食性，主要摄食底栖硅藻和无脊椎动物。

渔业利用 无食用习惯。

地理分布 我国分布于东海、台湾岛周边海域及南海，舟山海域常见。

保护现状 2018年IUCN评估为无危物种。

孔虾虎鱼

（一二四）鳍塘鳢科 Ptereleotridae

鳍塘鳢科也称凹尾塘鳢科。体延长，颇侧扁。头中大，侧扁，颏部有或无须。项部有或无低皮嵴。眼侧位。吻短，口几垂直，上侧位，下颌突出。体被小圆鳞，无侧线。背鳍2个，分离，第一背鳍具5～7鳍棘，前部3鳍棘有时延长呈丝状。臀鳍与第二背鳍同形且相对。胸鳍圆形。左右腹鳍不愈合成吸盘状。尾鳍圆形、截形、内凹、矛状或延长呈丝状。

308 中华舌塘鳢

Parioglossus sinensis Zhong, 1994

分类地位 辐鳍鱼纲Actinopterygii，鲈形目Perciformes，鳍塘鳢科Ptereleotridae

形态特征 体侧扁，背缘浅弧形，腹缘平直。尾柄粗短，尾柄长等于尾柄高。鼻孔每侧2个，分离，前鼻孔呈短管状，紧贴上唇；后鼻孔圆形，位于眼前方。上下颌齿尖形，各1行。鳃盖骨与前鳃盖骨后缘光滑，无棘，均无感觉管孔。唇薄，舌游离，前端截形。鳃孔中大。鳃盖膜与峡部相连，具假鳃。背鳍2个，分离。胸鳍中大，团扇形，下侧位，上方无游离丝状鳍条。左右腹鳍起点位于胸鳍基部后下方。尾鳍圆形，短于头长。头、体灰绿色，背侧色较深，腹侧色浅。腹部银白色，体侧具2条棕黑色纵带。

生态习性 暖温性底栖小型鱼类。栖息于沿岸淡水与海水交界的滩涂淤泥中，喜穴居生活，离开水后在潮湿的淤泥中可以生活一定的时间。常见体长40～70 mm，大者可达80 mm。数量极少，属于稀有种类。以小型甲壳类和鱼类为食。

地理分布 我国分布于浙江省东北部沿海，为中国特有种，舟山海域少见。

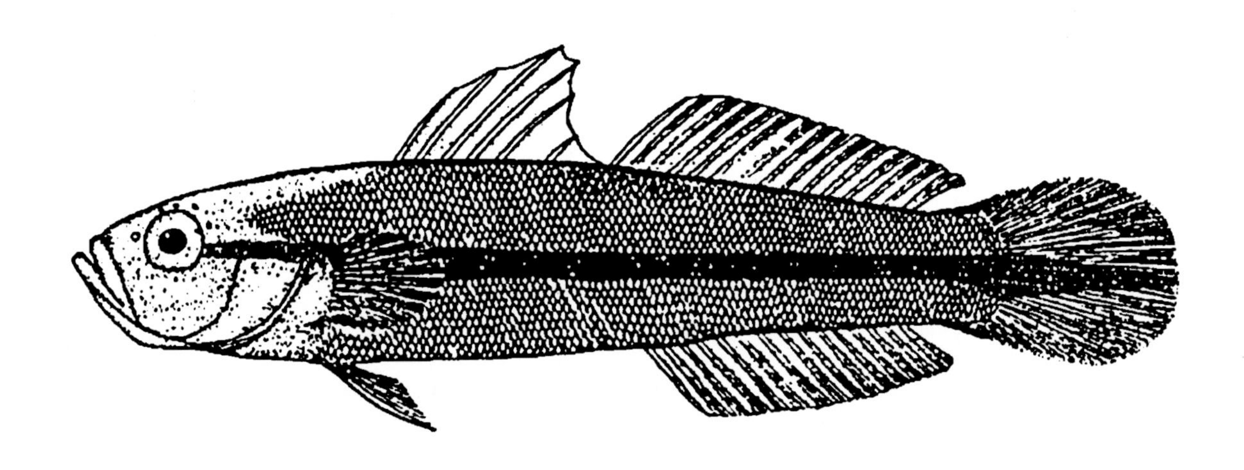

中华舌塘鳢（依钟俊生）

（一二五）白鲳科 Ephippidae

体颇高，近圆形或菱形，侧扁。头短而高，枕嵴隆起。眼大，上侧位。吻短，圆钝。口小，前位，口裂平直，上下颌约等长，上下颌齿呈刷毛状或扁，腭骨无齿。前鳃盖骨后缘光滑，或具细弱锯齿。鳃盖膜与峡部相连，具假鳃。体被中大或小栉鳞，背鳍及臀鳍大部被小鳞。侧线完全，与背缘平行。背鳍1个，鳍棘部与鳍条部相连，具缺刻或无缺刻。臀鳍起点约与背鳍鳍条部相对。胸鳍宽短，下侧位。腹鳍具1鳍棘、5鳍条。尾鳍略呈双凹形或楔形。

309 燕鱼
Platax teira (Forsskål, 1775)

英文名 Longfin batfish

地方名 神仙鱼、天使鱼

分类地位 辐鳍鱼纲 Actinopterygii，鲈形目 Perciformes，白鲳科 Ephippidae

形态特征 体呈菱形，极侧扁，头短，背缘高且斜。吻短钝，眼大，上侧位。眼间隔宽且突出。鼻孔小，每侧2个，相距较远，前鼻孔圆形。上下颌牙侧扁，具3个等长的牙尖，多行，排列成宽带状，犁骨具牙，腭骨无牙，鳃孔狭长。体被小栉鳞，头背部、眼间隔及吻前部无鳞，头侧、背鳍、臀鳍及尾鳍被细小鳞。背鳍、臀鳍条向后延长，上下对称，似张开的帆。腹鳍长，呈丝状。尾鳍后缘平直。尾鳍略呈双凹形。体黑褐色，背鳍、臀鳍及腹鳍黑色，胸鳍基暗褐色。鳍条为黄褐色。尾鳍基为黑色，鳍条黄褐色，后缘黑褐色。从侧面看像空中飞翔的燕子，故称其为燕鱼。

生态习性 暖水性中上层鱼类。常在海面漂浮物下活动，与松鲷混栖。群体较小，每群10余尾。一般体长在100～300 mm，最大个体可达700 mm。以浮游生物及藻类为食。

地理分布 我国分布于东海和南海，舟山海域少见。

保护现状 2018年IUCN评估为无危物种。

燕鱼

（一二六）金钱鱼科 Scatophagidae

体侧扁而高，头背高斜，吻宽钝，眼上侧位。口小，前位，不能伸出，上下颌微等长，上颌骨后端被眶前骨所盖。上下颌齿细弱，犁骨及腭骨均无齿。前鳃盖骨后缘具细锯齿，左右鳃盖膜愈合，与峡部稍连，具假鳃，鳃耙细短。体被细小栉鳞，不易脱落。侧线完全，与背缘平行。背鳍1个，鳍棘部与鳍条部相连，中央具凹缺，鳍条部前方具1向前平卧棘。臀鳍起点在背鳍最后鳍棘下方，具4鳍棘，鳍条部与背鳍鳍条部相对且同形。胸鳍短圆，下侧位。腹鳍狭长，具腋鳞。尾鳍平截形或浅双凹形。

310 金钱鱼
Scatophagus argus (Linnaeus, 1766)

英文名 Spotted scat

地方名 金钱鱼

分类地位 辐鳍鱼纲 Actinopterygii，鲈形目 Perciformes，金钱鱼科 Scatophagidae

形态特征 体略呈钝角六边形，口呈横裂状。背鳍棘尖锐且略具毒性。尾鳍后缘呈浅的双凹形，幼鱼为圆形。体呈褐色，腹部色浅，体侧有略呈圆形的黑斑，背鳍、臀鳍和尾鳍上亦有黑色斑点。幼鱼体侧黑斑多而明显。头部一般具2条黑色横带。

生态习性 暖水性底栖鱼类。主要栖息于近岸多岩石处，稚鱼常进入半淡咸水水域。常见体长在200 mm左右，最长可达450 mm。杂食性，主要以蠕虫、甲壳类、水栖昆虫及藻类碎屑为食。

渔业利用 观赏和食用鱼类。

地理分布 我国分布于东海、台湾海域及南海，舟山海域偶见。

保护现状 2009年IUCN评估为无危物种。

金钱鱼

（一二七）篮子鱼科 Siganidae

体呈长椭圆形，侧扁。背缘和腹缘呈弧形，头短小。眼中大，上侧位，无眶下骨架。吻略呈短管状。口小，前位或下位，不能伸缩。上下颌具齿，犁骨、腭骨及舌上均无齿。鳃孔宽大。前鳃盖骨及鳃盖骨边缘光滑。鳃盖膜与峡部相连。假鳃发达，鳃耙细小。体被细小长薄圆鳞，埋于皮下。侧线完全，上侧位。背鳍1个，前方具1埋于皮下的前向棘，鳍棘部长于鳍条部。臀鳍鳍条部与背鳍鳍条部约等长且相对。胸鳍中大，斜圆。腹鳍具内外2鳍棘，中间具3鳍条，内侧鳍棘有膜与腹部相连。尾鳍平直，凹入或分叉。

311 长鲳篮子鱼

Siganus canaliculatus (Park, 1797)

英文名 White spotted spinefoot

地方名 黄斑篮子鱼

分类地位 辐鳍鱼纲 Actinopterygii，鲈形目 Perciformes，篮子鱼科 Siganidae

形态特征 口小，上下颌各具细小尖齿1行，唇发达。尾柄细长，侧线与背缘平行，伸达尾鳍基。背鳍基底几占体背缘的全长，鳍棘部与鳍条部间无缺刻，鳍棘尖锐。体被小圆鳞，鳞薄，小圆形，头被细鳞或裸露。尾鳍在幼体为浅叉形，在成体为深叉形。体黄绿色，背部较深，腹部较浅。头部和体侧散布许多长圆形小黄斑，头和项部斑点细小，圆形。在头后侧线起点稍下方常隐具1长条形暗斑。各鳍浅黄色，背鳍和臀鳍鳍膜间有暗色云纹，鳍条具暗色节环。尾鳍具不明显的垂直暗带。

生态习性 暖水性近海小型鱼类。常栖息于水深50 m以内的岩礁或珊瑚丛中，亦常出现于河口域或离岸数千米的清澈水域。最大体长达400 mm。各鳍鳍棘有毒腺，为有名的刺毒鱼类，被刺伤后会引起剧烈疼痛，红肿。杂食性，以底栖藻类及小型附着性无脊椎动物为食。

渔业利用 以手钓、围网或拖网等渔具捕获，全年皆有。

地理分布 我国分布于东海及南海，舟山海域偶见。

保护现状 2015年IUCN评估为无危物种。

长鲳篮子鱼

（一二八）刺尾鱼科 Acanthuridae

体高而侧扁，卵圆形。口小，前位，稍能伸缩。上下颌各具齿1行，边缘具细锯齿或呈波状，犁骨与腭骨均无齿。鳃孔小。前鳃盖骨后缘无锯齿。鳃盖膜与峡部相连，假鳃发达。皮肤颇坚韧，被细小而粗糙的弱栉鳞，似鲨皮状。各鳍大多无鳞。尾柄两侧各具若干个尖棘或带有锐嵴的骨板。侧线完全，几与背缘平行。腹鳍胸位，腋部无长形尖鳞，具1鳍棘、3～5鳍条。尾鳍半月形、截形或内凹。

312 三棘多板盾尾鱼

Prionurus scalprum Valenciennes, 1835

英文名 Scalpel sawtail

地方名 多板盾尾鱼

分类地位 辐鳍鱼纲 Actinopterygii，鲈形目 Perciformes，刺尾鱼科 Acanthuridae

形态特征 头较短，吻较长，前端圆锥状。眼侧上位，眼前方具1深眼前沟。背缘和腹缘弧形突出。尾柄细长，两侧各有4个盾状骨板，板中央突出1锐嵴。除唇部外，体被微小弱栉鳞，沿侧线具1列黑色点状弱小骨板，排列均匀。体淡黑褐色，下唇及颏部淡粉色。腹鳍略黑，尾柄盾板黑色。成鱼尾鳍后缘为白色，幼鱼尾柄后半部分到整个尾鳍均是白色。

生态习性 暖水性近海中型鱼类。栖息于珊瑚茂密区及岩礁区。幼鱼多半分散在礁盘上觅食，成鱼则成大群洄游于礁区之间。成体体长可达500 mm。杂食性，以藻类及底栖性生物为主食。

渔业利用 刺毒鱼类，肉可食用。

地理分布 我国分布于西沙群岛，东海北部也偶有出现。舟山海域罕见。

三棘多板盾尾鱼

（一二九）魣科 Sphyraenidae

体延长，亚圆筒形。头长，背视呈三角形。吻尖长，口裂大，宽平。下颌微突出。上颌骨宽广，上方有1辅上颌骨。齿强大，尖锐，作犬齿状，深插于骨凹中，两颌及腭骨均有齿，犁骨无齿。鳃孔宽，鳃耙少或退化。体及头部均被圆鳞。侧线发达，平直。背鳍2个，第二背鳍靠后。臀鳍与第二背鳍相似且相对。胸鳍短，较低位。腹鳍腹位或亚胸位。尾鳍分叉。

313 日本魣

Sphyraena japonica Bloch & Schneider, 1801

英文名 Japanese barracuda

地方名 日本金梭鱼，大眼梭子鱼

分类地位 辐鳍鱼纲 Actinopterygii，鲈形目 Perciformes，魣科 Sphyraenidae

形态特征 头背视三角形，腹部圆形。头顶自吻至眼间隔处具2对纵嵴，中间1对较明显。吻长而尖凸，眼大。鼻孔2个，前鼻孔小，圆形，后鼻孔较大。下颌突出，两颌及腭骨均有齿。两侧前部齿细密，后部齿侧扁而尖。舌狭长，游离，位于口腔的中部，鳃孔大。前鳃盖骨后下角光滑，圆形，鳃盖骨后上方有1扁棘。侧线位于体侧中部，背鳍2个。背侧部暗褐色，腹部银白色，背鳍和胸鳍淡灰色，尾鳍青褐色。

生态习性 凶猛肉食性中小型鱼类。常见体长在300 mm左右，最长可达350 mm。以鱼类和虾蟹类为食。

渔业利用 常见食用鱼类。

地理分布 我国分布于东海、台湾海域及南海，舟山海域常见。

日本魣

314 油魣
Sphyraena pinguis Günther, 1874

英文名 Red barracuda

地方名 舒氏魣，梭子鱼

分类地位 辐鳍鱼纲 Actinopterygii，鲈形目 Perciformes，魣科 Sphyraenidae

形态特征 头长，背视三角形，头顶自吻向后至眼间隔处具2对纵嵴，中间1对明显。吻尖长，眼大，高位。鼻孔2个，前鼻孔小，圆形，后鼻孔较大。口裂倾斜，下颌突出。两颌及腭骨均有齿，前侧齿细密，后侧齿大而尖锐。舌狭长，游离，上有绒毛状细齿。鳃孔宽大，假鳃发达，前鳃盖骨后下角光滑，稍呈方形。体被小圆鳞，头除颊部、鳃盖骨及下鳃骨被鳞外，其余均裸露。第二背鳍、臀鳍及尾鳍上皆被细鳞。侧线上侧位，后端伸达尾鳍基底，背鳍2个。体上部暗褐色，腹部银白色，背鳍、胸鳍及尾鳍淡灰色，尾鳍后缘黑色。本种体形与日本魣相近，主要区别在于本种腹鳍亚胸位，起点前于第一背鳍起点。胸鳍末端超过腹鳍基底。侧线鳞少，为88～92。日本魣腹鳍腹位，起点后于第一背鳍起点。胸鳍末端不达腹鳍基底。侧线鳞较多，为118～125。

生态习性 凶猛肉食性中小型鱼类。栖息于近海的中下层，有结群习性。常见体长在300 mm左右，最大体长可达500 mm左右。以鱼类和虾蟹类为食。

渔业利用 可用拖网、流刺网或延绳钓捕捞，具有渔业经济价值。

地理分布 我国分布于渤海、黄海及东海，舟山海域常见。

油魣

（一三〇）蛇鲭科 Gempylidae

体延长而侧扁。头尖长，眼中大，上侧位。吻长而突出，口裂大，上下颌骨不能伸缩，颌齿强大，上颌前端常有犬齿，腭骨具齿。鳃盖骨后缘具弱棘，鳃耙退化。背鳍2个，鳍棘部与鳍条部分离，或基部稍相连。臀鳍与第二背鳍同形，有些种类背鳍与臀鳍后方有分离的小鳍。胸鳍尖长，但短于头长。腹鳍小，退化或无腹鳍。尾鳍叉形。

315 蛇鲭

Gempylus serpens Cuvier, 1829

英文名 Snake mackeral

地方名 刀梭

分类地位 辐鳍鱼纲 Actinopterygii，鲈形目 Perciformes，蛇鲭科 Gempylidae

形态特征 体延长而侧扁，背缘与腹缘近水平状。头尖长，向前突出。眼中大，侧位，圆形，眼间隔较宽。鼻孔2个，位于眼前方，前鼻孔圆形，后鼻孔裂缝状。口大，下颌较上颌突出，上颌前端具5个大牙，左侧3个，右侧2个。体大部裸露无鳞，只头部、眼后及尾鳍基底等处具小鳞。背鳍2个，第一背鳍基底长，全由鳍棘组成。第二背鳍与臀鳍相对，两者后部均有6～7小鳍。胸鳍大，腹鳍很小，尾鳍深叉。体呈黑褐色，背鳍鳍膜灰黑色，各鳍褐色。

生态习性 近海大洋性中表层洄游鱼类。栖息深度为0～700 m，不成群。一般体长在1000 mm以下。以鲱、鳀等小型鱼类，甲壳类及乌贼等为食。

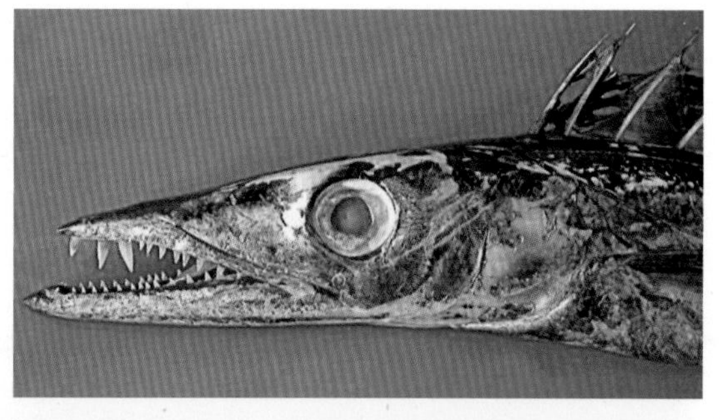

地理分布 我国分布于东海、南海，舟山海域偶见。

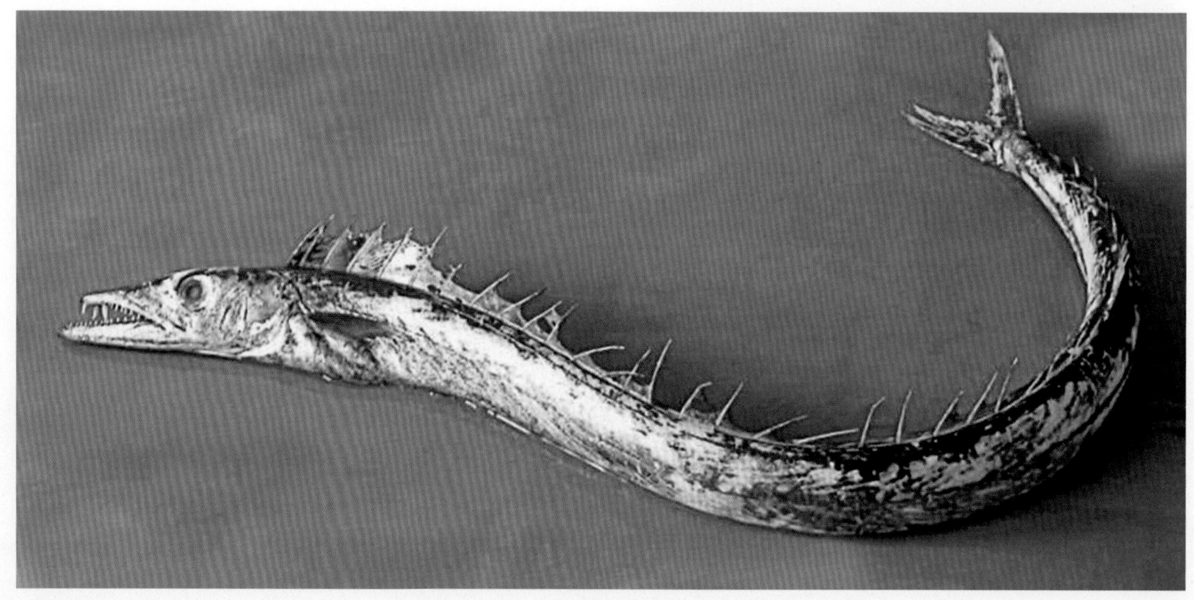

蛇鲭

316 南短蛇鲭
Rexea solandri (Cuvier, 1832)

英文名 Silver gemfish

地方名 短蛇鲭、短梭

分类地位 辐鳍鱼纲Actinopterygii，鲈形目Perciformes，蛇鲭科Gempylidae

形态特征 体延长而侧扁，呈长纺锤形。头较大而尖，眼较大，侧位，圆形，眼间隔较宽，微凹呈"V"字形。鼻孔2个，位于眼的前方，前鼻孔圆形，后鼻孔半圆形，两鼻孔间距约为眼径1/3。牙上下颌各具1列牙，牙排列较稀疏，下颌牙略大于上颌牙。舌较长，舌面光滑。体被小而薄的鳞，仅后部可见。背鳍2个，第一背鳍全由硬棘组成，第二背鳍与臀鳍同形，两者后方各具2小鳍。胸鳍小，其长约为眼径2倍。腹鳍在幼体为1个边缘具细锯齿的小棘，成体后退化消失。尾鳍叉形。体呈灰褐色，背鳍第一至第三鳍棘间的鳍膜上具1黑斑，第一背鳍各棘间的鳍膜边缘为黑色。

生态习性 较深海大洋性中底层洄游鱼种。栖息深度为135～540 m，最深可达800 m。一般不成群，常在夜间迁移至中层水域。最大体长可达1100 mm，重达16 kg。以甲壳类、头足类及各种鱼类为食。

地理分布 我国分布于东海及台湾海域，舟山海域偶见。

南短蛇鲭

（一三一）带鱼科 Trichiuridae

体延长，侧扁，呈带状，尾极长，向后渐细小呈鞭状。头窄长，侧视三角形，背视宽平。眼高位，下颌突出，上颌骨为眶前骨所盖。腹背缘几近平行。吻尖长，口裂大，上下颌齿强大，尖锐，侧扁，腭骨、犁骨及舌上均无齿。侧线连续，无鳞。背鳍和臀鳍均很长，后方有时有小鳍。腹鳍消失，或退化为1对鳞片状突起。尾鳍很小或无。

317 叉尾深海带鱼

Benthodesmus tenuis (Günther, 1877)

英文名 Slender frostfish

地方名 叉尾带鱼

分类地位 辐鳍鱼纲 Actinopterygii，鲈形目 Perciformes，带鱼科 Trichiuridae

形态特征 体很延长，呈带状。鼻孔小，1个，位于眼的前方。上颌前端有直立大犬牙3对，具侧牙9～17，下颌具侧牙11～16。鳃孔宽大，鳃耙细尖。体光滑无鳞。臀鳍始于体中央稍前方，前半部鳍条成为埋于皮下的瘤状物，后半部鳍条外露，止于尾部后端。胸鳍小。尾鳍很小，叉形。体银灰色，上颌前端、头顶部、鳃盖部黑色，各鳍淡色。

生态习性 底层鱼类。主要栖息于大陆架斜坡区底层，而幼鱼则活跃在大洋中层。已知最大体长为2300 mm，其他习性不详。

渔业利用 一般为底拖网、延绳钓或鱿钓的意外渔获物，不具经济价值。

地理分布 我国分布于东海及台湾海域，舟山海域偶见。

保护现状 2013年IUCN评估为无危物种。

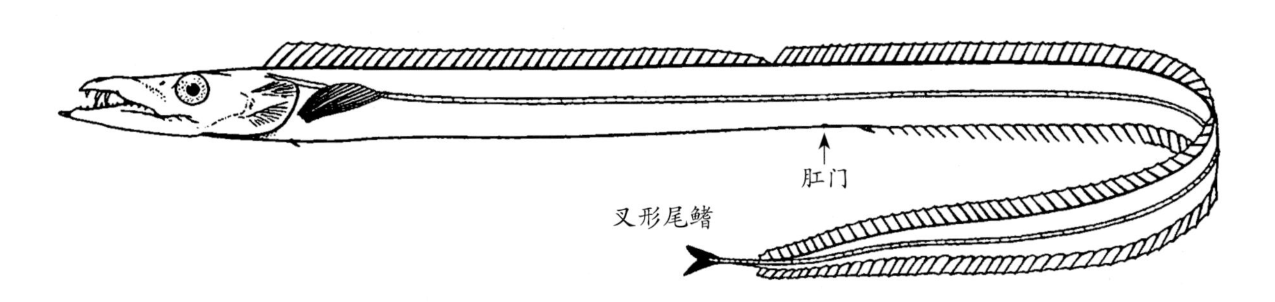

叉尾深海带鱼（依FAO）

318 小带鱼
Eupleurogrammus muticus (Gray, 1831)

英文名 Smallhead hairtail

地方名 带鱼

分类地位 辐鳍鱼纲 Actinopterygii，鲈形目 Perciformes，带鱼科 Trichiuridae

形态特征 口呈弧形。肛门位于体的前中部。体光滑无鳞，背鳍基底长，臀鳍完全由分离小棘组成，仅尖端外露。胸鳍较长，可伸达侧线上方；具腹鳍，但只是1对很小的鳞片状突起，尾鳍消失，尾向后尖细。无鳔，体银白色，尾暗色，各鳍浅灰色。

生态习性 近海暖温性鱼类。栖息于沿岸浅海的中下层。雄性最大体长达870 mm，雌性可达975 mm。以虾、蟹、小鱼、等足类、端足类为食。

渔业利用 一般为底拖网、延绳钓渔获物。

地理分布 我国沿海均有分布，舟山海域常见。

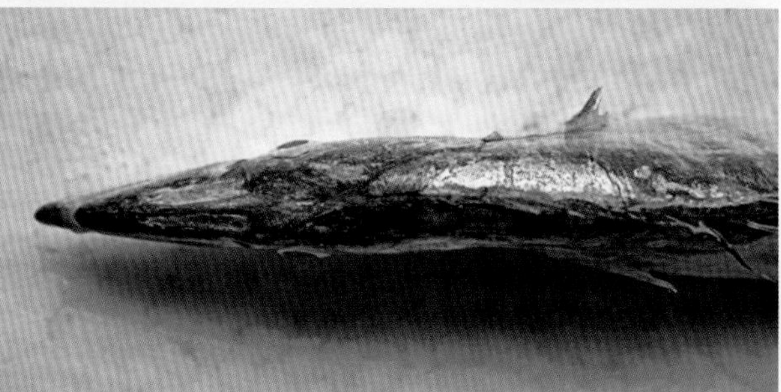

小带鱼

319 波氏窄颅带鱼

Evoxymetopon poeyi Günther, 1887

英文名 Poey's scabbardfish

地方名 卜氏深海带鱼、波氏叉尾带鱼

分类地位 辐鳍鱼纲 Actinopterygii，鲈形目 Perciformes，带鱼科 Trichiuridae

形态特征 体延长，呈带状。俯视观头背部自体最高处的额缘呈薄脊状。眼后头部具1长条状独立骨棘片，其长超过体高。鼻孔每侧1个，长椭圆形。口斜裂。鳞退化。臀鳍前半段呈棘状鳞片，后半段具12枚细弱外露的鳍条。腹部自胸鳍后具1条软骨质的嵴。胸鳍侧下位，似倒三角形。尾端具1很小的深叉形尾鳍。体银白色，背部较深。背鳍鳍膜黑色。

生态习性 大洋性底层洄游鱼类。主要栖息于海底山脊附近，偶游至近海。标本体长1320 mm，记载最大体长可达2000 mm。以中大型鱼类，如大眼鲷和圆鲹等为食。

渔业利用 理论上可食用。罕见种类，不具渔业价值。

地理分布 我国东海及台湾海域偶有报道。

波氏窄颅带鱼

320 条状窄颅带鱼

Evoxymetopon taeniatus Gill, 1863

英文名 Channel scabbardfish

地方名 深海带鱼、细身叉尾带鱼

分类地位 辐鳍鱼纲 Actinopterygii，鲈形目 Perciformes，带鱼科 Trichiuridae

形态特征 侧面观头部前额略呈弧形圆凸，俯视观头背部自上颌后端至第四、第五背鳍棘的额缘形成扁薄高锐突起，本种与波化窄颅带鱼极为相似，但眼后头部没有独立的条状骨棘片。头部、腹部宽厚，纵面观略呈高腰三角形。鼻孔每侧1个，长椭圆形。口斜裂，侧面观略呈圆弧形。鳞退化。臀鳍前半部退化，后部鳍基甚短，胸鳍长，尾鳍叉形。体银白色，背部色较深。

生态习性 底层大洋性洄游鱼类。主要栖息于大陆架陡坡附近，偶游至近海，最大体长可达2000 mm，体重约3.9 kg，主要以中大型鱼类，如大眼鲷和圆鲹等为食。

渔业利用 可食用鱼类，但极为罕见。

地理分布 本种过去仅台湾海域有报道，近年来在舟山海域也多次出现。

保护现状 2012年IUCN评估为无危物种。

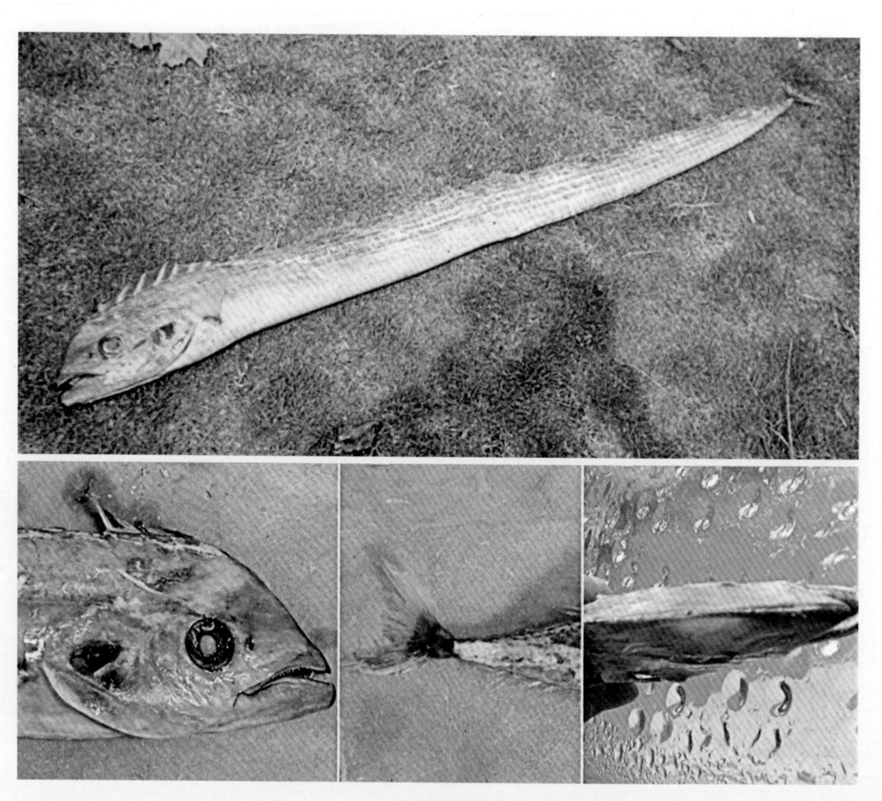

条状窄颅带鱼

321 狭颅带鱼

Tentoriceps cristatus (Klunzinger, 1884)

英文名 Crested hairtail

地方名 窄额带鱼、隆头带鱼、带鱼、廓头白带

分类地位 辐鳍鱼纲 Actinopterygii，鲈形目 Perciformes，带鱼科 Trichiuridae

形态特征 体颇延长，呈带状。头侧视弧形，眼上缘之头背缘狭窄且隆起明显。吻尖突，眼侧位，鼻孔裂缝状。口大，斜裂。鳞退化。侧线低平。背鳍基底长。臀鳍退化，呈一鳞片状突起。胸鳍短小，下侧位，向上不达侧线。腹鳍仅为1对鳞片状突起。尾鳍消失，尾呈鞭状。体银白色，背部两侧具不规则黑色斑块，口腔灰色。背鳍及胸鳍浅灰色，具细小黑点，尾端黑色。

生态习性 暖水性鱼类。一般栖息于水深50～70 m的泥质海底。卵浮性，有油球。一般体长在500～700 mm，最大体长可达900 mm。摄食鱼类、虾类、头足类幼体、等足类。

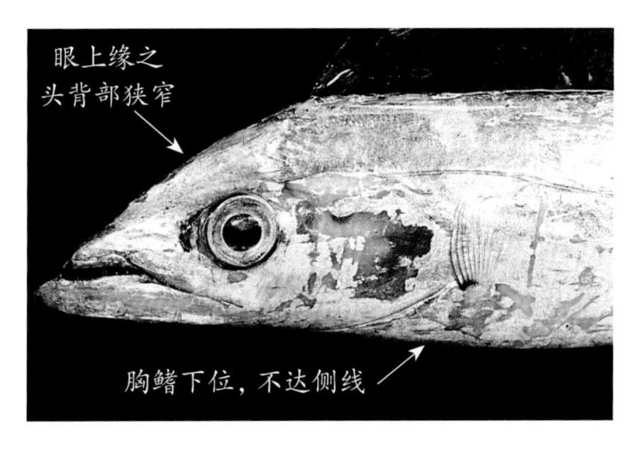

渔业利用 主要捕捞渔具为底拖网及定置网等。

地理分布 我国分布于东海、台湾海域及南海，舟山海域不常见。

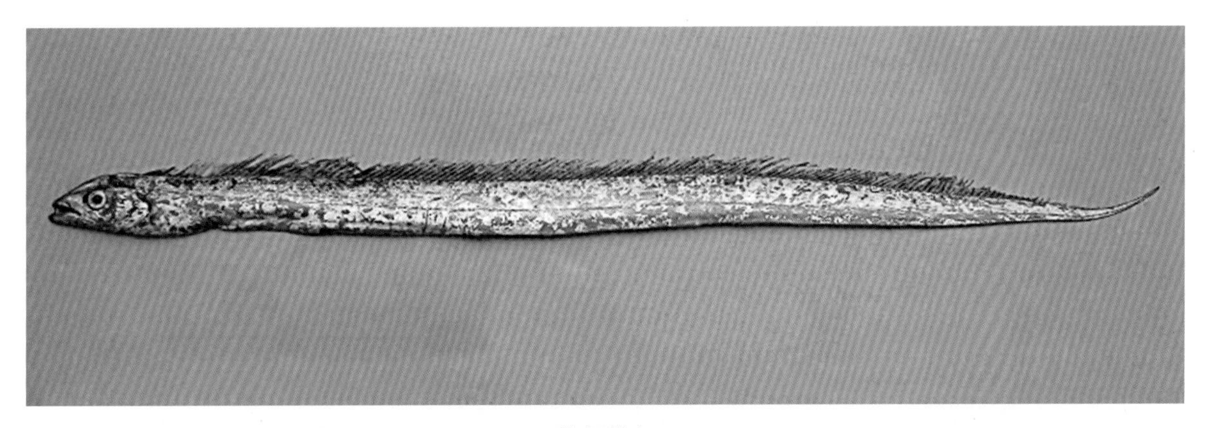

狭颅带鱼

322 带鱼

Trichiurus lepturus Linnaeus, 1758

英文名 Largehead hairtail

地方名 带鱼、白带鱼

分类地位 辐鳍鱼纲Actinopterygii，鲈形目Perciformes，带鱼科Trichiuridae

形态特征 体甚延长，呈带状。尾向后渐细、鞭状。上颌前端具倒钩状犬齿，口闭时嵌入下颌凹窝内，下颌前端有犬齿对，口闭时露于口外。鳞退化。侧线在胸鳍上方显著下弯，沿腹缘伸达尾端。背鳍基底长，臀鳍退化，呈分离的棘状，且隐于皮下，不外露。无腹鳍，尾鳍消失。体银白色，尾暗色。背鳍上半部及胸鳍淡灰色，具细小黑点。

生态习性 暖温性集群洄游鱼类。一般栖息于水深60～100 m的近海泥质底质，产卵场分布广。东海种群产卵期为4～7月，幼体一般在浅海区或近岸一带索饵。喜弱光，厌强光，有明显的昼夜垂直移动习性，白天多数沉至深处，清晨和黄昏浮在表层。具群游性，性凶猛，主要摄食鳀鱼、七星底灯鱼和带鱼幼鱼等，也食太平洋磷虾等甲壳类。幼鱼主食端足类和桡足类等浮游动物。最大体长可达234 cm，体重5 kg。

渔业利用 主要捕捞渔具为底拖网、延绳钓及定置网等。经济价值高，是我国海洋捕捞对象中最重要的重点鱼种，也是我国渔业资源管理的重要对象。

地理分布 我国沿海均有分布，舟山海域常见。

保护现状 2013年IUCN评估为无危物种。

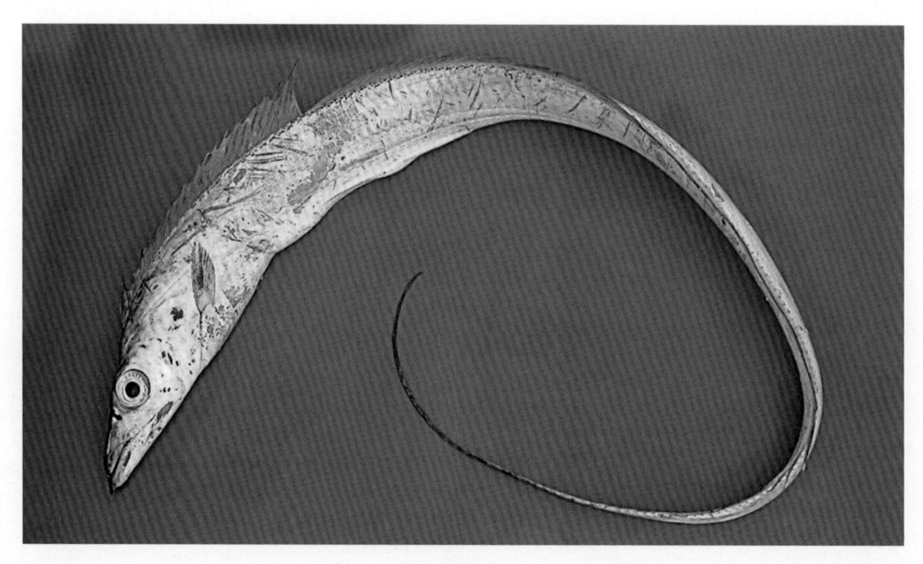

带鱼

323 日本带鱼

Trichiurus japonicus Temminck & Schlegel, 1844

地方名 小眼睛带鱼、雷达网带鱼

分类地位 辐鳍鱼纲 Actinopterygii，鲈形目 Perciformes，带鱼科 Trichiuridae

形态特征 个体大小与常见的带鱼(白带鱼)相近，不再细述，外观上眼径较白带鱼小。

渔业利用 日本带鱼与同季节的白带鱼相比，品质更为上乘，其市价通常要比白带鱼高上至少1倍。

地理分布 主要分布于我国东海北部，尤以与日本、韩国的交界水域为多见，舟山海域常见。

白带鱼与日本带鱼眼径比较

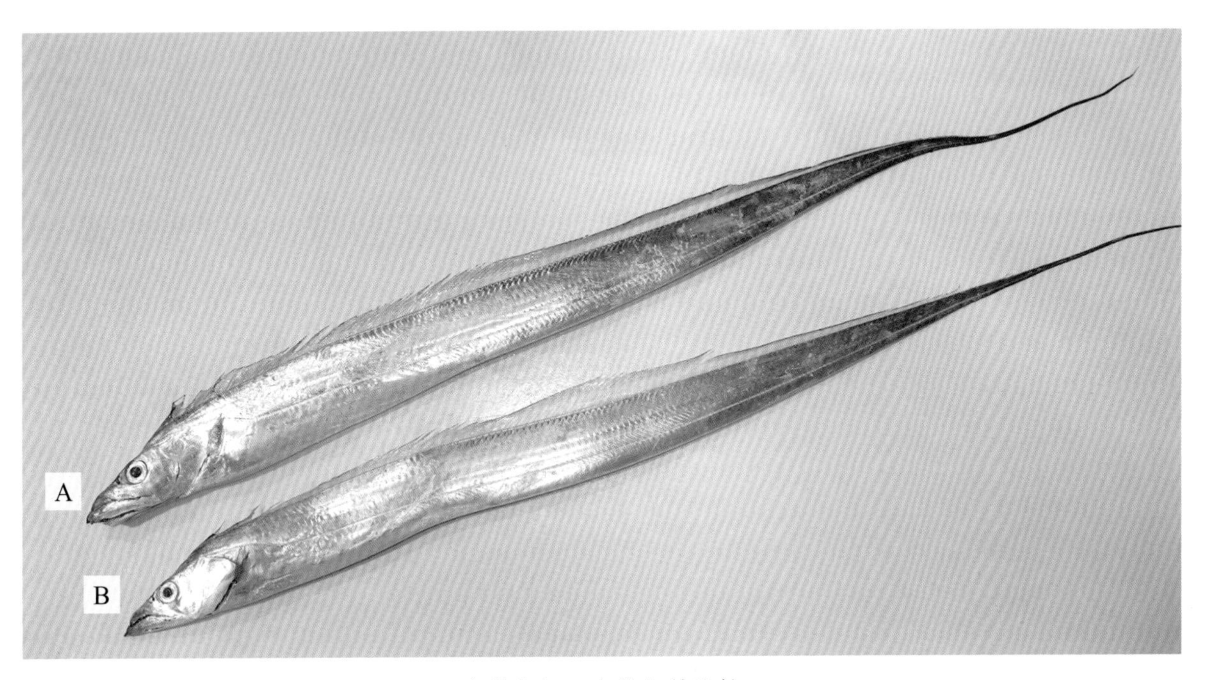

白带鱼与日本带鱼的比较

A. 白带鱼　B. 日本带鱼

324 沙带鱼

Lepturacanthus savala (Cuvier, 1829)

英文名 Savalai hairtail

地方名 带鱼

分类地位 辐鳍鱼纲Actinopterygii，鲈形目Perciformes，带鱼科Trichiuridae

形态特征 体甚延长，侧扁，呈带状。尾极长，末端呈细长鞭状。头窄长，头背面斜直或略突起。吻尖长。眼中大，虹彩白色。口大，齿发达锐利，排列稀疏，上颌前端具2对倒钩状大犬齿。鳞退化，侧线在胸鳍上方显著向下弯，而后沿腹缘至尾端。肛门前背鳍鳍条34～35。臀鳍退化，呈分离的棘状，但与带鱼不同，不隐于皮下，即有外露。胸鳍短，无尾鳍与腹鳍。体银白色，背鳍及胸鳍浅灰色，新鲜鱼体具宽黑缘，较大型者不显著，尾端呈黑色。

生态习性 暖水性凶猛中上层鱼类，栖息于水深30～100 m的近海水域。游泳能力强。贪食，以小鱼和头足类为食。一般体长350～600 mm，最大可达1000 mm。

地理分布 分布于我国东海、台湾海域和南海，舟山海域可见。

沙带鱼

（一三二）鲭科 Scombridae

体呈纺锤形，侧扁，尾柄细短。头大，尖锥形。吻突出无辅上颌骨，上颌骨不能伸缩，两颌具细齿，舌上无齿。鳃孔宽大。鳃盖膜分离，不与峡部相连。鳃盖骨光滑无棱棘。假鳃发达。体被小圆鳞或仅部分被鳞，胸部鳞片大，形成胸甲。背鳍2个，第一背鳍鳍棘细弱，可折叠于背沟中；第二背鳍较小，与臀鳍同形，相对。第二背鳍和臀鳍后方各具数个分离小鳍。胸鳍短小。腹鳍胸位。尾鳍深叉形。尾柄两侧各有2条隆起脊。

325 圆舵鲣

Auxis rochei (Risso, 1810)

英文名 Bullet tuna

地方名 炸弹鱼、洋包鱼

分类地位 辐鳍鱼纲Actinopterygii，鲈形目Perciformes，鲭科Scombridae

形态特征 体纺锤形，横切面近圆形。背缘和腹缘圆钝，浅弧形。尾柄细短。吻短，鼻孔每侧2个，前鼻孔小，圆形；后鼻孔裂缝状。第一背鳍、胸鳍呈三角形。尾鳍新月形。体背部蓝黑色，腹部浅灰色，胸甲附近棕色，体背侧在胸甲后方具不规则虫纹状黑斑。第一背鳍灰黑色，其余各鳍浅色。

生态习性 热带或亚热带暖水性中上层洄游性鱼类。喜栖于沙底或岩礁底质的沿岸附近和岛屿周围。喜集群，尤其在产卵前后聚群现象明显，但鱼群规模变化很大。性成熟鱼体长350～480 mm，最大体长仅500 mm，属最小型的金枪鱼类。繁殖力强，产卵期长，产卵场分布广。主要摄食小型鱼类、头足类及甲壳类等。

渔业利用 重要经济鱼类。

地理分布 我国分布于黄海、东海及南海，舟山海域常见。

保护现状 2010年IUCN评估为无危物种。

圆舵鲣

326 扁舵鲣
Auxis thazard (Lacépède, 1800)

英文名 Frigate tuna

地方名 炸弹鱼、洋包鱼

分类地位 辐鳍鱼纲 Actinopterygii，鲈形目 Perciformes，鲭科 Scombridae

形态特征 体纺锤形，尾柄细而强。头圆锥形，吻短。口端位。体除胸甲及侧线有鳞外，其余部分裸露，侧线完全，呈微波曲状。胸鳍略呈三角形，尾鳍呈新月形。背部蓝黑色，腹部银白，背侧有不规则斜行黑色虫纹斑，眼的后下角有栅形斑纹。

生态习性 近海大洋性中表层洄游鱼类。平时栖息于外海，产卵时进入30～50 m深的浅海沙地岩礁、水质澄清处。具群游性，游泳速度快，以鲱、鳀等小型鱼类、头足类及浮游甲壳类为食，一般体长在400～500 mm，最长可达650 mm。

渔业利用 重要经济鱼类。

地理分布 我国沿海均有分布，舟山海域常见。

扁舵鲣

327 鲔
Euthynnus affinis (Cantor, 1849)

英文名 Kawakawa

地方名 炸弹鱼、洋包鱼、巴鲣

分类地位 辐鳍鱼纲 Actinopterygii，鲈形目 Perciformes，鲭科 Scombridae

形态特征 体纺锤形，较肥满，尾柄细。吻尖，每侧鼻孔2个，前鼻孔圆形，后鼻孔裂缝状。舌上有两个叶状皮瓣。侧线完全，稍呈波状。背鳍2个，鳍棘边缘成凹形。腹鳍前部合并，后部分离为2尖瓣。尾鳍新月型。体背部暗蓝色，有深色斜带，腹部为银白色。在胸鳍与腹鳍之间，有2个以上的焦烟色圆斑点。

生态习性 近海大洋性上层洄游鱼类。常成大群游动，一般体长在500～600 mm，最长可达1000 mm，体重14 kg。主要以口足类、十足类、翼足类、头足类和小型鱼类为食。

渔业利用 重要经济鱼类。

地理分布 我国分布于东海及南海，舟山海域常见。

保护现状 2009年IUCN评估为无危物种。

鲔

328 鲣

Katsuwonus pelamis (Linnaeuse, 1758)

英文名 Skipjack tuna

地方名 正鲣

分类地位 辐鳍鱼纲 Actinopterygii，鲈形目 Perciformes，鲭科 Scombridae

形态特征 体纺锤形，横切面近圆形，尾柄细短。吻尖，鼻孔每侧2个，前鼻孔小，圆形，后鼻孔裂缝状。口斜裂。舌中部两侧各具1个三角形皮瓣。侧线完全，在第二背鳍起点下方呈波形弯曲。胸鳍略呈三角形，腹鳍小，具2腹鳍间突。尾鳍新月形。体背侧蓝黑色，腹部银白色，腹侧具4～5条黑色纵带。

生态习性 大洋性鱼类。喜栖于水色澄清海域，天气晴朗、水温高时常群集于上层。游泳速度快。摄食鱼类、甲壳类。

渔业利用 重要经济鱼类。

地理分布 我国分布于东海、台湾海域及南海，舟山海域少见。

保护现状 2021年IUCN评估为无危物种。

鲣

329 东方狐鲣

Sarda orientalis (Temminck&Schlegel, 1844)

英文名 Striped bonito

地方名 炸弹鱼、洋包鱼

分类地位 辐鳍鱼纲 Actinopterygii，鲈形目 Perciformes，鲭科 Scombridae

形态特征 体呈纺锤形，侧扁，吻长而钝尖，眼小。尾柄细，平扁。鼻孔2个，前鼻孔小，呈圆形，后鼻孔裂缝状。侧线完全，稍弯曲呈波状。体被小圆鳞，胸部鳞较长，形成胸甲。第一背鳍鳍棘前端高，后端渐低。尾鳍新月形。体青灰色，背部上侧约有6条水平的深蓝色纵带。

生态习性 暖温带大洋性中表层洄游鱼类。记载最大体长达1000 mm，重10.7 kg。游泳速度快，常与小金枪鱼混杂，以鲱和鳀等小鱼、头足类及十足类等为食。

渔业利用 重要经济鱼类。

地理分布 我国分布于东海、台湾海域及南海，舟山海域常见。

保护现状 2009年IUCN评估为无危物种。

东方狐鲣

330 澳洲鲭

Scomber australasicus Cuvier, 1832

英文名 Bluemackerel

地方名 狭头鲐、花腹鲭、花腹马鲛

分类地位 辐鳍鱼纲Actinopterygii，鲈形目Perciformes，鲭科Scombridae

形态特征 体纺锤形，侧扁。尾柄细短。吻尖突。眼大，具发达的脂眼睑，瞳孔被脂眼睑遮盖，仅中部外露。鼻孔每侧2个，前鼻孔小，圆形，后鼻孔裂缝状。口斜裂。体被圆鳞，头部除后头部、颊部、鳃盖被鳞外，其余均裸露。侧线呈波状。腹鳍间突呈鳞片状。体背部青黑色，背侧具深蓝色不规则斑纹，斑纹不延伸至侧线下方，侧线下部具许多不规则小蓝黑斑。腹部银白色，头顶部灰黑色。背鳍、胸鳍、尾鳍灰黑色。

生态习性 近海暖水性中上层鱼类。一般体长在300～350 mm，最长可达440 mm。摄食浮游甲壳类、小型鱼类，也摄食底栖动物如细螯虾、糠虾、海胆类、多毛类等。

渔业利用 传统经济鱼类。

地理分布 我国分布于黄海、东海及台湾海域，舟山海域常见。

保护现状 2009年IUCN评估为无危物种。

澳洲鲭

331 日本鲭
Scomber japonicus Houttuyn, 1782

英 文 名 Chub mackerel

地 方 名 鲐鱼、青占鱼、白腹鲭

分类地位 辐鳍鱼纲 Actinopterygii，鲈形目 Perciformes，鲭科 Scombridae

形态特征 体纺锤形，侧扁。尾柄细短。眼大，具发达的脂眼睑。口前位，侧线完全。背鳍2个，相距较远。胸鳍短小，胸鳍具鳍间突1个，甚小，呈鳞片状。尾鳍深叉形。体背部青黑色，具深蓝色不规则斑纹，斑纹延续至侧线下方，但不伸达腹部，侧线下部无蓝黑色小圆斑。腹部银白色微带黄色，头顶部黑色。背鳍、胸鳍、尾鳍灰黑色。

生态习性 大洋暖水性中上层鱼类。具强趋光性，并有昼夜垂直移动现象，喜集群。一般体长在33～37 mm，体重500～700 g，最长为640 mm，重2.4 kg。成鱼以小型浮游甲壳类及鱼类为食。

渔业利用 东海主要经济鱼类之一。

地理分布 我国沿海均有分布，舟山海域常见。

保护现状 2009年IUCN评估为无危物种。

日本鲭

332 康氏马鲛

Scomberomorus commerson (Lacepède, 1800)

英文名 Narrow-barred Spanish mackerel

地方名 康氏马加

分类地位 辐鳍鱼纲 Actinopterygii，鲈形目 Perciformes，鲭科 Scombridae

形态特征 体延长，侧扁。头背圆凸。吻尖长。眼上侧位。鼻孔每侧2个，前鼻孔圆形，后鼻孔裂缝状。口大，斜裂。齿强大，侧扁，三角形，排列稀疏，齿侧各具细小锯齿状缺刻，后端齿较大。侧线完全，沿背侧至第二背鳍后基下方后急剧向下弯曲，折向腹侧，再呈波状延伸，沿尾柄中央伸达尾鳍基。头背部及体背侧浅灰色、微黄，腹部银白色，微灰。体侧具10余条不规则灰黑色横带，横带有时不明显，第一背鳍灰黑色，中部白色，第二背鳍棕黄色，端部白色。胸鳍黑色，微黄。臀鳍及小鳍浅色。尾鳍灰色，上下叶边缘黑色。

生态习性 近海暖水性中上层鱼类。游泳速度快，动作敏捷，个性凶猛。个体较大，一般体长在600～700 mm，最长可达2400 mm，重70 kg。成群捕食小型鱼类和甲壳类。

渔业利用 重要经济鱼类。

地理分布 我国分布于东海南部、台湾海域及南海，舟山海域偶见。

保护现状 2009年IUCN评估为近危物种。

康氏马鲛

333 斑点马鲛
Scomberomorus guttatus (Bloch&Schneider, 1801)

英文名 Indo-Pacific king mackerel

地方名 马鲛鱼

分类地位 辐鳍鱼纲 Actinopterygii，鲈形目 Perciformes，鲭科 Scombridae

形态特征 体延长，尾柄细。头前端钝尖，头背圆凸，吻尖长。眼上侧位。鼻孔每侧2个，前鼻孔圆形，后鼻孔裂缝状。口斜裂。齿强大，侧扁，三角形，排列稀疏。侧线完全。背鳍鳍棘柔软。胸鳍略呈镰形。头及体背侧蓝黑色，腹部银灰色。体侧沿侧线上下具2～3行不规则黑色斑点，尾部斑点不明显。两背鳍黑色，腹鳍、臀鳍黄色，胸鳍淡黄色，尾鳍灰褐色。

生态习性 近海暖水性中上层大中型鱼类。主要栖息于水深15～200 m的近沿海大陆架，有时会出现于岩岸陡坡，甚至河口域。游泳敏捷，性凶猛，成小群游动。一般体长在350～400 mm，最长可达760 mm。主要捕食小型群游鱼类和甲壳类。

渔业利用 传统食用马鲛。

地理分布 我国分布于东海、台湾海域及南海，舟山海域偶见。

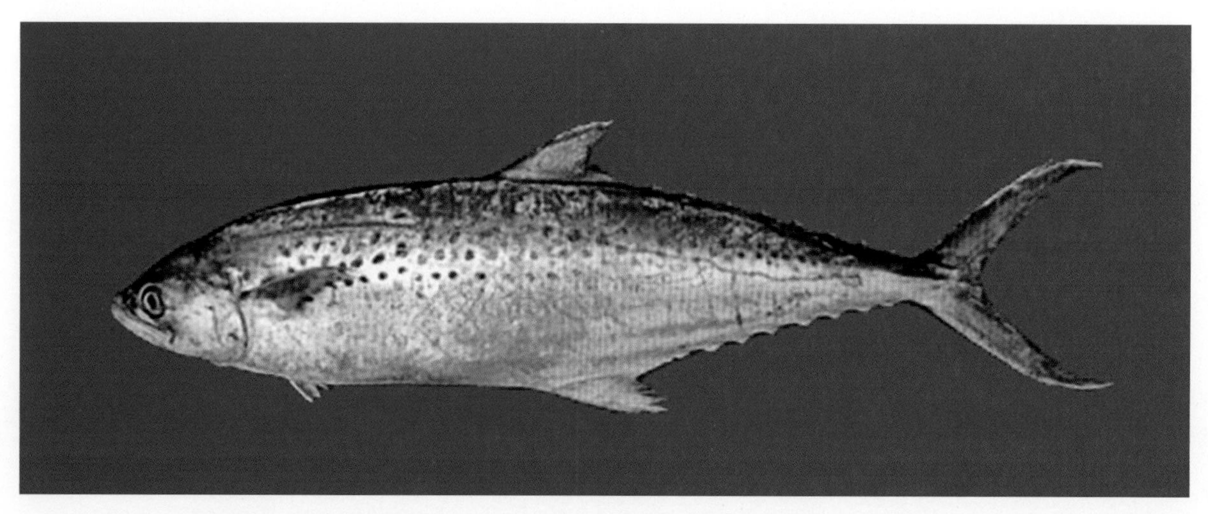

斑点马鲛

334 朝鲜马鲛
Scomberomorus koreanus (Kinshinouye, 1915)

英文名 Korean seerfish

地方名 条子马鲛

分类地位 辐鳍鱼纲 Actinopterygii，鲈形目 Perciformes，鲭科 Scombridae

形态特征 体延长。头背圆凸，吻钝尖，眼侧中位。鼻孔2个，前鼻孔圆形，后鼻孔裂缝状。口前位，齿强大，侧扁而尖锐，呈三角形，排列较稀疏。侧线完全，呈不规则的波纹状。体被细小鳞，头部除眼后有数行较大的鳞外，其余均裸露。背鳍2个，分离，胸鳍较大，腹鳍短小，尾鳍深叉形。头及体背侧蓝黑色，腹部银灰色。体侧沿侧线上下具2～3行不规则黑色斑点，尾部斑点不明显。第一背鳍黑色，其余各鳍色较浅。

生态习性 近海暖水性中上层鱼类。主要栖息于近沿海大陆架，有时会出现于岩岸陡坡，甚至河口区域。游泳敏捷，性凶猛，成小群游动。最大叉长可达1500 mm。主要捕食小型群游鱼类和甲壳类。

渔业利用 重要经济鱼类。

地理分布 我国分布于黄海、东海及台湾海域，舟山海域常见。

保护现状 2009年IUCN评估为近危物种。

朝鲜马鲛（依 Suzuki, T. 等）

335 蓝点马鲛

Scomberomorus niphonius (Cuvier, 1832)

英文名 Japanese Spanish mackerel

地方名 马鲛鱼、鲅鱼、川乌

分类地位 辐鳍鱼纲 Actinopterygii，鲈形目 Perciformes，鲭科 Scombridae

形态特征 体延长，侧扁。头背面圆凸，吻长，尖突。眼上侧位。口大，斜裂。体被细圆鳞，侧线鳞较大、明显。腹侧大部分裸露无鳞，头部除后头部和鳃盖后上角具鳞外，其余部分裸露。第二背鳍、臀鳍、胸鳍、腹鳍均被细鳞。体背侧蓝黑色，腹部银灰色。沿体侧中央具数列黑色圆形斑点。背鳍黑色。腹鳍、臀鳍黄色。胸鳍浅黄色，边缘黑色。尾鳍灰褐色，边缘黑色。

生态习性 近海暖温性中上层鱼类。一般体长在500～600 mm，最大体长可达1000 mm。性凶猛，行动敏捷，成群捕食小型鱼类，也食虾类。怀卵量30万～180万粒，成熟卵分批产出。卵浮性较大，卵径1.43～1.73 mm。产卵后鱼群往北向外海分散索饵。孵化后20多天的稚鱼也颇凶猛，能噬食与它同大的其他鱼类。

渔业利用 重要经济鱼类。

地理分布 我国沿海均有分布，舟山海域常见。

蓝点马鲛

336 青干金枪鱼
Thunnus tonggol (Bleeker, 1851)

英文名 Longtail tuna

地方名 金枪鱼

分类地位 辐鳍鱼纲 Actinopterygii，鲈形目 Perciformes，鲭科 Scombridae

形态特征 体纺锤形，侧扁。头锥形，吻尖，眼上侧位。鼻孔每侧2个，前鼻孔圆形，后鼻孔裂缝状。口斜裂。体被细小圆鳞，头部无鳞，胸部鳞片特大，形成胸甲。侧线完全，呈波状，沿背侧与背缘平行，伸达尾鳍基。背鳍2个，分离，胸鳍镰状，腹鳍间突甚小。尾鳍新月形。体背侧蓝色，腹部色较淡，在胸、腹区具若干淡色椭圆形斑块。腹鳍浅色，尾鳍灰黑且带黄绿色光泽。其余各鳍黑色。

生态习性 热带大洋中上层鱼类。游泳速度快，雄性最大个体叉长可达1450 mm，重35.9 kg。以头足类、鱼类及其他无脊椎动物为食。

渔业利用 一般捕获渔具包括延绳钓、围网及流刺网等，是沿岸重要的渔获物，全世界年产量为100000～500000 t。

地理分布 我国分布于东海、台湾海域及南海，舟山海域常见。

青干金枪鱼

(一三三)剑鱼科 Xiphioidae

体亚圆筒形，稍侧扁，尾柄细。眼大，上侧位。吻甚长，上颌突出向前延伸成扁平剑状。成鱼无齿。各鳃弓的鳃丝呈网状组织，连接成1片状物。体裸露无鳞。侧线不明显。背鳍2个，相距较远，第一背鳍高大，鳍基短，始于鳃孔上方，第二背鳍短小，位于体后方。臀鳍2个，第二臀鳍很小，与第二背鳍同形且相对。胸鳍位低，呈镰状。无腹鳍，尾鳍深叉形，尾鳍基部两侧具2条小的侧隆起嵴。

337 剑鱼
Xiphias gladius Linnaeus, 1758

英文名 Swordfish

地方名 箭鱼、剑旗鱼

分类地位 辐鳍鱼纲 Actinopterygii，鲈形目 Perciformes，剑鱼科 Xiphioidae

形态特征 体延长粗状，呈亚圆筒形。吻部向前延长为扁而尖锐的剑状突出。上颌内面具微小棘，无齿（幼鱼具细齿）。前鳃盖骨边缘无锯齿（幼鱼具锯齿）。尾柄粗壮，每侧具1中央隆起嵴。体裸露无鳞。第一背鳍呈三角帆状，第二背鳍短小而低。胸鳍镰刀状，腹鳍缺如，尾鳍宽叉状。头及体上部呈深蓝灰色和黑色，腹部呈灰黄或浅黑色，无斑纹。各鳍蓝黑色，具银色光泽。吻部背面深色，腹面淡色。

生态习性 大洋性中上层季节性越冬洄游鱼类。最大个体叉长可达4550 mm，重650 kg，常见体长在3000 mm以上。通常分布于热带和温带海域。其游速可达100 km/h，是海中游速最快的鱼类，可从海洋表层迅速下潜至海底几百米追逐乌贼和鱼类。通常在8～9月产卵，成长速度快，雌雄有体型大小的差异。

渔业利用 重要经济鱼类。

地理分布 我国分布于东海、台湾海域及南海，舟山海域偶见。

保护现状 2021年IUCN评估为近危物种。

剑鱼

（一三四）旗鱼科 Istiophoridae

体延长，稍呈圆筒形，尾柄细短。头长，眼小，上侧位。吻部端尖，呈枪状，由前颌骨和鼻骨延长而成。口大，近平直，上颌骨后延伸至眼后缘下方。上下颌具绒毛状细齿。鳃孔大，前鳃盖骨及鳃盖骨边缘具微弱锯齿。鳃盖膜愈合，不与峡部相连。体被针状小鳞埋于皮下。侧线完全，平直。背鳍2个，第一背鳍长而高，呈帆状，第二背鳍短而低。臀鳍2个，第一臀鳍较大，第二臀鳍与第二背鳍同形。胸鳍短或较长，镰刀状，下侧位。腹鳍胸位，退化为1～3软棘。尾鳍深叉形，基部两处各具2条隆起嵴。

338 平鳍旗鱼
Istiophorus platypterus (Shaw, 1792)

英文名 Indo-Pacific sailfish

地方名 旗鱼、雨伞旗鱼

分类地位 辐鳍鱼纲Actinopterygii，鲈形目Perciformes，旗鱼科Istiophoridae

形态特征 体延长。吻端尖，呈喙状。尾柄每侧有2条隆起嵴。口裂稍斜，上颌骨细尖，具绒毛齿。体被小型鳞，吻部裸露，其余均被针状小鳞或长椭圆小鳞。第一背鳍似长方形，帆状。腹鳍很长。头及背部紫蓝色，腹部银白色。各鳍除胸鳍和第二臀鳍灰色外其余均为黑色，第一背鳍膜上有数个大黑斑。

生态习性 热带及亚热带大洋性中上层洄游性鱼类。游泳速度快，常成群出现于岛屿周围的水域。幼鱼和成鱼在形态上有所不同。记载最大叉长为3400 mm，重100 kg。肉食性，主要以鱼类、甲壳类及头足类等为食。

渔业利用 重要经济鱼类。

地理分布 我国分布于黄海、东海、台湾海域及南海，舟山海域偶见。

保护现状 2021年IUCN评估为易危物种。

平鳍旗鱼

（一三五）长鲳科 Centrolophidae

体长卵圆形，侧扁。头中大或小，侧扁而高。吻圆钝。口小，前位，上下颌齿细小，尖锥形，1行，犁骨、腭骨、基鳃骨及舌上均无齿。食道侧囊2个。鳃盖骨后缘具2柔软扁棘。鳃耙细弱。体被薄圆鳞，易脱落，头部无鳞。侧线完全，头部后上方侧线管具3背分支。背鳍1个，鳍棘部与鳍条部相连，鳍条部基底长。臀鳍与背鳍鳍条部同形。胸鳍尖长。腹鳍较小。尾鳍内凹或分叉。

339 刺鲳

Psenopsis anomala (Temminck & Schlegel, 1844)

英文名 Pacific rudderfish

地方名 海蜇眼睛

分类地位 辐鳍鱼纲Actinopterygii，鲈形目Perciformes，长鲳科Centrolophidae

形态特征 体呈卵圆形，侧扁。眼侧位，口微倾斜，两颌齿排列紧密。体被薄圆鳞，极易脱落，头部裸露无鳞。背鳍、臀鳍及尾鳍基底被细鳞。背鳍2个，紧相连。腹鳍可折叠于腹部凹陷内。胸鳍略呈镰刀状。体背部青灰色，腹部色较浅。鳃盖后上角有1黑斑，各鳍浅灰色。

生态习性 暖水性近海底栖中小型食用鱼类。主要栖息于沙泥质海域，幼鱼成群漂流在表层，有时还会躲在水母的触须里，靠水母保护。成鱼后转入底层，晚上至表层觅食。一般全长在180 mm左右，最大个体可达300 mm。以浮游性生物及小型鱼类、甲壳类为食。

渔业利用 传统食用鱼类。

地理分布 我国分布于东海及南海，舟山海域常见。

保护现状 2009年IUCN评估为无危物种。

刺鲳

（一三六）双鳍鲳科 Nomeidae

体长椭圆形，侧扁。头中大，吻短钝，口小。上颌不能伸出，上下颌各具1行稀疏细齿，齿锥形或分叉。犁骨、腭骨常具细齿。唇薄，食道侧囊2个，肾形，内壁具多条放射状褶。鳃孔中大。前鳃盖骨薄，边缘光滑，鳃盖骨无棘。鳃盖膜分离，不与峡部相连。体被薄圆鳞，鳞细小或中大，易脱落。侧线完全，上侧位。背鳍2个，分离或其间具1深缺刻。臀鳍和第二背鳍同形。胸鳍中大。腹鳍小。尾鳍分叉。

340 怀氏方头鲳
Cubiceps whiteleggii (Waite, 1894)

英文名 Shadow driftfish

地方名 方头鲳、银影玉鲳、海蜇眼睛

分类地位 辐鳍鱼纲 Actinopterygii，鲈形目 Perciformes，双鳍鲳科 Nomeidae

形态特征 体呈长纺锤形，侧扁。眼侧位，鼻孔紧靠，口前位。犁骨、腭骨、舌均具齿。体被圆鳞，极易脱落。头背部鳞片向前几达吻端，眼后上方头侧部也被鳞，颊部约具6列鳞片，背鳍、臀鳍和尾鳍鳍条基部均被小鳞。体上半部暗色，下半部淡褐色，背鳍、尾鳍和胸鳍色稍偏暗。

生态习性 较深海小型鱼类。通常生活在水深300～450 m处。记载最大体长为200 mm。以底栖生物为食。

渔业利用 传统食用鱼类。

地理分布 我国分布于东海，舟山海域少见。

怀氏方头鲳

341 水母玉鲳
Psenes arafurensis Günther, 1889

英文名 Banded driftfish

地方名 玉鲳、海蜇眼睛

分类地位 辐鳍鱼纲 Actinopterygii，鲈形目 Perciformes，双鳍鲳科 Nomeidae

形态特征 体呈卵圆形，头背面圆凸。眼侧位。鼻孔位于眼前近吻端，紧靠。口裂斜，两颌牙细小，下颌牙呈扁平三角形，排列较紧密，犁骨和腭骨无牙。鳃耙两侧有毛刺。体被中大而薄的圆鳞，极易脱落。除吻部、眼间隔、眶前和喉部裸露外，头的其他部分皆被鳞，第二背鳍、臀鳍和尾鳍基底也被小鳞。背鳍2个。胸鳍宽长，末端圆形。尾鳍深叉形。液浸标本体呈灰褐色，第一背鳍和腹鳍暗黑色，第二背鳍和臀鳍暗色，具浅色边缘。胸鳍和颏部淡色。

生态习性 暖温带大洋性小型鱼类。栖息于大陆架陡坡区及近岸，成鱼行底栖生活，幼鱼通常随着水母或漂流藻一起行漂游生活。最大个体全长为250 mm，一般在230 mm以下。主要以浮游动物和水母为食。

渔业利用 传统食用鱼类。

地理分布 我国分布于东海，舟山海域少见。

保护现状 2013年IUCN评估为无危物种。

水母玉鲳

342 玻璃玉鲳
Psenes cyanophrys Valenciennes, 1833

英 文 名 Freckled driftfish

地 方 名 灰南鲳、琉璃玉鲳、海蜇眼睛

分类地位 辐鳍鱼纲Actinopterygii，鲈形目Perciformes，双鳍鲳科Nomeidae

形态特征 体呈卵圆形，头背面圆凸。眼侧位。鼻孔位于眼前近吻端，紧靠。口裂斜，两颌齿细小尖锐，上颌牙尖端稍向内弯曲，排列较稀疏，下颌牙呈扁平三角形，排列较密为锯齿状。犁骨和腭骨上无牙。体被中大而薄的圆鳞，易脱落。头部除吻部和喉部裸露外皆被鳞，背鳍和臀鳍基底部也被小鳞。背鳍2个，紧密相连。胸鳍宽长，末端圆形。尾鳍深叉形。体灰褐色，第一背鳍和腹鳍黑色，第二背鳍与臀鳍浅黑色，胸鳍淡色，尾鳍褐黄色。

生态习性 暖温带大洋性小型鱼类。栖息于大陆架陡坡区，成鱼底栖生活，深度可达550 m，幼鱼通常随着水母或漂流藻一起行漂游生活。一般体长在200 mm以下。主要以浮游动物及漂游性的小鱼为食。

地理分布 我国分布于东海及台湾海域，舟山海域罕见。

保护现状 2013年IUCN评估为无危物种。

玻璃玉鲳

（一三七）鲳科 Centrolophidae

体卵圆形，侧扁。头中大或小，侧扁而高。吻圆钝，口小，前位，上颌不能活动，上下颌齿细小，犁骨、腭骨及舌上均无齿。食道侧囊2个。前鳃盖骨边缘有或无锯齿，鳃盖骨后缘具2柔软扁棘。体被薄圆鳞，易脱落，头部无鳞。侧线完全。背鳍1个，鳍棘部与鳍条部相连，或无棘，鳍条部基底长，鳍条数多。臀鳍与背鳍鳍条部同形，鳍棘短小。胸鳍中大，尖长。腹鳍较小。尾鳍内凹或分叉。

343 翎鲳

Pampus punctatissimus (Temminck & Schlegel, 1845)

地方名 鲳鱼

分类地位 辐鳍鱼纲 Actinopterygii，鲈形目 Perciformes，鲳科 Centrolophidae

形态特征 体卵圆形，高而侧扁，头小，吻圆钝，口小，亚前位。颌齿细小，排列紧密，犁骨、腭骨及舌上无齿。背鳍前部鳍条隆起呈镰刀状。臀鳍鳍棘小戟状，幼鱼时明显，成鱼时退化，埋于皮下。尾鳍深叉形。无腹鳍。体被细小圆鳞，易脱落。体背部青灰色，腹部呈银白色。多数鳞片上有微小黑点。各鳍具有色素沉淀，某些时期各鳍边缘黑色。

生态习性 主要栖息于沿岸沙泥底水域，独游或成小群。以水母、浮游动物或底栖小动物等为食。记载最大体长为258 mm。

地理分布 我国分布于黄海、东海、南海。

翎鲳

344 银鲳

Pampus argenteus (Euphrasen, 1788)

英文名 Silver pomfret

同物异名 镰鲳 *Pampus echinogaster* (Basilewsky, 1855)

分类地位 辐鳍鱼纲 Actinopterygii，鲈形目 Perciformes，鲳科 Centrolophidae

形态特征 体卵圆形，高而侧扁，头小，吻钝圆，口小，亚前位。颌齿细小，排列紧密，犁骨、腭骨及舌上无齿。背鳍前部鳍条隆起呈镰刀状。臀鳍鳍棘小戟状，幼鱼时明显，成鱼时退化，埋于皮下。尾鳍深叉形。无腹鳍。体被细小圆鳞，易脱落。体背侧青灰色，腹侧银白色。背鳍和臀鳍前部深灰色，后部浅灰色。尾鳍浅灰色。胸鳍灰色并带有些许黑色小斑点。

生态习性 主要栖息于沿岸沙泥底水域，独游或成小群。以水母、浮游动物或底栖小动物等为食。最大体长可达600 mm。

渔业利用 我国重要经济鱼类之一。

地理分布 我国分布于渤海、黄海、东海和南海北部海域。

银鲳

345 中国鲳

Pampus chinensis (Euphrasen, 1788)

英文名 Chinese silver pomfret

地方名 鲳鱼

分类地位 辐鳍鱼纲 Actinopterygii，鲈形目 Perciformes，鲳科 Centrolophidae

形态特征 体卵圆形，很侧扁。背面与腹面狭窄，背缘和腹缘弧形隆起，体以背鳍起点前为最高，尾柄短，高大于长。背面隆凸，两侧平坦。吻截形。眼侧位。鼻孔每侧2个，前鼻孔圆形，后鼻孔椭圆形。头部除吻及两颌裸露外大部分被鳞。体背侧暗灰色，腹部浅色，各鳍灰褐色。背鳍和臀鳍同形，相对，鳍棘小戟状，幼鱼时明显，成鱼时埋于皮下，前方鳍条最长，后方鳍条依次渐短。胸鳍宽大，向后伸达背鳍基底中部下方。无腹鳍。尾鳍截形或分叉，上下叶约等长。

生态习性 暖水性近海中下层鱼类。主要栖息于沿岸沙泥底水域，独游或成小群，喜在阴影中集群。一般体长在400 mm以下。以水母、浮游动物或底栖小动物等为食。

渔业利用 具有食用价值，但产量不大。

地理分布 我国分布于东海南部、台湾海域及南海，舟山海域偶见。

中国鲳

346 灰鲳
Pampus cinereus (Bloch, 1795)

英文名 Grey pomfret

地方名 长鳞、婆子

分类地位 辐鳍鱼纲 Actinopterygii，鲈形目 Perciformes，鲳科 Centrolophidae

形态特征 背缘与腹缘弧形隆起，体以背鳍起点前为最高，尾柄短。眼较小，侧位。头部除吻及两颌裸露外，大部分被鳞。体背侧灰黑色，微带青色，腹部灰白色，具银色光泽。各鳍灰黑色。背鳍鳍条部镰刀状。臀鳍与背鳍同形，几相对，鳍棘小戟状，幼鱼时明显，成鱼时退化，埋于皮下，前方鳍条延长，有时可伸达尾鳍中部。胸鳍大，伸至背鳍基底中部下方。无腹鳍。尾鳍深叉形，下叶延长。

生态习性 暖温性近海中下层鱼类。栖息于水深30～70 m的海区。怀卵量25万～48万粒。冬季在外海越冬，春季向近海作生殖洄游，鱼群较分散。产卵后鱼群往北作索饵洄游，秋季水温下降，往外海作越冬洄游。常见体长250～360 mm，重约2 kg。摄食水母、毛虾、磷虾、糠虾、桡足类等。幼鱼主要摄食箭虫、小鱼、中华哲水蚤、宽额假磷虾等。

渔业利用 常为张网和刺网捕获，是舟山海域主要经济鱼类之一。

地理分布 我国分布于东海、台湾海域以及南海。

灰鲳

（一三八）羊鲂科 Caproidae

体呈菱形或卵圆形，侧扁而高。头小或中大，头顶常具骨质隆起线。上颌能伸缩，两颌具细齿，犁骨、腭骨无齿。体被小栉鳞。腹鳍与肛门间无棘状骨板。鳃盖与棘部被鳞。鳃膜与峡部不相连。侧线高位，伸达尾基。背鳍、臀鳍鳍条均为分支鳍条。胸鳍较长，一般长于腹鳍，稍短于头长，有13鳍条。尾鳍圆形或近截形，有10分支鳍条。

347 高菱鲷
Antigonia capros (Lowe, 1843)

英文名 Deepbody boarfish

地方名 菱鲷、红皮刀

分类地位 辐鳍鱼纲 Actinopterygii，鲈形目 Perciformes，羊鲂科 Caproidae

形态特征 体颇侧扁而高，呈菱形。头较高，背缘在眼上方略凹下，头部具发达带锯齿的骨嵴。眼大，上侧位。眶前骨前缘有小棘。口小，上位。上颌骨宽短，后缘达前鼻孔下方。齿小，上下颌各1行。前鳃盖骨边缘具锯齿，鳃盖骨边缘光滑。体密被小栉鳞。胸鳍镰形。腹鳍前缘具多行小棘，鳍条上亦具小棘。尾鳍近截形。体淡红色，腹侧较淡。

生态习性 较深海中小型鱼类。成鱼主要栖息于50～750 m的水层。记载最大全长可达305 mm，常见150 mm左右。主要以软体动物及甲壳类为食。

渔业利用 肉可食用，但数量极少。

地理分布 我国分布于东海、台湾海域及南海，舟山海域少见。

保护现状 2013年IUCN评估为无危物种。

高菱鲷

三十六、鲽形目 Pleuronectiformes

体侧扁，成鱼身体左右不对称，呈长椭圆形、卵圆形或长舌形。两眼均位于头部的左侧或右侧；口、牙、偶鳍等均为不对称状态；鳃4个，假鳃发达；鳃耙发达、退化或无鳃耙；鳃盖膜常互连，游离，峡部多呈凹刻状。一般无鳍棘；背鳍和臀鳍基底长，鳍条数目多，与尾鳍相连或不相连；腹鳍胸位或喉位，鳍条通常4～6，少数达13鳍条。

（一三九）牙鲆科 Paralichthyidae

体呈卵圆形，平扁。两眼位于头左侧（仅少数种类偶有反常个体）。口通常前位，下颌稍突出，无辅上颌骨。两颌左右均有强大尖齿，犁骨与腭骨无齿。假鳃发达。前鳃盖骨后缘游离，鳃盖膜互连。肛门偏无眼侧。被栉鳞或圆鳞，两侧各具1条侧线。背鳍始于头的前部。有眼侧胸鳍较无眼侧鳍长或相等。腹鳍基短，近似对称。尾鳍后缘双截形或钝尖，不与背鳍或臀鳍相连。

348 褐牙鲆

Paralichthys olivaceus (Temminck & Schlegel, 1846)

英文名 Bastard halibut

地方名 上船篮、牙鲆、比目鱼

分类地位 辐鳍鱼纲Actinopterygii，鲽形目Pleuronectiformes，牙鲆科Paralichthyidae

形态特征 尾柄长而高。有眼侧2鼻孔约位于眼间隔正中的前方，前鼻孔后缘有1狭长瓣片；无眼侧鼻孔接近头部背缘，前鼻孔有皮膜凸起。口大，裂斜，左右对称。前部牙较强大，呈犬牙状。有眼侧被小栉鳞，无眼侧被圆鳞，奇鳍的鳍条被小鳞，吻、两颌及眼间隔前半部无鳞，除尾鳍有鳞外，仅背、臀鳍左侧有1～2行鳞。身体两侧侧线同样发达，侧线前部呈弯弓形。尾鳍后缘双截形。有眼侧灰褐色，侧线直线部中央及前端上下各有1瞳孔大小的亮黑斑，具暗色或黑色斑点。无眼侧白色。奇鳍均有暗色斑纹，胸鳍有暗点或横条纹。头体右侧白色，鳍淡黄色。

生态习性 暖温性底层凶猛鱼类。最大个体全长在1030 mm，重9.1 kg。以甲壳类、小鱼等为食。

渔业利用 我国名贵食用经济鱼类，但产量不大。

地理分布 我国沿海均有分布，舟山海域常见。

褐牙鲆

349 大牙斑鲆

Pseudorhombus arsius (Hamilton, 1822)

英文名 Largetooth flounder

地方名 斑鲆、比目鱼

分类地位 辐鳍鱼纲Actinopterygii，蝶形目Pleuronectiformes，牙鲆科Paralichthyidae

形态特征 尾柄颇短而高。头背缘在眼的前方稍凹下，头腹缘在下颌后端呈角状突出。吻短。鼻孔位于眼间隔的前方，前鼻孔较高，具有皮膜凸起，后缘亦有瓣片。口大，口裂弧形。生殖突白色。有眼侧被栉鳞，无眼侧被圆鳞，吻、眼间隔前半部与口缘无鳞。除胸鳍外其他各鳍鳍条均被鳞。左右腹鳍略对称，尾鳍双截形。头部左侧呈灰褐色。体部有暗色圆斑与环斑。侧线弯曲部的后方有1暗斑，其后尚有1～2个较小的暗斑。奇鳍有暗色小斑点或环斑，尾鳍有褐色小斑纹。偶鳍淡黄，头体右侧乳白色。

生态习性 热带及暖温带中型底层鱼类。可进入河口水域活动。最大体长可达450 mm。主要以甲壳类动物为食。

渔业利用 传统食用鱼类。

地理分布 我国分布于东海北部至南海，舟山海域偶见。

保护现状 2021年IUCN评估为无危物种。

大牙斑鲆

350 桂皮斑鲆
Pseudorhombus cinnamoneus (Temminck & Schlegel, 1846)

英文名 Cinnamon flounder

地方名 花点鲆、扁鱼

分类地位 辐鳍鱼纲Actinopterygii，鲽形目Pleuronectiformes，牙鲆科Paralichthyidae

形态特征 吻钝，鼻孔每侧2个。口前位。尾柄短而高，生殖突白点状。头体左侧被栉鳞，右侧被圆鳞，奇鳍与腹鳍有鳞，吻、眼间隔前半部与口缘（上颌骨除外）无鳞。臀鳍形似背鳍。左胸鳍尖刀状，右胸鳍圆形。尾鳍双截形。头体左侧淡黄灰褐色；侧线直线部前端稍后和中央稍后各有1黑褐色斑，前斑大小约等于瞳孔，周缘有不规则乳白色小点，后斑较小，沿侧线常另有2～3个更小斑；侧线上下体侧约有4纵行各约4～6个褐弧状纹，并散有较小相似的暗纹及小杂点。鳍淡黄色，左侧有小褐色杂点，第二、第三左腹鳍条末端间常有大黑斑。右侧头体乳白色，鳍较淡且无斑。

生态习性 暖温带中等大底层鱼类。主要栖息于沿岸内湾至水深164 m深的近海沙泥质海域。最大个体体长350 mm，一般在250 mm以下。肉食性鱼类，以甲壳类及小鱼等为食。

渔业利用 传统食用杂鱼。

地理分布 我国分布于黄渤海到南海北部，舟山海域偶见。

保护现状 2019年IUCN评估为无危物种。

桂皮斑鲆

351 五眼斑鲆

Pseudorhombus pentophthalmus Günther, 1862

英文名 Fivespot flounder

地方名 扁鱼、半边鱼、比目鱼

分类地位 辐鳍鱼纲 Actinopterygii，鲽形目 Pleuronectiformes，牙鲆科 Paralichthyidae

形态特征 鳃耙长扁矛状，有小刺。头体左侧被栉鳞，右侧被圆鳞，奇鳍与腹鳍有鳞，吻部前下方与口缘（上颌骨除外）无鳞。臀鳍形似背鳍。左胸鳍尖刀状，右胸鳍圆形。尾鳍后端双截形。头体左侧淡黄灰褐色；侧线直线部前端及前1/3处的上下各有1眼状大黑斑，直线部后2/3处有1眼状大黑斑；另在侧线直线部前端有1较小黑斑；沿腹缘约有3个环状或弧状纹，有时其他处也有些斑点；鳍灰黄色，奇鳍与腹鳍有许多小褐点。头体右侧乳白色，鳍色较淡。

生态习性 热带及暖温带较小型底层海鱼。主要栖息于沙泥质海域，在黄海南端常分布于水深20～60 m的海区。记载最大体长达268 mm。肉食性鱼类。

渔业利用 传统食用杂鱼。

地理分布 我国分布于海南至江苏盐城以东的海域，舟山海域偶见。

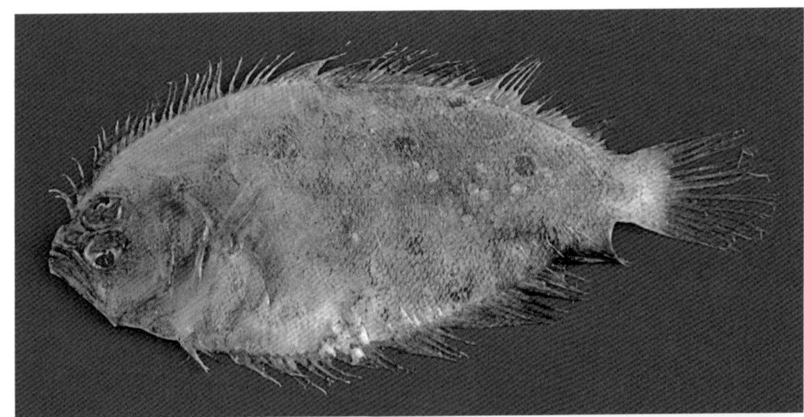

五眼斑鲆

（一四〇）鲽科 Pleuronectidae

两眼常位于头右侧（仅少数种类偶有反常个体）。口前位，下颌前端常较上颌略长。无辅上颌骨。两颌齿多变，犁骨与腭骨无齿。体两侧鼻孔不对称，无眼侧鼻孔常位较高且近头背缘，有些亦与有眼侧鼻孔相对称。鳃峡深凹刻状。前鳃盖骨后缘游离（仅木叶鲽属等不游离）。鳃盖膜互连，游离。假鳃发达。肛门位于腹中线或偏体右侧。有栉鳞或圆鳞，或无鳞而有骨板或突起。有眼侧侧线直线形或前端有弧状弯曲部，无眼侧侧线发达或退化消失。背鳍始于头部前方。无眼侧有或无胸鳍。腹鳍基短，近似对称或有眼侧鳍基较长。尾鳍后端圆形、截形、双截形或浅凹形，不与背鳍、臀鳍相连，或微相连。

352 高眼鲽

Cleisthenes pinetorum Jordan & Stark, 1904

英文名 Pointhead flounder

地方名 田鸡眼、松木高眼鲽

同物异名 *Cleisthenes herzensteini* (Schmidt, 1904)

分类地位 辐鳍鱼纲 Actinopterygii，鲽形目 Pleuronectiformes，鲽科 Pleuronectidae

形态特征 体长椭圆形，侧扁，无棘突，吻钝。自下眼前上缘向后上方有1低棱连侧线。鼻孔每侧2个，前鼻孔短管状且后缘有1皮膜突起；后鼻孔位眼间隔前方吻侧。牙尖小，舌窄长。鳞小，不易脱落，头体右侧大部为栉鳞，左侧大部为圆鳞，后部及边缘少数鳞有栉刺。背鳍后端鳍条最细短。臀鳍形似背鳍。右胸鳍小刀状，左胸鳍圆形。腹鳍喉位。头体右侧黄灰褐色，无明显斑纹。鳍灰黄色，奇鳍外缘较暗。体左侧白色，偶鳍淡黄色，奇鳍也较淡。

生态习性 冷温性浅海底层中小型鱼类。记载最大个体全长470 mm，常见个体体长小于310 mm。主要以棘皮动物萨氏真蛇尾及鳀鱼、玉筋鱼、虾虎鱼、泥螺等为食，也食太平洋磷虾、脊腹褐虾等，冬季为摄食盛期，秋季摄食量低。

渔业利用 可食用鱼类，但稀少。

地理分布 我国分布于黄渤海及东海，舟山海域偶见。

保护现状 2021年IUCN评估为无危物种。

高眼鲽

353 粒鲽

Clidoderma asperrimum (Temminck & Schlegel, 1846)

英文名 Roughscale sole

分类地位 辐鳍鱼纲 Actinopterygii，鲽形目 Pleuronectiformes，鲽科 Pleuronectidae

形态特征 头体近长卵圆形。头短高，吻钝短。眼间隔前半部钝嵴状，粗糙，前端叉状，分向两眼前缘。前鼻孔皮管状突出。体无正常鳞，右侧有许多大小不等的粗粒状硬突起，有6纵行突起较大，沿背、臀鳍基1行整齐地突起，唇及左侧皮肤光滑。右胸鳍小刀状，左胸鳍圆形。头体右侧灰褐色，微紫，粒突白色，背、臀鳍边缘与尾鳍膜近黑褐色。头体左侧淡紫色，背、臀鳍外缘灰褐色。鳃腔膜灰褐色。

生态习性 近海沙泥质底栖性鱼类。记载最大个体体长可达620 mm，重4.4 kg。

渔业利用 可食用鱼类，但稀少。

地理分布 我国分布于福建到河北、辽宁等近海，舟山海域偶见。

保护现状 2021年IUCN评估为易危物种。

粒鲽

354 虫鲽
Eopsetta grigorjewi (Herzenstein, 1890)

英文名 Shotted halibut

地方名 扁鱼、比目鱼

分类地位 辐鳍鱼纲 Actinopterygii，鲽形目 Pleuronectiformes，鲽科 Pleuronectidae

形态特征 体呈长椭圆形，侧扁。吻短钝。前鼻孔短管状，前后缘各有1皮突起，后突起较长。鳞长卵圆形，稍小，头体右侧为栉鳞，左为圆鳞，上下唇、下颌与上眼前上方附近无鳞。左右侧线发达。右胸鳍上邻侧中线，小刀状，左胸鳍近圆形。头体右侧淡褐色，散有许多大小不等的暗褐色环纹，最大环纹不大于眼径，体中部上下3对最大。鳍灰黄色，奇鳍有黑褐色斑点。左侧体白色，鳍淡黄色。

生态习性 栖息于深200 m以浅的泥沙质海底。主要以底栖性无脊椎动物和虾等为食。记载最大个体全长可达650 mm。

渔业利用 传统食用鱼类。

地理分布 我国分布于台湾以北到河北、辽宁等近海，舟山海域偶见。

保护现状 2021年IUCN评估为易危物种。

虫鲽

355 石鲽

Kareius bicoloratus (Basilewsky, 1855)

英文名 Stone flounder

地方名 比目鱼

分类地位 辐鳍鱼纲Actinopterygii，鲽形目Pleuronectiformes，鲽科Pleuronectidae

形态特征 吻钝。大鱼有粗骨质突起，前端延向两眼前缘。前鼻孔有管状皮突起，后鼻孔较大。有1下颏突起。成年鱼无鳞，在体右侧沿侧线及侧线与背、腹缘间各有1纵行粗骨板，下方2行骨板较小。臀鳍形似背鳍。右胸鳍小刀状，左胸鳍圆形。头体右侧黄褐色，粗骨板微红，鳍橙黄色，尾鳍色较暗。小鱼常有不规则暗斑，体长323 mm时沿背缘有6个，腹缘有5个小于瞳孔的白斑；体长330 mm时白斑增多，头部与奇鳍亦有白斑，背腹缘最大白斑稍大于瞳孔；体长400 mm时白斑更多、更大。头体左侧乳白色，鳍白色，奇鳍边部灰褐色而边缘大部为黄白色。

生态习性 暖温性底层鱼类。为黄渤海习见食用鱼类之一，最大体长可达500 mm。主要摄食蟹类、虾类、双壳类。

渔业利用 传统食用鱼类。

地理分布 我国分布于黄渤海到东海西北部，舟山海域偶见。

保护现状 2021年IUCN评估为易危物种。

石鲽

356 亚洲油鲽

Microstomus achne (Jordan & Starks, 1904)

英文名 Slime flounder

地方名 泡鲽、油扁、小嘴

分类地位 辐鳍鱼纲 Actinopterygii，鲽形目 Pleuronectiformes，鲽科 Pleuronectidae

形态特征 头短，很高，无骨质棘突。吻钝短。鼻孔短管状，前鼻孔后缘有1皮突起。唇厚，右唇尤为发达。头体两侧被小圆鳞，边缘鳞很小，中央鳞较大，吻部、眼间隔及鳍有小鳞，沿侧线上下具有小辅鳞。两侧侧线在胸鳍上方略呈浅弧状。臀鳍形似背鳍。右胸鳍侧位，小刀状，左胸鳍圆形。头体右侧淡褐色，有黑褐色圆斑，侧线直线部有3斑较明显。鳍黄褐色，右胸鳍后端黑褐色，奇鳍边缘黄白色，生殖突白色。头体左侧白色或污白色，肛门周缘褐色，有些偶鳍后部褐色。

生态习性 暖温性底层海鱼，栖息水深15～800 m，但通常为20～610 m。最大个体全长600 mm。以沙泥底中的端足类和蛇尾类等为食。

渔业利用 多为底拖网所捕获，为传统食用鱼类。

地理分布 我国分布于河北、辽宁到浙江南部等海区，以黄海较多。舟山海域偶见。

亚洲油鲽

357 赫氏鲽

Pseudopleuronectes herzensteini (Jordan&Snyder, 1901)

英文名 Yellow striped flounder

地方名 赫氏黄盖鲽、尖吻黄盖鲽

分类地位 辐鳍鱼纲Actinopterygii，鲽形目Pleuronectiformes，鲽科Pleuronectidae

形态特征 体背缘在上眼前部上方有1深凹刻，尾柄近方形。吻钝，眼间隔窄凸嵴状。前鼻孔突出为皮管状。唇厚，上下唇向右各有1圆膜状皮突起。头体右侧被弱栉鳞，吻部、两颌与胸鳍无鳞，眼间隔后半部与奇鳍有鳞；体左侧被圆鳞。左右侧线在胸鳍上方呈深弧状，到眼后方呈粗骨嵴状。臀鳍形似背鳍。右胸鳍侧位，稍低，小刀状，左胸鳍圆形。头体右侧黄褐色，常有黑褐斑，沿背缘约有6斑，腹缘约4斑，沿侧线有3～4斑，侧线上下各2～3斑；鳍灰黄色，背、臀鳍各有1纵行褐斑，尾鳍前半部上下各有1暗斑。头体左侧白色，鳍淡黄色。

生态习性 暖温性底栖鱼类，栖息水深20～40 m。喜生活于软泥及细沙质海区，以虾类及沙蚕等为食。最大体长可达500 mm。

渔业利用 具有食用价值。

地理分布 我国分布于浙江南部到河北、辽宁等海区，舟山海域偶见。

保护现状 2019年IUCN评估为无危物种。

赫氏鲽

358 钝吻鲽

Pseudopleuronectes yokohamae (Günther, 1877)

英文名 Marbled flounder

地方名 黄盖鲽、钝吻黄盖鲽

分类地位 辐鳍鱼纲 Actinopterygii，鲽形目 Pleuronectiformes，鲽科 Pleuronectidae

形态特征 头钝，吻短钝。眼位左侧。前鼻孔有管状皮突。下唇右侧各有1皮膜突起。头体右侧被小栉鳞，吻背面及两颌无鳞，眼间隔有鳞，奇鳍鳞很小，侧线上鳞有30纵行以上，左侧被小圆鳞。臀鳍形似背鳍，右胸鳍小刀状，左胸鳍圆形。头体右侧黄褐色，有大小不等的深褐斑，沿背缘稍下方有6斑，沿腹缘稍上方约有5斑，沿侧线约有3斑。鳍灰黄色，奇鳍有深褐色小杂点，背、臀鳍各有1纵行深褐斑，尾鳍后部较暗且前部上下常各有1斑。体左侧白色，鳍黄色。

生态习性 栖息于暖温性泥沙质海底。最大体长为450 mm，重1.9 kg。主要以虾类、多毛类等动物为食。

渔业利用 多以底拖网所捕获，传统食用鱼类。

地理分布 我国分布于黄渤海到东海北部，舟山海域偶见。

保护现状 2021年IUCN评估为近危物种。

钝吻鲽（依田清水产）

359 角木叶鲽

Pleuronichthys cornutus (Temminck & Schlegel, 1846)

英文名 Ridged-eye flounder

地方名 木叶鲽、扁鱼、比目鱼

分类地位 辐鳍鱼纲 Actinopterygii，鲽形目 Pleuronectiformes，鲽科 Pleuronectidae

形态特征 体呈卵圆形，高而扁，背腹缘凸度相似，尾柄短而高。头短而高，在上眼的上方背缘有深凹。吻很短。有眼侧鼻孔较小，前鼻孔的前后缘各有1个三角形的短瓣片，亦各有1短瓣片。下颌浅匙状。体两侧均被小圆鳞。奇鳍鳍条上亦被小鳞，左右侧的侧线同样发达，并呈直线状。有眼侧体呈灰褐色或淡红褐色，无眼侧体呈白色。头、体和鳍上均有小形暗点或黑色斑点。奇鳍边缘暗色，腹腔部较灰暗，尾柄淡白色，横纹分3段，尾鳍颜色较淡。

生态习性 暖温性中小型底层鱼。常生活于泥沙质海底地区。最大体长可达300 mm。以底栖端足类等甲壳动物为食。

渔业利用 以底拖网捕获较多。

地理分布 我国分布于珠江口到鸭绿江口等近海，黄渤海及东海北部，舟山海域常见。

角木叶鲽

360 长鲽

Glyptocephalus kitaharae (Jordan & Starks, 1904)

英文名 Willowy flounder

地方名 长板、沙板、田中鲽

同物异名 *Tanakius kitaharae* (Jordan &Starks, 1904)

分类地位 辐鳍鱼纲 Actinopterygii，鲽形目 Pleuronectiformes，鲽科 Pleuronectidae

形态特征 体长椭圆形，侧扁。头短，尾柄短，吻短钝。鼻孔每侧2个，前鼻孔有管状皮突起。头体两侧被圆鳞，右侧鳞较大，吻部与两颌无鳞，头体及鳍有鳞。两侧侧线近直线形。臀鳍形似背鳍，右胸鳍小刀状，左胸鳍圆形。头体右侧淡红褐色，沿背、腹缘各有4～5个不大于眼径的黑褐斑，沿侧线有3斑，鳍淡黄色，胸鳍后端黑褐色。体长164 mm以下的个体尾鳍后端上下各有1长黑褐斑，体长213 mm以上的个体尾鳍后端暗褐色。头体左侧白色，左胸鳍色淡。

生态习性 暖温性中小型底层海鱼，最大个体体长300 mm。以端足类钩虾科的成体、幼体，多毛类幼体及贝类等为食。

地理分布 我国分布于黄渤海及东海北部，舟山海域偶见。

保护现状 2021年IUCN评估为近危物种。

长鲽

361 圆斑星鲽

Verasper variegatus (Temminck & Schlegel, 1846)

英 文 名 Spotted halibut

地 方 名 星鲽

分类地位 辐鳍鱼纲 Actinopterygii，鲽形目 Pleuronectiformes，鲽科 Pleuronectidae

形态特征 体呈长卵圆形，侧扁。头体右侧被栉鳞，后缘栉刺短粗，吻部、两颌与偶鳍无鳞，奇鳍有鳞。左侧头体大部有圆鳞，少数为弱栉鳞。头体右侧为暗褐色，鳞中央呈灰白色星斑状。鳍灰黄色，奇鳍较灰暗。背、臀鳍各有2纵行黑褐色圆斑，尾鳍中部常有2横行各3～4个黑褐斑。体左侧白色，常散有大小不等的黑褐斑。鳍色较淡，奇鳍有黑褐斑。

生态习性 暖温性中大型底层海鱼，栖息水深可达149 m。记载最大体长可达600 mm，体重4.0 kg。以甲壳类为食。

渔业利用 食用鱼类。

地理分布 我国主要分布于福建厦门等地到河北、辽宁等海区，在黄渤海域习见，舟山海域偶见。

保护现状 2021年IUCN评估为近危物种。

圆斑星鲽（依 Calm）

(一四一)鲆科 Bothidae

体扁平。两眼常位于头左侧(仅少数种类偶有反常个体)。口通常前位，下颌稍突出，无辅上颌骨。两颌有细尖齿，犁骨与腭骨无齿。无眼侧鼻孔接近头部背缘。前鳃盖骨后缘游离。鳃盖膜互连，游离。鳃裂大，鳃峡凹刻深。有假鳃。体被栉鳞或圆鳞。左侧线发达，前段常有1弯弧部，右侧一般均无。背鳍始于吻部，背鳍、臀鳍均不连尾鳍。除个别属外，均有胸鳍。腹鳍基很不对称。

362 日本羊舌鲆

Arnoglossus japonicus Hubbs, 1915

英文名 Japanese lefteye flounder

地方名 羊舌鲆

分类地位 辐鳍鱼纲 Actinopterygii，鲽形目 Pleuronectiformes，鲆科 Bothidae

形态特征 两眼位于左侧，仅有眼侧具侧线。口裂小，上颌长不及头长1/2，两侧齿均发达。头体两侧被圆鳞，鳞易脱落。眼间隔、吻下半部及口缘无鳞，奇鳍有鳞。尾鳍圆形。头、体左侧淡褐色，鳍淡黄色，奇鳍与左腹鳍条有小黑褐色杂点。体右侧乳白色，鳍色也较淡。成年雄鱼第二背鳍条较长且突出，雌鱼卵巢处较灰暗不透明。

生态习性 暖水性小型底层鱼类。记载最大体长为170 mm。以小型鱼类和无脊椎动物为食。

渔业利用 可食用鱼类，产量小。

地理分布 我国分布于东海和南海沿海，舟山海域少见。

保护现状 2015年IUCN评估为无危物种。

日本羊舌鲆

363 纤羊舌鲆

Arnoglossus tenuis (Günther, 1880)

英文名 Dwarf lefteye flounder

地方名 羊舌鲆

分类地位 辐鳍鱼纲 Actinopterygii，鲽形目 Pleuronectiformes，鲆科 Bothidae

形态特征 体极侧扁，尾柄短高。吻钝，无棘。鼻孔每侧2个，前鼻孔有1皮膜突起。口小，下颌联合下方有1小突起。头体左侧被弱栉鳞，除吻部、口缘、眼间隔中前部与胸鳍无鳞外，头体及鳍全被鳞，右侧被圆鳞。臀鳍形似背鳍，右胸鳍圆形，尾鳍尖圆形。头体左侧淡灰褐色，鳍淡黄色，奇鳍略较灰暗。头体右侧白色，奇鳍色略暗。体腔膜左侧灰褐色，右侧较淡。

生态习性 亚热带及暖温带小型底层海鱼，栖息水深在200 m以内。一般个体体长在120 mm以内。以小型甲壳动物为食。

渔业利用 个体小，产量少，无经济价值。

地理分布 我国分布于东海和南海，舟山海域少见。

保护现状 2015年IUCN评估为无危物种。

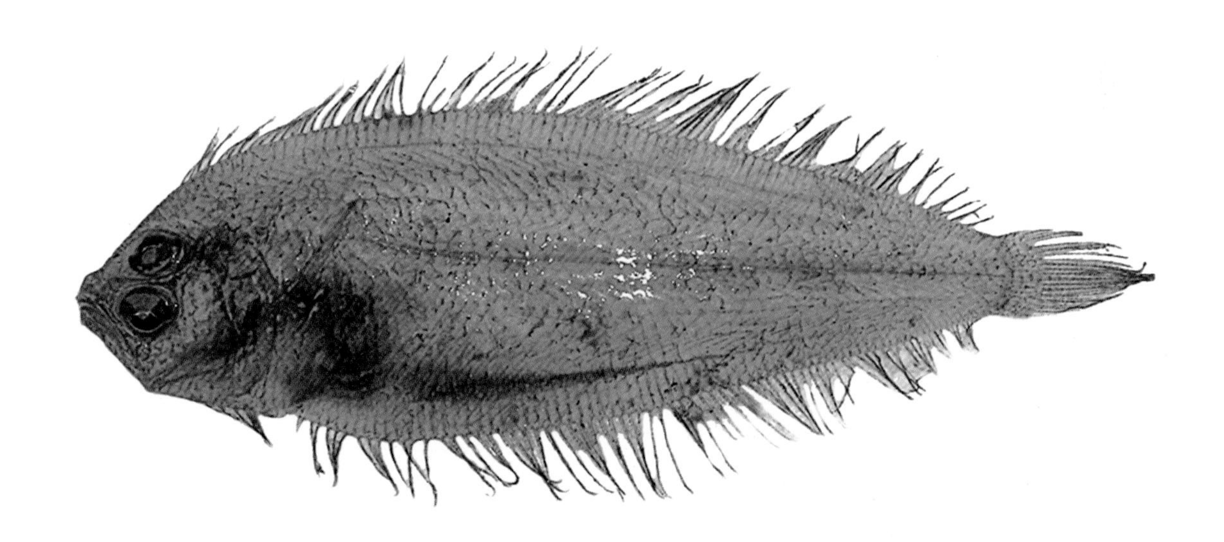

纤羊舌鲆

364 青缨鲆

Crossorhombus azureus (Alcock, 1889)

英文名 Blue flounder

地方名 青缨鲆

分类地位 辐鳍鱼纲 Actinopterygii，鲽形目 Pleuronectiformes，鲆科 Bothidae

形态特征 体近卵圆形，极侧扁。尾柄很短。头短，很高，背缘在吻部有1深凹刻，凹刻后方很高陡。吻短。下颌宽匙状。头、体左侧被长形强栉鳞，胸鳍与口附近无鳞，右侧被圆鳞，除尾鳍外其他鳍无鳞。尾鳍圆形。头体左侧淡灰褐色，体侧约有5纵行蓝黑色斑，背缘1行约有6斑，腹缘4～5斑，中央3行各3～4斑，以侧线直线部前端及中部附近各1斑为最大。鳃孔后缘中下部为亮蓝黑色，雄鱼在两眼前方常有2条亮蓝黑色斜斑纹。鳍淡灰黄色，奇鳍与腹鳍有小褐点，尾鳍中部及后端呈2黑褐色横带状。右侧头体乳白色，成年雄鱼在胸鳍基后方体侧中央有1长舌状蓝黑色大斑，此斑远不达体背、腹缘及尾柄，鳍色较淡，无斑点。

生态习性 暖水性底层鱼类，主要栖息于沙泥底质海域，体长128.2 mm已达性成熟，记载最大体长180 mm。以端足类和虾类为食。

渔业利用 个体小，产量少，一般作杂鱼利用。

地理分布 我国分布于海南、广西及广东到浙闽沿海，舟山海域偶见。

保护现状 2019年IUCN评估为无危物种。

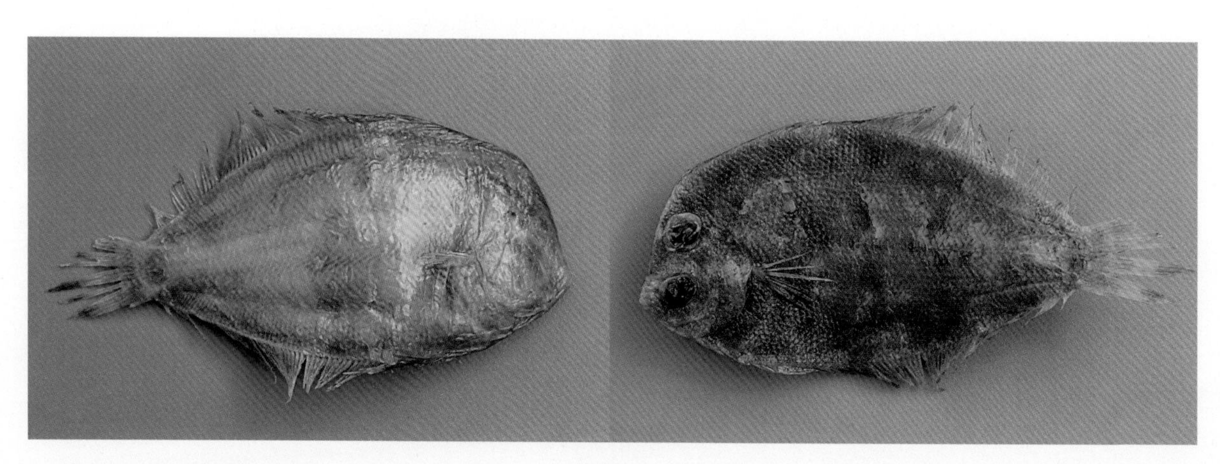

青缨鲆

（一四二）鳎科 Soleidae

体呈卵圆形，很侧扁。两眼均位于头的右侧，偶有逆转。上眼邻近头背缘，眼间隔有或无鳞。口小，不对称。口前位或下位，两颌不发达。吻钝圆，吻部有时弯向后下方，呈钩状，包覆下颌。腭骨无齿。前鳃盖骨边缘不游离。头、体两侧被小栉鳞，少数为圆鳞。侧线鳞均为圆鳞。两侧各有1中侧线，呈直线状。背鳍始于眼前上方。胸鳍发达、短弱或仅一侧有，或两侧均无胸鳍。腹鳍近似对称或左侧无腹鳍，尾鳍常与背鳍和臀鳍相连。

365 角鳎
Aesopia cornuta (Kaup, 1858)

英文名 Unicorn sole

地方名 狗舌、角牛舌、比目鱼、右手鳎

分类地位 辐鳍鱼纲 Actinopterygii，鲽形目 Pleuronectiformes，鳎科 Soleidae

形态特征 体长椭圆形。头短小，前端圆钝。两眼位于体右侧，眼间隔无鳞。左侧下颌较宽厚。右口角略不达下眼中央，两颌近左侧有小细牙。唇左侧有纵褶。无假鳃。体两侧被弱栉鳞，奇鳍鳍条被小鳞。背鳍始于上前眼上方吻缘，第一鳍条粗长突出且有小突起。其他鳍条上端微分枝，后方鳍条最长，臀鳍形似背鳍。两胸鳍为短宽膜状。尾鳍后缘略呈圆形。有眼侧褐色，具略呈平行的暗色横带，各带均延伸至背鳍和臀鳍。背鳍、臀鳍与尾鳍相近。尾鳍为黑色，有淡色斑点。无眼侧白色，奇鳍暗色。

生态习性 多数生活在近海沙泥质底栖性小型鱼类，栖息深度在100 m以内。体长在250 mm以内。以底栖性甲壳类为食。

渔业利用 通常以底拖网捕获，数量少，不具经济价值。

地理分布 我国分布于东海、台湾海域及南海，舟山海域偶见。

保护现状 2015年IUCN评估为无危物种。

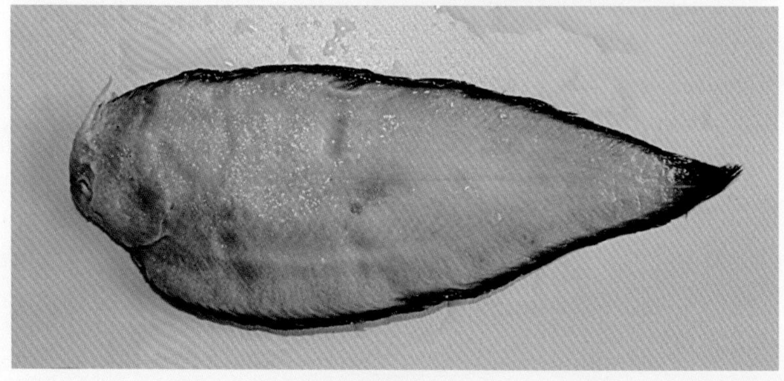

角鳎

366 褐斑栉鳞鳎
Aseraggodes kobensis (Steindachner, 1896)

英文名 Milkyspotted sole

地方名 龙舌、鳎沙、比目鱼

分类地位 辐鳍鱼纲 Actinopterygii，鲽形目 Pleuronectiformes，鳎科 Soleidae

形态特征 体长椭圆形，很侧扁。眼位头右侧前半部，眼间隔有鳞，中央较凹，尾柄很短。右侧前鼻孔位较高，有粗管状突起，位下眼正前方和口中部上方。后鼻孔位下眼前缘。左侧前鼻孔位较低，有细管状突起，位上唇中部稍上方。后鼻孔位口角略前方及前鼻孔后上方。两颌仅左侧有短绒毛状牙群。左侧上下唇发达。背鳍始于吻前端稍下方，鳍条不分枝，后端不连尾鳍，体中部稍后鳍条最长。头、体两侧被强栉鳞，除尾鳍外，其他鳍无鳞。臀鳍形似背鳍。无胸鳍。腹鳍基短，尾鳍后端圆形。头、体右侧黄棕色，沿体上下缘及中央各有1纵行棕褐色斑。鳍淡黄色，鳍条下部淡棕色。左侧体淡白色，鳍淡黄色。

生态习性 近海沙泥质底栖性小型鱼类。栖息深度为80～100 m。成鱼体长为100 mm左右。以底栖性甲壳类为食。

渔业利用 以底拖网捕获，数量少，不具经济价值。

地理分布 我国分布于东海和南海，舟山海域偶见。

保护现状 2020年IUCN评估为无危物种。

褐斑栉鳞鳎

367 卵鳎

Solea ovata Richardson, 1846

英文名 Ovate sole

地方名 卵圆鳎沙、龙舌、鳎沙

分类地位 辐鳍鱼纲 Actinopterygii，鲽形目 Pleuronectiformes，鳎科 Soleidae

形态特征 体长卵圆形，很侧扁。头短，吻短钝。两眼位头右侧。眼间隔与眼球上部均有鳞。右侧前鼻孔长管状，位上唇上缘两颌仅左侧有绒毛状小牙，牙群窄带状。体两侧被小型强栉鳞，侧线鳞为圆鳞，鳍条有鳞。尾鳍圆截形。头体右侧黄灰褐色，有黑色小杂点，沿背缘有5～6较大斑，沿侧线7～8斑，沿腹缘有4～5 斑；奇鳍淡黄色，鳍条褐色或有褐斑点；右胸鳍基部黄色，后部常为黑色；右腹鳍灰褐色。左侧头体及鳍淡黄色或白色。

生态习性 暖水性底层小型海鱼。栖息于沿岸较浅的沙泥底质海域。最大个体全长仅100 mm。以底栖性甲壳类为食。

渔业利用 以底拖网捕获，具有食用价值。

地理分布 我国分布于东海和南海，舟山海域偶见。

保护现状 2019年IUCN评估为无危物种。

卵鳎

368 日本拟鳎
Pseudaesopia japonica (Bleeker, 1860)

英文名 Wavyband sole

地方名 花鳎、花王秀

同物异名 日本条鳎*Zebrias japonicus* (Bleeker, 1860)

分类地位 辐鳍鱼纲Actinopterygii，鲽形目Pleuronectiformes，鳎科Soleidae

形态特征 体长舌形。头部右侧线有颞上枝向前上方呈弧状。两眼位于体右侧。头、体两侧被小栉鳞。臀鳍形似背鳍，胸鳍基部宽膜状，尾鳍后端圆形。背鳍、臀鳍与尾鳍几近相连。头体右侧淡黄白色，有12对黑褐色横带状纹，每对带纹中央淡黄褐色；头前缘近红色；背、臀鳍基部淡黄色，边缘白色或淡蓝白色，边缘内侧除有头体伸入的带纹外，其间尚有暗褐色横斑；尾鳍黄色，后部有数条黑褐色纵纹；偶鳍淡黄白色，基部黄色。左侧头体淡红白色，鳃部与腹腔部较灰暗。

生态习性 暖温性较小型底层鱼类。以底栖性甲壳类为食。

渔业利用 常见食用鱼类。

地理分布 我国分布于东海和南海，舟山海域常见。

保护现状 2015年IUCN评估为无危物种。

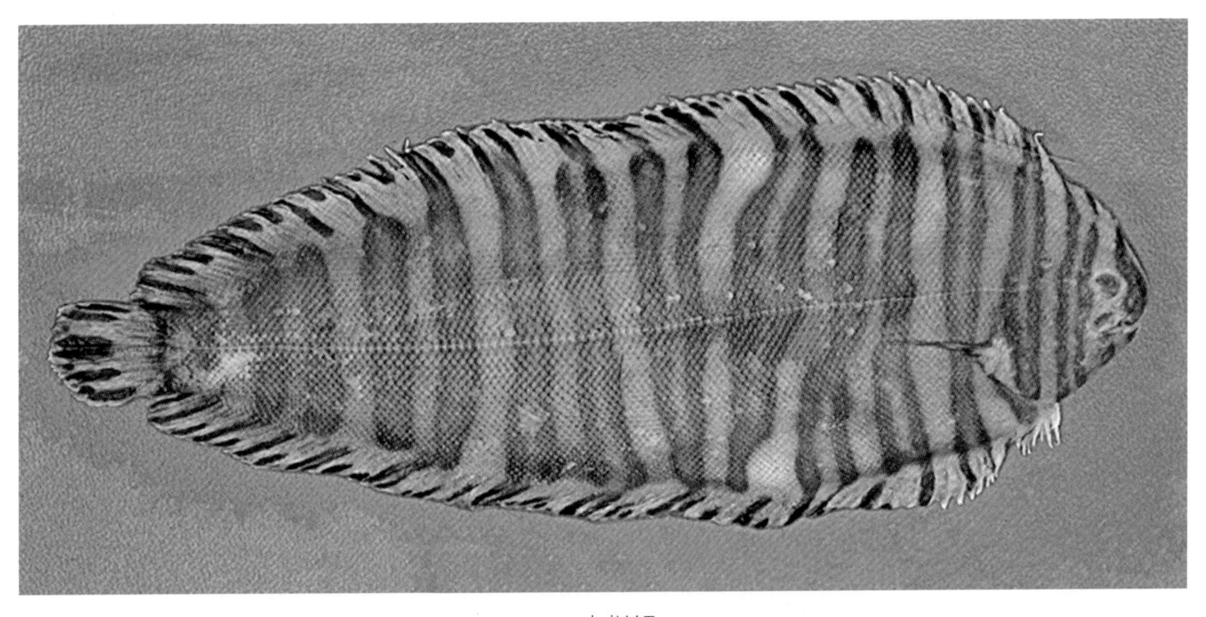

日本拟鳎

369 带纹条鳎
Zebrias zebra (Bloch, 1787)

英文名 zebra sole

地方名 鳎沙、条纹条鳎、条鳎

分类地位 辐鳍鱼纲 Actinopterygii，鲽形目 Pleuronectiformes，鳎科 Soleidae

形态特征 体长舌状。头短钝。口歪形。两眼位于体右侧。头、体两侧被栉鳞，左侧鳞有些为绒毛状，侧线鳞为埋入皮下的小圆鳞，除左胸鳍外，各鳍有鳞。右胸鳍镰刀状，左胸鳍宽短，尾鳍后端圆形。背鳍、臀鳍与尾鳍相连。头体右侧淡黄褐色，有11～12对黑褐色横带状纹，纹中央细黄纹状，背鳍、臀鳍与体色相似而外缘淡黄白色，稍内似1列黑斑状；右胸鳍前段中央灰黄色，上下缘及后部黑褐色；尾鳍黑褐色，中段有黄色横斑，后段有圆黄斑，后缘淡黄。左侧头体黄白色或白色；鳍淡黄，仅奇鳍外缘稍内侧黑褐色，背鳍、臀鳍前部有1行小褐斑。

生态习性 热带及暖温带浅海小型底层鱼。最大个体全长不超过260 mm。喜生活于多泥沙海底处，以底栖甲壳类为食。

渔业利用 通常以底拖网捕获，传统食用鱼类。

地理分布 我国沿海均有分布，舟山海域常见。

带纹条鳎

（一四三）舌鳎科 Cynoglossidae

体长而扁，如舌状。头短，两眼均位于头部左侧中央。有眼侧被栉鳞，侧线2～3条，无眼侧被栉鳞或圆鳞，侧线1～2条或无。左、右鼻孔位置近似对称，左侧后鼻孔常位眼间隔前部。口小，向下后方弯成钩状，吻突出，向后下方延伸包着下颌，两颌左右不对称，仅无眼侧有小绒状齿群，腭骨无齿。前鳃盖骨边缘不游离，鳃盖膜相连。头体被栉鳞或圆鳞。背鳍、臀鳍完全与尾鳍相连，鳍条不分支。背鳍始于吻前方，胸鳍缺失，有眼侧腹鳍一般连臀鳍，无眼侧无腹鳍。尾鳍尖形。

370 短吻舌鳎

Cynoglossus abbreviatus (Gray, 1834)

英文名 Three-lined tongue sole

地方名 短吻三线舌鳎、玉秃、细鳞、龙利鱼

分类地位 辐鳍鱼纲 Actinopterygii，鲽形目 Pleuronectiformes，舌鳎科 Cynoglossidae

形态特征 体侧扁且高。头短而高，吻端卵圆形。两眼稍大，相距略宽。体两侧被小栉鳞。有眼侧有侧线3条，上、中侧线间具横列鳞。无眼侧无侧线。背鳍和臀鳍皆与尾鳍相连，两鳍条不分枝。无胸鳍，有眼侧腹鳍胸位，无眼侧无腹鳍。尾鳍尖形。有眼侧体为褐色，奇鳍为暗褐色，无眼侧体为白色。

生态习性 暖温带浅海底栖鱼类。以小型虾蟹类为食。

渔业利用 通常以底拖网捕获，传统食用鱼类。

地理分布 我国分布于渤海、黄海到东海，少数可达珠江口附近，舟山海域常见。

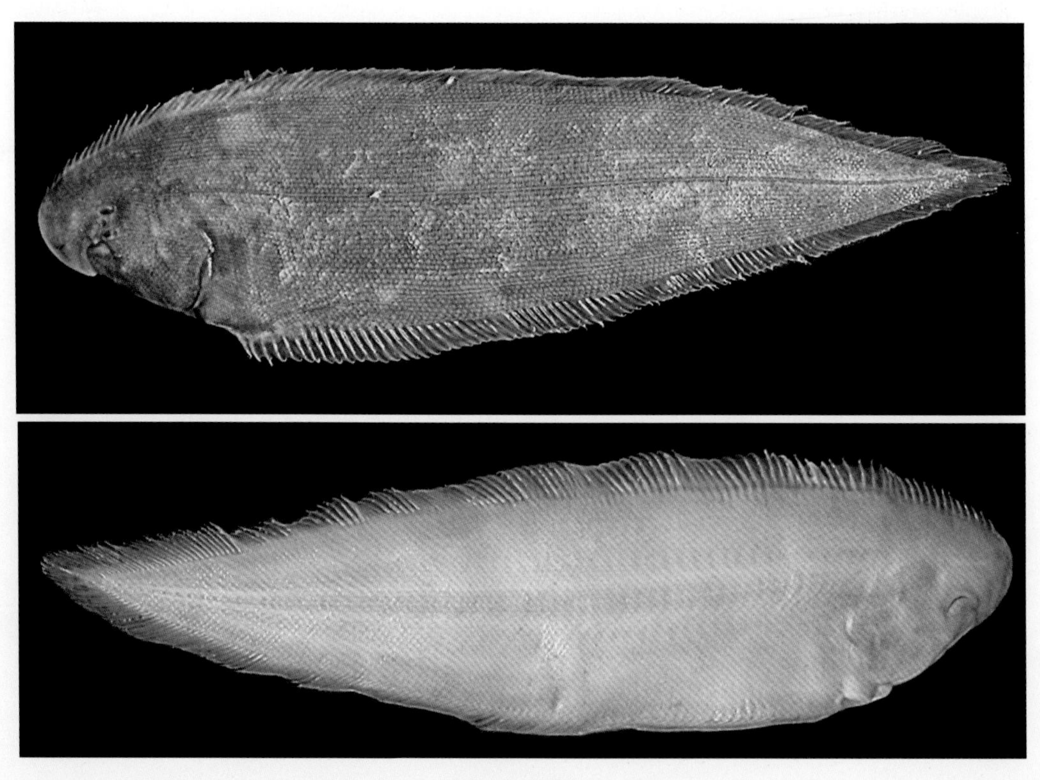

短吻舌鳎

371 窄体舌鳎 *Cynoglossus gracilis* (Günther, 1873)

英文名 Narrow tongue sole

地方名 舌鳎、玉秃、左手舌鳎、牛舌鱼、龙利鱼

分类地位 辐鳍鱼纲 Actinopterygii，鲽形目 Pleuronectiformes，舌鳎科 Cynoglossidae

形态特征 体窄长而扁，头小，吻较长。口裂呈小月形。有眼侧两颌无齿，无眼侧两颌齿呈细绒毛状，带状排列。身体两侧均被小栉鳞。有眼侧有侧线3条，上、下侧线止于尾柄末端，无眼侧无侧线。有眼侧体呈淡褐色，奇鳍呈褐色。

生态习性 暖水性底层鱼类。有洄游习性，对水域环境中盐度变化的适应能力较强，有时也到淡水中生活。最大体长可达310 mm。体长在130 mm以下的幼鱼单纯以甲壳动物为食，成鱼则为杂食性。

渔业利用 以底拖网所捕获，传统食用鱼类。

地理分布 我国分布于沿海及各通海江河河口咸淡水区，舟山海域常见。

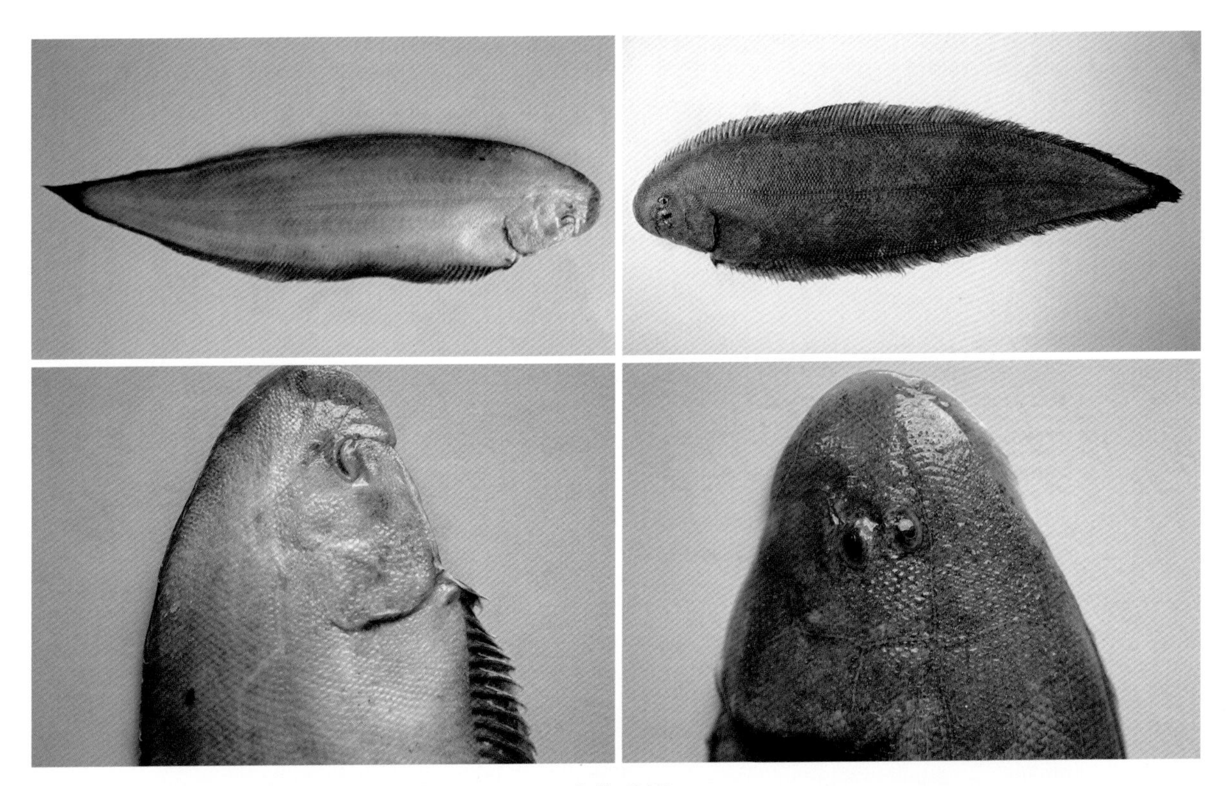

窄体舌鳎

372 断线舌鳎

Cynoglossus interruptus (Günther, 1880)

英文名 Genko sole

地方名 舌鳎、左手舌鳎、牛舌鱼、龙利鱼

分类地位 辐鳍鱼纲Actinopterygii，鲽形目Pleuronectiformes，舌鳎科Cynoglossidae

形态特征 体长舌状，很侧扁。头短，口歪形。两颌仅右侧有小齿，齿群窄带状。身体两侧均被小栉鳞。有眼侧侧线3条，上、下侧线终止于体中部。尾鳍窄尖长形。头体左侧淡黄褐色，鳞后缘色常较淡，鳞中央常呈纵纹状，吻部色较淡，鳃腔与腹腔处常较灰暗，有些体侧尚有云状暗斑。鳍黄色，奇鳍常有2～3纵行褐色短条状斑。鳃部与腹部较灰暗，鳍淡黄色，成年鱼稍暗。胃管前部黑色，鳃腔膜与腹腔膜灰褐或黑褐色。

生态习性 暖水性浅海较小型底层鱼，记载最大体长可达197 mm，以甲壳类及多毛类等为食。

渔业利用 通常以底拖网捕获，传统食用鱼类。

地理分布 我国分布于东海和南海等近海，舟山海域偶见。

保护现状 2020年IUCN评估为无危物种。

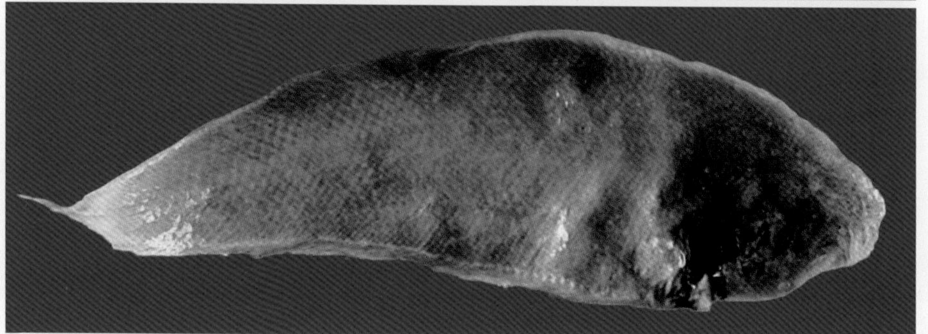

断线舌鳎

373 焦氏舌鳎

Cynoglossus joyneri (Günther, 1878)

英文名 Red tongue sole

地方名 粗鳞舌鳎、短吻舌鳎、左手舌鳎、牛舌鱼、龙利鱼

分类地位 辐鳍鱼纲 Actinopterygii，鲽形目 Pleuronectiformes，舌鳎科 Cynoglossidae

形态特征 头短，吻短钝，口歪形。有眼侧侧线3条，上、下侧线完整，止于尾后端。无眼侧无侧线。头体两侧被栉鳞，头右侧前部鳞绒毛状。尾鳍窄长、尖形。头体左侧淡红色，略灰暗，各纵列鳞中央有暗色纵纹状，鳃部较灰暗。腹鳍与前半部背、臀鳍膜黄色，向后渐褐色。

生态习性 亚热带及暖温带浅海中小型底层鱼。喜生活于沙泥质海底。最大个体长为394 mm。以多毛类、端足类及小型蟹类等为食。

渔业利用 通常以底拖网捕获，为传统作用鱼类。

地理分布 我国分布于广东珠江口附近到东海、黄海及渤海，舟山海域常见。

保护现状 2020年IUCN评估为无危物种。

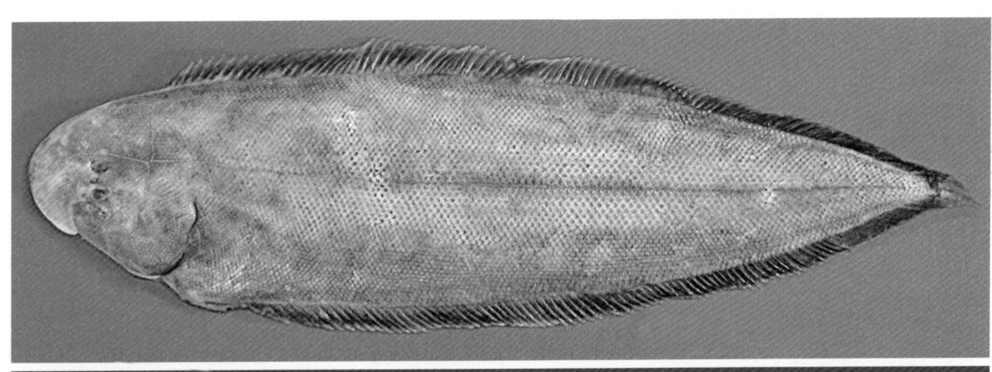

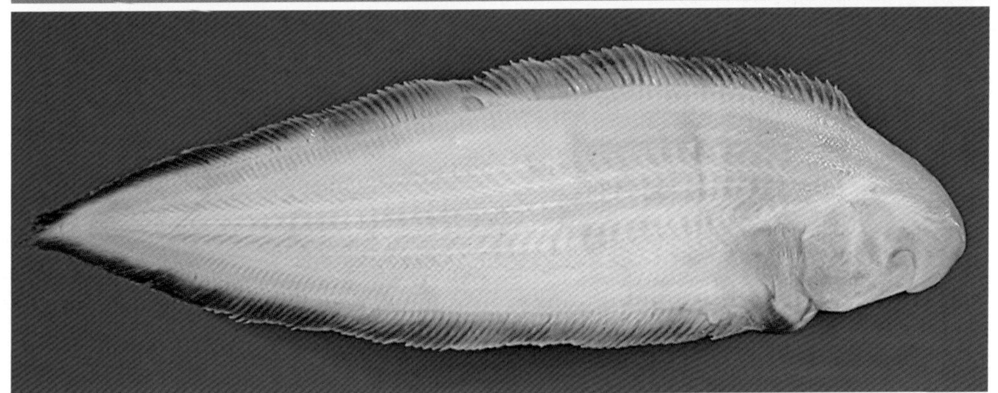

焦氏舌鳎

374 长吻红舌鳎
Cynoglossus lighti (Norman, 1925)

地 方 名 舌鳎、玉秃、龙利鱼、左手舌鳎

分类地位 辐鳍鱼纲Actinopterygii，鲽形目Pleuronectiformes，舌鳎科Cynoglossidae

形态特征 头短，吻较长。口歪形，左口裂较平直，达下眼后缘或稍后方。右口裂深圆弧状。两颌仅右侧有绒状齿，齿群窄带状。头、体两侧均被栉鳞。尾鳍窄长，尖形或稍圆。头体左侧浅红色，稍灰暗，鳃部因鳃腔膜黑褐而较灰暗。背、臀鳍前部黄色而鳍条淡褐或有小褐点，向后渐与尾鳍呈红褐色。头体右侧淡黄白色，鳃部较灰暗，鳍色均较淡。

生态习性 暖温带及亚热带浅海中小型底层鱼。记载最大体长可达234 mm。喜生活于沙泥质海底地区，约6月产卵。

渔业利用 通常以底拖网捕获，数量多，传统作用鱼类。

地理分布 我国分布于珠江口附近到东海及黄渤海，舟山海域常见。

长吻红舌鳎

375 黑尾舌鳎

Cynoglossus melampetalus (Richardson, 1846)

英文名 Black tail、tongue-sole

地方名 舌鳎、玉秃、龙利鱼、左手舌鳎

分类地位 辐鳍鱼纲 Actinopterygii，鲽形目 Pleuronectiformes，舌鳎科 Cynoglossidae

形态特征 吻稍尖。头体左侧被栉鳞，头部及体边缘鳞较小，中部中央鳞较大。尾鳍基附近有鳞，其他鳍无鳞。右侧被圆鳞，吻侧附近鳞绒毛状。奇鳍完全相连。背鳍始于吻端稍后上方，中部鳍条最长。臀鳍始于鳃孔稍后，形似背鳍。无胸鳍。腹鳍仅左侧有，始于鳃峡后端鳃孔下方。尾鳍窄长、尖形。头体左侧淡灰褐色，鳞后缘稍暗，鳃盖部因鳃腔壁膜灰黑色而较暗。鳍淡黄，向后渐为淡褐色。头体右侧淡白或淡黄色。

生态习性 暖水性中等大底层海鱼。记载最大体长可达264 mm。以小型鱼类和虾类为食。

渔业利用 为底拖网捕获，传统食用鱼类。

地理分布 我国分布于东海和南海等，为我国特有种，舟山海域偶见。

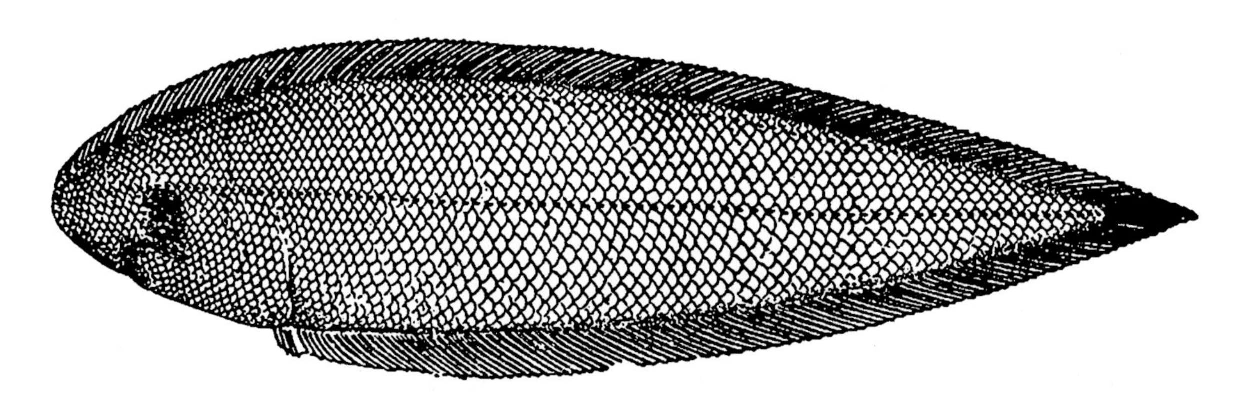

黑尾舌鳎（依《中国动物志鲽形目》）

376 紫斑舌鳎

Cynoglossus purpureomaculatus Regan, 1905

英文名 Narrow tongue sole

地方名 牛舌、舌鳎、玉秃、龙利鱼、左手舌鳎

分类地位 辐鳍鱼纲 Actinopterygii，鲽形目 Pleuronectiformes，舌鳎科 Cynoglossidae

形态特征 体长舌状，很侧扁。头短。两眼位头左侧。口下位，左口裂较平直，右口裂近半圆形。唇光滑。两颌仅右侧有小绒状窄牙群。鳃孔侧下位，似直立，无鳃耙。体两侧被较强栉鳞；右侧头前部磷埋皮内，有些为绒状；右侧无侧线。臀鳍形似背鳍。偶鳍只有左腹鳍，有膜连臀鳍。尾鳍窄长，后端尖形。头体左侧淡灰褐色，鳞外露部分中央常呈小于瞳孔的淡紫色或棕褐色小点状。体前部鳍淡黄色。鳍条基部常有小褐点，边缘淡黄白色，尾部向后鳍渐为褐色。头体右侧淡黄白色，鳃部常稍暗，有些尾部有数个不规则褐斑，鳍淡黄白色，仅尾后端附近为褐色。

生态习性 暖温带浅海中型底层鱼，喜生活于泥沙质海底海区。记载最大体长可达327 mm。以小型鱼类和虾类为食。

渔业利用 为底拖网捕获，传统食用鱼类。

地理分布 我国分布于海南东北到东海及黄渤海，舟山海域常见。

紫斑舌鳎

377 宽体舌鳎

Cynoglossus robustus (Günther, 1873)

英文名 Robust tonguefish

地方名 舌鳎、玉秃、龙利鱼、左手舌鳎

分类地位 辐鳍鱼纲 Actinopterygii，鲽形目 Pleuronectiformes，舌鳎科 Cynoglossidae

形态特征 眼间隔微凹，有鳞。口歪形，下位；左口裂较长，右口裂较短，圆弧状。两颌仅右侧有尖毛状牙群。鳃孔侧下位。无鳃耙。头体左侧被中等大栉鳞，上侧线上方鳞至多5纵行，尾鳍基有鳞而其他鳍无鳞。头体右侧为圆鳞。体右侧无侧线。左侧有上、中2侧线，奇鳍相连。臀鳍形似背鳍。腹鳍仅左侧有，有膜连臀鳍。尾鳍窄长，后端尖形。头、体左侧淡褐色，鳃部因鳃腔膜黑褐而较灰暗，鳞后缘暗褐色；鳍膜淡褐色，边缘黄色，鳍条较暗。右侧头体及鳍淡黄白色。

生态习性 西太平洋暖温带浅海泥沙区较大型底层鱼类，栖息水深20～115 m。记载最大体长可达400 mm，以底栖多毛类、端足类及蟹等为食。

渔业利用 通常以底拖网所捕获，为传统食用鱼类。

地理分布 我国分布于渤海、黄海及东海海域，舟山海域常见。

保护现状 2020年IUCN评估为无危物种。

宽体舌鳎

378 半滑舌鳎

Cynoglossus semilaevis (Günther, 1873)

地 方 名 舌鳎、半滑三线鳎、牛舌、玉秃、龙利鱼、左手舌鳎

分类地位 辐鳍鱼纲 Actinopterygii，鲽形目 Pleuronectiformes，舌鳎科 Cynoglossidae

形态特征 两眼位头左侧中部稍前方，上眼后缘约位下眼中央上方。眼间隔有鳞。口歪，下位；左侧较平直，右口裂近半圆形。唇光滑，两颌仅右侧有绒状窄牙群。头、体左侧被小形强栉鳞，鳍无鳞而仅尾鳍基附近有鳞。右侧鳞栉刺很弱少，仅后部有1小群5～8个，且刺均位鳞后缘内侧，体中央1纵行为圆鳞，头前部鳞短绒毛状。左侧线3条，右无侧线。臀鳍始形似背鳍。偶鳍仅有左腹鳍。尾鳍窄长形，后端尖。头体左侧淡黄褐色；奇鳍淡褐色而背、臀鳍外缘黄色，腹鳍淡黄色。头体右侧白色，鳍淡黄色。

生态习性 暖温带浅海底层大型鱼，记载最大体长可达570 mm，在自然海区中主要摄食底栖虾类、蟹类、小型贝类及沙蚕类等。

渔业利用 上等食用鱼类。

地理分布 我国分布于厦门附近到东海、黄海及渤海，舟山海域常见。

半滑舌鳎

379 中华舌鳎

Cynoglossus sinicus Wu, 1932

英文名 Macaosole、Chinese tongue-sole

地方名 舌鳎、龙利鱼、左手舌鳎

分类地位 辐鳍鱼纲 Actinopterygii，鲽形目 Pleuronectiformes，舌鳎科 Cynoglossidae

形态特征 眼位头左侧中部，上眼后缘约位下眼瞳孔后缘上方。眼间隔小鱼较窄，口歪，下位；左侧较平直，右侧口裂近半圆形。两颌仅右侧有小绒毛状窄带形牙群。唇光滑。有眼侧有2条侧线，无眼侧侧线1条。头体左侧被栉鳞，各鳍无鳞而仅尾鳍基有鳞，侧线鳞及体右侧鳞为圆鳞，头部鳞小且右侧前端鳞绒毛状。右侧线1条。臀鳍形似背鳍。偶鳍只有左腹鳍。尾鳍窄长，尖形。头体左侧浅黄褐色，大鱼暗褐色；鳃部为1黑褐大斑状；鳍淡黄褐色，边缘淡黄。体右侧白色，大标本有数个小污褐斑，鳍黄白色。

生态习性 暖水性较大型底层鱼类，最大个体体长423 mm。

渔业利用 为底拖网捕获，传统食用鱼类，为中国东南近海特有种。

地理分布 我国分布于东海和南海，广西、广东到浙江等近海，舟山海域偶见。

中华舌鳎

380 褐斑三线舌鳎

Cynoglossus trigrammus (Günther, 1862)

英文名 Black-bloched、three-line、tongue-sole

地方名 三线舌鳎、三线龙舌鱼、三线鳎

分类地位 辐鳍鱼纲 Actinopterygii，鲽形目 Pleuronectiformes，舌鳎科 Cynoglossidae

形态特征 眼间隔略平或微凹。有眼侧前鼻孔靠近上唇，有细鼻管，后鼻孔位于两眼前缘的中间；无眼侧前鼻孔亦有鼻管。口窄小，口裂微呈半月形。有眼侧两颌无牙，无眼侧两颌牙呈细绒毛状。无犁骨牙和腭骨牙。前鳃盖骨后缘不游离。鳃孔大。鳃盖膜彼此相愈合，不与峡部相连。无鳃耙。身体两侧皆被小栉鳞。有眼侧有侧线3条，无眼侧无侧线。背鳍和臀鳍皆与尾鳍相连，两者鳍条均不分枝。无胸鳍。有眼侧腹鳍与臀鳍相连，无眼侧无腹鳍。尾鳍尖形。头左侧暗褐或淡黄色，鳃部及体侧有数个不规则黑褐色大斑。鳞有淡褐色或暗褐色小点形成的细纵纹。腹鳍淡黄色，背、臀鳍前部淡黄而向后渐鱼尾鳍呈棕褐色。头体右侧淡黄白色。鳍色较淡。

生态习性 太平洋浅海暖温带到亚热带中等大底层鱼，也能进入淡水中生活。本种也能进入淡水。记载最大体长可达307 mm。以多毛类、甲壳类等为食。

渔业利用 为底拖网捕获，传统食用鱼类。

地理分布 我国分布于广西、海南、广东到台湾、福建及浙江等海区，舟山海域偶见。

保护现状 2011年IUCN评估为无危物种。

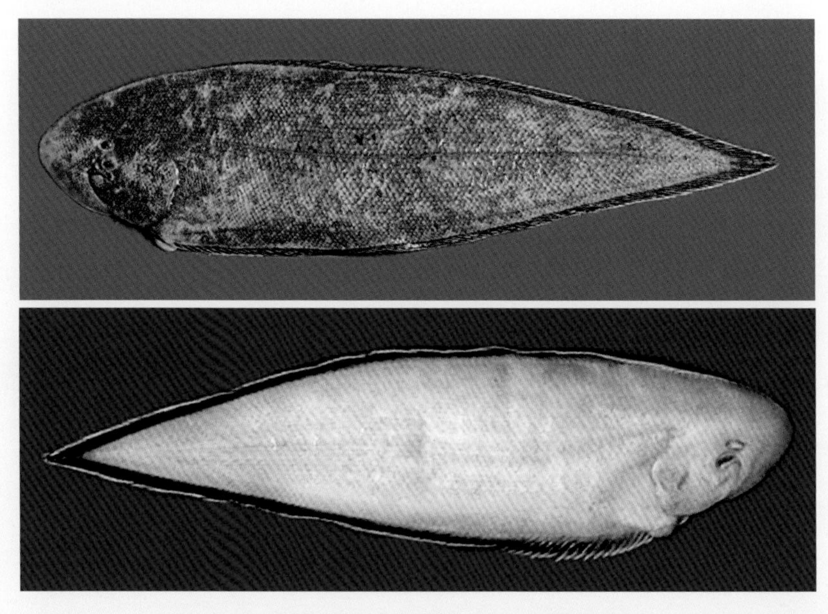

褐斑三线舌鳎（依《中国海洋鱼类原色集》）

381 栉鳞须鳎
Paraplagusia guttata (Macleay, 1878)

英文名 Tonguefish

地方名 固塔舌鳎、牛舌、龙舌、扁鱼、龙利鱼

分类地位 辐鳍鱼纲Actinopterygii，鲽形目Pleuronectiformes，舌鳎科Cynoglossidae

形态特征 眼间隔稍凹，有鳞。左鼻孔呈1短管状，位于下眼下半部正前方，与上唇中部相邻。右鼻孔位上颌中部稍前上方，前鼻孔皮管状，后鼻孔较大，周缘微凸。口歪小，下位，左口角约达下眼后缘下方。左唇有须状突，上唇须突较小，下唇须突较长且有叉枝。右唇无须突而有横褶纹。两颌仅右侧有小绒毛状窄牙群。鳃孔侧下位。头体两侧被栉鳞，左侧鳞栉刺较强，除尾鳍基外其他鳍无鳞，右侧鳞栉刺较弱小，头前端有些鳞为小绒毛状。左侧线3条。臀鳍形似背鳍。偶鳍仅有左腹鳍；始于鳃峡后端。尾鳍窄尖形。大鱼头体左侧淡棕褐色，有黑褐色小点。鳍色较黑而边缘淡黄色。头体右侧白色，鳍色棕褐而上、下缘较淡，鳍色较淡。

生态习性 西太平洋暖水性底层中等大海鱼，记载最大体长可达280 mm，以底栖无脊椎动物为食。

渔业利用 以底拖网所捕获，数量较少，为传统食用鱼类。

地理分布 我国分布于广西、广东、海南到台湾、浙江及江苏等海区，舟山海域常见。

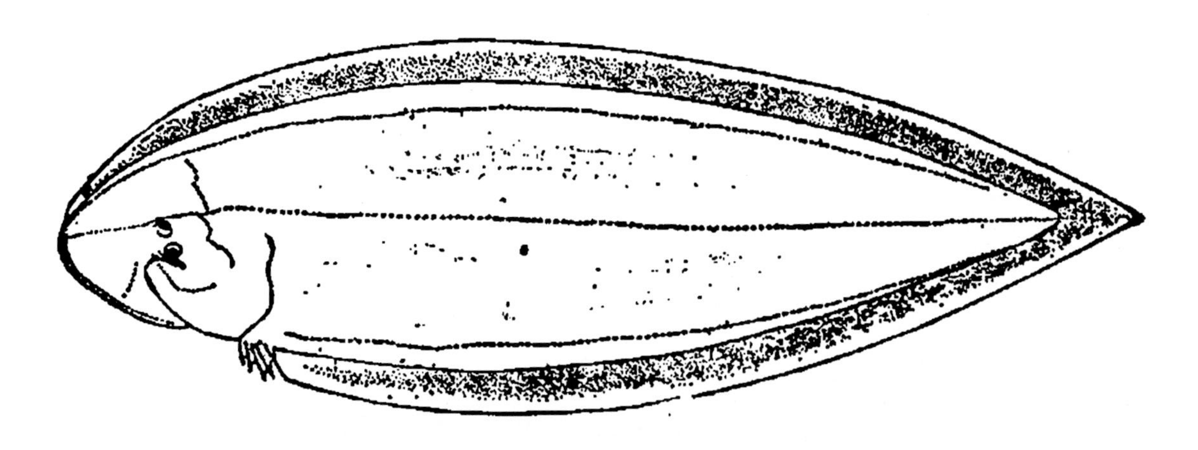

栉鳞须鳎（依李思忠等）

382 日本须鳎

Paraplagusia japonica (Temminck & Schlegel, 1846)

英文名 Black cow-tongue

地方名 舌鳎、三线牛舌鱼、日本吻须鳎

分类地位 辐鳍鱼纲 Actinopterygii，鲽形目 Pleuronectiformes，舌鳎科 Cynoglossidae

形态特征 两眼位头左侧中央，上眼后缘较下眼中央略前。左鼻孔呈1皮管状，位下眼前方和上颌中部稍上方。右侧前鼻孔粗皮管状，后鼻孔裂隙状，位上颌中部稍前上方。口下位，左右不对称，口角略不达下眼后缘，距鳃孔后端较距吻端近。左侧上、下唇各有1行须状皮突，上唇须突较小而多，下唇须突较粗而少，右唇无须突而有许多横褶纹。两颌仅右侧有小绒毛状牙。鳃孔侧下位，无鳃耙。头体左侧被栉鳞。右侧被圆鳞。头前端鳞很小，略变形。左侧有上、中、下3条侧线。右侧无侧线（鳞无管孔）。臀鳍形似背鳍。偶鳍仅有左腹鳍。尾鳍尖形。头体左侧黄绿褐色，幼鱼鳃盖部较灰暗，鳍淡褐色而边缘黄色，大鱼色较暗，鳍暗褐色，边缘黄色。体右侧乳白色，大鱼有灰黑色小斑点，小鱼鳍黄色，大鱼鳍色似左侧。

生态习性 太平洋西北部亚热带及暖温带底层浅海鱼类。喜生活于水深100 m上下的底多泥沙质海区。记载最大体长可达362 mm。以小型双壳类及甲壳类等为食。

渔业利用 以底拖网捕获，传统食用鱼类。

地理分布 我国分布于海南、广西、广东大陆沿岸到台湾北侧及浙江等海区，舟山海域常见。

保护现状 2020年IUCN评估为无危物种。

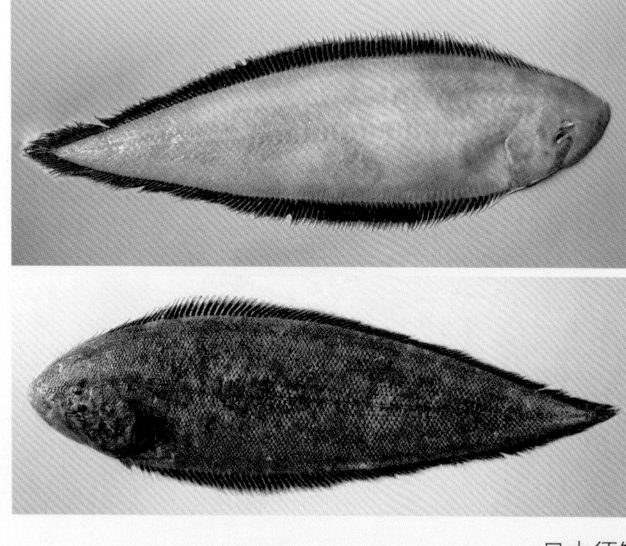

日本须鳎

三十七、鲀形目 Tetraodontiformes

头后颞颥骨不分叉，与翼耳骨相连。上颌骨常与前颌骨相连或愈合。无肋骨、顶骨、鼻骨及眶下骨。腰带愈合或消失。齿圆锥状、门齿状或愈合成喙状齿板。鳃孔小，侧位。体被骨化鳞片、骨板、小刺或裸露。背鳍1～2个；腹鳍胸位、亚胸位或消失。鳔和气囊或有或无。

（一四四）拟三刺鲀科 Triacanthodidae

体侧扁，长圆形，尾柄细长或宽短。眼上侧位，大或中大。吻稍突出或显著突出，口小，端位，前颌骨不能伸缩。鳃孔小，侧位。上下颌齿1～2行，不愈合成大板状齿，呈圆锥形、楔状或门齿状。背鳍通常高大，左、右腹鳍不愈合，各有1大鳍棘。

383 拟三刺鲀

Triacanthodes anomalus (Temminck & Schlegel, 1850)

英文名 Red spikefish、Spikefish

地方名 原三刺鲀、三刺鲀、三脚钉

分类地位 辐鳍鱼纲 Actinopterygii，鲀形目 Tetraodontiformes，拟三刺鲀科 Triacanthodidae

形态特征 吻不突出呈管状。眼稍大，眼径等于或略小于吻长。口端位，唇薄。上下颌齿同型，齿圆锥状。鳃裂长，拟鳃长，延伸至胸鳍基下方。头、体被有粗糙的小鳞，侧线不明显。背鳍鳍棘、腹鳍鳍棘均粗大，从正面看呈倒“Y”形。尾鳍不分叉，呈圆形或截形。体淡红色，腹侧较浅，有2条明显黄带，1条从眼上方延伸至背鳍末端，1条从眼后延伸至臀鳍基前缘，但上述条纹会于春天时消失。

生态习性 暖水性底层鱼类。栖息于水深100 m以内的泥沙海底。记载最大体长为100 mm。以浮游甲壳类为食。

渔业利用 不具经济价值。

地理分布 我国沿海均有分布，舟山海域偶见。

拟三刺鲀

（一四五）三棘鲀科 Triacanthidae

体侧扁，尾柄细长。口小，上下颌各具2行齿。口端位，前颌骨与上颌骨未愈合。鳞片表面有嵴突。侧线通常明显。第一背鳍具6鳍棘，前4鳍棘明显可见，第一鳍棘粗大，长大于吻长，第五鳍棘通常极短，稍突出于皮外，第六鳍棘退化或隐于皮下。第二背鳍19～26鳍条。左、右腹鳍各具1大棘，附在腰带骨上，成鱼无鳍条。尾鳍分叉。

384 双棘三刺鲀

Triacanthus biaculeatus (Bloch, 1786)

英文名 Short-nosed tripodfish

地方名 牛氏三刺鲀、尖头三刺鲀

分类地位 辐鳍鱼纲 Actinopterygii，鲀形目 Tetraodontiformes，三棘鲀科 Triacanthidae

形态特征 体长椭圆形。背部隆起，腹部圆突，尾柄极为细长。头侧扁，侧视似三角形。吻短，口端位。眼小，上侧位，眼间隔稍突起，中央具1隆起嵴。唇肥厚，上唇的后背面有绒状鳞。鳃孔小，侧位。鳃耙细短。头部及体部被小而粗糙的鳞，鳞面有十字形的低脊棱，棱上有许多绒状小刺。有侧线。体背浅灰色，腹部银白色。第一背鳍黑色，其下方体背处具1黑斑，胸鳍基底上端常有1黑色腋斑，其他各鳍黄色。

生态习性 暖温性鱼类，主要栖息于近海沙泥底海域或河口区，常被发现于水深60 m内，水温一般为20～30℃的水域。成鱼一般体长为250～300 mm。肉食性，摄食甲壳类、贝类。

渔业利用 产量很少，内脏有弱碱毒。

地理分布 我国沿海均有分布，舟山海域少见。

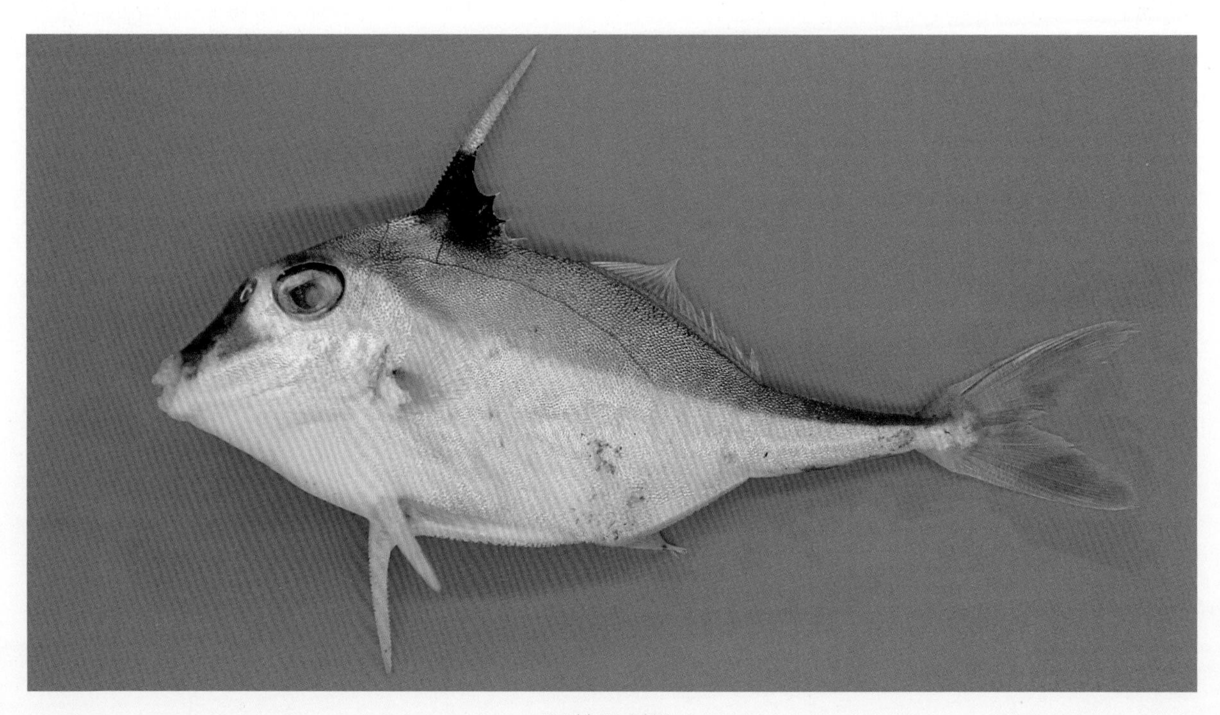

双棘三刺鲀

（一四六）鳞鲀科 Balistidae

体呈长椭圆形或菱形，侧扁而高。眼小，上侧位，位于头最后部。口小，前位。体被大板状鳞。第一背鳍具3鳍棘，第一鳍棘最强大，其余鳍棘均短小。第二背鳍与臀鳍同形。左、右腹鳍愈合成1短棘，附在腰带骨末端。左、右腰带骨已愈合。

385 卵圆疣鳞鲀

Canthidermis maculata (Bloch, 1786)

英文名 Rotund filefish

地方名 大棘皮剥鲀、网纹斑鳞鲀

分类地位 辐鳍鱼纲 Actinopterygii，鲀形目 Tetraodontiformes，鳞鲀科 Balistidae

形态特征 体长椭圆形或卵圆形。口小，前位。上下颌齿1行，每侧4齿，白色，楔状，具凹刻。头、体全部被鳞，鳞中大，呈菱形，鳞面上有许多颗粒状突起。鳃孔后方无骨板状大鳞。尾部鳞片无棘。背鳍2个，第二背鳍呈犁状，前部鳍条高出，成鱼更突出。臀鳍与第二背鳍相似。胸鳍短圆形。腹鳍棘短小，上有许多棘突。幼鱼尾鳍圆形，成鱼截形或微凹。体棕褐色，腹部色稍浅，幼鱼头、体及尾部具许多白色圆斑，稍大个体在体腹部有一些大形白色斑点，成鱼则无白色斑点。幼鱼体上还有一些深褐色纵纹。成鱼第一背鳍鳍膜灰褐色，第二背鳍、臀鳍及尾鳍均褐色，胸鳍浅色；幼鱼各鳍浅褐色，各鳍基部除胸鳍外散有白色圆斑。

生态习性 亚热带及热带鱼类，记载最大体长可达400 mm。据报道，本种体含西加鱼毒。

地理分布 我国分布于东海、台湾海域及南海，舟山海域偶见。

保护现状 2011年IUCN评估为无危物种。

卵圆疣鳞鲀

(一四七)单角鲀科 Monacanthidae

体侧扁，尾柄宽短。眼中大，上侧位。前颌骨与上颌骨愈合，不能伸缩。口小，前位。上颌齿2行。下颌齿1行。鳞小，棘状或绒毛状。鳃孔狭小，侧中位。第一背鳍具1～2鳍棘，第一鳍棘常粗大，第二鳍棘小，有时隐于皮下或消失。第二背鳍基底延长。臀鳍与第二背鳍同形。两腹鳍合具1鳍棘，与延长的腰带骨后端相连，有时消失。

386 单角革鲀

Aluterus monoceros (Linnaeus, 1758)

英文名 Unicorn leatherjacket filefish

地方名 剥皮鱼

分类地位 辐鳍鱼纲 Actinopterygii，鲀形目 Tetraodontiformes，单角鲀科 Monacanthidae

形态特征 体长椭圆形，甚侧扁。头短而高，头长约等于体高。吻长大，背缘浅弧形稍凹，腹缘圆凸。眼间隔宽而隆起，中央呈棱状。口端位，唇薄，光滑。鳃孔大，斜裂，鳃孔在眼前半部下方或眼前缘下方。背鳍两个，基底分离甚远，第一背鳍位于鳃孔上方，第一鳍棘位于眼中央或眼前半部上方。第二背鳍硬棘退化，埋于皮膜下。胸鳍短小，圆形，上部鳍条较长。无腹鳍。尾鳍截形或微凹入。体灰褐色，具少数不规则暗色斑块，幼鱼尤明显，唇灰褐色。第一背鳍棘深褐色，尾鳍灰褐色，第二背鳍、臀鳍及胸鳍黄色。

生态习性 近海底层鱼类。一般活动深度在10～50 m，最深可达80 m，偶尔会出现在浅海斜坡区。幼鱼行大洋性生活，常被发现于大型水母等漂游物体的下方。成鱼会在深水区的沙地旁礁区筑巢，在雨季时，有时也会成群聚集于漂浮的藻丛中。一般个体在250～400 mm，最大体长可达762 mm，重量可达2.7 kg。杂食性，以水母底栖无脊椎动物或藻类为食。据报道，体内含有西加鱼毒。

渔业利用 传统食用鱼类。

地理分布 我国分布于黄海南部、东海及南海，舟山海域常见。

保护现状 2014年IUCN评估为无危物种。

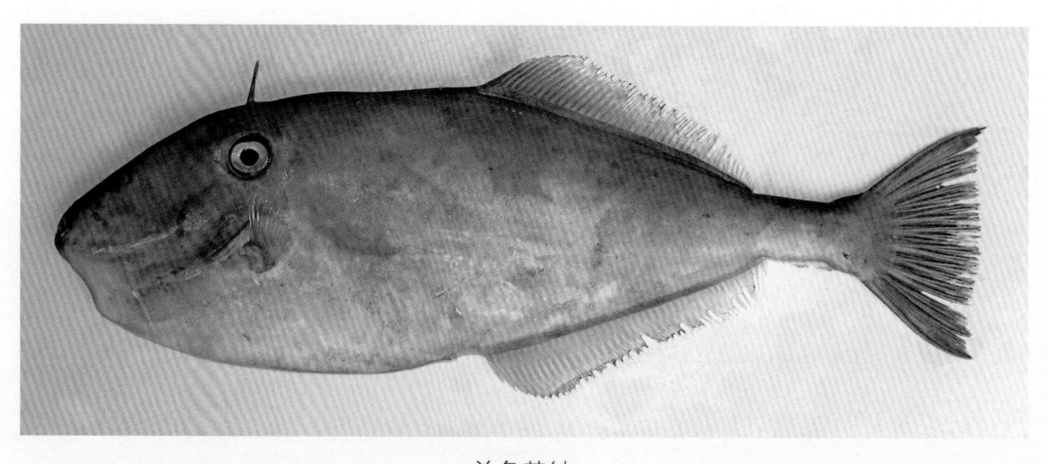

单角革鲀

387 丝背细鳞鲀

Stephanolepis cirrhifer (Temminck & Schlegel, 1850)

英文名 Threadsail filefish

地方名 细鳞鲀

分类地位 辐鳍鱼纲 Actinopterygii，鲀形目 Tetraodontiformes，单角鲀科 Monacanthidae

形态特征 体短菱形，侧扁而高，背缘第一第二背鳍间近平直或稍凹入。尾柄短而高，侧扁，尾柄长等于或稍小于尾柄高。头高大于头长。吻高大，背缘近斜直形。眼中大，上侧位，眼间隔中央略呈凸棱状。口小，前位。体鳞粗糙，每一鳞片只具1中央强棘。雄鱼第2背鳍的第2鳍条特别延长，呈丝状。两腹鳍愈合成1腹棘，棘端露于腹膜外，能活动。体黄褐色，体侧有黑色斑纹，连成6～8条断续的纵行斑纹。第一背鳍棘上有34个深色横斑，鳍膜灰褐色。第二背鳍及臀鳍的下半部具褐色宽纹。尾鳍基部及外缘具灰褐色横带。

生态习性 近海底栖小型鱼类。喜聚集生活。个体不大，一般体长在100～160 mm，最大体长可达300 mm。肉食性鱼类，主要摄食端足类、瓣鳃类、海胆类等底栖生物以及浮游的介形类、桡足类等。

渔业利用 通常以底拖网捕获，产量很少，肉可食用。

地理分布 我国分布于东海、台湾海域及南海，舟山海域常见。

保护现状 2017年IUCN评估为无危物种。

丝背细鳞鲀

388 黄鳍马面鲀

Thamnaconus hypargyreus (Cope, 1871)

英文名 Lesser-spotted leatherjacket

地方名 马面鱼、剥皮鱼

分类地位 辐鳍鱼纲 Actinopterygii，鲀形目 Tetraodontiformes，单角鲀科 Monacanthidae

形态特征 体长椭圆形。头中大，侧视三角形，背腹缘微凸或斜直。吻长而尖，雄鱼背缘微凸。唇较薄。鳃裂在眼后半部下方，几乎全在口裂线之下。第一背鳍棘在眼后半部，稍靠眼中央的上方，棘侧具1列突起。腹鳍膜不发达。背鳍与臀鳍前鳍条远长于后鳍条。尾鳍双凹形，上下缘略突出。无侧线。新鲜雄鱼标本淡灰色，头体密布小型黄色圆点，体每侧有4～5纵行不规则的云状暗褐色斑，腹部有时有波状黄纹，头侧在吻部及眼下方约有5～7条波状黄纹，各鳍淡黄色，尾鳍边缘黑色，尾鳍中部有1暗色横纹。雌鱼头体上黄色圆斑不及雄鱼明显，具暗色斑纹多行，尾鳍边缘及中央的暗色斑纹色较浅。

生态习性 暖温性底层鱼类。栖息于水深50～120 m的海区，喜集群，季节洄游性较明显。在越冬及产卵期间有明显的昼夜垂直移动的习性。产卵期为4月下旬至5月上旬。卵黏性，卵子受精后便附在水草藻类岩礁和沙石上。最大个体一般在170 mm以下。杂食性，主要以底栖生物为食。

渔业利用 传统食用鱼类。

地理分布 我国分布于东海、台湾海域及南海，舟山海域常见。

保护现状 2017年IUCN评估为无危物种。

黄鳍马面鲀

389 绿鳍马面鲀

Thamnaconus modestus (Günther, 1877)

英文名 Black scraper

地方名 马面鱼、绿剥皮、马面鲀

分类地位 辐鳍鱼纲 Actinopterygii，鲀形目 Tetraodontiformes，单角鲀科 Monacanthidae

形态特征 体长椭圆形。头较长大，背缘、腹缘斜直或稍凹入，侧视近三角形。吻长大，尖突，唇较厚。鳃孔稍大，斜裂，位于眼后半部下方，位较低。耻骨末端具两对不可活动的特化鳞，收缩时不达肛门。腹鳍膜不发达。尾部鳞小，鳞棘2行或单行，棘数少。背鳍2个，第一背鳍具2鳍棘，第一鳍棘较长大，位于眼后半部上方，前缘具2行倒棘，后侧缘各具1行倒棘，棘尖向下或向外。第二鳍棘短小，紧贴在第一鳍棘后侧，常隐于皮膜下。第二背鳍延长。臀鳍与第二背鳍同形，前部鳍条高起。胸鳍短圆形，侧位。尾鳍圆形。体蓝灰色，成鱼体侧斑纹不明显，第一背鳍灰褐色，第二背鳍、臀鳍、胸鳍及尾鳍绿色。胸鳍、尾鳍鳍膜白色。

生态习性 外海暖温性底层鱼类。栖息于水深50～120 m的海区，而体长60 mm以下的幼鱼则大多在靠近海底处活动。喜集群，在越冬及产卵期间有明显的昼夜垂直移动的习性。成鱼体长为180～280 mm，最大可达374 mm。杂食性，主要以底栖动物及藻类为食。

渔业利用 传统食用鱼类。

地理分布 我国分布于渤海、黄海、东海及台湾海域，舟山海域常见。

保护现状 2017年IUCN评估为无危物种。

绿鳍马面鲀

390 马面鲀

Thamnaconus septentrionalis (Günther, 1874)

英文名 Greenfin horse-faced filefish

地方名 马面鱼、剥皮鱼

分类地位 辐鳍鱼纲 Actinopterygii，鲀形目 Tetraodontiformes，单角鲀科 Monacanthidae

形态特征 体长椭圆形。头较长大，背缘稍隆起和斜直，腹缘稍隆起，侧视近三角形。吻长大，尖突，唇较厚。鳃孔较大，中侧位，斜裂，位于眼后半部下方，大部分在口裂线之上。第一背鳍具2鳍棘，第一鳍棘较长大，位于眼后半部上方，前缘具2行倒棘，后侧缘各具1行倒棘，棘尖向下或向外；第二鳍棘短小，紧贴在第一鳍棘后侧，常隐于皮膜下。第二背鳍延长，起点在肛门上方，前部鳍条高起。胸鳍短圆形，侧位。尾鳍圆形。体蓝灰色，幼鱼体侧具云状暗色斑纹，成鱼斑纹不明显。第一背鳍灰褐色，第二背鳍、臀鳍、胸鳍及尾鳍绿色，胸鳍、尾鳍鳍膜白色。本种与黄鳍马面鲀不同，体表不具黄色圆点；与绿鳍马面鲀的区别在于胸鳍不呈明显绿色，且鳃孔位置大部分位于口裂水平线以上。

生态习性 外海暖温性底层鱼类。喜群集生活，季节洄游性较明显。记载最大体长可达230 mm。杂食性，主要以底栖生物为食。

渔业利用 通常以底拖网捕获。

地理分布 我国沿海均有分布，舟山海域少见。

保护现状 2017年IUCN评估为无危物种。

马面鲀

（一四八）箱鲀科 Ostraciidae

体呈箱形，短而高，或稍延长，体鳞特化为体甲，3～6棱形，具背中棱、背侧棱及腹侧棱或侧中棱。体甲在背鳍及臀鳍基底后方闭合或不闭合。尾柄部裸露。肛门前方无腹皮褶。口小，前位。齿狭长，上下颌齿各1行。鳃孔小，斜裂或几垂直，位于眼后方。背鳍短小，具9～10鳍条。臀鳍与背鳍同形。胸鳍下侧位。无腹鳍。尾鳍圆形。

391 棘箱鲀
Kentrocapros aculeatus (Houttuyn, 1782)

英文名 Spiny boxfish

地方名 六棱铠鲀、箱鲀

分类地位 辐鳍鱼纲 Actinopterygii，鲀形目 Tetraodontiformes，箱鲀科 Ostraciidae

形态特征 体短而高，体甲为六棱状，具背侧棱、侧中棱和腹侧棱。上颌稍突出。齿狭长，红褐色。唇发达，光滑。无侧线。背鳍体之后部，无鳍棘。背鳍和臀鳍周围裸露，肛门前方具1腹皮褶。体灰褐色，背面和上侧面每两骨板间具1瞳孔大的褐色圆斑，腹面及下侧面淡色。各鳍浅色。

生态习性 暖温带底栖小型鱼类。主要栖息于沙泥底水域，一般体长在100～130 mm。以小型鱼类和虾蟹类为食。

渔业利用 目前尚无利用价值。

地理分布 我国分布于东海及台湾海域，舟山海域偶见。

保护现状 2019年IUCN评估为无危物种。

棘箱鲀

392 角箱鲀

Lactoria cornuta (Linnaeus, 1758)

英文名 Longhorn cowfish

地方名 长尾牛箱鲀

分类地位 辐鳍鱼纲 Actinopterygii，鲀形目 Tetraodontiformes，箱鲀科 Ostraciidae

形态特征 体长方形，呈五棱状。眼眶前方具1对前向的长棘，随成长而相对变短，且向下弯。体甲在背鳍及臀鳍后方闭合，具有5条棱嵴，于背侧及腹侧各具1对，背部中央另具1条低的棱嵴。腹侧棱后方具1对后向的长棘；腹侧棱无棘突。体甲腹面宽平，宽大于头长。尾柄短，后端侧扁。背鳍短小位于体后部，无硬棘。臀鳍与其同形。无腹鳍。尾鳍长，后缘圆形。体黄褐色，腹面色较浅。尾鳍浅褐色，具深褐色斑点。其余各鳍黄褐色。体甲及尾柄上散布一些褐色圆斑。

生态习性 暖温性底栖小型鱼类，主要栖息于礁石附近的藻丛区，幼鱼常出现于河口或淡水水域。成鱼具独居性，幼鱼则成小群生活。最大个体全长可达400 mm。以底栖无脊椎动物为食。

渔业利用 一般作为观赏鱼，体内有西加鱼毒，不宜食用。

地理分布 我国沿海均有分布，舟山海域偶见。

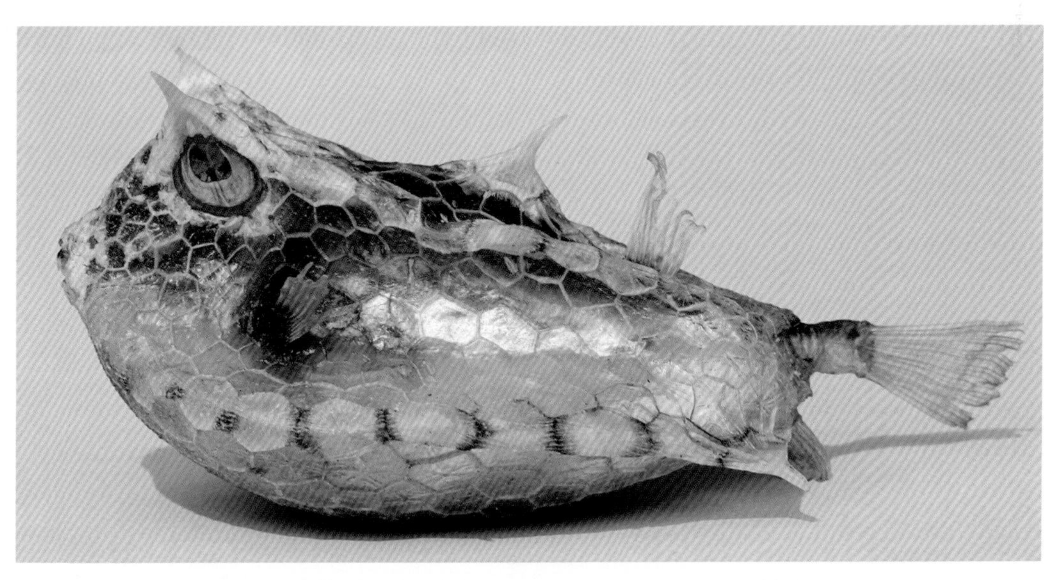

角箱鲀

393 粒突箱鲀
Ostracion cubicum (Linnaeus, 1758)

英文名 Yellow boxfish

地方名 箱鲀、黑斑铠鲀、无斑箱鲀

分类地位 辐鳍鱼纲 Actinopterygii，鲀形目 Tetraodontiformes，箱鲀科 Ostraciidae

形态特征 体甲四棱形，背侧棱与腹侧棱发达，无背中或背侧棱，仅在背鳍前方有1段稍隆起。各棱无棘，但棱脊明显尖锐。体甲腹面宽大于背面宽，亦大于体高。上颌稍长于下颌。唇肥厚。鳃孔小，侧位，稍斜向前方，位于眼后缘下方。幼鱼头部及身体呈黄色且散布许多约与瞳孔等大的黑色斑，成鱼体呈黄褐色至灰褐色，头部散布小黑点，体甲每一鳞片中央有1约与瞳孔等大、镶黑缘的淡蓝色斑或白斑。各鳍鲜黄至黄绿色。

生态习性 近海暖温性底栖鱼类。常单独栖于内湾或半遮蔽的礁坡上，独立生活。幼鱼躲在阴暗处，成鱼在岩缘近沙地的半遮蔽或洞穴处活动。最大个体全长可达450 mm，摄食甲壳类、海百合、小鱼和海藻等生物。

渔业利用 一般用于水族馆供人观赏。

地理分布 我国分布于黄海、东海、台湾海域和南海，舟山海域常见。

粒突箱鲀

394 双峰真三棱箱鲀

Tetrosomus concatenatus (Bloch, 1785)

英文名 Triangular boxfish

地方名 三角箱鲀、五棱铠鲀、三角河鲀

分类地位 辐鳍鱼纲 Actinopterygii，鲀形目 Tetraodontiformes，箱鲀科 Ostraciidae

形态特征 骨板多为六角形，少数为五角形。体甲三棱形，具背中棱、腹侧棱，背侧棱仅在眼后方有一小段稍明显。背中棱顶端具2小的棘状鳞。尾柄细，侧扁，光滑无鳞，能自由活动。上下颌齿细长，粒状，棕褐色。唇肥厚。鳃孔侧位，几垂直或稍倾斜，位于眼后半部下方，鳃孔长稍小于眼径，无侧线。体甲淡黄褐色，腹面淡黄色。尾柄紫红色，背面紫褐色。背鳍、臀鳍及胸鳍浅灰色。

生态习性 热带近海中小型鱼类。行动迟缓，不善游泳，依靠尾柄及尾鳍急剧的摆动可作短时间的迅速游动。生活区域水深可达110 m。一般体长在100～200 mm，最大体长为300 mm。主要以底栖无脊椎动物为食。

渔业利用 一般只在水族馆供人观赏。

地理分布 我国分布于东海、台湾海域及南海，舟山海域少见。

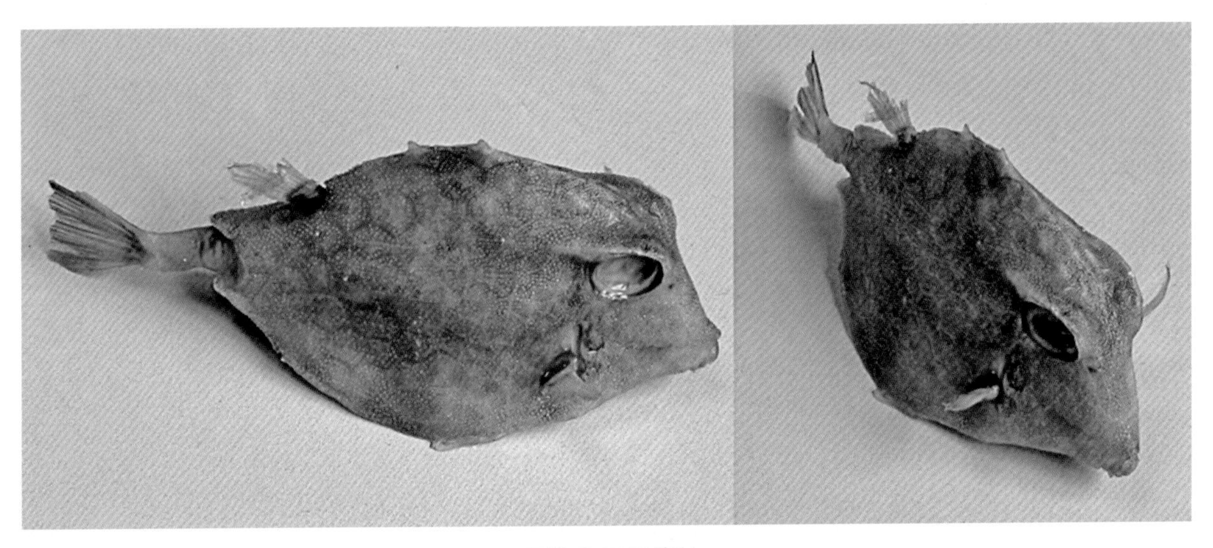

双峰真三棱箱鲀

(一四九)鲀科 Tetraodontidae

体亚圆筒形，头胸部粗圆，躯干后部渐细，尾柄短小或细长。尾部沿体下部两侧常具1明显皮褶。头及吻宽钝，或稍侧扁。上下颌骨与齿愈合成4齿板，中央具缝。鼻孔每侧2个，鼻瓣呈卵圆形突起。鳃孔小，侧位。体无鳞，光滑或具小刺。背鳍1个，后位，无鳍棘。臀鳍与背鳍同形。胸鳍侧位。无腹鳍。尾鳍圆形、截形或新月形。鳔呈卵圆形、肾形或后部分化成两叶。气囊发达，遇敌能吸水和空气，使腹部膨胀如球，浮于水面。

395 暗鳍兔头鲀

Lagocephalus gloveri Abe & Tabeta, 1983

英文名 Blowfish

地方名 兔头鲀

分类地位 辐鳍鱼纲 Actinopterygii，鲀形目 Tetraodontiformes，鲀科 Tetraodontidae

形态特征 体不光滑，背腹部均具小刺，背部小刺未伸至背鳍起点。体腹侧下缘有1显著纵行皮褶。头稍侧扁。吻圆钝。眼中大。口小，前位，唇边缘有细裂纹。体侧面光滑无刺，侧线发达，具多条分支。胸鳍宽短，呈倒梯形。尾鳍后缘为双浅凹形。体背部为黑绿色或蓝黑色，腹面乳白色。背、臀鳍鲜黄色或黄绿色。尾鳍黄褐色或黑绿色。

生态习性 近海暖温性底层鱼类。多栖息于外海100～120 m深的水层。主要摄食软体动物、甲壳类和鱼类，常见体长200～300 mm，最大体长为350 mm。

渔业利用 内脏及血液有毒，肉可食用，常腌干制作成“乌郎鲞”。

地理分布 我国分布于南海、东海和黄海沿岸，有时进入渤海，舟山海域常见。

暗鳍兔头鲀

396 棕斑兔头鲀

Lagocephalus spadiceus (Richardson, 1845)

英文名 Half-smooth golden pufferfish

地方名 棕兔鲀、棕腹刺鲀

分类地位 辐鳍鱼纲Actinopterygii，鲀形目Tetraodontiformes，鲀科Tetraodontidae

形态特征 体背部小刺未伸至背鳍起点。腹部两侧自口角下方各有1显著纵行皮褶。吻中长，圆钝，背缘圆突。口平横，上颌稍突出。唇发达，边缘有细裂纹。尾鳍宽大，凹入。体背侧面棕黄色或黄绿色，常有不规则暗褐色云状斑纹。背、臀鳍鲜黄色或黄绿色。尾鳍黄褐色或黑绿色，上下叶尖端具1白色斑块。

生态习性 近海暖温水底层中小型鱼类。喜欢栖息于沙泥底质地形的海域。产卵期为4～5月。体长一般在250 mm左右，最大个体可达430 mm。主食贝类和甲壳类，但食饵种类因海区不同而有异。

渔业利用 内脏及血液有毒，肉可食用，常腌干制作成“乌郎鲞”。

地理分布 我国分布于南海、东海、黄海和台湾海域，舟山海域常见。

保护现状 2011年IUCN评估为无危物种。

棕斑兔头鲀

397 淡鳍兔头鲀

Lagocephalus wheeleri Abe, Tabeta & Kitahama, 1984

英文名 Brown-backed toadfish

地方名 怀氏兔头鲀

分类地位 辐鳍鱼纲 Actinopterygii，鲀形目 Tetraodontiformes，鲀科 Tetraodontidae

形态特征 体背部小刺群呈雨点形，后狭窄，末端未伸至背鳍起点。头稍侧扁，吻圆钝。口小，前位，平横。唇边缘有细裂纹。侧线发达，上侧位，体侧下缘具皮褶。尾鳍宽大，浅凹入。体背面灰褐色或暗褐色，背面常具云纹状暗色横带，无斑纹。背鳍黄褐色，臀鳍灰白色。尾鳍上叶黄褐色，下叶灰白色。

生态习性 暖温性近海底层鱼类。一般体长为200～300 mm。主要摄食软体动物、甲壳类和鱼类。

渔业利用 内脏及血液有毒，肉可食用，常腌干制作成“乌郎鲞”。

地理分布 我国分布于南海、东海和台湾海域，舟山海域偶见。

淡鳍兔头鲀

398 黑鳃兔头鲀
Lagocephalus inermis (Temminck & Schlegel, 1850)

英文名 Smooth blaasop

地方名 金圆鲀、黑鳃光兔鲀、黑鳃兔鲀、滑背河鲀

分类地位 辐鳍鱼纲 Actinopterygii，鲀形目 Tetraodontiformes，鲀科 Tetraodontidae

形态特征 体亚圆筒形，头、胸部粗圆。头甚高大，背缘圆突。吻颇长。鼻瓣呈卵圆形突起。上、下颌骨与齿愈合，形成4喙状齿板。唇发达，边缘有细裂纹。鳃膜黑色。头、体背面及侧面光滑无鳞。体侧下方具1纵行皮褶。背鳍1个，略呈镰刀形。臀鳍与背鳍同形。无腹鳍。胸鳍短宽，呈倒梯形，后缘稍圆。尾鳍宽大，呈浅凹入形，成体尾鳍中部后缘向后圆突，形成上、下侧双凹形。体背侧面均匀黄棕色或灰褐色，无斑点，腹面乳白色，或灰白色。胸鳍浅褐色或浅黄色。臀鳍浅褐色。背鳍上半部黑色，下半部褐色，背鳍基底黑色。尾鳍暗褐色，上、下叶尖端、后缘和下缘白色。

生态习性 近海底层鱼类，常栖息于约90 m的深海区，以软体动物等为食。体形较大，常见体长在300 mm左右，记载最大可达900 mm。

渔业利用 内脏及血液有毒，肉可食用，常腌干制作成“乌郎鲞”。

地理分布 我国分布于东海、台湾海域及南海沿岸，舟山海域少见。

黑鳃兔头鲀

399 密沟圆鲀
Sphoeroides pachygaster (Müller & Troschel, 1848)

英文名 Blunthead puffer

地方名 密沟鲀、圆鲀

分类地位 辐鳍鱼纲 Actinopterygii，鲀形目 Tetraodontiformes，鲀科 Tetraodontidae

形态特征 体光滑无刺，密布纵行细纹，体腹侧下缘无纵行皮褶。头中大，钝圆。吻稍长。眼中大，侧上位。口小，前位。尾鳍平截形。体背面铁青或青灰色，体侧浅灰色。

生态习性 近海暖温水性底层中小型鱼类。常栖息于东海大陆架边缘200～500 m深的海域，幼鱼行大洋性漂浮生活。常见全长在260 mm左右，最大全长为405 mm。主要以软体动物、甲壳类、棘皮动物及鱼类等为食。

渔业利用 内脏及血液有毒，肉可食用，常腌干制作成“乌郎鲞”。

地理分布 我国分布于东海大陆架边缘海域和台湾海域，舟山海域偶见。

保护现状 2011年IUCN评估为无危物种。

密沟圆鲀（依 FishBase）

400 铅点东方鲀

Takifugu alboplumbeus (Richardson, 1845)

英文名 Spawning pufferfish

地方名 铅点圆鲀、东方鲀

分类地位 辐鳍鱼纲 Actinopterygii，鲀形目 Tetraodontiformes，鲀科 Tetraodontidae

形态特征 体不光滑，背腹部具小刺，小刺区在体侧相连接。体侧下缘各侧有1纵行皮褶。头钝圆。尾鳍后缘稍圆截形。体背面茶褐色，散布众多大小不一的浅草绿色圆斑，形成网纹。体侧下方具1黄色纵带。在眼间隔、胸鳍上方、背鳍起点前方、背鳍基底和尾柄上方均具1条深褐色横带。

生态习性 暖温性近海底层小型鱼类。体长在230 mm以下。肉食性，主要摄食软体动物、甲壳类和鱼类。

渔业利用 内脏及血液有剧毒，肉可食用，常腌干制作成“乌郎鲞”，也有鲜食者。

地理分布 我国沿海均有分布，舟山海域偶见。

保护现状 2011年IUCN评估为无危物种。

铅点东方鲀

401 双斑东方鲀
Takifugu bimaculatus (Richardson, 1845)

英文名 Twospot puffer

地方名 东方鲀、河鲀

分类地位 辐鳍鱼纲 Actinopterygii，鲀形目 Tetraodontiformes，鲀科 Tetraodontidae

形态特征 体具刺，背腹部刺区互相分离，皮刺粗而强。头大，钝圆，吻较短。胸鳍宽短，近方形。尾鳍宽大。体背面浅褐色，项部至尾柄上分布十余条向后下方斜行的深褐色圆弧形横纹，背鳍基部有1黑褐色小斑点，其周围有筒圆形黑褐色细条纹。胸鳍基底内外侧各有1黑色斑点。胸斑明显，黑色，中大，边缘为浅褐色。幼鱼体背部褐色横纹常不连续，随着个体的长大，胸斑逐渐独立，与横纹断开，形成黑色斑块。

生态习性 暖温性近海底层中小型鱼类。体长在300 mm以下。主要摄食贝类、甲壳类和鱼类等。

渔业利用 内脏及血液有剧毒，肉可食用，常腌干制作成“乌郎鲞”，也有鲜食者。

地理分布 我国分布于南海、东海、黄海南部海域、台湾海域及大江河口水域，舟山海域偶见。

保护现状 2011年IUCN评估为无危物种。

双斑东方鲀

402 暗纹东方鲀
Takifugu obscurus (Abe, 1949)

英 文 名 Obscure pufferfish

地 方 名 星斑圆鲀、横纹河鲀

分类地位 辐鳍鱼纲 Actinopterygii，鲀形目 Tetraodontiformes，鲀科 Tetraodontidae

形态特征 体不光滑，背腹部具小刺，小刺区仅在鳃孔前相连结。体侧下缘皮褶发达。头中大，钝圆。吻中长，钝圆。侧中位，弧斜形。背鳍近镰刀形，体后位。臀鳍与背鳍几同形。尾鳍宽大，后缘稍呈圆形。体腔大，腹腔淡色。体背面茶褐色，具5～6条暗褐色宽横纹，横纹之间具白色狭纹3～4条。胸鳍后方背缘基部各有1白边黑色大斑。尾鳍后端暗褐色，其余各鳍均为淡色。

生态习性 近海暖温性底层鱼类。有溯河习性，栖息于水色较清、无杂草的深水中，成群游动。产卵期从4月中下旬至6月下旬，5月为盛产期，卵附着于水草或其他物体上。幼鱼的暗色横纹上有小白斑，较大个体白斑渐不明显至消失，暗色横纹亦不明显至消失。体长一般为180～280 mm，大的可达400 mm。肉食性，以贝类、虾类和鱼类及水生昆虫等为食。

渔业利用 内脏、皮肤及血液等有剧毒，肉可食用，常腌干制作成“乌郎鲞”，也有鲜食者。

地理分布 我国分布于渤海、黄海和东海以及长江中下游流域，舟山海域常见。

保护现状 2014年IUCN评估为无危物种。

暗纹东方鲀

403 菊黄东方鲀
Takifugu flavidus (Li, Wang & Wang, 1975)

英文名 Yellowbelly pufferfish

地方名 河豚、东方鲀

分类地位 辐鳍鱼纲 Actinopterygii，鲀形目 Tetraodontiformes，鲀科 Tetraodontidae

形态特征 体具刺，背腹部刺区互相分离，皮刺粗而强。体背面棕黄色，腹面乳白色，体侧下缘皮褶呈宽橙黄色纵带。体和斑纹随生长有变异，幼鱼体背侧散布白色小圆点，随体长增大，白斑逐渐模糊，而后消失，呈均匀棕黄色。背鳍位于体后部、肛门稍后方，近似镰刀形。臀鳍与背鳍几同形。无腹鳍。胸鳍侧中位，短宽，近似方形。尾鳍宽大，后缘呈圆形。

生态习性 暖温性近海底层中大型鱼类。一般体长为150～250 mm，最大可达350 mm。主要摄食贝类、甲壳类和鱼类。

渔业利用 内脏、皮肤及血液等有剧毒，肉可食用，常腌干制作成“乌郎鲞”，也有鲜食者。

地理分布 我国分布于渤海、黄海和东海，舟山海域常见。

保护现状 2011年IUCN评估为无危物种。

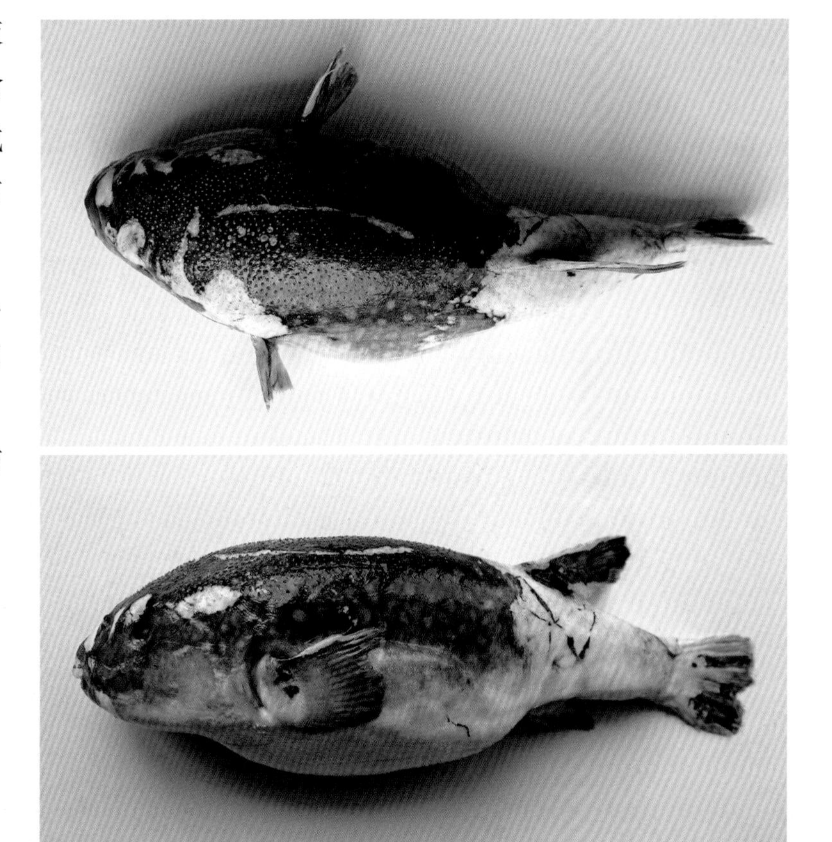

菊黄东方鲀

404 星点东方鲀
Takifugu niphobles (Jordan & Snyder, 1901)

英文名 Grass puffer

地方名 星点圆鲀、星点河鲀、河豚、东方鲀

分类地位 辐鳍鱼纲 Actinopterygii，鲀形目 Tetraodontiformes，鲀科 Tetraodontidae

形态特征 体具刺，背腹部刺区互相分离，皮刺细而弱。生活时，体背面暗绿色或红褐色，有许多淡色小圆点。体侧下方皮褶呈浅黄色，腹面乳白色，胸斑黑色，大而横扁，胸斑上方有1模糊暗色横带，背鳍鳍基部有1大黑色斑块。胸鳍和背鳍均为黄色，臀鳍浅黄色，尾鳍黄色，后缘橙黄色。

生态习性 近海底层小型鱼类。喜栖于沿海岩礁海藻丛生的浅海海域和河口附近。一般体长为70～150 mm。摄食贝类、甲壳类和鱼类等。产卵期为3－4月，成熟的雌鱼乘大潮潮水，成群结队地聚集在岸边藻丛小砾石中产卵，成倍的雄鱼参与并释放精子，完成受精，受精卵随潮水流入海中孵化。

渔业利用 肝脏及卵巢具剧毒，小肠、皮肤、精巢亦具毒，不宜食用。

地理分布 我国分布于黄渤海、东海及台湾海域，舟山海域常见。

保护现状 2011年IUCN评估为无危物种。

星点东方鲀

405 横纹东方鲀

Takifugu oblongus (Bloch, 1786)

英文名 Lattice blaasop

地方名 直纹圆鲀、河豚、东方鲀

分类地位 辐鳍鱼纲 Actinopterygii，鲀形目 Tetraodontiformes，鲀科 Tetraodontidae

形态特征 体不光滑，背腹部具小刺，小刺区在体侧相连结。体背面黄褐色，背面和侧面自头部至尾柄有十几条白色横带，头部横带细，排列紧密，体和尾柄横带宽，排列疏松。头和体背部有许多白色小圆斑。腹面乳白色，皮褶呈黄色纵带。各鳍黄色，其中背鳍和尾鳍黄色较深。

生态习性 热带及亚热带近海底层中小型鱼类。春季由外海游向沿岸产卵，冬季移向外海。一般体长为60～180 mm，大的可达400 mm。肉食性，主要以软体动物、甲壳类、棘皮动物及鱼类等为食。

渔业利用 内脏、皮肤及血液等有剧毒，肉可食用，常腌干制作成“乌郎鲞”，也有鲜食者。

地理分布 我国分布于东海、台湾海域和南海，舟山海域偶见。

保护现状 2011年IUCN评估为无危物种。

横纹东方鲀

406 弓斑东方鲀

Takifugu ocellatus (Linnaeus, 1758)

英文名 Ocellated puffer

地方名 弓斑圆鲀、眼斑河鲀、河鲀鱼

分类地位 辐鳍鱼纲 Actinopterygii，鲀形目 Tetraodontiformes，鲀科 Tetraodontidae

形态特征 体具刺，背腹部刺区互相分离，皮刺细而弱。背侧面灰褐色，微绿，腹面银白色。胸鳍后上方具1大黑斑，与背面“一”字形黑色显著横带相连，形成鞍状，黑斑及横带具白色边缘。背鳍基部具1圆形大黑斑，有白色边缘。各鳍浅色。

生态习性 暖温性近海底层小型鱼类。平时在沿海生活，有时进入河流区。一般体长为100～150 mm，记载最大体长为200 mm。主要摄食贝类、甲壳类、棘皮动物和鱼类等。

渔业利用 内脏、皮肤及血液等有剧毒，不建议食用。

地理分布 我国分布于南海、东海、黄海、台湾海域以及与此相连的珠江、九龙江和长江等河口和中下游淡水水域，舟山海域偶见。

保护现状 2011年IUCN评估为近危物种。

弓斑东方鲀（依 Flickr 等）

407 虫纹东方鲀

Takifugu vermicularis (Temminck & Schlegel, 1850)

英文名 Purple puffer

地方名 虫纹圆鲀、虫纹河鲀、辐斑虫纹东方鲀

分类地位 辐鳍鱼纲 Actinopterygii，鲀形目 Tetraodontiformes，鲀科 Tetraodontidae

形态特征 体光滑。体背部为紫褐色，腹面乳白色，体背布满许多大小不一的扁圆形青灰白色斑，体侧斑点较大而扁长，弯曲而呈条纹或蠕纹状。体侧另具显著带灰白缘的黑色大型胸斑。背鳍基部另具黑斑纹。纵行皮褶橘黄色。背胸和臀鳍浅黄色。尾鳍黄色，下缘有1白色窄带。

生态习性 暖温性近海底层中小型鱼类。栖息于近海及河口咸淡水中，有时进入江河。一般体长为150～250 mm，大的可达300 mm。肉食性，主要摄食贝类、甲壳类和鱼类等。

渔业利用 内脏、皮肤及血液等有剧毒，不建议食用。

地理分布 我国沿海均有分布，舟山海域常见。

保护现状 2011年IUCN评估为近危物种。

虫纹东方鲀（依台湾鱼类资料库）

408 黄鳍东方鲀

Takifugu xanthopterus (Temminck & Schlegel, 1850)

英文名 Yellowfin pufferfish

地方名 条纹东方鲀、条斑东方鲀、黄鳍河鲀

分类地位 辐鳍鱼纲 Actinopterygii，鲀形目 Tetraodontiformes，鲀科 Tetraodontidae

形态特征 体具刺，背腹部刺区互相分离，皮刺粗而强。体背部浅青灰色，腹面乳白色。体侧具多条蓝黑色斜行宽带，宽带有时断裂成斑带状。无胸斑，胸鳍基底内外侧各具蓝黑色圆斑。背鳍基部另具蓝黑斑块。纵行皮褶幼时黄色，成鱼乳白色。各鳍橘黄色。

生态习性 暖温水近海底层中大型鱼类。喜集群，亦进入江河口，幼鱼栖息于咸淡水中，冬季性腺开始成熟，春季产卵。每年2月从外海游向近岸，10月由近岸向外海洄游越冬。个体较大，常见体长为200～500 mm，最大体长可达600 mm。主要摄食贝类、甲壳类、棘皮动物和鱼类等。

渔业利用 为延绳钓、拖网、定置网和流利网等的兼捕对象。内脏、皮肤及血液等有剧毒，肉可食用，常腌干制作成“乌郎鲞”，也有鲜食者。

地理分布 我国沿海均有分布，舟山海域常见。

保护现状 2011年IUCN评估为无危物种。

黄鳍东方鲀

（一五〇）刺鲀科 Diodontidae

体短圆形，头和体的背面颇宽圆。尾部短小，似圆锥状。鳞已变成粗棘，棘下有2～3棘根，棘很长或粗短，仅吻端与尾柄后部无棘。口端位，中小形，上下颌的牙齿各愈合成1个大牙板，中央无齿缝。眼中大或稍大，侧位而高。鼻孔2个或无。鳃孔短小，侧位。背鳍与臀鳍相对，位于体的后部，均甚短小，无鳍棘。胸鳍侧位。无腹鳍。尾鳍圆形。有鳔。有气囊。广布于三大洋的暖水海区。

409 六斑刺鲀

Diodon holocanthus Linnaeus, 1758

英文名 Longspined porcupinefish

地方名 六斑二齿鲀、刺鲀

分类地位 辐鳍鱼纲 Actinopterygii，鲀形目 Tetraodontiformes，刺鲀科 Diodontidae

形态特征 体长卵圆形。头、体除吻端及尾柄外均被长棘，棘大多具2棘根，能活动。头和体前部宽圆，眼大，上侧位。口小，前位，上颌稍长于下颌，口裂约与眼下缘在同一水平线上。尾鳍圆形。体背侧灰褐色，腹面白色，背部及侧面有一些深色的斑块，另有一些黑色小斑点分布，无喉斑。背、胸、臀及尾鳍淡色，无任何圆形小黑斑。

生态习性 底层鱼类。平时常单独活动，春末为繁殖季节，则大量聚集。雄鱼个体一般比雌鱼大，产卵时一群雄鱼轻推雌鱼腹部，将一尾雌鱼顶到接近水面的位置，然后雌鱼排卵、受精。遇敌害时气囊能使腹部膨大似球状，各棘竖立，以作自卫。栖息水层0～30 m。个体一般不大，多在100～200 mm，大的可达300 mm。肉食性，以寄居蟹、大型甲壳类等为食，一般夜间觅食。

渔业利用 肉可食用，内脏和生殖腺有毒。常制作成干制标本（“鼓气鲀”）或饲养于水族馆供人观赏。

地理分布 我国分布于黄海、东海、台湾海域及南海，舟山海域常见。

六斑刺鲀

（一五一）翻车鲀科 Molidae

体高而侧扁，后部平直，无尾柄，尾鳍常消失，被皮质，体躯不能膨胀。口很小，前位。齿愈合成齿板，无中缝。背鳍与臀鳍甚高，位于体后部，鳍条后延至体后并相连，似一“舵鳍”。无腹鳍。为大海中漂流生活的鱼类。它游泳时主要是靠高耸对立、如镰刀状的背鳍和臀鳍交互拍打向前推进，供药用种的有翻车鲀、矛尾翻车鲀等。

410 矛尾翻车鲀

Masturus lanceolatus (Liénard, 1840)

英文名 Sharptail mola

地方名 翻车鱼、月亮鱼、翻车鲀

分类地位 辐鳍鱼纲Actinopterygii，鲀形目Tetraodontiformes，翻车鲀科Molidae

形态特征 体长卵圆形，侧扁而高，无尾柄。头短而钝圆，侧视半圆形。吻钝圆，侧扁。眼稍小，侧位而略高。背鳍1个，位于体后部1/3处，臀鳍与背鳍相似，起点稍后于背鳍起点。胸鳍小，圆形，侧位。"舵鳍"无波状凹刻，后端中央有尖矛状突起。体暗灰褐色，腹部色较浅，各鳍灰褐色。

生态习性 温热带大洋性鱼类。皮肤粗糙，行动迟缓，在大洋的表层活动，常侧卧在水面上，随波逐流，生活水层在670 m以内。晴天无风浪时喜将背鳍及体背露出水面，索食浮游生物，在积极索食或遇大风雨时，则会将身体平置，以奇鳍拨动，潜入水下，游速也较快。幼鱼体上有瘤状尖棘，随着鱼体生长，棘突渐缩短直至消失。体长2～3 m。体重可达2000 kg。

渔业利用 通常被定置网所捕获，偶会被围网捕获。舟山当地无食用习惯。

地理分布 我国分布于东海、台湾海域及南海，舟山海域偶见。

保护现状 2011年IUCN评估为无危物种。

矛尾翻车鲀

411 翻车鲀 *Mola mola* (Linnaeus, 1758)

英文名 Ocean sunfish

地方名 翻车鱼、月亮鱼

分类地位 辐鳍鱼纲 Actinopterygii，鲀形目 Tetraodontiformes，翻车鲀科 Molidae

形态特征 体亚圆形，高而侧扁，尾部很短，无尾柄。眼小，上侧位。吻圆钝。口小，端位。唇厚。背鳍1个，高大，略呈镰刀形，臀鳍与背鳍同形，起点稍后于背鳍起点。胸鳍短小，圆形，无腹鳍。"舵鳍"常有波状凹刻，无矛状突起。体背侧面灰褐色，腹面银灰色，各鳍灰褐色。幼鱼被瘤状棘突，随年龄增长而渐消失，身体变为卵圆形。

生态习性 大洋性大型鱼类。常在100～200 m的深海觅食，甚至游到600 m以下。单独或成对游泳，有时十余尾成群。幼鱼较活泼，常跃出水面，成鱼行动迟缓，常侧卧于水面，或背鳍露出水面。怀卵量极多，一次可产3亿多粒，是鱼类中怀卵数最多者。记载体长为3.0～5.5 m，重1400～3500 kg。以鱼类、软体动物、水母、甲壳类、浮游动物及易碎的海星等为食。

渔业利用 据报道，本种肉含毒。

地理分布 我国分布于东海、南海，舟山海域偶见。

保护现状 2011年IUCN评估为易危物种。

翻车鲀

参考文献

[1]赵盛龙，徐汉祥，钟俊生，等.浙江海洋鱼类志[M].杭州：浙江科学技术出版社，2016.

[2]赵盛龙.舟山群岛海洋生物[M].杭州：杭州出版社，2006.

[3]赵盛龙，张义清，吴常文.海洋生物系列丛书•海洋生物：鱼类[M].浙江：浙江大学出版社，2002.

[4]赵盛龙，钟俊生.舟山海域鱼类原色图鉴[M].杭州：浙江科学技术出版社，2005.

[5]赵盛龙，徐汉祥，俞国平.东海区水生珍稀保护动物图鉴[M].上海：同济大学出版社，2009.

[6]朱文斌，高天翔，王业辉，等.浙江海洋鱼类图鉴及其DNA条形码(上册)[M].北京：中国农业出版社，2022.

[7]朱元鼎，张春霖，成庆泰，等.东海鱼类志[M].北京：科学出版社，1963.

[8]朱元鼎.福建鱼类志[M].福州：福建科学技术出版社，1985.

[9]朱元鼎，孟庆闻，等.中国动物志(圆口纲、软骨鱼纲)[M].北京：科学出版社，2001.

[10]朱元鼎.中国软骨鱼类志[M].北京：科学出版社，1960.

[11]伍汉霖，钟俊生.中国海洋及河口鱼类系统检索[M].北京：中国农业出版社，2021.

[12]伍汉霖，钟俊生.中国动物志　硬骨鱼纲　鲈形目(五)　虾虎鱼亚目[M].北京：科学出版社，2008.

[13]伍汉霖，邵广昭，赖春福.拉汉世界鱼类名典[M].台北：水产出版社，1999.

[14]伍汉霖.中国有毒及药用鱼类新志[M].北京：中国农业出版社，2002.

[15]成庆泰，周才武.山东鱼类志[M].济南：山东科学技术出版社，1997.

[16]倪勇，伍汉霖.江苏鱼类志[M].北京：中国农业出版社，2006.

[17]沈世杰.台湾鱼类志[M].台湾：台湾大学动物系，1993.

[18]侯刚，张辉.南海仔稚鱼图鉴(一)[M].青岛：中国海洋大学出版社，2021

[19]万瑞景，张仁斋.中国近海及其邻近海域鱼卵与仔稚鱼[M].上海：上海科学技术出版

社.2016.

[20]厦门大学海洋系海洋生物教研室.福建沿海常见经济鱼类[M].厦门：厦门大学革命委员会教育革命处，1976.

[21]石琼，范明君，张勇.中国经济鱼类志[M].武汉：华中科技大学出版社，2015.

[22]李明德.中国经济鱼类生态学[M].天津：天津科技翻译出版社，2005.

[23]庄平.长江口鱼类[M].上海：上海科学技术出版社，2006.

[24]陈大刚，张美昭.中国海洋鱼类[M].青岛：中国海洋大学出版社，2015

[25]毛锡林，蒋文波.舟山海域海洋生物志[M].杭州：浙江人民出版社，1994.

[26]水柏年，赵盛龙，韩志强，等.鱼类学[M].上海：同济大学出版社，2015.

[27]李明德.鱼类分类学 第3版[M].天津：南开大学出版社，2013.

[28]水柏年，张盛龙，韩志强，等.系统鱼类学[M].北京：海洋出版社，2019.

[29]高天翔，孙希福，宋娜.斑尾复鰕虎鱼群体的形态学比较[J].中国海洋大学学报(自然科学版)，2009，39(01)：35-42.

[30]宋垚萱，高天翔，杨天燕，等.角木叶鲽的群体遗传多样性研究和形态学分析[J].中国海洋大学学报(自然科学版)，2018，48(02)：49-55.

[31]潘晓哲，高天翔.基于耳石形态的鳍属鱼类鉴别[J].动物分类学报，2010，35(04)：799-805.

[32]徐钢春，鲍明明，杜富宽，等.鱼类性腺发育及产卵类型研究进展[J].长江大学学报(自然科学版)，2017，(06)：43-48.

[33]吴琼.鱼类的洄游及影响鱼类洄游的因素和研究方法[J].黑龙江水产，2011，(02)：41-42.

[34]郭弘艺，郑丽，叶亚蒙，等.长江口日本鳗鲡降海产卵洄游群体的银化指标研究[J].水生生物学报，2019，43(01)：133-141.

[35]徐恭昭.鱼类的生命周期及其发育阶段[J].海洋科学，1984，(01)：61-63.

[36]王业辉，胡成业，宋娜，等.舟山近海常见鱼类分类多样性研究[J].大连海洋大学学报，2021，36(03)：488-494.

[37]王杰，戴小杰，高春霞，等.中西太平洋紫魟渔业生物学初步研究[J].海洋科学，2019，43(05)：90-96.

[38]闫珍珍，张东，林听听，等.雌雄灰海马和三斑海马营养价值与功能性成分对比分析[J].食品科学，2019，40(16)：206-212.

[39]谷穗.中国沿海沙带鱼和南海带鱼群体遗传研究[D].广东海洋大学，2022.

[40] 陈健，赵盛龙. 我国大陆沿岸丝虾虎鱼属（鲈形目：虾虎鱼科）一新记录种[J]. 水产科学，2013，32（05）：297-299.

[41] 张辉，高天翔，徐汉祥，等. 中国木叶鲽属鱼类一新纪录种[J]. 中国海洋大学学报（自然科学版），2011，41（Z1）：51-54+60.

[42] 徐羊羊，许旻，陈晓婷，等.3种野生兔头鲀组织中河豚毒素含量及肌肉中重金属、氨基酸、脂肪酸和矿物质营养元素含量的测定及分析[J]. 水产学杂志，2022，35（03）：28-35.

[43] 王杨楠. 浙江南部近海镰鲳生物学特性的初步研究[D]. 上海海洋大学，2020.

[44] 赵峰，马春艳，庄平，等. 东海常见鲳属鱼类的形态差异及系统进化关系探讨[J]. 海洋渔业，2011，33（02）：138-143.

[45] 张雅芝，胡石柳，李丽，等. 双棘黄姑鱼早期发育阶段的摄食习性与生长特性[J]. 海洋科学，2006（09）：9-15.

[46] 景琦琦. 不同养殖模式下红鳍东方鲀生长、血液生理及抗逆能力研究[D]. 山东农业大学，2018.

[47] 王家樵，李军，黄良敏. 厦门湾条纹斑竹鲨生物学特性[J]. 集美大学学报（自然科学版），2019，24（03）：161-166.

[48] 吴峰. 鲨鱼养护国际制度及中国参与研究：科学与管理视角[D]. 上海海洋大学，2022.

[49] 张清榕，杨圣云. 中国软骨鱼类种类、地理分布及资源[J]. 厦门大学学报（自然科学版），2005（S1）：207-211.

[50] 倪景辉，李济馨，许一兵. 皱唇鲨食性与繁殖状况[J]. 黄渤海海洋，1992（01）：42-46.

[51] 李云凯，高小迪，王琳禹，等. 东太平洋中部中上层鲨鱼群落营养生态位分化[J]. 应用生态学报，2018，29（01）：309-313.

[52] 刘金海. 闽南近海中国团扇鳐 *Platyrhina sinensis*（Bloch et Schneider，1801）生殖及生化生态研究[D]. 厦门大学，2006.

[53] 李宁. 玉筋鱼和赤魟的分子系统地理学研究[D]. 中国海洋大学，2014.

[54] 蒋新花. 福建沿岸海域软骨鱼类资源及其系统进化研究[D]. 集美大学，2010.

[55] 危起伟. 从中华鲟（*Acipenser sinensis*）生活史剖析其物种保护：困境与突围[J]. 湖泊科学，2020，32（05）：1297-1319.

[56] 郭弘艺，刘丽，唐文乔，等. 长江靖江段沿岸日本鳗鲡丰度的时间格局及生物学研究[J]. 水生生物学报，2021，45（02）：397-404.

[57] 张波，唐启升. 东、黄海六种鳗的食性[J]. 水产学报，2003（04）：307-314.

[58] 刘琦，张弛，叶振江，等. 东、黄海海鳗与山口海鳗生长和死亡参数的初步研究[J]. 中

国海洋大学学报(自然科学版),2019,49(S2):46-52.

[59]尹洁,牟秀霞,张崇良,等.我国近海星康吉鳗群体的形态学、遗传学比较研究[J].水产学报,2020,44(03):358-367.

[60]胡丽娟.长江口凤鲚仔稚鱼的发育特征和时空分布[D].上海海洋大学,2021.

[61]王慎知,齐遵利,高文斌,等.河北沿海黄鲫资源现状分析[J].河北渔业,2018(12):37-41.

[62]潘绪伟.东海区龙头鱼渔业生物学的初步研究[D].上海海洋大学,2011.

[63]金海卫,薛利建,潘国良,等.东海和黄海南部七星底灯鱼摄食习性的研究[J].海洋渔业,2011,33(04):368-377.

[64]武云飞,曾晓起,孔晓瑜.关于珍稀鱼类石川粗鳍鱼(*Trachypterus ishikawae* Jordan et Snyder,1901)的新资料[J],中国海洋大学学报,2002,32(2):201-206.

[65]李忠炉,单秀娟,金显仕,等.黄海中南部黄鮟鱇生物学特征及其资源密度的年际变化[J].生态学报,2015,35(12):4007-4015.

[66]刘腾.海鲂鱼类的分类学研究[J].农村经济与科技,2018,29(16):43+53.

[67]韩松霖.中国海马的分类、资源、利用与保护[D].广西师范大学,2013.

[68]崔国强.日本鬼鲉早期发育和盐度耐受力的初步研究[D].上海海洋大学,2012.

[69] Taketo Fujii.Hermaphroditism and Sex Reversal in Fishes of the Platycephalidae-II. Kumococius detrusus and Inegocia japonica [J].Japanese Journal of Ichthyology, 2010, 18 (3).

[70] Yuichi Akita, Katsunori Tachihara.Age, growth, and maturity of the Indian flathead Platycephalus indicus in the waters around Okinawa-jima Island, Japan [J].Ichthyological Research, 2019, 66 (3).

[71] Seok Nam Kwak, Gun Wook Baeck, David W Klumpp.Comparative Feeding Ecology of Two Sympatric Greenling Species, Hexagrammos otakii and Hexagrammos agrammus in Eelgrass Zostera marina Beds [J].Environmental Biology of Fishes, 2005, 74 (2).

[72] GEN KUME, Atsuko YAMAGUCHI, Ichiro AOKI.Reproductive biology of the paternal mouthbrooding cardinalfish Apogon lineatus in Tokyo Bay, Japan [J].Fisheries science, 2008, 68 (sup1).

[73] Tomohiro Yoshida, Masayoshi Hayashi, Hiroyuki Motomura.Ostorhinchus yamato, a new species of cardinalfish (Perciformes: Apogonidae) from Japan [J].Ichthyological Research, 2019, 66 (2).

[74] Muchlis N, Prihatiningsih, Restiangsih Y H.Biological characteristics of silver sillago

(Sillago sihama Forsskal) in Bombana Water, South East Sulawesi [J].IOP Conference Series: Earth and Environmental Science, 2021, 674 (1).

[75] Aquatic Biology; Reports Outline Aquatic Biology Study Findings from Nihon University (Habitat use of the gnomefishes Scombrops boops and S.gilberti in the northwestern Pacific Ocean in relation to reproductive strategy) (Habitat use of the gnomefishes ...) [J].Ecology Environment & Conservation, 2014.

[76] Sung-Yong Oh, B.A.Venmathi Maran, Jin Woo Park.Optimum feeding frequency for juvenile short barbeled velvetchin Hapalogenys nigripinnis reared in floating sea cages [J].Fisheries Science, 2019, 85 (2).

[77] Thomas C.Barnes, Paul J.Rogers, Yasmin Wolf, et al.Gillanders.Dispersal of an exploited demersal fish species (Argyrosomus japonicus, Sciaenidae) inferred from satellite telemetry [J]. Marine Biology, 2019, 166 (10).

[78] Song Na, Yin Lina, Sun Dianrong, et al.Fine - scale population structure of Collichtys lucidus populations inferred from microsatellite markers [J].Journal of Applied Ichthyology, 2019, 35 (3).

[79] Rui Ma, Yuqiong Meng, Wenbing Zhang, et al.Comparative study on the organoleptic quality of wild and farmed large yellow croaker Larimichthys crocea [J].Journal of Oceanology and Limnology, 2020, 38 (1).

拉丁学名索引

A

B

C

D

E

F

G

H

I

J

K

L

M

T

中文名索引

K

L

Z